中国淡水生物产业科技创新发展战略

刘英杰　主编

科学出版社

北京

内 容 简 介

本书以加快提升我国淡水生物产业科技创新能力为目标,针对当前淡水生物产业现状、科技现状及未来发展趋势,研究分析了淡水生物产业总体及各主要领域科技创新发展的重大需求,提出了未来8年我国淡水生物产业科技创新发展的总体思路、重点任务、保障措施和政策建议,为今后我国淡水生物产业和科技创新工作的开展提供重要战略依据,支撑我国淡水生物产业绿色发展。

本书旨在系统规划未来我国淡水生物产业科技创新发展蓝图,可供从事淡水生物产业的行业管理、科技、教学人员,以及相关专业学生和企业人员阅读参考。

图书在版编目(CIP)数据

中国淡水生物产业科技创新发展战略/刘英杰主编. —北京:科学出版社,2018.5

ISBN 978-7-03-056843-4

Ⅰ.①中… Ⅱ.①刘… Ⅲ. ①淡水生物–水产品加工–技术革新–发展战略–研究–中国 Ⅳ.①Q178.51

中国版本图书馆 CIP 数据核字(2018)第 048820 号

责任编辑:朱 瑾 高璐佳 / 责任校对:张凤琴
责任印制:吴兆东 / 封面设计:刘新新

科 学 出 版 社 出版
北京东黄城根北街 16 号
邮政编码:100717
http://www.sciencep.com

北京厚诚则铭印刷科技有限公司印刷
科学出版社发行 各地新华书店经销
*
2018 年 5 月第 一 版 开本:889×1194 1/16
2025 年 1 月第二次印刷 印张:18 1/2
字数:618 000
定价:158.00 元
(如有印装质量问题,我社负责调换)

《中国淡水生物产业科技创新发展战略》
编写委员会

主　编： 刘英杰

副主编： 桂建芳　刘汉勤　方　辉

编写人员（以拼音首字母为序）：

陈　军	陈大庆	邓华堂	邓玉婷	方　辉	顾志敏	桂建芳
韩　杨	胡　炜	户　国	黄志斌	姜　兰	李学梅	刘　晃
刘汉勤	刘兴国	刘英杰	刘永新	田辉伍	王炳谦	王永进
危起伟	夏文水	谢　骏	熊善柏	徐　皓	翟毓秀	张晓娟
张宇雷	赵　峰	赵明军	郑先虎	朱　健	庄　平	

序

　　淡水产品是我国国民膳食中的主要蛋白质来源之一，在国民食物构成中占有重要地位。我国淡水生物产业从业人员达到 1000 多万人，我国淡水养殖产量占世界淡水养殖总产量的 70%，占中国养殖鱼类的 96%，为城乡居民提供了 30%的动物蛋白。我国的淡水渔业因其最高的谷物饲料利用效率，被世界著名生态经济学家莱斯特·布朗称为中国对世界的两大贡献之一。将中国水产养殖的成功经验与"一带一路"沿线国家分享，是实现渔业走出去，落实"一带一路"战略的重要途径。

　　党的十九大报告明确指出，"必须树立和践行绿水青山就是金山银山的理念，坚持资源节约和保护环境的基本国策"，提出了资源开发利用注重资源生态养护、保障产品供给注重提高质量效益、产业发展进步注重加快科技进步、传统产业升级注重培育新兴产业的总体发展原则，中国淡水生物产业正面临前所未有的机遇和挑战。

　　淡水生物产业经过 30 多年的科技创新和改革发展，取得了举世瞩目的成就，打下了一定的科学理论和技术研发基础。特别是"十二五"以来，淡水生物产业迅速发展，科技综合实力在国际上总体处于中上水平，资源养护技术日渐成熟，优良种质创制成效显著，健康养殖呈多元化发展，加工保障体系不断完善。但种业工程体系不能满足产业发展需求、养殖模式粗放且结构布局不合理、养殖方式精准化和信息化程度不高、水域环境监测和综合管理技术水平不足、生境修复和资源养护工程化水平不高、水产品精深加工和高值化水平低等问题，严重制约了淡水生物产业健康发展。因此，亟须强化淡水生物产业科技创新发展战略研究，推动建立"生态良好、生产高效、结构合理、链条完整、品质安全"的绿色淡水生物产业体系。

　　《中国淡水生物产业科技创新发展战略》一书特点之一是全面阐释了淡水生物产业的含义、范围和特征。将淡水生物产业划分为产前阶段（淡水生物资源养护与生态修复、淡水养殖设施装备与信息工程），产中阶段（淡水生物种业、淡水健康养殖）和产后阶段（淡水产品加工与质量安全、淡水生物产业经济）。淡水生物产业发展以"绿色、优质、高效、健康、安全"为特色，聚焦实现重要水域生态养护与可持续利用、生物种业高效培育与标准化生产、健康高效养殖模式升级与设施化提升、水产品加工流通与产业功能拓展等重点任务，推动淡水生物产业实现"生态优先、生产高效、产业升级"的绿色发展目标。

　　该书特点之二是全面总结了淡水生物科技创新发展的战略背景、发展思路与发展方向。在综合分析国内外淡水生物产业及科技发展现状与趋势的基础上，提出了淡水生物产业发展的总体规划和重点任务，凝练了支撑淡水生物产业科技创新发展的保障措施与政策建议，特别是"全链条设计、区域性布局、全要素分析、整体化解决"的发展要求，为全面提升产业科技创新发展能力，实现我国淡水生物产业的全面升级与可持续发展提供了重要参考。

　　作为一名长期从事淡水生物产业科研与管理的工作者，我愿意向大家推荐该书，并向参与淡水生物产业科技创新发展战略研究和该书编写的中青年科学家致以崇高的敬意！

桂建芳

2018 年 1 月

前　言

淡水生物产业主要涵盖供应优质蛋白的淡水渔业、水生蔬菜种植业等相关产业，淡水生物资源开发利用已成为我国内陆农业经济的支柱之一，在保障食物安全、促进生态文明、促进农村产业结构调整、增加农民收入等方面做出了重要贡献。我国是世界淡水渔业、水生蔬菜生产大国，以经济规模、区域覆盖面和生产普遍性而言，淡水渔业在产业经济中具有主体地位。

淡水生物产业经过 30 多年的科技创新和改革发展，取得了举世瞩目的成就，打下了一定的科学理论和技术研发基础。其中，引进和选育出一大批优良品种，推动水产养殖品种向多样化、优质化方向发展；水产生物技术取得长足进步，鱼类基因工程育种研究渐成研究热点；大面积池塘养殖高产综合技术使我国传统的池塘养殖技术得到全面升级，平均亩产由原来的 250～300kg 飞跃到 1000kg 以上；疾病诊断与防治技术取得突破性进展，研制出草鱼灭活疫苗和弱毒疫苗；高效渔用饲料研发技术取得重要突破，促进了水产养殖的规模化发展；盐碱地水产养殖技术拓展了水产养殖空间，通过以渔改碱综合治理和调水养鱼，有效开发利用荒芜的盐碱水体。但是，形成的理论和技术还存在局部化、短期化、前后工作衔接差等问题，难以满足我国淡水生物产业可持续发展的科学和技术需求。

"十三五"时期是我国全面建成小康社会的关键时期，是加快推进现代淡水生物产业建设、促进产业绿色转型升级、实现现代渔业强国目标的战略机遇期。加快淡水生物产业结构转型和技术创新对于国家保障食物安全、保护生态环境和农民增收有重要的意义。为做好中长期淡水生物产业的超前谋划和战略布局，研究提出了淡水生物产业的总体思路、发展目标和战略布局，以提升淡水生物产业科技创新能力和水平，促进淡水生物产业健康可持续绿色发展。根据党的十八大国家创新驱动发展和生态文明建设等战略部署，贯彻十八届五中全会"创新、协调、绿色、开放、共享"五大发展理念，按照党的十九大提出的乡村振兴战略，以及加强生态文明建设和促进绿色发展的新要求，结合渔业转方式、调结构的要求，聚焦"生态优先、生产高效、产业升级"的绿色发展目标，中国水产科学研究院联合中国淡水生物产业领域有关单位开展了淡水生物产业发展的相关研究，在深入调查研究和汇总分析的基础上，形成本书。

本书重点阐述中国淡水生物产业发展的战略背景，系统分析了当前的产业现状和科技需求，提出了发展思路和战略布局。共分三部分，其中：第一部分总体篇，包括产业发展战略背景与产业特征、科技创新基础与条件淡水生物产业发展现状与趋势、科技发展现状与需求、发展思路与战略布局等；第二部分专题篇，从淡水生物资源养护与生态修复、淡水生物种业、淡水健康养殖、淡水养殖设施装备与信息工程、淡水产品加工与质量安全、淡水生物产业经济 6 方面，系统分析了科技创新发展战略背景、产业及科技发展现状与趋势、国内外科技发展差距与存在问题，提出了科技创新发展思路、重点任务、保障措施和政策建议；第三部分案例篇，介绍了国内外在淡水生物资源养护与生态修复、淡水生物种业、淡水健康养殖、淡水养殖设施装备、淡水产品加工等方面的典型案例。

期望本书能够为政府部门的科学决策，以及为科研、教学、生产等相关部门提供借鉴，并为实现我国淡水生物产业现代化发展发挥积极作用。本书是该领域数十位专家学者集体智慧的结晶，在此向他们表示衷心的感谢。由于本书专业面广，时间所限，书中难免存在疏漏和不足之处，敬请读者批评指正。

编　者
2018 年 1 月

目　　录

总　体　篇

专　题　篇

案　例　篇

总体篇

第一章　战略背景与产业特征[*]

　　我国是世界淡水渔业、水生蔬菜生产大国，淡水生物资源开发利用已成为我国内陆农业经济的支柱之一。淡水生物产业经过 30 多年的科技创新和改革发展，取得了举世瞩目的成就，在保障食物安全、促进生态文明建设、促进农村产业结构调整、增加农民收入等方面做出了重要贡献。但是，目前产业发展水平仍不能满足经济社会可持续发展要求，仍然存在制约产业发展的诸多问题。

第一节　产 业 特 征

一、产业的内涵与外延

　　淡水生物产业是我国生物产业的重要组成部分，是指利用内陆湖泊、江河、水库、稻田等开放水体、池塘和集约化设施等天然及人工水体，通过水产养殖、养护、捕捞、水生蔬菜栽培等方式，对鱼、虾、蟹、贝及水生蔬菜等淡水生物资源进行开发利用，为人类提供动植物食品及其他农产品的综合性产业。既有"不与人争粮，不与粮争地"的特点，又有在农业各产业中相对较高的效益优势。

　　淡水生物产业主要涵盖供应优质蛋白的淡水生物资源养护与生态修复、淡水生物种业、淡水养殖业、水生蔬菜种植业、淡水养殖设施装备与信息工程、淡水生物产品加工等相关产业。

二、产业体系的组成

　　现代淡水生物产业体系总体可分为三个阶段：产前阶段（淡水生物资源养护与生态修复、淡水养殖设施装备与信息工程）、产中阶段（淡水生物种业、淡水养殖业、水生蔬菜种植业）和产后阶段（淡水生物产品加工业）。各阶段产业的定义如下。

　　淡水生物资源养护与生态修复：为维持淡水生物资源的正常生存、繁殖，提高淡水生物资源的生产力，保证淡水生态环境与资源可持续利用而采取的防止、减少或消除对淡水环境污染、破坏和淡水生物资源保护与增殖的措施。

　　淡水养殖设施装备与信息工程：运用现代科学技术手段，采用各类设施装备和工具，人为地控制、营造或选择养殖环境，以摆脱自然环境和传统生产条件的束缚，使得淡水生物能在最佳生长条件下生长，同时通过电脑、网络和系统集成等新的物质技术手段实现替代渔业生产者脑力和体力系统，来对设施设备进行精准控制，从而达到高效养殖和规模化生产。

　　淡水生物种业：现代淡水生物种业是将现代生物技术与常规育种技术相结合，以培育性能优异的突破性新品种和繁育名贵养殖种类苗种为主要目标，以现代设施装备为支撑，采用现代生产经营管理和示范推广模式，以育繁推一体化为主要特征的淡水生物良种和健康苗种生产的新兴产业。

　　淡水养殖业：利用现代科学技术和机械化装备，在内陆湖泊、江河、水库、稻田等开放水体及池塘

　　* 编写：刘晃

和集约化设施等天然及人工水体，放养健康的水产苗种，采取人工投喂或利用天然饵料等高效管理措施，促进水产动植物生长和自然繁殖，培育出优质产品的产业，主要包括人工育苗、中间培育、养成、人工增殖、饲料加工、病害防控等生产环节。

水生蔬菜种植业：利用低洼水田和浅水湖荡、河湾、池塘等淡水水面或采用圩田灌水栽培可作为蔬菜食用的维管植物的产业。主要包括莲藕、茭白、慈姑、水芹、菱角、荸荠、芡实、蒲菜、莼菜、豆瓣菜、水芋和水蕹菜等 12 种水生蔬菜的栽培。

淡水生物产品加工业：以淡水生物中的可食用动植物资源为原料，采用各种食品贮藏加工、综合利用技术和工艺生产各种食品，以及淡水食物资源及其加工食品从生产流向消费的活动。

三、产业的主要特征

经过 30 多年的科技创新和改革发展，我国淡水生物产业发展水平显著提高，产业特征明显。

一是养殖品种结构不断优化，健康生态养殖逐步推进。形成了鱼、虾、蟹、贝、龟、鳖等多样化发展格局，大力推进健康养殖，加强水产品质量安全管理，养殖产品的质量水平明显提高。

二是养殖设施与装备水平不断提高。工厂化和设施化养殖持续发展，机械化、信息化和智能化程度明显提高。

三是产业化水平不断提高。养殖业的社会化和组织化程度明显增强，已形成集良种培养、苗种繁育、饲料生产、机械配套、标准化养殖、产品加工与运销等于一体的产业群，多种经济合作组织不断发育和成长。

四是产业布局不断调整优化。传统的池塘养殖、大水面养殖向盐碱水域和工业化养殖发展，多种养殖方式同步推行。由养殖结构调整向发展特色产业转变，推动优势产业集群，形成因地制宜、各具特色、优势突出、结构合理的水产养殖发展布局。

第二节　战略背景

一、淡水生物产业是保障优质蛋白供给的重要基石

水产品是人类优质蛋白的重要来源，其富含优质蛋白、氨基酸、维生素和矿物质等，而且数量和比例符合人体需要，特别是含有人体需求量较大的亮氨酸和赖氨酸。水产品中的结缔组织含量远比畜肉少，鱼类肌纤维较短，蛋白质组织松散，水分含量高，其蛋白质吸收率高于其他肉食品，如猪、鸡、牛等陆生动物肉（李晓明，2010）。水产品除了能提供包含所有必需氨基酸的易消化、高质量的蛋白质外，还含有必需脂肪（如长链 ω-3 脂肪酸）、各类维生素（维生素 D、维生素 A 和维生素 B 等）及矿物质（包括钙、碘、锌、铁和硒等），尤其是在将整条鱼全部食用的情况下。即便是食用少量的水产品，也能显著加强主要以植物为主的膳食结构的营养效果，很多低收入缺粮国和最不发达国家均属此类情况。水产品通常富含不饱和脂肪，有益于预防心血管疾病，还能促进胎儿和婴儿脑部及神经系统发育。正因为具备宝贵的营养价值，水产品还能在改善不均衡膳食方面发挥重要作用，并通过替代其他食物，起到逆转肥胖的作用（联合国粮食及农业组织，2016）。因此，随着人们收入水平的提高，越来越多的人开始把营养性需求作为食品消费的第一需要，水产品的消费比例上升是大势所趋。世界人均年均表观水产品消费量已从 20 世纪 60 年代的 9.9kg 增加到 20 世纪 90 年代的 14.4kg，再提高到 2013 年的 19.7kg（联合国粮食及农业组织，2016）。目前全球水产品总产量约 1.672 亿 t，其中约 44% 来源于水产养殖（联合国粮食及农业组织，2016）。根据世界银行的预测，到 2030 年，全球水产品总产量约 1.868 亿 t，约 50% 来源于水产养殖（The

World Bank，2013）。

　　水产养殖具有较高的饲料转化效率，目前猪、肉鸡、罗非鱼和鲑配合饲料的饲料系数（饲料干重和养殖品种增重的比值）分别大约为 2.5、2.0、1.8 和 1.2（Timmons and Ebeling，2007）。当考虑到使用饲料喂养种鸡的繁殖消耗时，肉鸡的饲料系数将增加 25%，达到 2.5，因此以低价的植物原料（低鱼粉含量）为主要饲料来源的水产养殖具有很大的价格优势（Forster，1999）。水产品消费量的大幅增长为全世界人民提供了更加多样化、营养更丰富的食物，从而提高了人民的膳食质量。2013 年，水产品在全球人口动物蛋白摄入量中占比约 17%，在所有蛋白质总摄入量中占比 6.7%。此外，对 31 亿多人口而言，水产品在其日均动物蛋白摄入量中占比接近 20%（联合国粮食及农业组织，2016）。鉴于淡水渔业改变了世界蛋白质供应格局，具有其他动物养殖业无法比拟的生态效率和资源综合利用效率，我国的淡水渔业和计划生育被世界著名生态经济学家莱斯特·布朗（Lester Brown）称为中国对世界的两大贡献（段聪聪，2008）。

　　淡水产品已经是我国国民膳食中的主要蛋白质来源之一，在国民食物构成中占有重要地位。大宗淡水鱼在我国淡水养殖中所占比例最大，其长期以来以相对稳定和低廉的价格为国民提供了大量高效、低价的动物蛋白，适合普通消费者的承受能力，对稳定市场、保障农产品有效供应做出了重要贡献，淡水养殖业在保障我国食物安全方面发挥了重要作用。同时，我国的淡水生物产业发展是建立在"不与人争粮，不与粮争地"的基础上，大量利用不可耕作的低洼地、盐碱地。随着未来世界性的资源、环境和人口压力增加，以及我国居民膳食结构的优化，对淡水产品的需求将会进一步增长，淡水生物产业将在提供人类食用动物蛋白、保障食物安全中发挥更大的作用。

二、淡水生物产业是促进农村经济发展、增加渔民收入的有效手段

　　我国十分重视对水域的开发利用，以水产养殖和水生蔬菜种植为主导的内陆淡水生物产业已经成为我国特色生物产业。现有淡水生物种养面积 600 多万 hm^2，包括池塘、水田、沟渠等，生产区域几乎遍布我国所有省份的适宜地区，形成了以广温性淡水鱼规模化养殖为主的长江中下游地区、以热带亚热带养殖品种集约化养殖为主的珠江流域和以冷水性鱼类养殖为主的北方流域等。淡水生物养殖是农民增收致富的有效途径，成为农村经济发展的重要组成部分。淡水生物资源开发利用已经成为农村经济新的增长点，在调整和优化农业产业结构、增加农民收入、繁荣农村经济、改善生态环境等方面发挥了重要作用，为解决"三农"问题提供了重要途径，同时，也走出了一条中国特色的淡水生物资源开发利用之路，为世界发展中国家树立了榜样。

　　改革开放以来，以水产养殖、水生蔬菜种植和水域环境养护为主的淡水生物资源开发利用获得了巨大的发展，已成为我国农业的重要组成部分。2015 年我国淡水养殖产值近 5340 亿元，占渔业产业产值的比重超过 47%，占渔业经济总产值的比重为 24%，充分说明淡水养殖在整个渔业经济中占有重要地位（农业部渔业渔政管理局，2016）。淡水养殖业主要分布在我国内陆广大农村，发展淡水渔业可以有效缓解人多地少的矛盾、优化农业产业结构，增加农民、渔民的收入。2015 年渔民人均纯收入达到 15 595 元（农业部渔业渔政管理局，2016），比全国农民人均纯收入（11 421.7 元）（中华人民共和国农业部，2016）高出 4173.3 元。淡水养殖已成为多地农（渔）民增收致富的重要途径。1974 年世界水产养殖业对水产品供应量的贡献率仅为 7%，到 1994 年和 2004 年已分别升至 26% 和 39%，中国在其中发挥了重要作用，中国水产养殖产量占世界总量的 60% 以上（联合国粮食及农业组织，2016）。我国是水生蔬菜栽培品种类型最丰富、种植面积最广泛的国家，常年种植面积在 80 万 hm^2 以上，主要分布在长江流域及其以南各省区，包括长江、钱塘江、闽江、珠江、澜沧江和红水河等江河流域，其中尤以洞庭湖、鄱阳湖、巢湖、太湖、洪泽湖、高邮湖等湖泊周边地区分布最为集中，全国水产养殖年总产量达 1800 多万 t，占世界总产量的

80%以上，年总产值超 550 亿元（曹碚生和江解增，2002；郑寨生等，2013；何建军等，2013，2016；王锐等，2015）。随着养殖技术的发展，淡水养殖也逐渐向种植区、贫困山区延伸，出现了稻田养鱼、山区复合渔农生态循环养殖等技术，既提高了收入水平，又稳定了种粮积极性。

此外，淡水养殖业发展也带动了水产苗种、饲料、渔药、养殖设施设备和水产品加工、储运物流等相关产业的发展，初步形成了较为完整的产业链，创造了大量的就业机会。淡水产品还是我国重要的出口商品之一，2015 年水产品出口量 406 万 t，出口额 203 亿美元（农业部渔业渔政管理局，2016）。在出口的水产品中，淡水养殖的罗非鱼、鳗鲡、淡水珍珠、河蟹、克氏原螯虾和斑点叉尾鮰等品种，随着养殖和对外贸易的迅速发展，国际市场占有率不断提高。

三、淡水生物产业是改善生态环境、维护生态安全的重要路径

党的十八大将生态文明建设纳入"五位一体"中国特色社会主义总体布局，要求"把生态文明建设放在突出地位，融入经济建设、政治建设、文化建设、社会建设各方面和全过程，努力建设美丽中国，实现中华民族永续发展"。提出了"着力推进绿色发展、循环发展、低碳发展"理念。丰富的淡水生物资源作为淡水生物产业发展的物质基础，极大地促进了我国社会经济的发展，有力地保证了我国水产品总产量连续多年位居世界首位。同时，实现淡水生物产业绿色发展已经成为"转方式、调结构"、建设生态文明的重要路径之一。

淡水生态系统除了提供清洁水源外，还承担调节气候、净化水质、保护生物多样性等生态环境功能。水域生态环境对人类影响巨大，良好的水域生态环境是生态文明的重要标志。水生物资源具有重要的生态功能，是淡水湿地生态系统的核心组成部分，对于维系地球物质和能量循环、净化水质，以及保持内陆生态系统的健康状况具有极其重要、不可替代的作用（杨正勇和潘小弟，2001；解绶启等，2013）。通过生物手段来控制水体中的氮、磷和藻类，以解决水体富营养化问题，已经被实践证明是一种可行的措施。同时，淡水养殖草食性、滤食性鱼类具有很好的生物固碳效果。淡水养殖中不需投饵的鱼类（以滤食性鱼类为主）的养殖量占养殖总量的近一半，这些养殖生物的生产效率和生态效率都很高，在其生长和养殖过程中，不仅大量使用了碳，还大量使用了氮、磷等营养物质，实际起到了减缓水域生态系统富营养化进程的重要作用，如在贝、藻养殖区少有赤潮灾害发生，而放养滤食性鱼类和草食性鱼类已成为淡水水域减轻富营养化的有效途径之一（唐启升等，2013）。此外，水生蔬菜也具有保持水土、净化水质、改善和美化生态环境等方面的作用。因此，淡水生物产业具有不与粮争地的特点，可充分利用湖塘、沼泽、低洼地带等水资源和湿地资源，在消除和减轻盐碱化、改善生态环境等方面可以发挥独特的作用，有利于合理利用国土资源和提高土地利用效率，在促进渔民增产增效方面具有较大作用。

四、淡水生物产业是分享中国经验、落实"走出去"战略的有效抓手

2013 年，习近平主席提出构建"丝绸之路经济带"的设想，提出同东盟国家加强海上合作，共同建设"21 世纪海上丝绸之路"的倡议；在《推动共建丝绸之路经济带和 21 世纪海上丝绸之路的愿景与行动》的合作重点中提出"……开展农林牧渔业、农机及农产品生产加工等领域深度合作，积极推进海水养殖、远洋渔业、水产品加工、海水淡化、海洋生物制药、海洋工程技术、环保产业和海上旅游等领域合作……"。2014 年《中共中央、国务院关于全面深化农村改革加快推进农业现代化的若干意见》强调"……加快实施农业走出去战略，培育具有国际竞争力的粮棉油等大型企业……"。2016 年《农业部关于加快推进渔业转方式调结构的指导意见》提出"……发挥水产养殖技术优势，加快'走出去'步伐，带动种苗、饲料和养殖装备出口，支持发展海外养殖……"。2017 年《中共中央、国务院关于深入推进农业供给侧结构性改革加快培育农业农村发展新动能的若干意见》再次强调"……加强农业对外合作，推动农业走出去。

以'一带一路'沿线及周边国家和地区为重点……"。

淡水生物产业作为农业的重要组成部分，在世界各国食物安全和生态安全中起着日益重要的保障作用，对中国和"一带一路"沿线国家社会经济发展做出了重要贡献。我国积累了在各种气候条件下从事种植、养殖的先进技术，"一带一路"沿线国家对我国农业机械、水产养殖、设施农业等产品和技术都有强烈需求。契合国家经济发展战略规划渔业"走出去"发展，将我国先进的水产养殖技术和产业发展经验传播到"一带一路"沿线国家，推动世界各国食物安全和生态安全成为新形势下我国淡水生物产业可持续发展的重要选择，并有助于将政治互信、地缘毗邻、经济互补等优势转化为务实合作，促进国际社会对我国的了解，提高中国的国际地位。

五、淡水生物产业发展前景广阔

我国水域辽阔，拥有内陆水域总面积 1800 多万 hm^2，淡水生物资源非常丰富，是世界上淡水水域最大的国家之一，在我国淡水水域发现的鱼类有 1042 种、虾类 62 种、蟹类 228 种、贝类 104 种，水生维管植物和大型藻类 437 种，很多淡水生物是重要的优质蛋白源。随着人口增长，到 2030 年我国人口总量将达到 15 亿，如按人均水产品占有量为 50kg 计，总产量需达到 7500 万 t。由于近海资源衰退及远洋发展受限，渔业捕捞产量提高幅度不会很大。因此，到 2030 年水产品总产量需要再增加的产量主要通过发展水产养殖来实现（唐启升等，2013）。2015 年淡水养殖生产优质水产品 3000 多万 t，占水产养殖总产量的 2/3 以上。淡水鱼类养殖产量 2800 多万 t，占全国鱼类养殖总产量九成以上（农业部渔业渔政管理局，2016），淡水养殖是实现水产品产量增加的主力军。

同时，随着我国经济实力的上升及居民人均收入的增加，人们的消费习惯也在发生着转变，水产品因其公认的高蛋白、低脂肪等特点，被广大消费者所接受。近 20 多年来，一直保持着稳步向上的发展态势。城镇居民家庭水产品人均年消费由 1990 年的 7.69kg 增加到 2015 年的 14.7kg；农村居民家庭水产品人均年消费由 1990 年的 2.13kg 增至 2015 年的 7.2kg；2015 年我国全国居民的人均水产品消费量为 11.2kg（中华人民共和国国家统计局，2016）。随着我国新型城镇化建设步伐的加快，城镇人口会迅速增加，对水产品的消费需求还会继续大幅增加。根据 2016 版的《中国居民膳食指南》，推荐每周吃鱼 280～525g（中国营养学会，2016），如按照中间值 400g 计算，人均的水产品年消费量大约为 20.8kg，水产品的消费需求还有很大的增长空间。因此，淡水生物产业发展前景十分广阔。

第三节　发 展 制 约

一、资源环境问题制约产业发展

淡水生物产业发展与资源、环境的矛盾等生态安全问题进一步加剧。由于环境污染、工程建设及过度捕捞等因素的影响，水生生物资源遭到严重破坏，主要表现为：水生生物的生存空间被挤占，洄游通道被切断，水质遭污染，栖息地遭到破坏，生存条件恶化；水生生物资源严重衰退，水域生产力下降，水生生物总量减少；水生生物物种结构被破坏，低营养级水生生物数量增多；处于濒危的野生水生动物物种数目增加，灭绝速度加快；水华、病害和污染事故频繁发生，渔业经济损失日益增大。养殖自身污染问题在一些地区也比较严重，不规范的养殖生产已经成为面源污染之一，越来越多地引起社会的关注，对养殖业健康发展带来负面影响。因此，生态安全已经严重影响到我国淡水生物产业可持续发展的基础。

二、发展空间受到严重挤压

我国淡水生物产业的发展主要还是依赖于生产条件、市场需求，形成了产量提升主要是靠扩大养殖的空间规模来实现的发展模式。虽然正在探索通过新的生产模式提高发展水平，但是以目前的技术水平，依靠扩大规模提高产量的发展模式在短时期内难以改变，因此淡水生物产业需要有足够空间来保证发展。而现今由于新型工业化、城镇化的推进，资源节约型和环境友好型社会建设的不断加快和生态环境保护措施的不断加强，湖泊拆围、水库限养，传统的养殖区域受到严重挤压；同时国家严格的耕地保护和粮食安全政策，也不允许农田挖鱼池来扩充养殖规模。这些叠加的刚性约束使得淡水生物产业发展空间受限。受到城市化、工业与种植业的多重挤压，可利用水域资源日益减少，发展空间格局正发生重大变化，产业规模稳定与发展受到限制。

三、产品质量安全成为产业发展的瓶颈

我国淡水生物产业目前还基本上采取"一家一户"的传统生产经营方式，存在着过多依赖资源的短期行为。水产养殖过程中，大量的饲料投入加剧了水体的富营养化。随着高密度集约化养殖的兴起，养殖生产追求产量，难以顾及养殖产品的品质，对外源环境污染又难于控制，一旦发生病害，养殖生产者要么病急乱投医，乱用、滥用药物，要么铤而走险，违法使用禁用药物。目前，水产品产地合格率有了较大提高，但是硝基呋喃类代谢物和孔雀石绿等禁用药物和有毒有害物质残留仍是重点难题，部分地区、个别重点养殖品种检出率还比较高，市场的抽检结果相对还要差一些。水产苗种质量安全抽检合格率虽提高很快，但总体水平仍然偏低，成为水产品质量安全的重要隐患。此外，由于流通过程监管缺失，尚未对从业者进行规范管理，不同程度地存在违法使用药物、添加剂的现象，导致淡水生物产品中的有害物质和药物残留超标，成为水产品质量安全问题的重要隐患，也在不断挫伤消费者对水产品质量安全的信心。

四、国内外产业竞争加剧带来巨大压力

我国淡水生物产业整体仍然比较传统，以消耗自然资源为主的生产方式和以增加养殖面积来提高产量的问题仍然严重，设施简陋且技术落后、产业集聚度低、专业化分工不明确，尤其是一些地区出现了盲目发展和片面追求产量的倾向，造成国内市场需求乏力，国际竞争力弱。国内市场近期整体水产品价格普遍偏低，其中高端水产品价格大幅度下降，而国外进口的三文鱼在中国市场长驱直入，价格坚挺；常规产品价格进入近 30 年来低价区间，而水产品主要生产要素成本高企。我国出口大宗产品罗非鱼养殖量增加，但出口订单减少。

参 考 文 献

曹碚生, 江解增. 2002. 我国水生蔬菜生产科研现状及发展对策. 中国蔬菜, (5): 1-3.
段聪聪. 2008-06-22. "谁来养活中国"仍是问题. 环球时报, 第 1 版.
何建军, 陈学玲, 关健, 等. 2013. 水生蔬菜与休闲农业. 农产品加工(学刊), (3): 50-51.
何建军, 陈学玲, 关健, 等. 2016. 我国水生蔬菜保鲜加工及综合利用之建议. 长江蔬菜, (4): 30-33.
柯卫东, 黄新芳, 李建洪, 等. 2015. 我国水生蔬菜科研与生产发展概况. 长江蔬菜, (14): 33-37.
李晓明. 2010. 走以养为主之路. 华夏星火·农经, (1): 28.
联合国粮食及农业组织. 2016. 2016 年世界渔业和水产养殖状况: 为全面实现粮食和营养安全做贡献. 罗马: 联合国粮食及

农业组织.

农业部渔业渔政管理局. 2016. 2016 中国渔业统计年鉴. 北京: 中国农业出版社.

唐启升, 桂建芳, 李家乐, 等. 2013. 综合报告//中国养殖业可持续发展战略研究项目组. 中国养殖业可持续发展战略研究: 中国工程院重大咨询项目·水产养殖卷. 北京: 中国农业出版社: 1-66.

王锐, 陈鸿, 卢泽明, 等. 2015. 水生蔬菜生产机械研究概况. 长江蔬菜, (20): 28-34.

解绶启, 刘家寿, 李钟杰. 2013. 淡水水体渔业碳移出之估算. 渔业科学进展, 34(1): 82-89.

杨正勇, 潘小弟. 2001. 生态渔业的主要模式. 生态经济, (3): 25-27.

郑寨生, 张尚法, 王凌云, 等. 2013. 水生蔬菜设施栽培模式及其主要技术. 安徽农业科学, 41(7): 2877-2878.

中国营养学会. 2016. 中国居民膳食指南·2016. 北京: 人民卫生出版社.

中华人民共和国国家统计局. 2016. 2016 中国统计年鉴. 北京: 中国统计出版社.

中华人民共和国农业部. 2016. 中国农业统计资料 2015. 北京: 中国农业出版社.

Forster J. 1999. Aquaculture chickens, salmon: a case study. World Aquaculture, 30(3): 33-38, 40, 69, 70.

The World Bank. 2013. FISH TO 2030: Prospects for Fisheries and Aquaculture. Washington DC: The World Bank.

Timmons M B, Ebeling J M. 2007. The role for recirculating aquaculture systems. AES News, 10(1): 2-9.

第二章 科技创新基础与条件*

第一节 研 发 投 入

一、科教单位的研发投入

据不完全统计，"十一五"以来国家财政对淡水生物产业科技创新发展投入的经费约 3.5 亿元。经费投入渠道以科研项目为主，项目类别包括 973 计划、863 计划、国家科技支撑计划、成果转化资金、行业专项、国家自然科学基金等（表 2-1）。共涉及 80 多家科研院所、高等院校和企业等，在资源环境、生物种业、健康养殖、营养饲料、疾病防控、设施装备等多个领域开展了基础与应用研究、试验示范的相关科研工作。

表 2-1 "十一五"以来国家财政投入淡水生物产业领域科研经费汇总表

项目类别	课题数（项）	国拨经费（万元）
973 计划	10	984.74
863 计划	31	2 361.60
国家自然科学基金	111	4 459.67
国家科技支撑计划	72	16 933.43
行业专项	35	8 590.36
成果转化资金	20	1 420.00
948 计划	7	325.00

国家自然科学基金对生物产业科技创新发展的资助主要集中在资源环境、疾病防控、营养饲料及生物种业等研究领域，资助项目达到 111 项，经费 4459.67 万元。

国家财政对淡水生物产业各研究领域的经费投入分别为：资源环境领域 5940 万元、生物种业领域 6902.3 万元、健康养殖领域 8359.79 万元、疾病防控领域 3607.51 万元、设施装备领域 7933.7 万元、营养饲料领域 694 万元、加工领域 661.5 万元、质量安全领域 457 万元、淡水生物其他领域 519 万元（图 2-1）。说明国家财政对资源环境、生物种业、健康养殖、疾病防控和设施装备等 5 个领域的投入较大，而在营养饲料、质量安全、加工及其他领域的研究经费投入相对较少，随着国家和社会对营养饲料、质量安全等领域的重视，研究经费投入还需要进一步提高。按照项目类型划分，淡水生物产业研究分为基础研究、应用研究和试验示范，国家及省市等财政对应投入经费分别为 20 845 万元、121 617 万元和 57 611 万元。

二、企业的研发投入

在我们所调查的 46 家企业中，政府财政研发经费共投入约 1.6 亿元，其中，国家财政投入 4517 万元，

---

* 编写：王永进

比例为 28.2%；省市级财政投入 8525 万元，比例为 53.1%；其他财政投入 2994 万元，比例为 18.7%。说明国家财政对淡水生物产业企业的经费投入只占其总经费来源的不足 1/3。企业作为创新主体，主要存在科研与生产的矛盾，效益来得慢，需要政府发挥财政引导作用，同时企业需要同科研院所合作共建实验室，引入更多人才，才能充分发挥研发人员的创新引领作用。

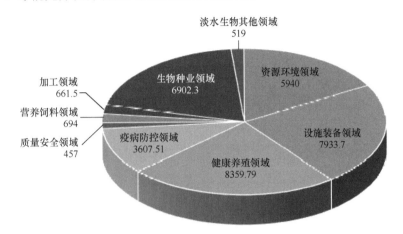

图 2-1　淡水生物产业各领域经费情况（单位：万元）（彩图请扫封底二维码）

第二节　研发基础

一、人才队伍

随着淡水生物产业的不断发展及研究经费的持续投入，我国淡水生物产业理论与技术水平不断提高，形成了一支数量规模较大、研究水平较高的研究队伍。淡水生物产业各个领域的研究团队涵盖了淡水生物资源基础调查、高效生态养殖技术研究、疫病防控机制研究、遗传育种理论研究、苗种繁育、新品种培育和新技术新装备研发等科技创新链条上的各个环节，包括农业部中国水产科学研究院下属各研究所、中国科学院和国家海洋局下属部分研究所、各级海洋和水产院校及部分省级水产研究所等 40 多个科研院所和大专院校。

在我们所调查的 32 个科教单位（高校 8 个；科研院所 24 个，包括中国水产科学研究院下属研究所 4 个、省级水产研究所 17 个、其他级别研究所 3 个）中，从事淡水生物科研、教学职工总人数为 3447 人，其中科研人员 2348 名，占职工总人数的 68.1%，占从业人员总数的一半多（图 2-2），说明我国水产种业的科研力量目前已有了较大提高。分析淡水生物产业科研人员的职称分布发现，高级职称 1105 人（占 47.06%），中级职称 641 人（占 27.30%），中级职称以下 602 人（占 25.64%）（图 2-3）。分析淡水生物产业从业人员的学历发现，博士学历 1031 人（占 29.91%），硕士学历 591 人（占 17.15%），本科及以下学历 1825 人（占 52.94%）（图 2-4）。

作为淡水生物产业各领域科研力量的带头人，高端人才数量是衡量各领域研究水平的重要指标之一。全国淡水生物产业领域高层次人才队伍呈不断扩大趋势，目前拥有国家级人才 54 名，省部级人才 100 名，一批有突出贡献的科技人才荣获"百千万工程国家级人才""农业科研杰出人才及其创新团队""中华农业英才奖"等各种荣誉。另外，淡水生物产业领域共有科学院、工程院院士 10 名（表 2-2），涵盖鱼类学、淡水生物学、鱼类遗传发育学、藻类生物学及细胞工程学等多个学科领域，为淡水生物产业科技进步和技术提高起到了高端引领作用。

12

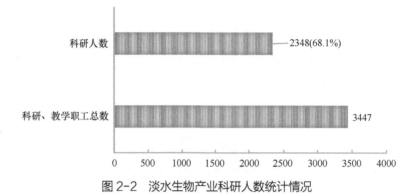

图2-2　淡水生物产业科研人数统计情况

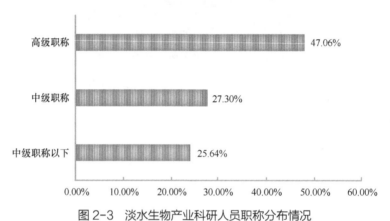

图2-3　淡水生物产业科研人员职称分布情况

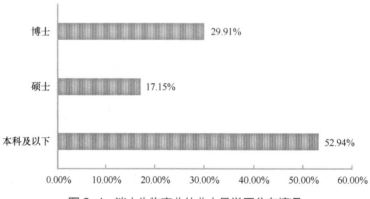

图2-4　淡水生物产业从业人员学历分布情况

表2-2　淡水生物产业高端人才统计表

姓名	职称（院士）	获批时间	所在单位	所在省市
刘建康	中国科学院院士	1980 年	中国科学院水生生物研究所	湖北
陈宜瑜	中国科学院院士	1991 年	中国科学院	北京
赵法箴	中国工程院院士	1995 年	中国水产科学研究院黄海水产研究所	山东
朱作言	中国科学院院士	1997 年	中国科学院水生生物研究所	湖北
曹文宣	中国科学院院士	1997 年	中国科学院水生生物研究所	湖北
林浩然	中国工程院院士	1997 年	中山大学	广东
唐启升	中国工程院院士	1999 年	中国水产科学研究院黄海水产研究所	山东
赵进东	中国科学院院士	2007 年	中国科学院水生生物研究所	湖北
麦康森	中国工程院院士	2009 年	中国海洋大学	山东
桂建芳	中国科学院院士	2013 年	中国科学院水生生物研究所	湖北

二、企业研发队伍

21 世纪企业可持续发展的关键要素之一是人力资源，企业研发队伍是科技进步与社会经济发展最重要的资源和主要动力。近年来，淡水生物产业企业纷纷引进科研人才，建立了自己的研发中心和研发团队，为进一步提升我国淡水生物产业科技水平提供了重要的人才保障。

（一）淡水生物产业企业研发人员投入

在我们所调查的 46 家淡水生物产业企业中，共有职工人数 12 828 人，研发人员 1112 人，研发人员占比（研发人员数/员工总人数）为 8.7%，研发人员中有 98 人具有高级职称，占研发人员的 8.8%。在 46 家企业中，大部分企业研发人员占比为 10%～36%（含 36%），共有 26 家，小于 10% 的有 17 家，大于 36%（不含）的仅有 3 家（图 2-5）。

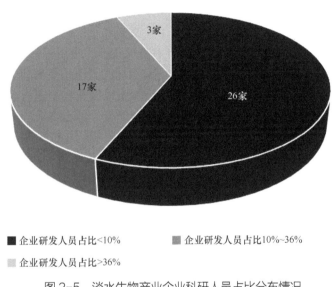

■ 企业研发人员占比<10%　　　　■ 企业研发人员占比10%～36%

■ 企业研发人员占比>36%

图 2-5　淡水生物产业企业科研人员占比分布情况

在所调查的众多企业中，研发人员在淡水生物产业企业中的所占比例相对较低，而且企业普遍存在规模小、研发能力弱、竞争力不强的劣势。科研人员的数量及科研水平跟不上企业发展的需求。研发人员在企业水产新品种、新技术及标准制定等企业自主创新和示范、推广过程中发挥了关键作用。研发部门的创新在企业发展中发挥了核心和技术支撑的作用。

（二）其他大型企业研发人员投入

2012 年孟山都公司（Monsanto Company）有 22 000 名雇员，其中研发人员有 4800 人，研发人员占比 22%；世界第一大种子公司，杜邦（先锋）种子公司（DuPont Company）在全世界有职员 12 000 人，其中研发人员达 4000 余人，研发人员占比接近 35%。其他领域大型企业如瑞士先正达公司（Syngenta Company），全球约 28 000 名雇员，5000 余名研发人员，研发人员占比约 17.9%；同为战略性新兴产业，信息技术领域龙头骨干企业华为技术有限公司研发人员占比达到了 45.36%。

相较之下，我国淡水生物产业企业的研发人员投入仍然较低，在我们所调查的企业中，百洋产业投资集团股份有限公司拥有职员 4275 人，而研发人员占比仅仅为 5.5%。可见，我国淡水生物产业各领域研发队伍有待进一步扩大，尤其是企业研发部门急需引进、培育国内外高层次科研和管理人才，以科技创新夯实企业发展的基础，引领企业发展的持续动力。

目前，我国从事淡水生物产业各领域研究的科技队伍分散在有关大专院校、科研院所及其他水产企事业单位，研究力量分散是一个长期存在的客观现实；在淡水生物产业水产养殖和生物种业等领域，养殖的种类众多，涉及流域广，面积大，目前已开展相关研究与试验的多达几十个品种，再加上研发经费相对有限，也导致了研究力量的严重分散。因此，我国的淡水生物产业急需建立有效的机制，有机地整合相关单位不同领域的研究力量，形成产业战略联盟，集中优势力量，协同创新，有效地促进研究工作的开展。另外，我国在淡水生物产业领域的"将帅级"和复合型高层次人才严重不足，急需切实建立和落实引进及吸纳高层次人才的配套条件，发挥高层次人才的创新引领作用，组建一批国际一流水平的研发团队，推动我国淡水生物产业在资源环境、健康养殖、生物种业等各领域研究的创新实践，不断深化产业发展，提高我国的产业竞争力。

三、条件平台

国家重点实验室、国家工程中心等科研平台凝聚了一支高水平的科研队伍，承担了大量的基础研究、战略高技术研究、社会公益性研究及行业关键共性技术研发与推广应用等任务，取得了众多具有国际先进水平的科技成果，成为我国在基础研究和工程技术研究领域的骨干力量和重要基地。"十一五"以来，水产高校、科研院所对基础平台建设工作高度重视，积极加强以国家实验室为引领的创新基础平台建设，积极争取进入各类国家级、省部级科技创新体系，打造学科交叉、综合集成的大型科研基地和基础设施。目前，淡水生物产业领域有国家级重点实验室、研究中心3个，另有19个实验室被农业部等评为"部级重点实验室"，有12个"省级重点实验室"和19个"省级工程技术研究中心"，截至2016年，建成了36家国家级水产原良种场和25家水产遗传育种中心（表2-3）。其中国家级重点实验室和研究中心有国家淡水渔业工程技术研究中心、淡水生态与生物技术国家重点实验室，以及淡水鱼类育种国家地方联合工程实验室（均由科技部主管）（表2-4）。我国先进条件平台建设依然以科研院所、大专院校为主，而依托企业建设的国家级平台较少，在一定程度上满足了我国淡水生物产业科技发展的需要。

表 2-3　淡水生物产业各领域平台一览表

类别	数量（个）
国家级重点实验室、研究中心	3
部级重点实验室	19
省级重点实验室	12
省级工程技术研究中心	19
国家级水产原良种场	36
水产遗传育种中心	25

表 2-4　国家级平台一览表

序号	平台名称	依托单位	主管部门
1	淡水生态与生物技术国家重点实验室	中国科学院水生生物研究所	科技部
2	淡水鱼类育种国家地方联合工程实验室	中国水产科学研究院黑龙江水产研究所	科技部
3	国家淡水渔业工程技术研究中心	北京市水产研究所	科技部

各类国家重点实验室作为国家科技创新体系，在集聚和培养了高端淡水生物科技人才的同时，发现并凝练出重大水产种业科技问题，开展了资源调查、环境保护与修复、技术创新、淡水生物疫病防治、优良苗种产业化、产业结构优化升级、水产育种技术标准制定等方面的研究工作，进行了基础性和创新

性研究，为淡水生物科研和产业的可持续发展提供了技术支撑。

国家级水产原良种场的主要职责是负责原种和已通过审定品种的种质资源保存和提纯复壮，批量生产优质亲本供苗种繁殖场作种用亲本。例如，我国最主要的淡水养殖对象"四大家鱼"的原种保护工程，有效地遏制了养殖生产中"四大家鱼"种质严重退化现象。水产育种中心则承担现有养殖种类的遗传改良，选育性状更为优良、生产性能更好的新品种，努力实现真正意义上的良种化。我国遗传育种在淡水养殖的鲤、鲫、罗非鱼等种类上进展明显，成果突出。在我们所调查的各单位中，已培育出新品种 27 项，包括'福瑞鲤'、'中科 3 号'、斑点叉尾鮰、'长丰鲫'等淡水品种。

不容忽视的是，我国淡水生物产业中育种单位普遍注重良种培育，而忽视配套良法研发，又缺少其他单位进行相关研究，严重制约了良种推广的速度和效果。因此，在市场化的大背景下，必须加快原种场、良种场和扩繁场为主的水产原良种体系建设，加强设施设备的研发和更新，加大良种培育的信息化建设力度，为良种推广提供平台支撑，同时建立原良种场与苗种生产企业的高效对接机制，提高良种保种、供种能力和良种覆盖率。

四、淡水生物企业资产规模

从注册资金上看，在所调查的 46 家淡水生物企业中有大型企业 9 家（注册资金在 5000 万元以上），中等规模企业 25 家（注册资金在 500 万元以上，5000 万元以下），小型企业 12 家（注册资金在 500 万元以下）。宁波天邦股份有限公司和百洋产业投资集团股份有限公司两家企业注册资金最多，分别达到了 2.9 亿元和 1.8 亿元的规模。

（一）年销售额、年利税和利润率

46 家企业在 2015 年总销售额 103.3 亿元，总销售利润达到 6.7 亿元，年度平均销售利润率为 6.49%，利润率偏低，说明我国淡水生物产业仍处于起步阶段，未来存在非常大的发展空间，亟须通过资源整合、技术投入、合理运营等措施提高我国淡水生物产业产品的技术含量和附加值。年销售额过亿、年利税超过千万的企业共有 14 家（表 2-5），多数以淡水池塘养殖、苗种繁育为主要养殖方式，其中百洋产业投资集团股份有限公司以大水面网箱养殖为主。利润率代表了一个企业的盈利能力。在调查的企业中，利润

表 2-5　年销售额过亿的淡水生物企业

序号	企业名称	所在省区	企业性质	年销售额（万元）	利润率（%）
1	安庆皖宜季牛水产养殖有限责任公司	安徽	民营	13 050	14.56
2	池州市特种水产开发有限公司	安徽	民营	10 000	2.00
3	安徽富煌三珍食品集团有限公司	安徽	民营	42 635.43	2.76
4	福建铭兴食品冷冻有限公司	福建	民营	35 370	11.61
5	江苏红膏大闸蟹有限公司	江苏	民营	66 923.75	11.82
6	江苏水仙实业有限公司	江苏	国企	13 160	8.00
7	外婆家食品股份有限公司	江苏	民营	13 477	7.98
8	江苏中洋集团股份有限公司	江苏	民营	76 000	10.26
9	浙江明辉饲料有限公司	浙江	民营	22 249	3.13
10	余姚市明凤淡水养殖场	浙江	民营	34 953	3.41
11	百洋产业投资集团股份有限公司	广西	民营	186 374	3.83
12	广东何氏水产有限公司	广东	民营	200 000	0.50
13	海南勒富食品有限公司	海南	民营	19 300	5.18
14	湛江恒兴水产科技有限公司	广东	民营	57 738	2.88

率名列前三的分别为佛山南海百容水产良种有限公司、肇庆大华农生物药品有限公司和广东通威饲料有限公司，公司与中国水产科学研究院珠江水产研究所、中山大学生命科学院等科研院所和高校建立了紧密的合作关系，合作重点在行业前沿技术研究、实验室技术的产业化转化、新技术的引进与应用等方面，从利润率上看，这体现了科技与产业融合所发挥的巨大效益。

（二）研发投入

46 家淡水生物企业研发投入总额约为 2.39 亿元，不同企业年投入研发的经费相差较大，平均每家企业投入为 612.5 万元，平均研发投入占全年销售额的 2.3%。在所调查的企业中，研发投入占比位列前三的分别为本溪艾格莫林实业有限公司、济宁吉康农业科技有限公司和佛山南海百容水产良种有限公司，分别为 33.3%、16.7% 和 16.3%，研发投入占比虽然较高，但研发投入资金有限，分别为 1000 万元、100 万元和 838.5 万元。这三家公司与世界知名龙头企业，如杜邦（先锋）公司、孟山都公司、瑞士先正达公司等相比较，其研发投入经费总额有巨大差距。

46 家企业用于实验及研发的仪器设备共计 1296 台，总费用为 1.19 亿元，近半数企业没有相关的仪器设备。研发投入的巨大缺口是所调查的公司共同面临的问题，经费不足、基础设施落后掣肘着公司的创新发展。企业研发投入除依靠自身投入以外，还需建立多元化的投资渠道，鼓励金融资本、社会资本进入淡水生物产业领域，促进研发部门在企业水产新品种、新技术及标准制定等企业自主创新和示范、推广过程中发挥关键作用。

（三）研发人员占比与利润率

46 家企业平均研发人员占比（研发人员数/员工总人数）为 8.7%，明显低于世界大型企业的比例。从图 2-6 研发人员占比与利润率关系可知，研发人员占比与利润率的相关性较弱，说明目前我国研发人员在淡水生物产业领域发挥的作用有限，这可能与研究经费不足、基础设施缺失相关，还有相当部分企业研发方面依靠科研教学单位的研究成果，相关研究成果转化则受到诸多条件限制。

淡水生物企业的普遍特点是较低的研发投入比和低利润率，其中在所调查的企业中有 76% 的企业（35家）利润率低于 15%，研发投入比低于 15% 的企业也有 89% 的高比例（图 2-7）。从研发投入比和利润率的关系中可知，我国淡水生物企业仍存在规模较小、技术含量偏低、创新能力不足、管理水平有限、融资能力欠缺等问题，这导致大部分企业总体竞争力不强。

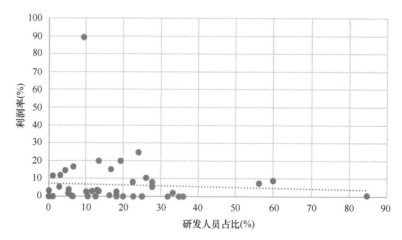

图 2-6 淡水生物产业企业研发人员占比与企业利润率的关系

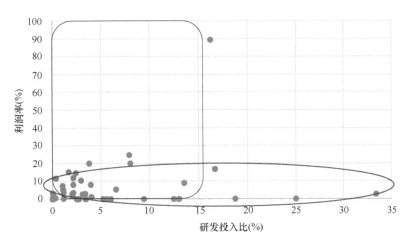

图 2-7 淡水生物产业企业研发投入比与企业利润率的关系

五、养殖生产情况

我们对 52 家科教单位和企业的养殖基地进行了调研。从养殖方式来看,各单位养殖方式多样,不限于 1 种,其中有 1 家单位为湖泊养殖;39 家单位有淡水池塘养殖;5 家单位有工厂化循环水养殖;16 家单位有苗种繁育;6 家单位有工厂化流水养殖;1 家单位有生态健康养殖;3 家单位有网箱养殖,包括 1 家大水面网箱养殖;2 家单位有高水位池塘养殖。养殖方式主要集中在淡水池塘养殖(75%)和苗种繁育(31%)(图 2-8)。生态健康养殖方式的企业为江苏中洋集团股份有限公司,共有养殖面积 5000 亩①,年销售额为 6000 万元,主要养殖河豚、鲥、龙纹斑、南美白对虾、娃娃鱼、鲟、鳄、笋壳鱼、胭脂鱼等鱼类,养殖品种多样。

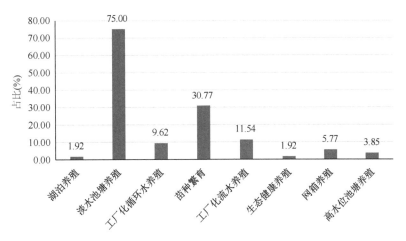

图 2-8 淡水生物单位不同养殖方式占比

养殖面积共计约 22.95 万亩,平均每家单位拥有养殖面积 4400 多亩,年销售总额为 154.25 亿元。养殖品种主要集中在青鱼、草鱼、鲢、鳙等“四大家鱼”,以及鲤、鲫、河蟹、鳜、罗非鱼等,养殖品种繁多,苗种来源主要为自己繁育和来源于原良种场,比例分别为 61.5% 和 19.3%,还有部分来自于养殖户和小型苗种场,比例分别为 7.7% 和 11.5%。投放饲料类型主要为商品饲料,共有 47 家单位使用,比例占到 90.4%,有 8 家单位投放饲料类型为农副产品,还有少数单位投放轮虫、红虫作为饲料。病害主要由病毒、

---

① 1 亩≈666.7m²

细菌、真菌和寄生虫引起，比例分别占到 19.2%、69.2%、15.4%和 59.6%，还有少数养殖品种病害由水癀子、绿藻等引起。为防治疫病使用疫苗的单位仅有 8 家，44 家单位未使用疫苗，亩均支出为 220.5 元。

从传统的水产养殖到现代化水产养殖，养殖设施装备是重要表征之一。在我们所调查的 52 家单位中，共拥有增氧机 14 027 台、投饵机 3778 台、水泵 2089 台、底质调控机 120 台及起捕机 95 台，另外，还有部分单位安装有地热源空调等设施装备。养殖设施在各单位中配备不均，一方面是根据不同单位的养殖规模、养殖品种和养殖环境等而选择不同类型和数量的养殖设施，另一方面是部分单位对养殖设施不够重视，或是经费投入不足，只配备少量的设施。

养殖生产企业的成本主要包括饲料费、水电费、劳力费、燃料费、渔药费、运输费、租金、折旧费、销售费及其他费用，其中有 38 家单位饲料费用占比超过 40%，包括 29 家单位饲料费用占比超过了 60%，可见饲料费在各单位总成本中的占比普遍较高；其次为劳力费用支出，有 23 家单位劳力费用占比超过 10%，有的甚至达到了 40%。

渔业信息化是渔业现代化的重要内容，是实现渔业现代化的一个重要支撑条件，将主导未来一个时期渔业现代化的方向。46 家单位中，有 37 家单位拥有信息化管理系统，比例占到 80.4%，其中安装质量安全可追溯系统的单位有 30 家，占比为 65.2%；安装水质自动监测系统的单位有 21 家，占比为 45.7%；安装池塘养殖系统智能化控制系统的单位有 12 家，占比为 26.1%，超过一半安装质量安全可追溯系统的单位同时安装有水质自动监测系统。说明在养殖生产单位中渔业信息化还有待提高。

在所调查的单位中，共有名牌产品 38 项，无公害产品证书 97 项，有机产品证书 12 项。虽然我国淡水生物产业在健康养殖领域取得了显著的进步，但在品牌建设上还有待进一步提高，在无公害、有机产品的开发推广上还需要加强。

第三节 知 识 产 权

一、论文及著作

"十一五"以来，在我们所调查的科教单位中完成论文及著作共计 9845 篇（部），其中 SCI/EI 论文共计 672 篇，著作 227 部。目前，科研院所和高校仍是论文、专著的主体，在所调查的科教和企业单位中，8 家高校发表论文 1892 篇，SCI/EI 论文 215 篇，占比分别为 19.22%和 31.99%；24 家科研院所发表论文 7953 篇，SCI/EI 论文 457 篇，占比分别为 80.78%和 68.01%。所调查的科教单位中，高校数量所占比例为 25%，平均每家高校所发表论文为 236 篇左右，SCI/EI 论文为 27 篇左右；科研院所数量所占比例为 75%，平均每家科研院所发表论文为 331 篇左右，SCI/EI 论文为 19 篇左右。这说明，高校和科研院所的平均发表论文的数量以科研院所略占优势，在论文质量上（以 SCI/EI 论文为标准）则是高校略高。

二、专利、标准和软件著作权

"十一五"以来，在我们所调查的科教单位中完成专利、标准及软件著作权共计 1925 项，其中专利为 1679 项，标准（包括国家标准和地方标准）为 215 项，软件著作权 31 项。目前，科研院所和高校仍是论文、专著的主体，在所调查的科教和企业单位中，8 家高校完成专利等知识产权 98 项，占比为 5.09%；24 家科研院所完成专利等知识产权 1827 项，占比为 94.91%，平均每家高校所完成的专利等知识产权为 12 项左右，平均每家科研院所完成专利等知识产权 76 项左右。这说明，高校和科研院所平均完成知识产权以科研院所占较大的优势。综上，在一定程度上与目前淡水生物产业中高校偏重理论基础研究，科研院所偏重应用基础研究而企业关注更多的是技术应用与推广、经济效益问题相符合。尽管我国研究论文数量较多，但质量急需提高，应用转化力度亟待加强。

第四节　成　果　奖　励

淡水生物产业领域自"十二五"以来（截至 2016 年）累计获得各类奖项 230 项（表 2-6），其中国家级奖 33 项，包括国家技术发明奖 4 项，国家科学技术进步奖 28 项，国家自然科学奖 1 项。

表 2-6　国家级奖励代表性成果（"十二五"以来）

序号	成果名称	第一完成人	第一完成单位	奖励类别	年份
1	多倍体银鲫独特的单性和有性双重生殖方式的遗传基础研究	桂建芳	中国科学院水生生物研究所	自然科学奖二等奖	2011
2	新型和改良多倍体鱼研究及应用	刘少军	湖南师范大学	科技进步奖二等奖	2011
3	坛紫菜新品种选育、推广及深加工技术	严兴洪	上海海洋大学	科技进步奖二等奖	2011
4	海水池塘高效清洁养殖技术研究与应用	董双林	中国海洋大学	科技进步奖二等奖	2012
5	中华鳖良种选育及推广	龚金泉	杭州金达龚老汉特种水产有限公司	科技进步奖二等奖	2012
6	建鲤健康养殖的系统营养技术及其在淡水鱼上的应用	周小秋	四川农业大学	科技进步奖二等奖	2013
7	东海区重要渔业资源可持续利用关键技术研究与示范	吴常文	浙江海洋学院	科技进步奖二等奖	2014
8	海水鲆鲽鱼类基因资源发掘及种质创制技术建立与应用	陈松林	中国水产科学研究院黄海水产研究所	技术发明奖二等奖	2014
9	鲤优良品种选育技术与产业化	孙效文	中国水产科学研究院黑龙江水产研究所	科技进步奖二等奖	2015
10	刺参健康养殖综合技术研究及产业化应用	隋锡林	辽宁省海洋水产科学研究院	科技进步奖二等奖	2015
11	金枪鱼质量保真与精深加工关键技术及产业化	郑斌	浙江海洋学院	科技进步奖二等奖	2016

"十二五"以来淡水生物产业领域获省部级奖励 117 项：一等奖 14 项、二等奖 32 项、三等奖 71 项。中华农业科技奖 12 项：一等奖 2 项，二等奖 2 项，三等奖 7 项，科普奖 1 项。全国农牧渔业丰收奖 11 项：一等奖 2 项，二等奖 7 项，三等奖 2 项。海洋创新成果二等奖 2 项。市级及其他奖励：82 项。

目前，科研院所和高校仍是获各种奖励的主体，在所调查的科教和企业单位中，科研院所申请各类奖励 219 项，高校申请各类奖励 10 项，企业申请奖励 1 项，占比分别为 95.2%、4.3% 和 0.4%，企业关注更多的是经济效益问题。因此，要不断增强淡水生物企业在技术创新中的主体地位，鼓励和引导企业尤其是中小企业积极主动地与各高校、科研院所共同建立"产学研"战略联盟或产业技术创新战略联盟。尤其要鼓励和支持新兴产业领域的中小企业采取以自有知识产权、专有技术入股或者共同出资组建股份制、合伙制实体，以技术入股和技术期权等方式进行资金投入和收益分配，主动与科研院所和高校的院（系）建立合作关系，联合研发新技术、新产品、新工艺，有效转化高校、科研院所的科技成果，实现科技与经济的一体化，使学校科研成果与国家经济发展的需求相适应。

第三章 淡水生物产业发展现状与趋势[*]

近年来，全球水产品产量稳定增长，其中 2014 年是具有里程碑式意义的一年，当年水产养殖业对人类水产品消费的贡献首次超过野生水产品捕捞业。全球水产品总产量达到 1.67 亿 t，其中淡水养殖产量 4710 万 t，约占总产量的 28%（联合国粮食及农业组织，2016）。由于需求稳定而国内渔业产量停滞或下降，发达国家水产品消费中的很大一部分依赖进口，而且进口比例仍在增长（联合国粮食及农业组织，2016）。因此，欧美等发达国家的渔业生产方式与中国差异较大，以捕捞业和游钓业为主，更加注重产品安全、环境保护，以实现资源、环境、产业协调发展。

第一节 国外产业发展现状

一、发达国家渔业关注资源环境养护与持续利用

随着人类对水生生物资源和水域开发利用步伐的加快和认识的不断提高，淡水水生生物资源养护和水域生态环境的保护问题越来越受到重视。多数发达国家在淡水生物资源开发利用方面非常重视环境效益和生态效益，主要措施有开展栖息地保护与修复、增殖放流等，并对增殖放流的方法、取得的经济效益和生态效益进行评估。同时，注重调控生物结构、控制养殖和捕捞规模，努力改善水域环境条件，要求在开发利用之前，必须对环境容纳量、最大允许放流量、放流种群在生态系统中的作用及养殖自身污染、生态入侵可能造成的危害等因素分别进行论证。大水面养殖和水环境质量之间存在相互影响、相互制约的复杂关系，一些发达国家非常重视水库湖沼学和水利工程对环境的影响及其对策方面的研究和应用（唐启升等，2013）。在渔业资源与环境的管理方面，主要通过制定行业标准、完善法律来实现，如澳大利亚的《国家公园和野生动物保护法》、美国的《濒危物种法案》等（金显仕等，2016）。在建立良好的鱼类增殖放流管理机制的同时，自然保护区的管理制度也日趋完善。

二、生物种业成为国际水产养殖业发展助推器

美国、日本、挪威等国家均十分重视种业的发展，不断加大研究投入，取得了一系列重大突破，并形成了完整的优势产业链，从上游把控着整个养殖产业的发展。国外淡水种业的产业集中度和良种覆盖率较高，基本上采用集约化、工厂化繁育，淡水种业良种覆盖率超过 80%，苗种质量稳定（桂建芳等，2016）。如挪威的鲑鳟选育，经过近 50 年的发展，培育出对生长、抗病、品质等多个经济性状进行改良的新品种，创制了世界闻名的"挪威三文鱼"品牌。据挪威海产品理事会（NSA）预测，挪威鲑鳟年产量将在 2025 年增加至 270 万 t。目前挪威已在全球部署鲑鳟育种基地和项目，初步形成了垄断国际鲑鳟苗种供应的大型跨国种业体系。在发达国家，大型种业公司拥有自己的科研试验基地，实现科研与经营一体化，提供育种、育苗、加工、包装、种苗销售等一条龙服务，这种模式便于企业集中资金、技术等

* 编写：刘晃

进行研发和推广，增强市场竞争力。并且为了配合世界范围的苗种推广，在多个国家多种环境条件下进行良种养殖评价，为有针对性地选育和推广养殖提供了大量基础数据，促进了良种产业的可持续发展（相建海，2013；李巍等，2014；韩坤煌，2015）。

三、发达国家普遍采用绿色集约化生产

发达国家重视养殖设施装备研发，建立了有效的设备设施技术规范，提高了养殖生产效率。欧美、日本、以色列等国家和地区已先后将工厂化循环水养殖模式作为优先发展领域，形成了集养殖设施装备和系统制造、产业化应用于一体的完整产业链，并成功应用于冷水性鱼类（大西洋鲑）和温水性鱼类养殖，如在北美地区使用高科技手段达到高密度、高自动化、高集成度的冷水鱼养殖模式，已经取得了较好的效果（刘晃等，2009）。发达国家从养殖场的池塘建筑、充氧、投饵、水质管理、捕捞到加工等各个环节均实现了较高程度的机械化和自动化，大量使用了包括免疫环节的自动注射装备、苗种自动计数器、自动投饵机、水质在线监测报警系统、自动吸鱼机、分级机等装备（徐皓等，2010）。作为符合环境友好和可持续发展战略的病害控制措施，以疫苗为代表的绿色防控品正成为国际水产养殖业的标准生产规范和研究开发的前沿热点领域。水产疫苗等预防性制品替代化学药品成为病害控制的首选。挪威等发达国家养殖过程中已普遍使用疫苗等生物制剂，目前国际上针对 24 种水产病原已有 100 余种鱼类疫苗获批上市。其中已商品化的鱼类病毒疫苗 6 种，细菌病疫苗 20 种以上，用于防治弧菌、发光细菌、耶尔森菌、爱德华菌及链球菌等的感染（Edward，2009；曾令兵等，2016）。

四、采用智能化等新技术，保障加工产品安全质量和风味

世界鱼类产量中用于食用的比例在近几十年显著增长，从 20 世纪 60 年代的 67%增长到 2014 年的 87%，或超过 1.46 亿 t（联合国粮食及农业组织，2016）。水产品加工正成为更为密集、地理集中、垂直整合及与全球供应链相联系的产业。2014 年，冷冻依然是食用鱼主要的加工方式，占食用鱼加工总量的 55%和鱼品总量的 26%（联合国粮食及农业组织，2016）。水产品加工过程的机械化、智能化，是水产品加工实现规模化发展、保证产品品质、提高生产效率、应用现代科技的必然趋势。加强高新技术在水产品加工行业上的应用研究，通过采用化学或物理方法相结合的新技术，探明分子的立体构造和内部组合对人体的作用，以及鱼、贝、虾、藻中某些活性成分的功能及其化学结构等。采用超高压技术（400～600MPa）、栅栏技术、玻璃化转移、辐射，研制能长时间保存的，色、香、味俱佳的水产加工品等。同时，更加注重水产加工食品的安全质量保障，极为重视对渔业环境的保护和监测、贝类的净化、有毒物质的检测技术和有害物质残留量允许标准等的研究，欧美等国家和地区陆续制定了有关的法规和标准（钱坤和郭炳坚，2016；焦晓磊等，2016）。

五、休闲渔业占有重要地位

由于水产养殖业具有观赏休闲功能，都市休闲渔业正在迅速发展成为世界渔业产业中的第四大产业。在一些发达国家，都市渔业对国民经济的影响可谓举足轻重。例如，在美国，休闲垂钓渔业已成为现代都市渔业的支柱性产业和重要组成部分，游钓渔业和观赏渔业产值在渔业总产值中已居首位，在游钓区还有餐饮、旅馆、商场、娱乐场所等各种服务设施，充分满足了游钓爱好者的休闲需求（刘雅丹，2000）。据美国国家海洋与大气管理局（NOAA）统计，美国休闲渔业的年消费额约为 450 亿美元，为常规渔业的 3 倍，为社会提供了 120 万个就业机会（陈海发，2013）。澳大利亚参与休闲渔业的人数每年超过 340 万人，占 2392 万总人口的 14%左右（李励年，2016）。在加拿大和欧洲各国，以观赏、游钓为主体的都

市渔业都十分盛行和发达，例如，英国年观赏鱼需求量超亿尾。此外，韩国、德国、意大利和澳大利亚等渔业发达国家也都非常注重休闲渔业（柯淑云，2003；刘方贵和吴中华，2005）。据统计，全球观赏鱼产业年产值超过 140 亿美元，其中年观赏鱼贸易交易量每年约 15 亿尾，价值 60 亿美元，观赏鱼已成为比肩猫、犬的第三大宠物（陈军燕等，2016；马本贺等，2016）。

第二节　国内产业发展现状

一、淡水生物资源养护和生态修复初见成效，挑战依然严峻

为了加强生态文明建设和贯彻实施渔业可持续发展战略，我国政府先后实施了增殖放流、建立保护区和全国重要渔业水域生态环境监测网络等一系列措施。通过农业行业专项，2009～2013 年在黑龙江、重庆、湖北、湖南、江苏、上海和广东等省（自治区、直辖市）建立了 13 个水生生物增殖放流和生态修复示范基地，配套建立了 16 个水生生物增殖放流和生态修复示范区。增殖放流已经成为一项重要的生态修复措施和促进渔业增效、渔民增收的重要手段，取得了良好的社会、经济和生态效益。截至 2015 年，全国已划定国家级水产种质资源保护区 492 处，设立国家级水生野生动植物自然保护区 23 个（农业部渔业渔政管理局，2016）。随着我国生态文明建设的进程，人们的环保意识增强，沟通河流系统连通性、恢复鱼类洄游通道的作用逐渐被重新认识，2000～2014 年我国新修建的鱼道有 35 条（陈凯麒等，2012；曹娜等，2016）。但是，随着社会经济的不断发展，各种人类活动（如拦河筑坝、工农业污染、航运及航道建设、江湖阻隔、围湖造田等）对河湖生态系统的不利影响越来越显著。我国淡水生物资源严重衰退，水域生态环境不断恶化，外来物种入侵危害也日益严重。河流自然水文节律、水温变化过程发生改变，水生生物关键栖息地如产卵场等遭到严重破坏，洄游通道受阻。进而导致水生生物资源数量显著下降，经济物种小型化、低龄化、低值化，种质资源明显退化，生物多样性保护面临严峻挑战。与国外相比，我国资源调查工作滞后，增殖放流及生态修复技术尚处于探索和起步阶段，相关法律法规尚待健全。

二、生物种业发展迅速，良种覆盖率亟待提高

随着水产养殖业的迅猛发展，20 世纪 80 年代末～90 年代初由养殖品种退化而引起的养殖病害频发等问题凸显。1991 年国家成立全国水产原种和良种审定委员会，从 1992 年开始建设以原良种场为主体的全国水产原良种体系，2001 年开始建设水产遗传育种中心，2013 年起启动了国家水产种业示范场建设，截至 2016 年，全国共建有水产遗传育种中心 25 个，水产原种场 90 个，水产良种场 423 个，水产种苗繁育场 1.5 万家（袁晓初等，2014；唐启升，2014）。截至 2015 年，国家农业部公告的水产新品种有 156 个，除了 30 个引进种外，自主培育的水产新品种有 126 个，其中选育种 76 个，占新品种总数的 49%；杂交种 45 个，占 29%；其他类 5 个，占 3%（张振东，2015），不断增加的新品种使产业减少了对野生种的依赖。目前我国水产苗种繁育和品种选育也取得了较为可喜的成绩，据统计，我国水产养殖品种遗传改良率超过 25%，原良种覆盖率达到 65% 左右，良种产业化水平不断提高，良种覆盖率和贡献率不断上升，为实现全面良种化迈开了坚实的步伐（韩坤煌，2015；水科，2016）。虽然我国水产种业发展取得了长足的进步，目前我国基本实现了水产养殖业良种体系从无到有的发展阶段，也在种业平台搭建方面做了诸多工作，但是其与我国当前及未来水产养殖业发展的实际需求还存在较大差距，尚处于起步阶段，总体发展不平衡。主要体现在：种业体系平台还不健全，商业育种模式需进一步完善，产业技术标准需要被制定；产业链不完善，集成度不高，企业研发能力薄弱，缺乏"育繁推"一体化的龙头企业，现代化种业运营模式尚未建立，种业支持保障体系有待完善等（桂建芳等，2016）。

三、健康养殖快速发展，精准化水平有待提升

淡水养殖是我国淡水生物产业的主要生产方式，养殖主产区集中在华东、华中和华南地区，养殖方式有池塘、河道、湖泊、水库、网箱等。2015 年淡水池塘养殖面积 270 万 hm²，产量 2195 多万 t（农业部渔业渔政管理局，2016），是最主要的生产方式。在各主导养殖品种中，草鱼养殖产量最高，主产区在华东、华中和华南地区。养殖模式主要为池塘养殖、河道养殖、湖泊养殖、水库养殖、网箱养殖、工厂化养殖，有单养、混养和套养方式，以及精养、半精养和粗养等形式（徐文彦等，2006）。我国在水产病害病原学、流行病学、检测预警技术和免疫防控技术等方面都取得了较大的进展，已经有 4 种渔用疫苗获得国家新兽药证书，2 种渔用疫苗获得生产批文，用于商业化生产并推广应用，同时成功筛选出多种免疫佐剂，用于促进疫苗抗原经浸泡或口服免疫途径吸收，从而提高疫苗的应用效果（中国水产科学研究院，2010）。我国池塘设施标准化建设进程加快，淡水池塘生态工程养殖技术体系进一步完善，水处理技术取得明显进展，新型养殖设施装备得到广泛推广应用，养殖节本增效减排水平明显提高，全国范围内的农业部水产健康养殖示范场建设已经初见成效，"十二五"末，健康养殖示范面积已经达到 45%（农业部渔业渔政管理局，2017）。物联网等信息技术已经应用于水产养殖生产活动当中，对养殖环境实时监控、养殖过程智能化管理、养殖对象行为视频监测、"气象预报式"信息服务等，实现了水产养殖全过程监控和精准化管理（水科，2016）。但是我国淡水养殖种类多、分布广，多数品种标准化程度不高问题依然突出，无法满足健康高效养殖需要；缺乏高效实用养殖设施、设备和系统，养殖生产效率低，劳动强度大，无法满足现代养殖需要；缺乏生产管理工艺参数，信息技术应用滞后，精准化发展处于初期阶段，还不能符合精准渔业要求（徐皓，2016）。

四、水产品加工业发展呈现良好势头，深加工技术水平相对较低

我国水产品产业经过改革开放 40 年的发展，加工企业规模、水产品加工能力及水产品加工产值等方面都保持了较高速度的增长，一批龙头加工企业与名牌企业相继涌现。2015 年，全国水产品加工企业 9892 家，水产品加工能力达 2810 万 t/年，规模以上加工企业 2753 家（农业部渔业渔政管理局，2016），我国已成为世界上最大的水产品加工工业国家。同时，水产品加工进出口贸易发展迅速。据统计，2015 年我国水产品出口总量达 814 万 t，贸易金额达 293 亿美元（农业部渔业渔政管理局，2016）。我国的水产品加工业取得了长足的进步，发展呈现良好势头，加工新技术不断涌现、加工新装备逐渐被应用。但是，我国淡水产品的加工技术水平不高，我国淡水产品加工率仅为 17%，不仅远低于农产品加工率（60%），也远低于海水产品加工率（50.4%），发展空间仍然很大（郭云峰，2016）。加工产品也以初加工产品和冷冻产品为主，精深加工产品较少。我国水产品加工技术装备水平虽然有了较大提高，一大批新型装备被开发出来并投入使用，大大提高了生产效率及产品质量，并极大改善了水产品企业工人的劳动环境，然而我国水产品需求种类繁杂，个体差异较大，目前加工技术装备水平与水产品加工企业的需求还存在较大差距。加工装备的精准化水平也与日本、美国、加拿大等渔业先进国家相比有很大差距。受限于技术和成本问题，水产品加工综合利用程度不高，大量下脚料被直接废弃，造成浪费和环境污染（焦晓磊等，2016；薛长湖等，2016）。

五、休闲渔业刚刚起步，急需加快产业功能拓展

近年来，我国各地的都市渔业快速发展，从南到北、从沿海到内陆各具特色，已经形成一定的产业规模，一批发展潜力大、带动能力强、品牌优势明显的都市休闲渔业实体迅速壮大，显示出强大的生命

力。浙江、广东、福建三个省兴建的集垂钓、旅游、观赏、餐饮和度假为一体的专业休闲渔业场所已具有相当规模；北京、上海等许多大城市周边已经形成具有一定规模和档次的，集郊游、垂钓、鱼鲜品尝等于一体的都市渔业区（带），作为传统渔业的拓展升级，都市渔业具有节水、节地、附加值高等明显优势，同时也很好地丰富了人民群众的文化、休闲生活的需求（冉孟宁和姚雪琳，2016）。随着经济的发展，我国由观赏鱼主要进口国发展成为世界主要的观赏鱼出口国。作为都市渔业经济发展主要增长点，我国观赏鱼产业已占世界观赏鱼贸易总量的 1/10（李金明和陈蓝荪，2002）。都市渔业广泛的产业关联性，使之较传统渔业辐射面更广，仅观赏渔业即可直接带动饲料、渔药及设施等 10 个大类、100 多个相关产业的发展（霍凤敏等，2010）。2015 年我国都市休闲渔业总产值 489 亿元，约占渔业经济总产值的 2%，占渔业经济第三产业产值的 8.7%（农业部渔业渔政管理局，2016）。我国都市渔业作为新兴产业，尚处在起步阶段，还存在发展水平低、基础设施差、管理不规范、政策扶持不足等突出问题，其产业功能、文化价值没有得到充分体现。都市渔业中的观赏鱼、垂钓业科技水平不高，大量产品和技术主要依赖进口，严重限制了我国都市渔业的发展。若把问题和差距视为潜力，加大科技投入，我国的都市渔业发展将会迎来新的局面（陈学洲和刘聪，2015；李苗和高勇，2016）。

第三节　产业未来发展趋势

随着绿色、健康、生态的理念不断增强，我国淡水生物产业的进一步发展必须走绿色、可持续发展的道路。绿色发展是以维护和建设产地优良的生态环境为基础，以产出优质安全的水产品和保障人体健康为核心，以倡导水产品标准化为手段，实现高效、优质、生态、健康、安全的生产。"十三五"乃至今后一段时期，水产养殖依然是渔业生产发展的主体，而淡水养殖依然是最主要的养殖生产方式，是保障水产品有效供给和实现渔民持续增收的有效手段，也是渔业发展转方式的重中之重。我国淡水生物产业发展呈现以下趋势。

1. 渔业资源养护更加注重生态系统整体性

渔业资源利用不再是单纯的资源增殖放流，而是从过去仅仅重视资源本身向资源与环境整体性养护开发转变。要把生态文明建设放在突出位置，坚持"生态优先，以养为主"的方针，改善水体生态环境，实行农牧渔多种经营，突破渔业资源和环境的约束，遏制渔业生态环境质量下降，修复生态环境，保护渔业生态红线，促进渔业可持续发展。急需摸清我国主要渔业内陆水域资源环境现状，并据此提出渔业生态环境修复、渔业资源养护等关键技术，为政府渔业资源管理提出参考，促进渔业资源可持续利用。

2. 渔业生产逐步向集约化、高效化方向发展

在资源和环境的双重压力下，我国的淡水渔业的发展将会越来越趋向于规模化、自动化和现代化，渔业生产的效率会不断提升，土地和水资源的利用率也会不断提升。急需在优质高效水产养殖技术的集成与创新方面取得突破，构建高效可持续发展的新技术、新模式、新途径，培育可持续的水产养殖产业经济，迅速突破一批制约现有产业发展的关键和共性技术，改造与提升传统产业。

3. 水产品质量与品质日益得到重视

随着人们生活水平的不断提高，对水产品的品质需求不断加强，渔业生产不能仅停留在保障粮食安全的层面，还需要提供更多的优质动物蛋白。经济社会的快速发展，对目标性状选择提出了新要求。未来在育种目标性状选择方面，既要注重生长性状，又要兼顾抗逆、抗病、品质等方面的选育，在保证动物蛋白供给总量稳定增长的同时，显著提高水产品的质量安全和营养品质，以优良品种为渔业增产、渔民增收和渔业经济发展提供持续动力。

4. 休闲渔业需求逐步扩大

随着人们物质生活水平的不断提高及休闲旅游市场需求的不断扩大，我国休闲渔业将快速发展，饮食、垂钓、观光、观赏鱼开发等将成为主要发展方向，进一步丰富人们的业余生活和精神需求。针对市场需求，将围绕"生态优先、生产高效、产业升级"的要求，调整产业结构，转变生产方式，发展休闲渔业，不断实现我国淡水渔业产业的全面升级。

参 考 文 献

曹娜, 钟治国, 曹晓红, 等. 2016. 我国鱼道建设现状及典型案例分析. 水资源保护, 32(6): 156-162.

陈海发. 2013. 美日休闲渔业成功启示录. 中国乡镇企业, (6): 84-85.

陈军燕, 余孟洋, 李晓虎. 2016. 观赏鱼产业化发展思路探讨. 当代水产, (8): 88.

陈凯麒, 常仲农, 曹晓红, 等. 2012. 我国鱼道的建设现状与展望. 水利学报, 43(2): 182-188, 197.

陈学洲, 刘聪. 2015. 促进我国休闲渔业健康发展的对策研究. 中国水产, (2): 32-36.

桂建芳, 包振民, 张晓娟. 2016. 水产遗传种与水产种业发展战略研究. 中国工程科学, 18(3): 8-14.

郭云峰. 2016. 水产品加工产业的现状及前景分析——农业部渔业渔政管理局渔情与加工处郭云峰调研员在第四届全国大宗淡水鱼加工技术与产业发展研讨会上的致辞. 科学养鱼, (11): 5-6.

韩长赋. 2017. 以推进农业供给侧结构性改革为主线, "四推进一稳定"做好农业农村工作——农业部部长韩长赋在全国农业工作会议上的讲话. 农业部情况通报, (1): 1-28.

韩坤煌. 2015. 我国水产种业产业的发展现状分析与对策建议. 福建水产, 37(6): 495-501.

霍凤敏, 章之蓉, 邹记兴. 2010. 中国观赏鱼产业发展概况. 河北渔业, (1): 51-53.

焦晓磊, 罗煜, 苏建, 等. 2016. 水产品加工和综合利用现状及发展趋势. 四川农业科技, (10): 44-47.

金显仕, 危起伟, 单秀娟, 等. 2016. 渔业资源保护与利用领域研究进展//中国水产科学研究院. 中国水产科学发展报告(2011—2015). 北京: 中国农业出版社.

柯淑云. 2003. 关于发展我省休闲渔业的若干思考. 福州党校学报, (1): 49-53.

李金明, 陈蓝荪. 2002. 国内观赏鱼产业的现状与发展对策. 水产科技情报, 29(2): 85-88.

李励年. 2016. 澳大利亚的休闲渔业. 渔业信息与战略, (2): 155-156.

李苗, 高勇. 2016. 转变渔业发展方式 推进休闲渔业健康发展. 科学养鱼, (9): 79-81.

李巍, 贾延民, 鲁国延. 2014. 我国水产种业产业现状、面临挑战及发展途径. 中国水产, (6): 19-23.

联合国粮食及农业组织. 2016. 2016年世界渔业和水产养殖状况: 为全面实现粮食和营养安全做贡献. 罗马: 联合国粮食及农业组织.

刘方贵, 吴中华. 2005. 关于重庆市发展休闲渔业的思考. 重庆水产, (2): 1-6.

刘晃, 张宇雷, 吴凡, 等. 2009. 美国工厂化循环水养殖系统研究. 农业开发与装备, (5): 10-13.

刘雅丹. 2000. 休闲渔业对美国经济的影响. 中国水产, (5): 62.

马本贺, 马爱军, 孙志宾, 等. 2016. 海水观赏鱼产业现状及其存在的问题. 海洋科学, 40(10): 151-159.

农业部渔业渔政管理局. 2016. 2016中国渔业统计年鉴. 北京: 中国农业出版社.

农业部渔业渔政管理局. 2017. 2017中国渔业统计年鉴. 北京: 中国农业出版社.

钱坤, 郭炳坚. 2016. 我国水产品加工行业发展现状和发展趋势. 中国水产, (6): 48-50.

冉孟宁, 姚雪琳. 2016. 休闲渔业的发展模式探讨. 南方农业, 10(3): 149-151.

水科. 2016-06-27. 辉煌"十二五", 渔业科技成绩斐然. 中国渔业报, A01.

唐启升. 2014. 中国水产种业创新驱动发展战略研究报告. 北京: 科学出版社.

唐启升, 丁晓明, 刘世禄, 等. 2013. 综合报告//中国养殖业可持续发展战略研究项目组. 中国养殖业可持续发展战略研究: 中国工程院重大咨询项目·水产养殖卷. 北京: 中国农业出版社: 1-66.

相建海. 2013. 中国水产种业发展过程回顾、现状与展望. 中国农业科技导报, 15(6): 1-7.

徐皓. 2016. 水产养殖设施与深水养殖平台工程发展战略. 中国工程科学, 18(3): 37-42.

徐皓, 张建华, 丁建乐, 等. 2010. 国内外渔业装备与工程技术研究进展综述. 渔业现代化, 37(2): 1-8.

徐文彦, 齐子鑫, 赵永军, 等. 2006. 草鱼池塘集约化养殖模式研究与分析. 郑州牧业工程高等专科学校学报, 26(2): 7-9.

薛长湖, 翟毓秀, 李来好, 等. 2016. 水产养殖产品精制加工与质量安全发展战略研究. 中国工程科学, 18(3): 43-48.

袁晓初, 朱泽闻, 包振民. 2014. 我国水产种业体系建设政策的供给及演化. 中国渔业经济, 32(6): 4-14.

曾令兵, 黄捷, 姜兰, 等. 水产病害防治领域研究进展//中国水产科学研究院. 中国水产科学发展报告(2011—2015). 北京: 中国农业出版社.

张振东. 2015. 我国水产新品种研发基本情况与展望. 中国水产, (10): 39-42.

Edward J N. 2009. Fish disease: diagnosis and treatment. 2nd ed. New York: Wiley-Blackwell.

第四章 科技发展现状与需求*

第一节 国外科技发展现状

随着世界人口正一步步朝着 2050 年的 90 亿大关迈进,水产养殖(或鱼类养殖)将帮助满足全球对鱼类产品海鲜日益增长的需求。根据联合国粮食及农业组织(FAO)统计,2015 年世界渔业总产量达到 19 970 万 t,其中捕捞产量 9370 万 t,养殖产量 10 600 万 t,食用水产品供应量年均增长 3.3%,超过了世界人口 1.6% 的增长率(FAO,2017)。渔业生物作为重要的蛋白质来源,其资源养护利用和环境保护也越来越受到世界各国的重视。在"环境与品质安全"的发展主旨下,节水、节地、节能的精细化养殖已成为世界水产养殖发展的主要方向。提高良种覆盖率、开发生态化养殖设施、建设疫病防控体系、提升渔业装备自动化水平等已然成为发达国家控制水产养殖产品品质、安全及其与环境的相互影响的主要措施。具体分析如下。

一、渔业资源可持续利用与生态养护技术逐步完善

世界各国越来越重视渔业资源养护利用和环境保护,不断开发新技术对渔业资源进行评估与监测。为有效保护渔业资源,发达国家从生态系统整体的角度,开展以定量为基础的修复机制研究。着重水生生态系统完整性的修复,通过水环境改善、生物栖息地修复、生物种类及其空间分布的合理配置,促进生态系统的恢复与重建。在增殖放流方面,重视保证放流水域生态系统结构和功能、物种自然种质遗传特征不受干扰。在鱼道、人工鱼巢、鱼礁的研究方面,结合鱼类生物学需求,重视效果评估,建立了生态水文指标体系。运用生物操纵理论和技术,以生态系统稳态转换理论和自组织修复为途径,建立了水域生态环境调控的一般理论与方法。在流域综合开发和水资源利用的过程中,十分重视总体规划与跨区域、跨部门和跨学科的合作,最大限度地提高流域水资源与生物资源开发利用的整体综合效率。

二、可持续的高效健康养殖技术体系基本建立

随着人们环境保护意识和食品安全意识的加强,为适应现代渔业的发展要求,以绿色、低碳、高效、清洁、无公害、可持续等为主要特征的水产健康养殖模式逐渐成为新世纪世界渔业的发展主流。发达国家对养殖品种的基础生物学、良种选育、营养饲料、病害防治、养殖技术和上市管理等均有系统的研究。水生动物健康风险评估与防控体系初步形成,研究多元化的病原检测技术,开发低成本、高效和长效疫苗,开发天然和人工合成的抗病制品或免疫增强剂等水产养殖健康的生物安保与病害防控技术达到领先水平。渔用饲料营养调控更加平衡,基于生长模型和能量学模型的精准投喂技术基本建立。在水产品品质调控方面,关注饲料营养平衡技术和添加剂技术,促进鱼类摄食、增强健康、改善品质等。养殖设施向生态工程化、精准可控化发展,养殖装备向智能化和高机械化发展。围绕主要养殖品种建立"最佳养殖实践规范(BMP)技术",对水产养殖过程中的水质调控、疾病防治、投喂决策、质量控制、信息追溯与养殖管理进行规范化控制,保证了水产养殖业的可持续发展。

---

* 编写:李学梅

三、水产动物遗传育种进入了分子设计育种研究新时代

伴随着基因组测序项目的快速发展，国际上水产动物的遗传改良研究已开始步入全基因组选择育种和分子设计育种研究的新时代。发达国家围绕主养品种开展种质资源收集、保存、育种核心理论和技术研究，为种业发展进行基础资料和技术储备。主要水产养殖物种的基因组计划纷纷启动，目前已解析了大西洋鳕、尼罗罗非鱼、斑点叉尾鲖、大西洋鲑、虹鳟、金头鲷、欧洲鲈和珍珠贝等全基因组信息，推动了在全基因组尺度上开展重要水产经济性状的精确解析和基因组辅助良种选育的进程。遗传连锁图的建立，性状相关基因的筛选、定位和克隆，基因组、功能基因组对重要经济性状的调控机制等已成为国际水产遗传育种研究的热点。针对生长、饲料转化率、抗病、性别控制、品质等重要经济性状的水产动物的遗传改良已形成了一系列养殖新品种，如美国三倍体草鱼、鲑鳟系列良种、吉富品系尼罗罗非鱼（GIFT）等。育种技术不断创新，从"经验育种"逐步向高效、定向的"精确育种"（分子设计育种）发展。标准化的性状测定、育种技术工艺、设备设施等技术体系建立，推动了水产种业快速发展。

四、渔业装备自动化水平不断提升

国外发达国家在池塘养殖基础理论研究与模型构建方面具有较高的水平，池塘养殖设施与工程装备向生态工程化发展，将湿地作为生物净化系统，用于高密度养虾；在半封闭的池塘养殖系统中建立了一种物理沉积、贝、藻混合处理系统，系统对鱼池中总悬浮颗粒去除率为 88%，对总氮、总磷的去除率分别为 72% 和 86%；研发分隔式池塘养殖模式，分别强化池塘主养品种集约化养殖与水体初级生产力增强功能。工厂化养殖设施与工程装备向精准可控发展，采用了现代工程技术、水处理技术、生物技术、微生物技术、自动化技术、计算机技术、纳米技术、信息技术等前沿高新技术成果，自动化精准化程度很高，养殖用水循环利用率高达 90% 以上（徐皓等，2010）。网箱养殖设施与工程装备向智能化发展，建立了以养殖对象为主体的数学模型和专家决策系统，为养殖智能化管理提供了重要依据和参数，主要养殖品种实现了精准养殖，物联网技术在智能化养殖管理过程中得到充分体现，投饵装备突破了远程自动控制精准投饵技术，投喂时间和投饵量都采用电脑控制，渔网清洗装备采用水下高压射流技术，渔网清洗率高达 90% 以上。加工设施与工程装备向机械化加工发展，欧美等国家在水产品加工与流通方面具有相当高的装备技术水平，主要体现在鱼、虾、贝类自动化处理机械和小包装制成品加工设备。德国与挪威合作创建了用于大西洋鳕和其他白肉鱼类加工的生产线，使得加工出的鱼片质量有了显著提高，提高了鱼片的产出率。

五、水产品加工与质量安全保障水平日益完善

发达国家的水产品加工从环保和经济效益两个角度对加工原料进行全面综合利用，新产品不断出现，机械化水平不断提升，生物加工、膜分离、微胶囊、超高压、无菌包装、气调包装、新型保鲜、微波能及微波、超微粉碎等高新技术不断被研发和得到应用。同时根据水产加工资源现状，开发多层次、多系列的水产食品，提高产品的档次和质量，来满足不同层次、品味消费者的需求。另外，发达国家重视水产品加工机械和设备的研发和生产。发达国家水产品质量安全方面基本垄断了标准物质的制备、提取、定量、保存技术。在水产品质量安全形成过程等基础研究方面，重点关注影响水产品安全性的长期影响因素，关注生产流通各个环节的参与者，重视对影响产品质量安全的全过程及分子基础和调控机制的研究，逐步建立了残留预测、预警理论和风险评估体系，综合信息，实现全程可追溯。水产品物流交易体系从人工管理向智能化管理发展。发达国家积极采用良好农业规范（GAP）、良好兽医规范（GVP）等先进的管理规范，建立"从产品源头到餐桌"的一体化冷链物流体系，从源头上保证冷链物流的质量与安全。

六、自动化和信息化技术已成为渔业行业必然的发展方向

国际上基于自动化技术和信息技术的劳动生产方式已成为渔业行业必然的发展方向。综合利用生物学、工学、电学、计算机等技术促进养殖设施与工程装备向智能化方向发展。模型化技术的发展为水产养殖的系统化分析管理提供了一个有力工具。以经验为指导的养殖生产技术向定量科学评价方向发展，如水循环控制模型、生长与环境、营养、管理相关的养殖管理软件。针对不同的水产品建立相应的数学模型，可有效地判定水产品的鲜度，预测剩余货架期。水产品可追溯向大数据方向发展。发达国家已建立了水产品包括亲本及其种系来源、虾苗和成虾、饲料、疫苗和药物等的电子数据库，管理从养殖直至消费者整个链条全过程的信息。信息化冷链物流建设，如"计算机集成自适应生产"可根据市场信息、资金、劳力及生产环境等参数，计算出最优生产物流方案，促进其智能化、网络化发展。

第二节 国内科技发展现状

"十二五"以来，在国家相关科研项目的资助下，我国渔业科技实现了快速发展，相关领域的研究机构、高等院校和龙头企业面向满足国家食物安全战略需求和瞄准世界渔业科技前沿，相关领域科技创新和成果产出与应用取得了一系列重要进展和突破。生物技术带动常规育种技术不断升级，有效突破主要养殖动植物种质资源评价与创制、优良品种高效选育关键技术，强化农业技术组装与集成，水产健康养殖和疫病综合控制技术体系初步形成，持续提升了渔业综合生产能力。水产品精深加工技术装备及安全监测技术发展迅速，以高值健康食品为主导的水产品加工业不断拓展，大幅度延长了渔业产业链，带动渔民增收和渔业综合效益全面提高。但是，与世界先进水平比较，我国渔业科技水平与发达国家在总体上仍有一定差距，渔业基础研究仍相对薄弱，许多制约产业发展的科学问题长期未得到解决，如良种覆盖率低、渔业资源和渔场状况不清、重大渔业装备依赖进口、渔业生产自动化水平低、总体信息化程度不高、精深加工能力弱等。具体分析如下。

一、渔业资源可持续利用与生态养护技术初步建立

我国淡水渔业资源养护与环境保护技术体系已初步建立。内陆渔业在渔业种群的适应性、鱼类地理学、物种保存和信息建设等方面都取得新的进展。在渔业资源基础研究方面，对重点河流水域的鱼类地理分布及资源动态进行了研究，同时也积累了各主要河流的地形、水文状况等有关数据，对有效开展珍稀、特有鱼类及其他水生生物资源的保护工作具有重要的指导意义。在渔业资源可持续利用方面，初步掌握了淡水渔业资源现状，评估可持续产量，为渔业资源管理提供科技支撑。在渔业资源调查与评估方面，对长江流域主要通江湖泊、长江口鱼类早期资源的种类组成及分布、洄游通道、重要经济物种产卵规模及范围和产卵场生态环境进行了调查。同时，对珠江流域、黑龙江流域、雅鲁藏布江等也开展了相关的调查和评估。为我国渔业主管部门制定禁渔期制度，以及控制重要物种捕捞强度等行政决策提供了技术依据。渔业资源的养护得到高度重视，系统开展了增殖放流苗种生态适应性和增殖放流环境容量评估技术研究，初步构建了涵盖增殖放流各阶段的标准化和规范化的技术体系。但对于河流鱼类生态通道和栖息地评估、保护、修复的研究还处于起步阶段，范围较小，有关内陆江河人工鱼巢、鱼礁相关研究仅停留在位置、材料选择上。在水域生态环境保护方面，开展了一些产卵场试验性修复研究，尚未形成成熟技术。

与发达国家相比，我国渔业资源养护与环境保护方面仍存在一些问题：渔业资源监测缺乏长时间序列调查，资源家底不清楚；增殖放流效果评价体系严重缺失，缺乏科学性；负责任捕捞技术研究创新不

足，缺乏规模化示范和推广；生态环境监测与保护研究亟须研发和创新环境修复技术体系。

二、水产养殖跻身世界先进行列

我国拥有全球最多的水产业人口和水产科技人员，也是全球发表水产相关科技论文最多的国家之一。近年来，我国在水产养殖科学研究和技术研发方面取得了长足进展，跻身世界先进行列。在水产动物免疫学方面，先后发现了对虾和贝类等具有核酸诱导的非特异性抗病毒免疫，克隆鉴定了鱼类大量与固有免疫及适应性免疫密切相关的功能基因。在水产病原免疫学检测技术、PCR检测技术、环介导等温扩增（LAMP）检测技术及生物芯片技术等的研发和商业化应用方面达到或接近发达国家水平。在水产动物营养素需求与代谢方面，初步完成了10个代表种养成期三个不同生长阶段38种营养素的需要参数，逐步完善我国主要水产养殖动物的营养参数公共平台。在水产品品质的营养调控方面，初步建立了主要鱼类产品的品质评价规范，提出了主要品质指标的营养学调控技术；初步建立了鱼体积累与摄入的定量关系，提出了饲料安全限量标准；建立了水产品中异味物质检测和清除技术。在水产养殖生态工程研究方面，针对池塘养殖生态环境恶化和养殖废水排放等关键环节，集成规范化、生态化池塘改造建设和池塘健康养殖工艺技术，建立了不同营养级复合养殖系统、复合人工湿地技术的养殖系统、渔农复合种养系统等一批池塘生态工程化养殖系统模式。在工厂化循环水养殖方面，重点针对水处理工艺及系统关键技术进行了研发，构建了水处理装备开发、养殖系统优化集成、高效健康养殖、产业示范推广的完整产业链。

与国际先进水平相比，我国高效健康养殖在病害防控、饲料技术、关键装备等方面还有一定差距，主要表现在：生物安全保护未得到普遍认识，防治药剂开发落后，缺乏应急机制与保障措施；名优水产养殖品种营养标准缺乏，饲料技术基础弱，大宗养殖品种饲料成本高，饲料加工工艺落后；池塘养殖水质调控基础研究薄弱，工厂化循环水养殖基础研究与关键设备工艺还存在差距。

三、种业科技创新成效日益显著

近20多年来，我国的水产遗传育种工作取得了长足进步，逐步建立了从个体活体、细胞水平到分子水平、信息水平的种质资源库，构建了传统选育、分子选育和基因组选育全面结合的育种技术体系，为深入发展我国水产种业奠定了良好基础。在种质资源建设方面，水产种质保存技术层次多样，资源储备数量丰富，目前我国已经建立了包括分子（DNA）保存、细胞保存和活体保存在内的层次多样的水产种质保存技术体系。在基因资源方面，国内外已经至少开展了13个水产物种的全基因组测序，基因组资源得到极大丰富。此外，众多水产养殖生物也分别依托转录组、简化基因组等技术手段，开发了大量的分子标记资源。随着对基因组数据和遗传变异位点的不断挖掘，长期困扰水产生物技术和遗传育种工作者的基因资源和分子标记匮乏的局面得到大大改观。在育种体系构建方面，我国引进并建立了多性状复合育种技术，近10年时间内迅速在多个养殖品种推广应用，在选择育种技术层面已经进入世界先进国家的行列；分子辅助育种技术、全基因组育种技术不断完善，伴随主要水产养殖生物基因组资源和遗传工具的丰富，相关技术体系日益成熟，取得了较为显著的进展。初步建立起了以遗传育种中心为基础、国家级及省级原良种场为核心、各类苗种繁育单位为骨干的水产原良种繁育体系，形成了独具特色的水产原良种体系。截至2014年，全国原良种审定委员会审定水产新品种数量超过150个。多级公益性原良种体系建设取得重大进步，有效地推动了我国水产良种化进程，到"十二五"末，原良种覆盖率达到60%，遗传改良率达到35%。

与发达国家相比，我国种质资源保护和创新利用正面临严峻挑战：重要养殖种类野生资源遭到严重破坏，原种保存和维护技术急需建立，活体种质资源库建设有待完善；水产生物胚胎干细胞分离培养和胚胎冷冻保存技术还未突破，精子冷冻保存和应用技术有待提高；各个育种单位的育种系谱及各种性状数据库急需整合，加快信息化建设，搭建权威的公共信息服务平台。

四、渔业装备与工程技术取得长足发展

"十二五"以来，国家对于渔业装备与工程科技投入力度逐年加大，渔业装备与工程技术已经渗透到产业全部领域的各个环节，科技贡献率和成果转化率显著提高，为加快我国渔业现代化发展提供了强有力的技术保障。池塘养殖设施装备方面，研发了太阳能底质改良机、基于拖拉机液压动力平台的池塘拉网机械、饲料集中投饲系统等高效生产设备；构建了工程化调控设施及系统调控模式，研发了潜流式人工湿地、筏架式植物浮床、基质微生物-植物复合浮床等，形成了生态沟、生态塘等池塘设施工程技术。构建水质预判模型，溶氧、饲喂精准调控模式等智能化控制系统；形成大宗淡水鱼池塘循环水养殖、河蟹池塘循环水养殖等系统模式，相关技术在主产区池塘标准化改造工程中得以全面应用。工厂化养殖设施与装备方面，高效净化装备研发与系统模式构建方面取得显著进展，研发了多向流沉淀装置、融合斜管填料技术、多层式臭氧混合装置、新型生物滤器等高效装备；建立了工厂化循环水养殖系统，形成了多种专业化系统模式。

与国际先进水平相比，我国渔业装备与工程技术等方面还有一定差距，主要表现在：在池塘精准化养殖设施工程技术方面还急需进一步研究和应用，在大水面渔业配套设施设备技术方面还缺乏系统性和集成性，缺少对增殖放流、捕捞调控、栖息地修复等的设施构建技术研究等。

五、水产品加工与质量安全保障水平不断提升

我国水产品精深加工品比例不断加大，2016 年水产品加工总产量达到 2165 万 t，较 2015 年同比增长 3.5%（农业部渔业渔政管理局，2017），特色产业带初步形成。水产品冷链物流基础设施和冷链物流技术逐步完善，冷链物流粗具规模。近年来国内的水产品质量与安全检测体系日趋完善，检测技术更加丰富，开发出利用远红外技术快速判别水产品品质及利用多糖和皂苷指纹图谱技术鉴别海参质量的关键技术，由确证检测、快速筛选检测和无损检测所共同构成的检测监控体系初步形成。我国水产品质量安全检测及控制技术体系不断完善，质量安全标准及监管体系逐步建立并趋向完善，已初步形成以国家标准、行业标准为主体，地方标准、企业标准为补充并相互衔接配套的水产行业标准体系，制定水产类国家标准近百项，行业标准 600 余项。

与发达国家相比，我国水产品加工与质量安全技术体系仍处于起步阶段，发展中存在一些问题：水产品加工技术仍处于较低水平；水产品流通冷链应用率严重偏低；水产品质量安全控制技术相对匮乏；风险评估应用落后。

六、渔业信息化技术迅速发展，但系统开发亟待加强

我国渔业准入门槛较低，渔业从业人员水平参差不齐，生产观念相对比较保守，技术、管理方法比较陈旧，难以迅速接受信息化等新技术、新模式的渗透与融合，信息化生产管理等信息技术应用发展缓慢，养殖生产管理主要依靠劳动者经验，投喂、水质管理、病害防治等技术定量化不足；捕捞生产带有相当的盲目性和偶然性，安全和监管堪忧；水产品加工生产方式粗放，流通监管难以完全到位，食品安全事故频发。因此，急需发展简便易用、适合大众化的信息技术产品，以推动渔业产业结构调整和传统渔业现代化升级改造进程。目前，我国渔业信息应用技术还较为落后，数据处理和模型化技术尚处于起步阶段，缺乏系统的信息转化和应用模式，急需从面向渔业生产过程的大数据应用研究入手，建立针对不同层次需要的信息处理模型，研发针对不同需求的各类信息应用系统。

与发达国家相比，我国渔业生产过程初步实现了机械化，但自动化、精准化、智能化程度还很低，

发展中存在一些问题，如缺乏智能增氧、精准投喂控制技术体系；水产加工机械成套化、自动化不足；渔业装备信息化发展相对滞后，总体处于从机械化向自动化、精准化发展初期阶段，模型算法、人工智能、系统集成整合等的研究应用尚不成熟，还不能符合精准渔业要求，迫切需要发展基于信息化技术支撑的高效设施设备技术，从信息化渔业生产角度，开展面向生产过程自动化、生产管理智能化、设备控制精准化的设施、设备研发。

第三节　科技未来发展需求

"十三五"时期是我国全面建成小康社会的关键时期，是加快推进现代渔业建设、促进渔业转型升级、实现现代渔业强国目标的战略机遇期。保证水产品安全有效供给、实现渔业经济平稳增长、确保渔业可持续发展、提升水产品品质是"十三五"我国现代渔业科技发展的主要任务。

我国是世界渔业生产大国，渔船数量、渔民人数、水产品产量都居世界首位，拥有全球最多的水产业人口和水产科技人员。2014 年我国有水产科研机构 112 个，水产科研机构从业人员 7560 人。"十二五"以来，全国渔业科研机构承担政府项目的财政资金累计投入 199 566.2 万元。渔业科研条件建设得到加强，渔业科研专项有效实施，现代渔业技术创新体系不断健全，科技协作改革机制逐步建立，科技人才管理不断加强。在水产良种培育、新型疫苗研制、禁用药物替代研究、高效配合饲料研制、节水减排降耗、稻渔综合种养、资源可持续利用、节能型渔业装备研发、水产品加工综合利用等方面形成了一批重大科研技术成果，特别是在养殖、育种方面取得了长足进步，跻身世界先进行列。在科技产出方面，全国渔业科研机构发表科技论文合计 10 419 篇，其中国外发表论文合计 1356 篇。2009～2014 年世界 50 种水产期刊共收录 SCI 论文 29 912 篇，其中我国发表 3196 篇，占 11%，在 *Nature* 等国际顶级科技期刊发表多篇重要文章。出版科技著作合计 310 种；专利受理合计 2344 件；专利授权合计 1596 件，其中发明授权合计 814 件，国外授权专利合计 2 件。渔业科技共获省部级以上奖励 200 余项，其中，国家级奖励 8 项。审定新品种共 44 种，完成 230 项渔业国家和行业标准审定工作。渔业科技贡献率由 2010 年的 55%上升至 2015 年的 58%，渔业系统贯彻落实《中华人民共和国农业技术推广法》和"一个衔接，两个覆盖"扶持政策取得显著成效，水产技术推广体系得到加强。

一、保障国家粮食安全，确保水产品安全有效供给的迫切需求

我国工业化和城镇化进程的快速推进导致陆地耕地资源和水资源短缺等问题日益突出，同时气候变化诱发的自然灾害频发使我国传统农业更显脆弱，要确保国家粮食安全，仅靠守住 18 亿亩耕地红线难以实现 95%的自给目标。水产品是"优质粮食"，是粮食供应中重要的组成部分。开发利用海洋和内陆水域资源发展渔业生产，坚持"海陆并进、统筹发展"，是增加食物总量的有效途径。另外，把不宜种植粮食等经济作物的盐碱沼泽地及低产田通过建鱼池改造后，还可综合利用，种植经济作物。实践证明"鱼-稻、虾-稻、蟹-稻"等渔农复合综合种养模式，不仅具有"不与人争粮、不与粮争地"的优势，还具有循环利用水资源、减少对天然水域排放污染的特点。在当前我国耕地日益减少、粮食供求紧平衡常态化和世界粮食价格高位运行的形势下，发展渔业生产，需构建完善的现代渔业产业体系，建立水产品"生产有记录、信息可查询、流向可跟踪、责任可追究、产品可召回、质量有保障"的可追溯监管网络，以保障更多优质、健康的水产品供给。

二、发挥渔业生态效益，推进国家生态文明建设的迫切要求

以水生生物为主体的水域生态系统，对维系自然界物质循环、净化环境、涵养水源、缓解温室效应

等发挥着重要作用。但是，由于传统渔业对水生生物资源的过度开发，渔业生态系统严重退化、海洋渔业生态服务功能受损、渔业资源种群再生能力下降等成为制约渔业可持续发展的重要瓶颈，资源环境问题已然成为中国经济社会发展过程中的巨大障碍。同时，随着我国经济社会发展和人口的日益增长，水域生态环境污染和破坏问题日趋严重，渔业水域面临生态荒漠化的严重威胁，迫切需要按照国家生态文明建设的要求，重视渔业生态保护，并充分发挥渔业的生态环境效益。利用立法对捕捞限额、养殖业废水排放标准、渔用药物使用规定、特种水产品流通及水生野生动植物保护等进行规范，按照渔业的可持续发展要求走种质培育、适度捕捞、高效养殖、精深加工、标准化生产的规范化、生态化、产业化发展之路，实现渔业生态保护与经济发展的良性循环。

三、促进渔业经济发展，完成渔业生产转型升级的迫切需要

我国经济发展已经进入以"中高速、优结构、新动力、多挑战"为特征的新常态。渔业作为农业和国民经济的重要产业，是率先打破计划经济体制、实行市场化改革的行业之一，具有体制好、活力足、产业化和国际化程度高等特点。但从总体上看，我国渔业生产规模化、集约化和组织化程度及从业者素质仍然较低，制约着养殖、捕捞、加工等传统产业优化升级。同时，受政策、技术和投入等因素制约，增殖渔业、休闲渔业等新兴产业发展潜力尚未得到充分发挥，产业规模和产业贡献仍然有限。需要加快推进"渔业结构调整和转型升级"，促进渔业生态环境明显改善、捕捞强度有效控制、水产品质量稳步提升、渔业信息化装备水平和组织化显著提高，有效提高我国渔业发展质量效益和竞争力。渔业产业转型升级是渔业科技发展的重大挑战和机遇，需要切实依靠科技进步实现渔业产业的"四转变""四调优"。

四、推进渔业强国建设，助力"一带一路"战略实施的迫切愿景

2013 年，国家主席习近平提出了共建"丝绸之路经济带"和"21 世纪海上丝绸之路"的重要构想。2015 年 3 月，国务院授权国家发展和改革委员会（以下简称国家发改委）、外交部、商务部联合发布《推动共建丝绸之路经济带和 21 世纪海上丝绸之路的愿景与行动》，勾勒出"一带一路"战略发展路线图。"一带一路"涵盖了世界大多数主要的渔业国家，渔业产量约占全球总产量的 87%，其中水产养殖产量占全球的 96%，产值占全球的 90%。很多"一带一路"国家自然环境优越、渔业资源丰富，但渔业投入普遍不足，装备技术进步缓慢，渔业资源利用率不高，渔业产业链不完整，渔产品竞争力低。中国作为全球最大的渔业国家，形成了独具特色的渔业产业和全产业链配套技术。布局渔业走出去战略，建立中国与"一带一路"国家渔业科技创新联合体，加强渔业科技研发创新能力建设，分享并推广中国渔业成功经验，将显著提升"一带一路"国家整体粮食安全水平，并有助于将政治互信、地缘毗邻、经济互补等优势转化为务实合作，促进国际社会对我国的了解，提高中国的国际地位。

参 考 文 献

农业部渔业渔政管理局. 2017. 2017 中国渔业统计年鉴. 北京: 中国农业出版社.

徐皓, 张建华, 丁建乐, 等. 2010. 国内外渔业装备与工程技术研究进展综述. 渔业现代, 2: 1-8.

FAO. 2017. 渔业和水产养殖情况说明. http://www.fao.org/fishery/factsheets/zh [2016-10-5].

第五章　发展思路与战略布局[*]

第一节　总　体　思　路

按照党的十八大国家创新驱动发展和生态文明建设等战略部署，贯彻"创新、协调、绿色、开放、共享"五大发展理念，结合渔业转方式、调结构的要求，围绕"生态优先、生产高效、产业升级"的绿色发展思路，按照"全链条设计、系统性布局、全要素分析、整体化解决"的要求，开展淡水生物产业绿色发展科技创新，强化产业科技人才队伍与平台建设，破解制约产业发展的关键问题，全面提升产业创新发展能力，调整产业结构，转变生产方式，实现我国淡水生物产业的全面升级与可持续发展。

绿色发展就是要转变我国传统的淡水水生生物产业发展方式，既要兼顾生态文明，又要注重提质增效，依靠科技创新破解发展难题，推动产业转型升级，加快形成现代淡水生物产业发展新格局。

生态优先是发展理念，就是要养护水生生物资源，改善水域生态环境，正确处理好淡水生物产业发展与水生生态环境的关系，充分发挥淡水生物产业的生态环境效益。

生产高效是发展手段，就是要优化养殖结构和生产方式，不断提高产品的品质和质量安全水平，将发展重心由注重数量增长转到提高质量和效益上来。

产业升级是发展目标，就是要依靠科技进步，不断促进产业结构的改善和产业素质与效率的提高，实现转方式、调结构的要求。

第二节　总　体　目　标

一、中长期目标

到 2025 年，围绕水域生态保护与修复、良种培育、高效健康养殖等产业链关键环节核心技术问题，攻克淡水生物产业的重大共性关键技术与装备，建立"生态良好、生产高效、结构合理、链条完整、产品优质"的绿色淡水生物产业体系，形成一批重大科研成果，培养一批优秀人才队伍，建立一批试验示范基地，培育一批龙头企业，全面提升淡水生物产业的自主创新能力和国际竞争力，充分发挥淡水生物的功能和作用，引领我国淡水生物产业由传统生产方式向现代生物产业转型和提升，科技对产业贡献率达到 68%，整体上处于国际先进水平。

二、"十三五"目标

到 2020 年，实现淡水生物产业科技综合能力显著增强，装备科技水平明显提高，安全生产能力进一步提升，国际竞争力明显增强，基本建成现代淡水生物产业体系和科技支撑保障体系，科技对产业贡献率达到 63%，在遗传育种和健康养殖领域的科技竞争力达到国际领先水平。

---

* 编写：刘永新，方辉

第三节　发展路线

　　面向国家战略需求和产业发展问题，通过实施重要水域生态养护与可持续利用工程、淡水生物种业与标准化生产工程、健康高效养殖模式升级与设施化提升工程和水产品加工流通与产业功能拓展工程等重点任务，不断提高我国淡水生物产业科技水平，同时加强人才队伍与平台基地建设，进而不断推动淡水生物产业尽快实现"生态优先、生产高效、产业升级"的绿色发展目标。发展路线如图5-1所示。

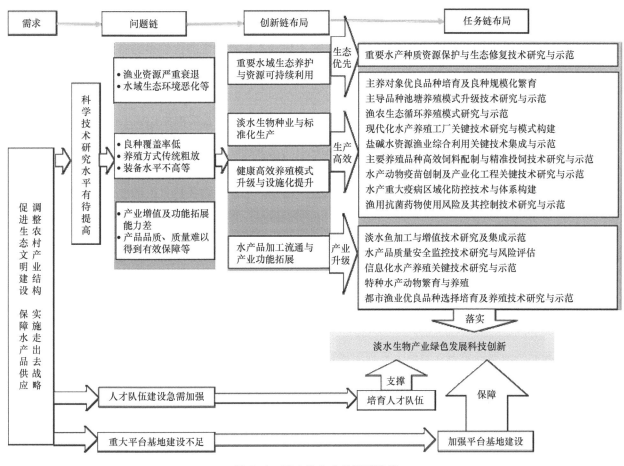

图 5-1　淡水生物产业发展路线

第四节　重点任务

一、重要水域生态养护与资源可持续利用

　　针对环境污染日趋严重、水域生态环境受到严重破坏、渔业资源显著衰退等问题，开展重要水域生态系统演化规律、重要物种渔业生物学、增殖放流生态学、食物网动态及利用规律、人工繁殖种类及外来物种的生态风险评估等研究；开展水域生态风险防控技术、网箱养殖环境效益评估技术、重要渔业资源养护和生态环境修复技术、生态养殖机制与模式、选择性捕捞与生态管理技术、流域水生生物生产力综合管理技术、水利工程对水生生物资源的影响评估等研究；进行增殖放流与养护工程、产卵场与栖息

地修复、种质资源保护区建设、珍稀濒危物种保护、综合信息集成和共享系统平台的应用示范。

二、水产种质资源保护与生态修复

针对我国水产种质资源明显退化、濒危物种数量增加等问题，开展胚胎保存、精子保存、细胞保存、生殖干细胞培养与移植等系列技术研究；开展濒危珍稀物种和区域性特有物种的原地保护、异地保护和人工护存等技术研究；开展资源栖息地评价技术研究，进行种质资源种群资源分布、资源量、种质特征、群落结构、种群纯度、开发潜力的研究和评估，建立水产种质资源多元评价体系；开展满足生态水文需求的产卵场功能保障技术、产卵场修复重建技术、生态工程修复技术等研究，进行中华鲟、四大家鱼等产卵场修复示范；开展集约化养护基地设计、保种方式等技术集成与示范；开展典型渔业水域生态或渔业功能的保障技术及生态系统综合管理技术体系研究，使淡水生物的生态价值得到充分发挥，实现水生生态养护与水产生物资源可持续利用。

三、淡水生物种业与标准化生产工程

针对主养对象良种短缺、种质退化、良种覆盖率不高及良种配套繁育和养殖技术不够完善的现状，结合主养对象的遗传特性和产业需求，开展重要淡水品种及优异种质资源保存与创新、重要养殖种类的全基因组精细图谱构建、基因资源挖掘，生长、生殖、性别、抗逆等重要性状的遗传基础解析，阐明性状形成的遗传基础和调控机制，开展杂种优势利用、综合选育、染色体工程、细胞工程、分子标记、全基因组选择、基因组编辑、性别控制等育种技术的创新和组装集成，培育优质、高产、高效水产养殖新品种；进行良种保种繁殖，种苗规模化生产与标准化、设施化繁育技术推广应用，构建重要养殖对象"育繁推"一体化体系。

四、主导品种池塘养殖模式升级与设施化

针对主导品种池塘养殖方式落后、管理粗放、生产效益差、资源利用率低等突出问题，研究不同地区主导品种池塘养殖的容量、结构、生态生理及环境营养需求、疫病防控、污染排放与资源化利用、养殖机械化、养殖环境调控和精准化管理等基础理论与技术；根据不同地区主导品种养殖特点，研究池塘绿色高效养殖的苗种培育、设施优化、疫病防控、设备配套和精准化生产管理等关键技术，建立适合不同地区主要品种绿色高效养殖的池塘生态工程化养殖模式、多营养级复合养殖模式、池塘生态位分隔强化养殖模式、池塘序批式养殖模式、室内外接力养殖模式和大水面生态养殖模式等池塘养殖升级模式，研发池塘养殖机械化生产技术及设备、养殖环境调控技术及设备、数字化养殖管理技术及设备系统等，形成适合不同地区主导品种池塘绿色高效养殖的标准化生产管理技术体系；在全国池塘养殖主产区示范推广。

五、渔农生态循环养殖模式研究

针对农业种养殖副产品和废弃物未能有效利用、污染水土环境等制约淡水养殖可持续发展的主要问题，围绕渔农复合养殖体系最佳模式、复合养殖生态系统物质能量效率、系统动力学和生态健康养殖方式等，开展渔农复合养殖系统能量循环和合理配置、生态经济学效益等基础研究。重点突破草食性牧食链的渔农复合养殖系统及资源配置的研究与应用、养殖环境修复技术，集成废弃物综合利用、标准化、质量安全生产等技术，在示范基地推广示范。

六、现代化水产养殖工厂关键技术研究与模式构建

针对主要养殖品种和天然资源衰退的经济鱼类和珍稀鱼类，开展全封闭循环水养殖鱼类行为学、生理生态学、物质能量转换机制研究，突破养殖系统水质、流场、投喂、分级等精准化管控技术，建立科学合理的可控水体调控参数模型；开展繁育环境的工程化构建、繁育条件的自动化控制、繁育产品的物联网构建、繁育生产的标准化等各方面技术研究，构建可实现订单化生产的专业化水产苗种繁育工厂与名优品种养鱼工厂，突破经济鱼类和珍稀鱼类增殖扩繁设施技术，并进行示范推广，为增殖放流提供稳定的苗种供应，推进渔业资源恢复，保护鱼类生物多样性。

七、盐碱水资源渔业综合利用关键技术集成

针对我国盐碱水质改良技术欠缺、耐盐碱水产养殖品种不足、养殖模式区域针对性不够等问题，以盐碱水高效利用、生态高效养殖为主线，开展水产养殖对盐碱水土环境演变规律影响、水生生物的耐盐碱抗逆机制研究；通过技术集成优化、产品研发和工程构建等途径，建立盐碱养殖水环境改良调控及配套、耐盐碱鱼类种质筛选和品种选育技术；针对我国东北、西北、华北和东部地区的盐碱水质特点和区位资源优势，建立东北耐碱性鱼类养殖、西北生态节水放牧式养殖、华北多品种立体化种养殖及东部生态高效标准化养殖等盐碱水养殖模式。

八、主要养殖品种高效饲料配制与精准投饲技术研究

针对我国淡水养殖环境多样化的特点，选择主养品种，开展不同养殖条件和不同养殖阶段营养需求的理论基础研究，建立营养需求数据库；研究水产品品质的营养学定向调控和营养免疫增强技术，开发功能性饲料与饲料添加剂；开发新蛋白源，提高氮、磷等营养物质的消化利用率，实现高比率鱼粉替代，形成高效饲料配制和营养素平衡利用技术；示范推广精准营养配方、高效饲料生产和精准投喂技术，提高饲料利用效率，降低养殖成本，增加养殖效益，改善养殖环境。

九、水产动物疫苗创制及产业化工程关键技术研究

针对我国水产动物疫苗研究基础薄弱、产业化工程与工艺集成度低、商品化进程缓慢、免疫技术应用与发达国家差距大的现状，以我国主要淡水养殖品种的重大传染性疾病，如草鱼出血病、鲤鲫疱疹病毒病、鲑鳟及鳜鲈等弹状病毒病、鳜鳖虹彩病毒病、罗非鱼链球菌病、鮰（鲶）爱德华菌病、淡水鱼嗜水气单胞菌病等为研究对象，开展病原生物的流行病学、感染与致病机制、传播机制、免疫逃逸机制研究；主要养殖品种免疫系统结构功能、发生过程与免疫应答机制研究；研发水产动物疫苗创制技术、产业化工程与工艺、质量标准控制技术及实用化免疫接种等关键技术；在主要养殖区域进行疫苗免疫技术的生产性应用示范和推广；开展疫苗制品法规许可参数的研究与规模化生产和应用。

十、渔用抗菌药物使用风险及其控制技术研究

针对水产养殖过程渔用抗菌药物使用的有效性和安全性问题，建立快速、高通量、规范化的药物敏感性检测技术方法和体系，监测、比较和分析不同养殖区域细菌病原对抗菌药物的药物敏感性，构建区域性耐药数据库；开展水产主要病原细菌抗药性产生及传播机制研究，探究耐药产生的主要因素及传播

的主要途径和方式，进行病原菌耐药性发生、发展和转移趋势的预警、预测分析；探索药物复配、耐药拮抗剂、轮换用药等方法对耐药性的控制效果，提出有效的综合性控制技术手段，保障渔用抗菌药物在水产病害防控中的有效性和安全性。

十一、水产重大疫病区域化防控技术与体系构建

针对草鱼呼肠孤病毒病、鲤鲫疱疹病毒病、罗非鱼链球菌病、鲈鲶类虹彩病毒与弹状病毒病等养殖重大疫病，开展疫病区域风险评估、区域病原监测技术、区域免疫程序、生物屏障、疫病区域生态调控技术、区域耐药监测技术等研究；在华南、华中、华东等我国淡水养殖主产区建立示范点，形成适合于该区域的病原监测方案、免疫方案、生物屏障方案、耐药监测方案及其参数，进行应用示范。

十二、淡水鱼加工与增值技术研究及集成

针对我国淡水水产加工业严重落后于养殖业的发展的现状，开展鳗、鲢、罗非鱼、鲮、草鱼、鲟等大宗养殖水产品的加工开发；开展液熏鱼片加工、软罐头食品加工、风味休闲制品加工等关键技术研究，研发系列超市产品；采用物理、化学、生物等手段延长水产品货架期，研究开发其适宜的冰温气调保鲜技术；开展淡水鱼加工副产物综合利用的模拟食品、调味方便食品、功能性食品等加工技术研究，研发系列化产品；对淡水鱼产业链中的粗加工、精深加工与副产物综合利用等技术瓶颈开展集中攻关，扩展水产品加工层次和加工产物品种，实现淡水产品向质量安全型、营养化、功能化的转化，建立涵盖加工前、加工中和加工后各阶段的集成示范基地。

十三、水产品质量安全监控技术研究与风险评估

围绕淡水生物产业质量安全研究和监控工作的需求，开展典型污染物在不同养殖环境中变化规律、生态过程及环境归宿研究；开展水产品风险指数、风险排序及获益-风险平衡研究，建立关键危害物质的风险预警技术；研究建立水产品真伪鉴别、原产地鉴别、品质评价技术；开展淡水产品加工和流通过程中添加剂和内源性有害物质、过敏源的控制技术研究，研发养殖过程化学性风险因子的传递阻隔及净化削减、脱除技术；开展溯源标识技术和原产地溯源技术研究，实现全程质量追溯，并在典型产区和重点企业进行示范。

十四、信息化水产养殖关键技术研究

针对淡水养殖自动化、智能化的发展要求，开展养殖对象特征行为提取、识别和判断技术研究，初步构建养殖对象特征行为数字化表达模式；开展养殖气象大数据应用技术、养殖水体关键因子响应规律、养殖环境智能化调控模型、鱼类营养与生长模型、病害防治模型研究；集成典型养殖品种养殖模式的养殖预测模型，构建基于大数据和云计算的养殖专家系统；研发养殖水质数据自动采集、无线传输、信息处理预警、养殖环境视觉等设备，集成以物联网技术为核心的"产、供、销"一体化养殖系统。

十五、特种水产动物繁育与养殖

针对传统滋补水产动物龟、鳖、大鲵类等高价值物种种群资源量少、遗传背景不清、基础生物学资料匮乏的现状，开展龟鳖大鲵的基础生物学研究、种质资源调查和遗传多样性分析，从进化与功能生物

学方面揭示其生存机制；研究龟鳖大鲵繁殖生态、生存环境和营养需求，为其有效繁育、保存和高效养殖提供理论依据；集成建立龟鳖大鲵高效保种、繁育和养殖技术体系；广泛收集全国各地龟鳖大鲵类资源，建成活体、标本、基因资源库；收集各龟鳖大鲵生产企业的种质、保种、生产能力等信息，建成信息数据库。构建龟鳖大鲵遗传育种中心，建立龟鳖大鲵种质库，扶持一批有实力的龙头企业建立龟鳖大鲵类保种养殖基地，进行大规模繁育与推广养殖。

十六、都市渔业优良品种选择培育及养殖技术研究

针对我国都市渔业发展所需的种质资源匮乏及配套养殖繁育技术不够完善的现状，开展锦鲤、金鱼和大宗热带观赏鱼类等名优观赏鱼类种质资源的收集、鉴定及保存，并根据区域条件开展垂钓品种优选开发及资源养护研究；通过全基因组选择、转基因技术、分子设计等前沿育种技术结合常规育种、细胞工程育种、性控育种等技术创制速生、高产、体形优美和色彩鲜明的育种新材料并选育新品种；建立人工改造水产生物的遗传和生态安全评估与控制技术；开展锦鲤等观赏鱼类人工培育技术、规模化人工繁殖技术、规模化苗种培育技术研究；针对不同品种观赏鱼的特性调配和优化特色饲料的配伍，开发转化率高和着色效果好的观赏鱼新型复合着色饲料，初试和熟化观赏鱼复合饲料的加工工艺；采取与生产企业紧密结合的方式，进行苗种规模化繁育技术集成示范，建立品种繁育与推广的技术规范和标准，形成名优特色品种的苗种产业化开发平台，推动产业化发展。

参 考 文 献

曹碚生, 江解增. 2002. 我国水生蔬菜生产科研现状及发展对策. 中国蔬菜, 1(5): 1-3.

曹娜, 钟治国, 曹晓红, 等. 2016. 我国鱼道建设现状及典型案例分析. 水资源保护, 32(6): 156-162.

陈海发. 2013. 美日休闲渔业成功启示录. 中国乡镇企业, (6): 84-85.

陈军燕, 余孟洋, 李晓虎. 2016. 观赏鱼产业化发展思路探讨. 当代水产, (8): 88.

陈凯麒, 常仲农, 曹晓红, 等. 2012. 我国鱼道的建设现状与展望. 水利学报, 43(2): 182-188, 197.

陈学洲, 刘聪. 2015. 促进我国休闲渔业健康发展的对策研究. 中国水产, (2): 32-36.

段聪聪. 2008-06-23. "谁来养活中国"仍是问题. 环球时报.

桂建芳, 包振民, 张晓娟. 2016. 水产遗传育种与水产种业发展战略研究. 中国工程科学, 18(3): 8-14.

郭云峰. 2016. 水产品加工产业的现状及前景分析——农业部渔业渔政管理局渔情与加工处郭云峰调研员在第四届全国大宗淡水鱼加工技术与产业发展研讨会上的致辞. 科学养鱼, (11): 5-6.

韩坤煌. 2015. 我国水产种业产业的发展现状分析与对策建议. 福建水产, 37(6): 495-501.

何建军, 陈学玲, 关健, 等. 2013. 水生蔬菜与休闲农业. 农产品加工(学刊), (3): 50-51.

何建军, 陈学玲, 关健, 等. 2016. 我国水生蔬菜保鲜加工及综合利用之建议. 长江蔬菜, (4): 30-33.

霍凤敏, 章之蓉, 邹记兴. 2010. 中国观赏鱼产业发展概况. 河北渔业, (1): 51-53.

焦晓磊, 罗煜, 苏建, 等. 2016. 水产品加工和综合利用现状及发展趋势. 四川农业科技, (10): 44-47.

柯淑云. 2003. 关于发展我省休闲渔业的若干思考. 福州党校学报, (1): 49-53.

柯卫东, 黄新芳, 李建洪, 等. 2015. 我国水生蔬菜科研与生产发展概况. 长江蔬菜, (14): 33-37.

李金明, 陈蓝荪. 2002. 国内观赏鱼产业的现状与发展对策. 水产科技情报, 29(2): 85-88.

李励年. 2016. 澳大利亚的休闲渔业. 渔业信息与战略, (2): 155-156.

李苗, 高勇. 2016. 转变渔业发展方式 推进休闲渔业健康发展. 科学养鱼, (9): 79-81.

李巍, 贾延民, 鲁国延. 2014. 我国水产种业产业现状、面临挑战及发展途径. 中国水产, (6): 19-23.

李晓明. 2010. 走以养为主之路. 华夏星火·农经, (1): 28.

联合国粮食及农业组织. 2016. 2016年世界渔业和水产养殖状况: 为全面实现粮食和营养安全做贡献. 罗马: 联合国粮食及农业组织.

刘方贵, 吴中华. 2005. 关于重庆市发展休闲渔业的思考. 重庆水产, (2): 1-6.

刘晃, 张宇雷, 吴凡, 等. 2009. 美国工厂化循环水养殖系统研究. 农业开发与装备, (5): 10-13.

刘雅丹. 2000. 休闲渔业对美国经济的影响. 中国水产, (5): 62.

马本贺, 马爱军, 孙志宾, 等. 2016. 海水观赏鱼产业现状及其存在的问题. 海洋科学, 40(10): 151-159.

农业部渔业渔政管理局. 2016. 2016 中国渔业统计年鉴. 北京: 中国农业出版社.

钱坤, 郭炳坚. 2016. 我国水产品加工行业发展现状和发展趋势. 中国水产, (6): 48-50.

水科. 2016-06-27. 辉煌"十二五"渔业科技成绩斐然. 中国渔业报, A01.

唐启升. 2014. 中国水产种业创新驱动发展战略研究报告. 北京: 科学出版社.

唐启升, 桂建芳, 李家乐, 等. 2013. 综合报告//中国养殖业可持续发展战略研究项目组. 中国养殖业可持续发展战略研究:
中国工程院重大咨询项目•水产养殖卷. 北京: 中国农业出版社: 1-66.

王锐, 陈鸿, 卢泽明, 等. 2015. 水生蔬菜生产机械研究概况. 长江蔬菜, (20): 28-34.

相建海. 2013. 中国水产种业发展过程回顾、现状与展望. 中国农业科技导报, 15(6): 1-7.

解绶启, 刘家寿, 李钟杰. 2013. 淡水水体渔业碳移出之估算. 渔业科学进展, 34(1): 82-89.

徐皓. 2016. 水产养殖设施与深水养殖平台工程发展战略. 中国工程科学, 18(3): 37-42.

徐皓, 张建华, 丁建乐, 等. 2010. 国内外渔业装备与工程技术研究进展综述. 渔业现代化, 37(2): 1-8.

徐文彦, 齐子鑫, 赵永军, 等. 2006. 草鱼池塘集约化养殖模式研究与分析. 郑州牧业工程高等专科学校学报, 26(2): 7-9.

薛长湖, 翟毓秀, 李来好, 等. 2016. 水产养殖产品精制加工与质量安全发展战略研究. 中国工程科学, 18 (3): 43-48.

杨正勇, 潘小弟. 2001. 生态渔业的主要模式. 生态经济, (3): 25-27.

袁晓初, 朱泽闻, 包振民. 2014. 我国水产种业体系建设政策的供给及演化. 中国渔业经济, 32(6): 4-14.

张振东. 2015. 我国水产新品种研发基本情况与展望. 中国水产, (10): 39-42.

郑寨生, 张尚法, 王凌云, 等. 2013. 水生蔬菜设施栽培模式及其主要技术. 安徽农业科学, 41(7): 2877-2878.

中国水产科学研究院. 2010. 中国水产科学发展报告(2008—2009). 北京: 中国农业出版社.

中国营养学会. 2016. 中国居民膳食指南•2016. 北京: 人民卫生出版社.

中华人民共和国国家统计局. 2016. 2016 中国统计年鉴. 北京: 中国统计出版社.

中华人民共和国农业部. 2016. 中国农业统计资料 2015. 北京: 中国农业出版社.

中华人民共和国农业部. 2017. 全国渔业发展第十三个五年规划. http: //www.chinaeel.cn/ShowInfo.aspx?Id=25437 [2017-01-10].

Edward J N. 2009. Fish Disease: Diagnosis and Treatment. 2nd ed. New York: Wiley-Blackwell.

Forster J. 1999. Aquaculture chickens, salmon: a case study. World Aquaculture, 30(3): 33-38, 40, 69, 70.

The World Bank. 2013. FISH TO 2030: Prospects for Fisheries and Aquaculture. Washington DC: The World Bank.

Timmons M B, Ebeling J M. 2007. The role for recirculating aquaculture systems. AES News, 10(1): 2-9.

专题篇

第六章　淡水生物资源养护与生态修复[*]

第一节　淡水生物资源养护与生态修复科技创新发展战略背景

淡水生物资源是我国重要战略资源之一，是淡水生物产业可持续发展的重要物质基础，而良好的水生态环境是水生生物赖以生存和繁衍的基本条件，是渔业发展的命脉。淡水生态系统除了提供清洁水源外，还承担调节气候、净化水质、保护生物多样性等生态环境功能。合理利用和保护淡水生物资源与环境对促进淡水渔业可持续发展和生物产业升级，维护生态环境健康和建设人类生态文明有着重要意义。

我国是渔业大国，20 世纪 80 年代，我国确立了"以养为主"的渔业发展方针，水产养殖产量开始超过捕捞产量，我国成为世界水产养殖大国，水产品总产量约占世界水产养殖总产量的 70%（联合国粮食及农业组织，2014）。淡水渔业是我国渔业的主体，在稳定内陆水域生态环境和保障水产品供应方面具有不可替代的地位。据《2015 中国渔业统计年鉴》，2014 年，淡水渔业总产值占我国渔业总产值的 50.6%，淡水养殖产量占我国水产养殖产量的 61.8%。而支撑淡水养殖产业发展的重要种质基础来源于我国独特的淡水鱼类组成与河流、湖泊生态系统。我国是世界上淡水水域最大的国家之一，总面积达 1759.4 万 hm^2，内陆淡水水域以长江、黄河、黑龙江和珠江四大河流为中心，在全国范围内分布有 2800 个大小湖泊、5000多条大小河流及众多的水库、池塘（中国自然资源丛书编撰委员会，1995）。复杂多样的地理、气候等自然条件孕育了丰富的鱼类资源，据统计，已分类描述的纯淡水鱼类有 967 种，主要经济鱼类约 140 种（王尧耕，1994）。由于特殊的自然地理，这些鱼类中拥有大量的特有物种和自然历史的孑遗种类（李思发，1996）。

然而，近年来随着人口增长和经济的快速发展，内陆水域渔业资源与环境面临的生态压力不断增大，过度捕捞、涉水工程建设、渔业水域污染和外来物种入侵等问题日益严峻，使得我国渔业资源持续衰退、生态环境不断恶化、濒危物种数目逐年增加，渔业水域面临生态荒漠化的严重威胁，淡水渔业资源支撑水产养殖的基础性地位明显下降（乐佩琦，1995；陈银瑞等，1998；陈大庆，2003）。《中国渔业生态环境状况公报》显示：中国渔业生态环境状况总体保持稳定，局部渔业水域污染仍比较严重。江河重要渔业水域主要受到总磷、非离子氮、高锰酸盐、石油类、挥发性酚及铜的污染。湖泊、水库重要渔业水域主要受到总氮、总磷和高锰酸盐的污染。天然渔业资源的衰退和环境恶化已成为制约我国淡水生物产业可持续发展的重要因素。

党的十八大将生态文明建设纳入"五位一体"中国特色社会主义总体布局，十八大报告提出"要把生态文明建设放在突出地位，融入经济建设、政治建设、文化建设、社会建设各方面和全过程，努力建设美丽中国，实现中华民族永续发展""面对资源约束趋紧、环境污染严重、生态系统退化的严峻形势，必须树立尊重自然、顺应自然、保护自然的生态文明理念""加大自然生态系统和环境保护力度""着力推进绿色发展、循环发展、低碳发展"。水域生态环境对人类影响巨大，良好的水域生态环境是生态文明的重要标志。2006 年，国务院出台了《中国水生生物资源养护行动纲要》，对水生生物资源养护工作进行了全面部署。农业部《中长期渔业科技发展规划（2006—2020 年）》将水生生物资源合理利用和生态环境保护、重点水域水生生物资源评估与养护技术研究列为重点任务。2016 年 1 月 5 日，习总书记在重庆召

---

* 编写：陈大庆，邓华堂，田辉伍

开推动长江经济带发展座谈会，他强调"长江拥有独特的生态系统，是我国重要的生态宝库。当前和今后相当长一个时期，要把修复长江生态环境摆在压倒性位置，共抓大保护，不搞大开发。要把实施重大生态修复工程作为推动长江经济带发展项目的优先选项，实施好长江防护林体系建设、水土流失及岩溶地区石漠化治理、退耕还林还草、水土保持、河湖和湿地生态保护修复等工程，增强水源涵养、水土保持等生态功能"。2017年3月2日，农业部在湖北省武汉市召开了长江流域水生生物保护区全面禁捕工作部署会议，随后发布了《农业部关于推动落实长江流域水生生物保护区全面禁捕工作的意见》，要求加快保护区内捕捞生产退出，并研究在长江逐步实施全面禁渔，助推长江大保护和水域生态文明建设。这些政策规划为淡水生物资源养护与生态修复提供了发展方向与依据。

"十一五"以来，我国在淡水生物资源养护及修复技术方面开展了广泛的研究与应用示范，取得了一定成果，水生生物资源的养护，渔业环境的监测、评价和修复等工作均已逐步实施。然而，由于淡水渔业是传统产业，长期以来缺少重视与支持，尤其是在淡水渔业资源与环境领域，一系列的技术研究起步较晚，与国际先进水平相比，基础技术研究还相对薄弱，许多制约该领域产业发展的科学问题长期未得到解决。而且随着我国工业化、城镇化的不断推进，淡水渔业生物资源破坏和水域环境恶化的趋势仍在加剧。保护内陆水域生态环境和淡水生物资源的难度越来越大，迫切需要在水域生态养护与修复、种质资源保护与保存及栖息地建设等关键技术上有所突破。

高效生态可持续的渔业发展是"增强生态产品生产能力"的重要环节，良好的水域环境是生态渔业发展的基础。加强水域生态养护能力，对于保护水域环境、稳定优质水产品供应、提高产业竞争力和推进生产方式转变有重要的战略意义。淡水生物资源养护与生态修复是淡水生物产业链条中最基础、最重要的一环，同时生态修复产业的发展也能带动养殖方式转变、水产工程技术的提升及休闲渔业的完善。《中国水生生物资源养护行动纲要》提出"到2020年要确保渔业资源衰退的趋势得到基本遏制"。渔业资源的衰退与目前所面临的水域生态压力、产业结构和技术制约密切相关。随着现代生物技术、信息技术、先进制造技术等高技术的迅猛发展，淡水生物产业进入了一个科技创新最为活跃的时期。科技加速了传统渔业方式的变革，淡水生物资源养护与生态修复产业与技术的升级也迈入了更加依靠现代科技创新驱动的新阶段。淡水生物资源的养护与生态修复也迫切需要开展基础前沿问题、重大共性关键技术和应用示范等研究，提升水域资源与环境养护科技创新能力，才能为解决水域生态问题提供科技支撑，从而提升我国淡水渔业发展水平，最终为渔业的可持续发展奠定基础，实现国家生态安全保障和推动生态文明建设。

第二节　淡水生物资源养护与生态修复产业发展现状与趋势

一、国外产业发展现状

对于淡水渔业资源养护与生态修复国外重视较早，产业体系发展较为完善，资源养护对象、措施及管理对策已经历了时间的验证，取得了明显的生态效果。国内相关工作起步较晚，进入21世纪才形成一定的体系，但从目前来看，技术仍需进一步完善。

（一）资源养护与生态修复发展历程

欧美发达国家的渔业水域环境特征、资源区系组成、经济社会需求与我国明显不同，渔业历史与操作模式与中国差异较大，多以捕捞业和游钓业为主，其渔业资源保护和生态系统管理的手段和适用范围有一定的区域性。发达国家渔业发展以环境保护、产品安全为先，资源、环境、产业协调发展，优质、高效、环保、安全是渔业发展的总体趋势和方向，因此更加关注资源环境养护与持续利用。

　　发达国家对渔业资源开发利用，更加重视环境效益和生态效益，体现在利用天然水域中现有的生物资源，保护经济鱼类的天然产卵场，必要时建造人工产卵场，同时注重调控生物结构、控制养殖和捕捞规模，防止水域污染，努力改善水域环境条件。在现有的生物资源保护与开发中，非常注重现有渔业资源的增殖工作，大力开展经济鱼类的人工繁殖工作，为人工放流和商品鱼养殖基地提供合格的鱼种，并主要采取人工放流和营造产卵环境的措施来增殖鱼类资源。

　　欧美国家内陆渔业种类一般较少，如美国、加拿大、欧洲等国家和地区水产品供应主要依靠天然捕捞，以满足国民对水产品的需求。对现有渔业资源的养护，主要开展人工繁殖和增殖放流。一般建立鱼类人工增殖站，通过建立人工种群，保存物种种质资源。美国是渔业资源保护做得最好的国家之一，建立了美国国家鱼类保育系统，最初目标是通过繁殖鱼类来补充本国衰退的海岸和湖泊渔业。美国在培育100 多个不同物种上都有着丰富经验。在某些鱼类因自然灾害或者人类活动受到严重影响时，为其提供补充，以及恢复在濒危物种法案里所列的物种，这些对维持有特定作用的鱼类数量和创造更多的休闲渔业机会来说是必不可少的。目前美国国家鱼类保育系统包括 70 个国家鱼苗场、9 个健康中心、7 个技术中心，国家鱼苗场遍布 50 个州，培育着 60 多个不同的鱼类物种。

（二）资源养护与生态修复技术发展

　　增殖放流是各国优化资源结构、增加优质种类、恢复衰退渔业资源的重要途径，国际社会对增殖放流给予了高度重视。目前，世界上有 94 个国家开展了增殖放流活动，其中开展海洋增殖放流活动的国家有 64 个，增殖放流种类达 180 多种，并建立了良好的增殖放流管理机制（Chen et al.，2012）。日本、美国、挪威、西班牙、法国、英国、德国等先后开展了增殖放流及其效果评价技术等工作，且均把增殖放流作为今后资源养护和生态修复的发展方向。这些国家某些放流种类回捕率高达 20%，人工放流群体在捕捞群体中所占的比例逐年增加。

　　国外除对重要渔业资源进行增殖外，也非常重视对鱼类栖息地的保护与修复工作。建立自然保护区是保护生物多样性及实现保护区内资源持续有效保护和利用的有效手段，对保护鱼类赖以生存的渔业生态环境有着无法替代的作用。西方发达国家人口和资源压力相对较小，对水生野生动物保护和研究起步较早，保护区的建立也更加完善。世界上第一个现代意义的保护区——黄石国家公园（Yellowstone National Park）于 1872 年在美国建立，如今，美国已建立起完整的保护区体系。并且美国、英国、加拿大、俄罗斯、日本等的保护区类型划分主要是从保护对象和管理措施的差异这两个方面进行考虑的，即使是有相同的保护对象，根据管理措施的差异也可划分为不同的保护区，因此对保护区的管理也更加合理。

（三）资源养护与生态修复对象及生态措施选择

　　国外内陆水域淡水生物养护的对象主要包括具有溯河性或降河性的洄游性鱼类，因此栖息地或渔业环境的修复也具有较强的针对性，主要是保护经济鱼类的生态通道和产卵场。美国对江河修建水坝管理很严格，要求在筑坝的同时，必须修建过鱼设施。1883 年苏格兰在泰斯河上建成世界上第一座鱼道，而后随着对水电能源的需求，水利水电工程得以蓬勃开展，这些工程对鱼类资源的影响也日益突出，鱼道的研究和建设也随之得到了飞速发展，与此同时，鱼闸、升鱼机、集运鱼船等过鱼设施也开始得到应用和发展。据不完全统计，至 20 世纪 60 年代初期，美国和加拿大有过鱼设施 200 座以上，西欧各国 100座以上，苏联 18 座以上，这些过鱼设施主要为鱼道。至 20 世纪晚期，鱼道数量明显上升，在北美有近400 座，日本则有 1400 余座（王兴勇和郭军，2005）。在整个鱼类洄游通道恢复发展历程中，欧盟、美国、日本、澳大利亚等在这方面积累了许多先进、成熟的经验（曹庆磊等，2010）。世界上较著名的鱼道有美国的邦纳维尔坝鱼道、加拿大的鬼门峡鱼道和英国的汤格兰德坝鱼道。国外早期鱼道的主要过鱼对象一般为鲑、鳟等具有较高经济价值的洄游性鱼类（Bunt et al.，2001；Roscoe and Hinch，2010），近年来，也开始注重对当地土著鱼类的保护。

除了修建过鱼设施外，制作和放置人工鱼礁和人工鱼巢也是修复鱼类栖息地，尤其是修复鱼类产卵场的重要手段。其达到的生态修复的效果与增殖放流等方法相比效果更为明显，方法也更可持续。人工鱼礁建设是当前许多渔业发达国家缓解渔业资源衰退、渔场"荒漠化"问题、限制底拖网作业、保护渔业栖息地环境和促进沿海渔场建设的一项重要措施。目前世界上已有很多国家在本国沿海水域投放了大量的人工鱼礁，但主要针对的是海洋鱼类资源修复。

（四）资源养护与生态修复管理策略发展

对渔业资源与环境的管理，更多的是关注生态系统和物种保护，国外主要通过制定行业标准或完善法律来实现。为保护水生野生动物，世界上许多国家先后制定和颁布了保护野生动物的综合性法规，如澳大利亚的《国家公园和野生动物保护法》《鲸类保护法》，泰国的《野生动物保存保护法》，美国制定的《濒危物种法》《海洋哺乳动物保护法》《海豹保护法》《鲸类保护法》等。各国对自然保护区的法律保护及管理制度也日趋完善。尤其是美国野生动物保护方面的法律制度建设相当完善，在世界野生动物保护制度中一直处于重要地位。美国在对待野生动物保护方面的问题时更多地采取了制定法的方式，甚至针对一些野生动物物种还专门制定单行法予以保护，为其他国家的野生动物保护提供了制度借鉴范本。美国主要的野生动物保护制度有濒危物种名录制度、栖息地保护制度、野生动物保护税费制度和野生动物保护志愿者制度。这些法律的颁布，对野生动物的保护起到了极大的推动作用。

二、国内产业发展现状

（一）资源养护与生态修复发展历程

我国内陆水域总面积巨大，水域类型多样，水产生物资源丰富。虽然我国早已确立了"以养为主"的渔业发展方针，对天然渔业捕捞产量的依赖性下降，渔业生产结构得到一定程度的优化，尤其是自2002年起，农业部在长江等重要河流实行禁渔制度，促进对淡水渔业资源与环境的保护，但是内陆水域渔业资源仍长期面临着过高的捕捞压力，各类违规的渔具渔法仍未杜绝，内陆各大流域天然渔业资源量锐减，渔业资源结构的小型化、低龄化现象仍较为明显。而且大量水电工程建设、围湖造田、堤闸阻隔、航运、采砂、水域污染、过度养殖等人类活动的干扰，使渔业水域生态环境不断恶化，许多物种已面临濒危和灭绝。

为了加强生态文明建设和贯彻实施渔业可持续发展战略，针对渔业资源和环境领域中存在的问题，近些年，我国政府先后实施了资源调查与评估、增殖放流、建立保护区、生态通道和栖息地修复及全国重要渔业水域生态环境监测网络等一系列措施，渔业资源的养护与环境的修复取得了一定的成效。

淡水主要流域的渔业资源调查与评估工作取得显著进展。对长江流域主要通江湖泊、长江口鱼类早期资源的种类组成及分布、洄游通道、重要经济物种产卵规模及范围和产卵场生态环境进行了调查；同时，对珠江、黑龙江、雅鲁藏布江等也开展了相关的调查和评估，为我国渔业主管部门制定禁渔期制度及控制重要物种捕捞强度等行政决策提供了技术依据，同时也为评价人类活动和环境变化对渔业资源的影响及鱼类种质资源天然生态库的建设提供了技术支撑。

（二）资源养护与生态修复技术应用

目前，开展水生生物资源增殖放流已成为水生生物资源养护的一项重要措施。我国有组织的水生生物资源增殖放流始于 20 世纪 80 年代初。近年来，增殖放流规模逐年扩大，据不完全统计，1999～2003 年，各地累计向海洋、江河、湖泊等天然水域中放流各类水生生物苗种达 244 亿尾（粒）。长江沿岸的四川、云南、重庆、湖北、湖南、江西、安徽、江苏、上海 9 个省（直辖市）对青鱼、草鱼、鲢、鳙及其他长江经济鱼类进行了大规模的人工增殖放流，2006～2007 年累计向长江投放各种规格青鱼、草鱼、鲢、鳙及其他经济鱼类 6.7 亿余尾，同时在各类天然水域放流国家一、二级重点保护水生野生动物中华鲟、胭脂鱼等 440 万尾（Chen et al.，2012）。尤其是在 2009～2013 年开展的农业部公益性行业（农业）科研专项"淡水水生生物资源增殖放流及生态修复技术研究"项目，已在黑龙江、重庆、湖北、湖南、江苏、上海和广东等省（自治区、直辖市）建立了 13 个水生生物增殖放流和生态修复示范基地，在此基础上配套建立了 16 个水生生物增殖放流和生态修复示范区，取得了显著的渔业资源养护效果。目前，增殖放流已经成为一项重要的生态修复措施和促进渔业增效、渔民增收的重要手段，取得了良好的社会、经济和生态效益。而且对不同类型水域的渔业资源养护模式也有新的转变，如水库、湖泊渔业资源保护和增养殖技术逐渐从过去靠经验放养、增加养殖强度、以产量为单一目标的传统模式，向实施定量化动态管理、发挥渔业水域多功能性、追求经济与生态效益平衡的生态渔业技术模式转变。

（三）资源养护与生态修复对象及生态措施选择

近年来，以保护水生野生动物物种及其栖息地、重要湿地和水域生态系统为重点，全国已先后建立起各级水生野生动物自然保护区 200 多处，其中国家级 14 处，省级 40 多处，市（县）级 150 多处，总面积 10 多万 km²，为水生野生动植物营造良好的生存环境。针对水产种质资源的就地保护，则建立了水产种质资源保护区。截至 2014 年，全国已设立内陆湿地和水域生态系统类型自然保护区 378 处，划定国家级水产种质资源保护区 464 处，这些保护区可保护上百种国家重点保护渔业资源。

我国涉及鱼类生态通道和栖息地修复的技术正处于发展阶段。我国过鱼道的建设和研究历史较短，1958 年在规划开发富春江七里垄水电站时，首次提及鱼道（刘洪波，2009），随后几年我国陆续建设了几座鱼道，建成的鱼道大多布置在沿海沿江平原地区的低水头闸坝上。在 20 世纪八九十年代，我国有关鱼类洄游通道恢复的研究基本处于停滞状态（陈大庆等，2005），进入 21 世纪，随着我国环保意识增强，沟通河流系统连通性、恢复鱼类洄游通道的作用逐渐被重新认识，2000～2013 年我国新修建的鱼道有 25 座（曹晓红等，2013），新修建的鱼道大多为垂直竖槽型鱼道（李新辉等，2014）。我国最早关于人工鱼巢的报道始于 1981 年，在安徽巢湖开展了人工鱼巢增殖实验，并且其后连续多年开展了人工鱼巢增殖工作。岗南水库和响洪甸水库也采用同样的方法在 20 世纪 80 年代开展了鲤、鲫的人工增殖。在河道中开展人工鱼巢增殖工作则相对较晚，最早始于 2005 年，在珠江干流开展尝试，之后在广东省开始推广应用。在珠江上游、黄河流域也陆续有关于人工鱼巢增殖鲤、鲫的报道。目前通过人工鱼巢进行鲤、鲫资源增殖已经起到了一定的作用，在现有的水域生态环境下是一种有效的生态环境修复方法。

（四）资源养护与生态修复管理策略发展

我国已经建立了全国重要渔业水域生态环境监测网络，开展了内陆水域，包括黑龙江流域、黄河流域、长江流域和珠江流域及其他重点区域的多个重要渔业水域的水质、沉积物、生物等近 20 项指标的监测，能及时掌握我国重要渔业水域生态环境的现状，为每年发布国家渔业生态环境状况公报提供了科学数据。

同时，我国先后制定和颁布了一系列的法律、法规及政策，为渔业资源的保护和管理提供了法律依据，如《中国生物多样性保护行动计划》《全国生物物种资源保护与利用规划纲要》《中华人民共和国渔业法》《国家重点保护野生动物名录》《中华人民共和国野生动物保护法》《中华人民共和国野生植物保护条例》《中华人民共和国自然保护区条例》《中华人民共和国水生动植物自然保护区管理办法》《中华人民共和国水生野生动物保护实施条例》《中国水生生物资源养护行动纲要》《长江渔业资源管理规定》等。这些法律法规为渔业资源养护，尤其是一些珍稀濒危水生野生动物物种及其栖息地保护起到了极大的推动作用。

第三节　淡水生物资源养护与生态修复科技发展现状与趋势

一、国外科技发展现状

近年来，国内外淡水渔业资源养护与生态修复均取得了一定进步，部分新技术的发展与应用获取了较为明显的效果，但仍有部分技术尚处于探索和耦合阶段，同时部分淡水水域渔业资源现状并不乐观，随着资源形势的明朗和新科学技术的成熟，生态修复技术将获得进一步的发展。

（一）重视基础理论研究

发达国家为有效保护渔业资源，政府每年投入大量人力、物力开展科研，把资源保护建立在科学的基础上，不论是对某个物种采取生态保护措施，进行某项决策，还是制定某项法规，都以科学研究为依据，增强可行性，避免盲目性。目前国外的生态修复工作，更着重水生生态系统完整性的修复，通过水环境改善、生物栖息地修复、生物种类及其空间分布的合理配置，促进生态系统的恢复与重建。同时也采用了多种指标和方法，从生态系统整体的角度，定量开展修复机制研究。

再生性是水生生物资源的一个最重要的特征之一，它是资源得以持续利用的基础。掌握种群补充量的动态及其机制十分重要，对于补充群体数量动态的研究日益成为渔业资源评估研究的热点之一。美国、日本和欧洲的鱼类早期生活史研究发展较快，研究领域包括早期资源识别、早期种群补充过程研究等，这些研究为渔业资源变动规律研究奠定了基础。

（二）重视生态系统结构研究和生态安全

发达国家开展的增殖放流不但要恢复所放流物种的种群数量，还必须保证放流水域生态系统结构和功能不受到破坏、物种自然种质遗传特征不受到干扰，这是一项非常复杂的系统工程。因此，国际上对内陆水域水生生物群落结构和种间关系进行了广泛的研究，有较多的研究集中在水生生物群落改变对水体饵料生物和水环境的直接或间接影响评估上，如以关键种捕食者为中心的食物网研究等。

渔业水域增殖放流中，引种移植会带来外来种入侵问题，目前有关外来鱼类入侵的防治方法却极为有限。国际上常见的防治方法包括生物防治、物理防治和化学防治。生物防治可以有效地遏制入侵种的快速扩张，对其他生物的影响较小，但是不能彻底根除，引入的天敌还有可能成为新的入侵种（Mack et al.，2000），如食蚊鱼的引入；物理防治适用性广，但对鱼无选择性，需耗费大量的物力和人力，且效果不明显，如刺网法（Hopkins and Cech，1992）；化学防治应用于相对较小的封闭水域，如池塘和小面积的湖泊等，能起到快速高效的防治效果，但不能在较大的流动水体中应用，会对水体及水中的其他生物造成不良的影响（Lazur et al.，2006）。

（三）重视生态修复措施评估与栖息地管理

国外有关鱼道等洄游通道建设的研究主要集中在鱼道结构设计及水文动力学、过鱼对象游泳能力、鱼道过鱼效果监测、影响过鱼效果的环境因子等方面。人工鱼巢、鱼礁研究主要集中在材料选择及效果评估方面。生态水文需求方面，国外有关鱼类繁殖的生态水文需求研究有较多报道，并建立了生态水文指标体系，生态水文需求研究已从研究步入了实践和应用阶段。

研究发现，生态系统稳态转换理论和自组织修复是水域生态环境调控的重要途径。发达国家基于此建立了水质净化和环境修复的一般理论与方法，如人工湿地技术，目前该技术已成功应用于渔业养殖废水、受污染地表水等的处理，取得了较为理想的效果。在自然水域中则实现了运用生物操纵理论和技术防止水体富营养化。

在对栖息地进行保护与管理时，国际上一般利用生境适宜度指数（habitat suitability index，HSI）模型的评价方法，在土地管理规划和动物栖息地环境的评价中大量应用。另外，生物完整性指数（index of biotic integrity，IBI）和无脊椎动物群落指数（invertebrate community index，ICI）则可从生物完整性的角度对河流栖息地进行评估（Selm，1988；Daily，1997；左伟等，2002）。

（四）重视总体规划、强调广泛合作

国外水资源机构在流域综合开发和水资源利用的过程中，十分重视总体规划与跨区域、跨部门和跨学科的合作，最大限度地提高流域水资源与生物资源开发利用的整体综合效率。国际地圈-生物圈研究计划（IGBP）建立了全球观测站，利用生物群落的完整性评估生态系统健康水平，从流域、国家甚至大洲的层面上制定鱼类洄游通道恢复规划和计划，对受损湿地进行恢复与重建，对河流进行再自然化恢复，实施水库联调及生态调度，相关研究成果也为有关国家做决策提供了坚实的理论基础与科学依据。欧洲莱茵河保护国际委员会实施了多项莱茵河生态环境保护计划，协调流域水资源和环境需求矛盾，成功地解决了流域水资源开发与生物资源需求的矛盾冲突，实现了流域水资源与生物资源协调发展。美国联邦政府在流域水资源管理方面，极为强调水资源质量必须和水资源用途结合考虑，不仅考虑化学指标，更重要的是考虑生物完整性、栖息地和生物多样性等整体性的生态学指标，同时在美国密西西比河、哥伦比亚河和五大湖流域设立相关生态监测系统，针对土著物种设计并建设国家鱼类孵化场体系，以协调流域水资源开发与生物资源的需求之间的矛盾。

二、国内科技发展现状

（一）资源养护历史与技术发展

我国淡水的湖泊渔业是极具中国特色的大水面渔业方式，也是我国在增殖放流和渔业资源养护方面工作较为成熟的方式。我国从 20 世纪 60 年代起，在一些内陆湖泊开展了鱼类的人工放养，利用水体天然生物饵料资源，提高鱼产量，形成了湖泊养殖与增殖相结合的格局。在湖泊渔业的增养殖过程中，养殖容量是研究的重点，而且逐渐从过去的经验放养型发展为定量动态管理型，人工放养对水域生态系统影响的研究工作集中在各生物类群（鱼类、底栖动物、浮游动物、浮游植物和大型水生植物等）的摄食生态、种群特征、区系调查、群落结构和生物多样性等方面。针对不同营养状态的湖泊生态系统，为了保证生态系统的健康发展，开始大力调整渔业养殖结构，放养种类也由传统的"四大家鱼"扩展到鲤、鲫、团头鲂、鳜、河蟹等10多种。

（二）国家政策扶持、技术体系逐渐建立

自从我国在2006年颁发了《中国水生生物资源养护行动纲要》，把水生生物增殖放流建设作为养护水生生物资源的重要措施后，增殖放流的相关技术研究在淡水水域也得到了很大的发展。如2006～2008年国家科技攻关计划"三峡生态渔业开发技术研究"项目，通过在三峡库区开展鱼类资源调查、土著鱼类繁育保护研究、非投饵网箱高效养殖、贝类吊养、鱼类放养的支流水华生态渔业控制实验，初步建立了"资源节约、环境友好、优质高效"的三峡生态渔业技术体系。2009～2013年，通过开展农业部公益性行业科研专项"淡水水生生物资源增殖放流及生态修复技术研究"，系统开展了增殖放流苗种生态适应性和增殖放流环境容量评估技术研究，解决了放流种类、放流数量和放流区域等问题；建立了增殖放流苗种繁育和质量评价技术体系，解决了放流苗种科学繁育及品质检验等渔业管理难题；研发了各类水产品规模化标志技术，筛选了标志留存率高、死亡率低和识别度高的标志技术，为大规模标志放流提供了技术支撑；通过声学、分子生物学技术和标志回捕等多种调查方法，全面评估了放流种类的增殖放流效果及资源增殖放流对水域生态系统服务功能的影响，为科学评价水生生物的增殖放流及生态修复提供了技术支持。目前完成了珍稀濒危鱼类（中华鲟、达氏鲟、胭脂鱼）、重要经济鱼类（岩原鲤、厚颌鲂、白甲鱼、中华倒刺鲃、青鱼、草鱼、鲢、鳙、暗纹东方鲀、广东鲂）、冷水性鱼类（施氏鲟、达氏鳇、大麻哈鱼）和甲壳类（中华绒螯蟹）17种水生生物的增殖放流技术手册。初步构建了涵盖增殖放流各阶段的标准化和规范化的技术体系。

（三）资源养护与生态修复已有一定发展，但相关技术仍有待提升

我国对于鱼类生态通道和栖息地修复的研究还处于起步阶段，相关研究较少，如过鱼通道研究主要集中在过鱼效果监测（徐维忠和李生武，1982；李捷等，2013；Wu et al.，2013；王珂等，2013），以及过鱼对象游泳能力评价（石小涛等，2011；蔡露等，2013）等方面。已有的报道大多为鱼道结构设计方面，对过鱼对象游泳能力及鱼道水文动力相关研究很少，有关过鱼效果监测研究缺乏长期的观测。国内有关内陆江河人工鱼巢、鱼礁相关研究仅停留在位置、材料选择上。

与国外相比，国内在河流栖息地评估与保护方面也起步较晚。对河流、湖泊水域栖息地调查评估、生境特征和生态修复方面研究均已开展，但均在小范围的流域内进行。

我国在渔业生态环境监测与保护方面，主要针对所辖渔业水域生态环境进行监测，重点是水产养殖区与重要鱼、虾、蟹类的产卵场、索饵场和水生野生动植物自然保护区等功能水域。目前具有开展水质、底质、生物及生物质量方面200多个参数的监测、评价能力，在水质、底质方面常规项目的分析研究水平与国际水平相当，对优先污染物监测分析水平弱于国际水平。在生物及生物质量方面分析研究、污染事故鉴定与处理水平与国际水平相当。在污染生态学研究方面，主要开展单个污染物质或综合性废水对渔业生物急性、亚急性毒性效应的研究，尚未对多介质多界面复杂环境和复合污染物行为机制、污染生态系统毒理学诊断开展研究。在水域生态环境保护方面，主要在降解菌种的筛选，养殖池塘、网箱养殖区、底栖生态环境方面开始进行一些试验性修复研究，尚未形成成熟技术，整体研究水平与国际先进水平差距较大。

三、科技发展趋势

（一）淡水水生生物资源养护技术进一步熟化与验证

目前国内对渔业资源养护与环境修复的研究，多数侧重于改变环境因素或某种生物群落结构的单一作用，而对生态修复机制的研究较少，很少从生物群落、食物网结构和生态系统完整性整体水平出发。因此淡水渔业资源的养护及环境修复，需要以生态系统完整性的恢复与重建为目的，开展对不同类型水域生态系统结构重建、生物群落结构完善与优化、功能恢复与适应性管理等技术的研究，才能实现渔业资源的可持续发展。

增殖放流作为自然水域渔业资源养护和生态环境修复的重要手段，虽然已经初步建立淡水增殖放流的标准化的技术体系，但是目前增殖放流及生态修复技术仍处于探索和起步阶段，还需要对增殖放流技术体系进行进一步的熟化和验证。渔业资源增殖放流作为一门新兴的技术，是多门学科领域的综合应用，是多部门的一项复杂的系统工程。目前需要重点解决我国渔业资源增殖放流中苗种培育、标志技术、效果评估技术等熟化和提升的问题，包括解决提高放流苗种早期存活率、放流苗种选择、放流群体对自然种群遗传多样性的影响的问题。同时也要加强渔业资源跟踪监测与放流效果的评估，提高放流工作的科学性和可持续性。

（二）实现天然水生生境修复技术多方位发展

河流再自然化是目前国际上应用较为广泛的天然水生生境修复方式，包括恢复水系连通性、水库再调度、重建和养护天然产卵场和早期生活栖息地等。在具体的修复工程技术方面，目前过鱼设施、人工鱼巢等研究还远远不够。过鱼设施的发展主要在北美和欧洲，而这些设施的过鱼种类主要是鲑和鲟。针对我国过鱼种类，还需要加强鱼类基础生物学与行为研究，通过鱼类克流能力模拟实验，为鱼道设计提供科学依据。而且鱼道建好后，需要建立长序列效果评价体系，找出影响过鱼效果的关键因子，为鱼道有效运行和设计工艺改进提供参考依据。目前我国设计的人工鱼巢仅针对产黏性卵鱼类，未来需要加强其他主要经济鱼类人工鱼巢设计工艺研究，建立有效效果评价方法。有关生态水文调度相关研究需要积累长期的生物与水文的数据，目前大多还停留在理论研究层面，需要对鱼类繁殖与水文因子之间的关系进行耦合，建立模型，找出并量化影响鱼类繁殖的主要水文特征及因子，真正为水利枢纽生态水文调度提供科学依据并使其得以实施。

我国淡水鱼类资源调查已经开展多年，但对一些西南、西北区域的特有鱼类资源状况并未完全了解，因此需要进一步调查西南、西北鱼类资源的分布及储备量，取得特有鱼类的繁殖生物学等基础数据，筛选可用于产业化的特有经济鱼类品种，挑选和驯化特有经济鱼类亲鱼，建立特有经济鱼类的人工繁殖技术和养殖技术，同时注重对特有经济鱼类的开发利用技术研究。而且对一些特殊水域，如内陆盐碱水域的研究也有广阔前景。开发利用我国内陆蕴藏着的丰富、尚未被有效开发利用的盐碱水资源，将成为盐碱水分布区解决淡水生物资源短缺、拓展淡水渔业发展空间，保证"三北地区"渔业可持续发展的一个有效途径。

第四节　国内外科技发展差距与存在问题

近年来，我国在渔业资源养护与环境修复方面取得了一定的成效，但与国外相比，资源调查工作滞后，增殖放流及生态修复技术尚处于探索和起步阶段，相关法律法规尚待健全，等等，我国淡水生物资源养护和生态修复任重道远。

1. 增殖放流技术体系成熟度不高

近年来，增殖放流已经对我国天然渔业资源的增殖和恢复起到了积极作用，相关工作也取得了显著进展，但目前增殖放流及生态修复技术仍处于探索和起步阶段，并且在放流苗种质量、水域容量、放流效果评价等基础研究方面仍然滞后。主要问题包括：①由于基础研究的缺乏，增殖放流仍具有一定的盲目性，科学系统的规划和管理明显滞后，制约了渔业资源养护工作，如湖泊水库的放养量不足或放养结构不合理，对放流的效果评估缺乏等，使得大部分情况下放流都未达到预期的效果；②优良品质的苗种供应不足限制增殖渔业产业化发展；③放流亲本的来源多样，暂无统一的苗种质量检测规范或标准，种质资源保护亟待加强；④需要进一步加强现有增殖放流技术体系的熟化和验证。

2. 区域性特有鱼类关注度不高、资源养护技术体系待建立

我国西北、西南地区鱼类种类十分丰富，特有种众多，是我国最重要的鱼类种质资源库（伍律，1989；丁瑞华，1994；西藏自治区水产局，1995；陈小勇，2013）。但中国内陆鱼类受威胁物种达到 295 种，其中西南地区鱼类受到威胁的种类超过全国的一半，而西北地区 50 余种特有鱼类绝大多数均处于濒危状态（乐佩琦和陈宜瑜，1998；汪松等，2003）。然而这些区域资源调查工作明显滞后，已有的生态环境和渔业资源调查资料不能全面反映现状。目前，西南、西北地区特有鱼类养护措施不到位，缺乏系统的特有鱼类保育体系，同时特有经济鱼类开发利用不足。影响特有鱼类开发利用的主要原因，一是由于有些特有鱼类资源遭受严重破坏，亲本收集存在困难；二是没有突破特有鱼类繁育关键技术，特别是苗种培育关键技术；三是现有的原良种场真正进行特有鱼类繁育的不多。

3. 生态通道和栖息地修复工程基础研究缺乏

由于前期基础研究的缺乏，河流过鱼设施与洄游通道恢复工作目前与国外有较大差距，如不重视基础研究，各学科间缺少交流与合作；设计过鱼对象单一；不重视鱼道效果监测及后期鱼道改进工作；鱼道缺少监督管理机制，鱼道难以正常运行。

对鱼类栖息地的修复，国内主要还是设置人工鱼巢，人工鱼巢多仅在鱼类主要繁殖期设置，主要为产黏草性卵的鲤、鲫和鲌属鱼类提供产卵场所，鱼巢的使用期较短，不可持续，第二年需重新设置，工作量相对较大。而且在淡水河流和湖泊还缺少为产漂流性卵鱼类提供产卵场的人工鱼礁修复工作，河流鱼类产卵场破坏的问题一直没有很好的解决办法。由于对濒危水生物种缺乏濒危状况定量研究，而且在物种生物学、生态学等方面，很多物种还未进行研究或未进行深入的研究，就已经灭绝或濒临灭绝，因此这些濒危物种的种群栖息地修复技术、种群资源恢复技术更加缺乏。

国外对水生生物栖息地的评估工作能有效用于渔业管理中，而我国对栖息地生境的评价与保护仍处于理论研究阶段，相关问题的研究亟待加强。

4. 引种模式粗放、外来入侵物种控制难度大

与国外相比，我国的外来水生生物入侵的问题更加严峻，我国是世界上最大的水产养殖国，养殖品种中很大一部分都是外来物种，加剧了外来种在我国的扩散。另外，民众对外来水生生物的认识较少，随意放生的情况在我国非常普遍，同样促进了外来种的入侵。就外来物种的研究来说，我国的外来生物研究和防控虽已开展多年，但主要研究对象为昆虫和植物，特别是一些与人类健康和农业生产相关的物种，如红火蚁、烟粉虱、稻水象甲、橘小实蝇等。与植物、昆虫不同，鱼类入侵的防治有很多困难，主要原因包括：生态学家和渔业管理者之间在水生动物入侵的问题上尚存在分歧，特别是对于一些渔业支柱性产业，如罗非鱼、革胡子鲶、克氏原螯虾等；对外来水生动物的具体分布和数量缺乏系统的调查和评估，对其危害也没有明确的界定。这些因素导致我国已成为受外来水生生物影响最严重的国家之一。

5. 内陆盐碱水域资源状况不明、渔业利用程度低

我国拥有 6.9 亿亩水质类型复杂的盐碱水域（湖泊），是盐碱水资源大国，但多处于环境恶劣、经济欠发达地区。由于存在对盐碱水资源重视不够、现状了解不清、相关基础研究滞后等问题，制约了我国内陆盐碱水渔业特色经济发展的步伐。目前我国"三北地区"宜渔盐碱水域资源状况家底不清，该类型水域的渔业利用还未开展。

6. 渔业资源养护管理制度不健全

我国相关法律法规不健全。目前我国自然保护区功能区划的规定并不适用于河道水体类型的保护区。一般国外对保护区的分类主要是从保护对象和管理措施的差异这两个方面进行考虑的，即使是有相同的保护对象，由于管理措施的差异也会将其划分为不同的保护区。而我国在保护区的分类上，是按照保护对象来划分的，在保护措施上各类型、各级别保护区都是一致的，因此我国保护区的管理也存在许多问题。

第五节　科技创新发展思路与重点任务

科技创新是产业发展的动力之源，政策支持是产业发展的持续保障，需克服我国淡水渔业资源养护与生态修复技术层面存在的不足，紧扣中央决策部署，助推产业发展，采取灵活思路，重点突破，全面发展。

一、总体思路

以科学发展观为指导，围绕国家创新驱动发展、生态文明建设和现代渔业体系构建等的战略部署，按照"生态优先、生产高效、产业升级"的要求，抓住长江"不搞大开发、共抓大保护"的契机，全面加强淡水生态养护与修复科技创新，重点突破以淡水生物种质资源保护和生态修复为核心的水域生态养护与修复关键技术，集成应用示范，全面提升淡水生物资源养护与修复水平，提高淡水生物资源生态价值并增强其生态功能，促进淡水生物产业的可持续发展。

二、总体目标

以助推我国淡水水域生态文明建设为总体目标，完善优化水产种质资源保种技术理论，建立淡水重要水产种质资源评价与保护技术体系；突破部分濒危物种繁育、种质保存等关键共性技术；建立主要淡水生物增殖放流评估体系和管理规程；进行关键物种的栖息地、产卵场和索饵场等的修复构建，建立重要物种栖息地修复和保障技术体系；建立重要水产种质资源集约化护存示范基地和重要鱼类产卵场修复示范基地，使生物资源养护水平明显提高。

三、重点任务

（一）基础研究

1. 淡水重要水域水生生物资源调查与评价

针对淡水重要水域水生生物资源量、分布现状、资源变化状况基础资料较为匮乏、常规监测覆盖范围有限的情况，对重要水域开展水生生物资源与环境全面监测；主要针对重要水生生物资源数量、分布和变化趋势开展监测，从而客观反映监测水域水生生物资源现状，评价分析相关水域的资源健康等级，评估重要鱼类关键栖息地生境演替规律，结合关键栖息地长序列监测资料，提出淡水重要水域水生生物物种资源利用与保护建议，持续评估重要水生生物资源利用与保护措施实施效果。

2. 重要渔业水域食物网动态及利用规律研究

针对重要渔业水域，从生态系统视角出发，采用常规方法（胃含物法）和其他示踪方法（如稳定性同位素法等）对系统内能量流动规律进行研究，构建研究区域食物网结构，揭示食物网内营养动力学特征，基于生态系统转化效率，评估研究水域的资源补充潜力，对重要水生生物种内、种间关系进行梳理，判断生态系统内的关键种，估算各层次最低环境容纳量。

3. 人工繁殖种类及外来物种的生态风险评估

人工繁殖种类和外来物种一旦形成生物入侵，将会对水生生态系统造成多方面的影响。建立人工繁殖种类及外来物种信息系统，加强信息交流与共享；制定外来物种入侵评价标准与风险评估体系，进行人工繁殖种类及外来物种监测，正确处理水域引种与生物入侵的相互关系，对人工繁殖种类及外来物种进行生物入侵风险评估，制定生物入侵防范战略等。可以有效改善水域生态系统，促进水生生物资源的发展。

（二）关键共性技术研究

1. 重要内陆水域生态系统演化与恢复技术研究

针对我国重要内陆水域生态系统的演化规律，根据不同区域的气候、自然环境和人为干预等因素判断水域生态系统结构、功能和区域演化特色。不同区域水域生态系统采取不同方法进行研究，主要包括不同区域水域生态系统特征及关键控制因子研究，探索典型水域生态系统的历史演化过程，挖掘气候变化和人类活动对水域生态系统演化的驱动机制，提出不同区域应对气候变化的水域生态系统恢复对策，并总结出应对人类活动影响的水域生态系统恢复对策。

2. 重要水域生态风险防控技术研究

针对我国重要内陆水域生态系统风险防控技术研究现状，首先明确水域生态系统所面临的各类风险，再从不同层次不同方面研究建立防控技术体系。主要从以下 3 个方面展开研究：重要水域生态风险识别与驱动机制研究，重要水域生态风险综合评估，建立重要水域生态风险防控集成技术体系。

3. 重要渔业资源养护和生态环境修复技术研究

针对目前我国淡水水域渔业资源普遍减少的现实，从生物学、养殖学和工程学等角度开展渔业资源养护与生态修复技术研究。主要从以下方面开展：重要物种渔业生物学研究，流域水生生物生产力综合管理技术研究，重要物种增殖放流技术体系建立，重要物种生态养护工程研究。

4. 重要水生生物产卵场与栖息地修复技术研究

针对目前我国重要水生生物产卵场调查资料不足、栖息地演变受人类活动等影响越来越大的现实，开展重要水生生物产卵场的针对性调查与研究工作，从生物学、水力学、工程学等角度开展产卵场修复技术研究，恢复产卵场生态功能。首先需要开展产卵场容纳产卵类群、产卵量及演化研究，其次从水力学角度对产卵场环境水力学特征进行研究，最后达到关键产卵场生态修复技术推广与示范。

5. 综合信息集成和共享系统平台建设与应用研究

针对目前我国渔业综合信息管理平台建设受重视程度不高、信息共享程度不高、相关数据利用有限等问题，通过信息平台构建，实现综合信息科学管理与充分利用，形成信息共享的有效机制。需要开展的研究工作主要包括数据标准化、规范化定义，构建综合信息与管理平台，形成信息共享实施机制。

第六节　科技创新保障措施与政策建议

科技创新是国家发展的不竭动力，良好的保障措施与政策是科技创新的助推力。因此，结合实际需求，制定相关的保障措施和政策是非常必要的。

1. 做好顶层设计

根据国家相关发展规划，结合实际需求，按照先基础研究后应用研究的推进原则，结合生态环境保护需求等方面的情况，做好顶层设计，系统提出整合现有科技资源形成创新合力的总体思路，制定切实可行的淡水生物资源养护和生态修复科技发展规划，明确工作任务、目标和措施，确定技术发展路线图。立足已有研究基础、技术优势和技术应用前景，围绕技术研究中的不足和国家生态环境保护中长期发展规划，强化政策支持，编制资源养护和生态修复国家规划，并逐项抓好落实，力争在重点领域、关键环节和核心技术的自主创新与推广应用方面取得重大突破。

2. 完善科技创新体系

强化国家目标需求和重大任务导向，优化资源配置，建立以政府为主导、产学研结合，统筹基础研究、关键技术研发、产品创制与示范应用的有机衔接。以科技创新链条为主线，聚集优势科研院所、大专院校、企业人才，组建联合攻关团队，发挥企业具有创新能力的技术创新主体作用，形成"产学研"协同攻关模式。

3. 加大财政支持力度

争取国家财政对淡水水生生态基础理论研究的稳定支持，整合现有各项建设投资和财政专项资金，重点向提升科技自主创新能力方面倾斜；针对增殖放流与养护工程、产卵场与栖息地修复、种质资源保护区建设、珍稀濒危物种保护等养护关键技术，通过多种渠道，积极争取地方财政加大渔业科技投入，加强科技创新和成果转化工作；同时，鼓励和引导企业增加研发投入，对企业开展的促进相关产业科技发展的项目予以政策倾斜，逐步形成多元化、多渠道的渔业科技投入格局。

4. 建立高素质科技人才培养体系

实施"人才强国"战略，改革渔业教育体制和人才培养环境，造就一批科技领军人才、战略科学家和淡水生态资源养护与修复创新团队，尽快形成一支具有世界前沿水平的创新人才队伍；通过鼓励人才引进、加强人才培养和完善用人机制，加快培养一批通晓业务、擅长管理、具有战略眼光和全球视野的管理人才，尽快形成一支适应全球化竞争的管理人才队伍。

5. 深化国际合作与交流

技术的进步需要整合各方资源，利用现有基础，加强各方合作，顺应最新科技发展趋势，建立技术发展与共享平台，积极主动参与国际科学研究计划，消化吸收国际先进技术，增强淡水水域养护的科技竞争实力和科技发展能力；围绕"一带一路"倡议实施，通过"走出去"，加强我国领先研究领域的国际合作和技术输出，建立稳定、通畅的国际合作渠道，扩大对外开放。

参 考 文 献

蔡露, 房敏, 涂志英, 等. 2013. 与鱼类洄游相关的鱼类游泳特性研究进展. 武汉大学学报(理学版), 59(4): 363-368.

曹庆磊, 杨文俊, 周良景. 2010. 国内外过鱼设施研究综述. 长江科学院院报, 27(5): 39-43.

曹晓红, 陈敏, 吕巍. 2013. 我国鱼道建设现状及展望//中国环境科学学会学术年会: 水利水电生态保护(河流连同性恢复专题)论文集: 55-66.

陈大庆. 2003. 长江渔业资源现状与增殖保护对策. 中国水产, 3: 17-19.

陈大庆, 吴强, 徐淑英. 2005. 大坝与过鱼设施//水利水电建设项目水环境与水生态保护技术政策研讨会: 101-131.

陈小勇. 2013. 云南鱼类名录. 动物学研究, 34(4): 281-343.

陈银瑞, 杨君兴, 李再云. 1998. 云南鱼类多样性和面临的危机. 生物多样性, 6(4): 272-277.

丁瑞华. 1994. 四川鱼类志. 成都: 四川科学技术出版社.

乐佩琦. 1995. 中国濒危淡水鱼类致危成因分析. 湖泊科学, 7(3): 271-275.

乐佩琦, 陈宜瑜. 1998. 中国濒危动物红皮书(鱼类). 北京: 科学出版社.

李捷, 李新辉, 潘峰, 等. 2013. 连江西牛鱼道运行效果的初步研究. 水生态学杂志, 34(4): 53-57.

李思发. 1996. 中国淡水鱼类种质资源和保护. 北京: 中国农业出版社: 35-43.

李新辉, 李跃飞, 赖子尼, 等. 2014. 一种适用于低水头水坝的过鱼通道加建方法和过鱼通道: 中国, CN102900055B.

联合国粮食及农业组织. 2014. 2014 年世界渔业和水产养殖状况. 罗马: 联合国粮食及农业组织.

刘洪波. 2009. 鱼道建设现状、问题与前景. 水利科技与经济, 15(6): 477-479.

农业部渔业渔政管理局. 2016. 2016 中国渔业统计年鉴. 北京: 中国农业出版社.

石小涛, 陈求稳, 黄应平, 等. 2011. 鱼类通过鱼道内水流速度障碍能力的评估方法. 生态学报, 31(22): 6967-6972.

汪松, 乐佩琦, 陈宜瑜, 等. 2003. 中国濒危动物红皮书: 鱼类. 北京: 科学出版社.

王珂, 刘绍平, 段辛斌, 等. 2013. 崔家营航电枢纽工程鱼道过鱼效果. 农业工程学报, 29(3): 184-189.

王兴勇, 郭军. 2005. 国内外鱼道研究与建设. 中国水利水电科学研究院学报, 3(3): 222-228.

王尧耕. 1994. 水产资源//中国农业百科全书委员会水产业卷委员会. 中国农业百科全书(水产业卷). 北京: 农业出版社.

伍律. 1989. 贵州鱼类志. 贵阳: 贵州人民出版社.

西藏自治区水产局. 1995. 西藏鱼类及其资源. 北京: 中国农业出版社.

徐维忠, 李生武. 1982. 洋塘鱼道过鱼效果的观察. 湖南水产科技, 1: 21-27.

中国水产养殖业可持续发展战略研究项目组. 2013. 中国养殖业可持续发展战略研究(水产养殖卷). 北京: 中国农业出版社.

中国自然资源丛书编撰委员会. 1995. 中国自然资源丛书·渔业卷. 北京: 中国环境科学出版社.

中华人民共和国国务院. 2006. 中国水生生物资源养护行动纲要. 渔业科技产业, 2: 1-9.

中华人民共和国农业部. 2015. 中国渔业生态环境状况公报 2001-2014. 北京: 中国农业出版社.

左伟, 王桥, 王文杰, 等. 2002. 区域生态安全评价指标与标准研究. 地理学与国土研究, 18(1): 67-71.

Bunt C M, van Poorten B T, Wong L. 2010. Denil fishway utilization patterns and passage of several warmwater species relative to seasonal, thermal and hydraulic dynamics. Ecology of Freshwater Fish, 10(4): 212-219.

Chen D Q, Li S J, Wang K. 2012. Enhancement and conservation of inland fisheries resources in China. Environ Biol Fish, 93(4): 531-545.

Daily G. 1997. Nature's Services: Social Dependence on Natural Ecosystem. Washington DC: Island Press.

Hopkins T E, Cech J J. 1992. Physiological effects of capturing striped bass in gill nets and fyke traps. Transactions of the American Fisheries Society, 121(6): 819-822.

Lazur A, Early S, Jacobs J M. 2006. Acute toxicity of 5% rotenone to Northern Snakeheads. North American Journal of Fisheries Management, 26(3): 628-630.

Mack R N, Simberloff D, Lonsdale W M, et al. 2000. Biotic invasions: causes, epidemiology, global consequences, and control. Ecological Applications, 10(3): 689-710.

Roscoe D W, Hinch S G. 2010. Effectiveness monitoring of fish passage facilities: historical trends, geographical patterns and future directions. Fish and Fisheries, 11(1): 12-33.

Selm A J. 1988. Ecological infrastructures conceptual framework for designing habitat networks. Paderborn: Ferdinand Schoningh.

Wu Z, Tan X C, Tao J P, et al. 2013. Hydroacoustic monitoring of fish migration in the Changzhou Dam fish passage. Appl Ichthyol, 29(6): 1445-1446.

第七章　淡水生物种业*

进入 21 世纪以来，随着经济和生活水平不断提高，居民食品与膳食结构也不断发生着变化，动物蛋白逐步成为居民蛋白摄入的重要来源，人们对动物源蛋白的需求量已达 20 世纪的 5 倍之多，且呈持续增长状态。因此，与之相关的养殖业在农业经济中也呈现越来越活跃的状态，逐步成长为引领传统农业向现代农业转型和实现农业可持续发展的战略产业。年度牛肉产量由 20 世纪 50 年代的 1900 万 t 增长到 20 世纪 80 年代晚期的 5000 万 t，同一时期捕捞业由 1700 万 t 增长到 9000 万 t，两者增幅差别明显。而自 20 世纪 80 年代晚期开始，牛肉产量增加变缓，养殖鱼类产量则大幅增加（图 7-1）（Larsen and Roney，2013）。相较于渔业捕捞业产量基本平稳，渔业养殖业在 20 世纪得到了迅猛发展（图 7-2）。

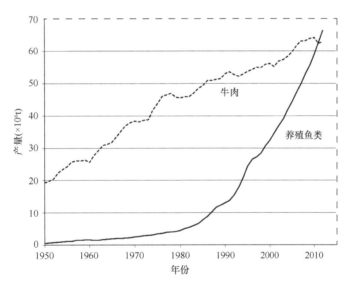

图 7-1　1950 年以来世界牛肉和养殖鱼类产量的变化（EPI，2013）

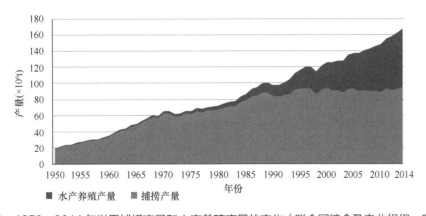

图 7-2　1950~2014 年世界捕捞产量和水产养殖产量的变化（联合国粮食及农业组织，2016）

---

* 编写：桂建芳，张晓娟

进入 21 世纪后，权威学者先后在顶尖杂志 *Nature* 和 *Science* 中撰文阐述可持续渔业的地位，*TIME* 杂志曾以封面文章报道渔业在全球食品安全和经济增长中的作用，时至今日，渔业和水产养殖业依然是世界各地亿万民众重要的食物、营养、收入和生计来源，据 2016 年联合国粮食及农业组织统计的世界渔业和水产养殖状况显示，2014 年世界人均水产品供应量达 20kg，创历史新高。调查统计者认为这应归功于"水产养殖业的快速增长"和"渔业管理改善后部分鱼类种群状况的小幅好转"。可持续渔业已成为世界共同关注的时代主题，发达国家学者已就水产养殖对世界水产品供应的作用达成共识，认为其在当前和未来都具有巨大的潜力，将在 2050 年，即预计全球人口达 97 亿时，为保障全球粮食安全和营养充足做出巨大贡献（联合国粮食及农业组织，2016；Naylor et al.，2000；Pauly et al.，2002，2003；Gui and Zhu，2012）。

在本章中，我们将把目光集中于水产养殖业的先行环节——生物种业状况，主要探讨淡水生物种业科技创新发展战略背景，理顺淡水生物种业产业和科技发展现状与趋势，分析国内外科技发展差距与存在问题，阐述当前科技创新发展思路与重点任务，并就此提出科技创新保障措施与政策建议，以期为中国淡水生物种业的发展添砖加瓦。

第一节　淡水生物种业科技创新发展战略背景

科技创新是现代农业的重要特征和关键要素，而水产种业科技是现代水产养殖业科技体系中的排头兵，在产业发展中起重要支撑和引领作用。种业科技创新是推动渔业可持续发展的力量源泉。

（一）各国种业科技战略部署与投入

发达国家把水产种业作为开发水产资源的必争战略高地。美、英、日、澳等国纷纷将经济水生生物（鱼、虾、贝、藻等）的遗传育种研究列为水产经济的重点发展方向，美国的"海洋行动计划"（Ocean Action Plan）、欧盟的"欧洲共同渔业政策绿皮书"及"综合海洋政策"、日本的"水产基本计划"、韩国的"Ocean Korea 21"等政策纷纷出台，明确了可持续发展水产养殖业和渔业科技的重要战略地位，目前正在进行的水产育种项目有数十个，研究目标较为集中。据了解，目前世界发达国家养殖产业兴起多起源于大的育种计划，除政府投资外，种业企业规模大，商业化、市场化运作成熟，投资规模也大，例如，仅英国的一个种业集团公司每年的研发经费投入就约为 3400 万美元，按照汇率 1：6.95 计算，折合人民币约为 2.36 亿元，达我国动物育种领域投资的 1.8 倍还多。时至今日，挪威的大西洋鲑良种、美国的抗病牡蛎和凡纳滨对虾良种等已在相关领域取得技术突破并形成产业优势。

2012 年我国出台中央一号文件，着重聚焦种业科技创新，明确提出"科技兴农，良种先行。增加种业基础性、公益性研究投入，加强种质资源收集、保护、鉴定，创新育种理论方法和技术，创制改良育种材料，加快培育一批突破性新品种"。并在《国家中长期科学和技术发展规划纲要（2006-2020年）》《国务院关于加快培育和发展战略性新兴产业的决定》《关于加快推进现代农作物种业发展的意见》《促进生物产业加快发展的若干政策》等一系列政策文件中，将包括生物种业在内的生物产业定为七大战略性新兴产业之一，进一步明确了生物种业发展重点任务和关键领域，从市场、财税、金融和基础设施等方面提出了系统的扶持政策和措施，为生物种业的快速发展构建了良好的软硬件环境。得益于这一系列生物种业政策和形势，科技部、农业部、中国科学院、中国工程院等部门先后组织水产领域专家谋划水产生物种业未来，明确了发展现代水产种业的目标，"种质资源发掘、保存和创新与新品种定向培育"已成为水产养殖领域优先主题。加大科研投入，先后设立了国家"973"计划、自然科学基金等基础理论研究、国家"863"计划、转基因重大专项等高新技术研发、科技支撑和公益性行业科研专项、产业技术体系等配套技术集成等项目，促进基础研究、应用研究、技术开发和产业体系等协同全面发展。主要开展了"海水重要养殖生物病害发生和免疫防治""淡水池塘集约化养殖""重要养殖鱼类功能基因组和分子设计育种""养殖贝类重要经济性状的分子解析与设计育种""海水养殖动物主要病毒性疫病暴发机理与免疫防治""养殖鱼类蛋白质高效利用的调控机制"和"可控水体中华鲟养殖关键生物学问题"等基础研究，"转基因生物新品种培育专项""典型海洋生物重要功能基因开发与利用""主要养殖甲壳类良种培育""优良特色藻种的筛选和评价体系研究""荒漠产油微藻的生物破壁油脂提取技术"等应用技术，以及"大宗淡水鱼类产业技术体系""鱼类性别控制和单性苗种培育技术研究"等配套技术集成项目，进行了水产生物重要性状的分子解析、基因资源挖掘与利用、育种新技术研发及新品种定向培育等几个层面的研究，与国际先进水平的差距逐渐缩短，在一些研究领域已跻身国际先进行列。

（二）当前种业科技创新特点

传统的农业产业竞争力主要体现在产品和营销手段上，而现阶段伴随着生命科学和生物技术的每一次重大进步，农业产业的竞争力则主要体现在高科技种业技术应用和产品的竞争上。现代种业是将分子育种技术、合成生物技术、细胞工程育种技术和胚胎工程育种技术等现代生物技术应用于动植物育种领域，培育一大批性能优良的突破性新品种，并围绕这些新品种的培育、生产和推广而形成的新兴产业，种业科技创新则是现代种业的领头兵。伴随着生物技术日新月异的发展，在水产种业方面，在传统育种成熟的发展基础之上，以最佳线性无偏预测（BLUP）技术为核心的多性状复合育种技术、全基因组选择育种、分子设计育种、细胞工程育种等先进育种技术也得到了快速发展，目前正在从深度与广度上推进水产育种科学的发展，并对水产种业的跨越式发展起到了明显的引领和推动作用。当前种业科技创新主要特点可概述如下。

1. 模式生物依然是生命科学重大发现的主角

模式生物是进行生命科学和医学研究的重要组成部分，对保障人类健康、食品安全、生物安全等具有重要的战略意义。水产模式生物在应用上具有陆生模式生物无法取代的优势，其基因敲除技术日臻完善，在水产生物育种、抗病、性控和进化适应等领域研究活跃，正逐渐拓展到人类神经系统、心血管系统、生殖系统等多种系统的发育、功能和疾病的研究中，水产模式生物不涉及伦理问题，是生物学研究重大发现的主角。

斑马鱼（*Danio rerio*）繁殖能力强、体外受精、体外发育、胚胎透明、性成熟周期短、个体小易养殖，可进行大规模的正向基因饱和突变筛选，是开展功能基因组时代生命科学、健康科学和环境科学研究的最为重要的一种水生模式生物。2014 年由中国科学院水生生物研究所（以下简称水生所）主导的斑马鱼 1 号染色体全基因敲除计划完成，基本敲除了斑马鱼 1 号染色体上的 1333 个基因，为研究生命科学的基础问题，揭示胚胎和组织器官发育的分子机制，构建人类的各种疾病和肿瘤模型，建立药物筛选和治疗的研究平台，建立毒理学和水产育种学模型，研究和解决环境科学和农业科学的重大问题等奠定了科学基础。

此外，青鳉（*Oryzias latipes*）在性别决定基因 DMY 的鉴定及由此引起有关性别决定基因多样性和可变性的新观点方面；由水生所驯化的稀有鮈鲫（*Gobiocypris rarus*）在病毒感染、环境内分泌紊乱和毒理分析等方面；三刺鱼（*Gasterosteus aculeatus*）在进化适应和内分泌紊乱方面；鲈形目在适应性进化和爆发性物种形成方面；江鲀东方鲀（*Takifugu rubripes*）在鱼类特异的基因组重复和脊椎动物基因组/比较基因组学方面；虹鳟（*Oncorhynchus mykiss*）在基因组重复编码蛋白基因和假基因化研究方面；拥有100条、156条、162条和212条染色体的鲫（*Carassius auratus*）、银鲫（*Carassius auratus gibelio*）将有可能为多倍化后二倍化、二倍化后再多倍化、多倍化后再二倍化及银鲫单性和有性双重生殖方式提供更独特的模式和更有价值的遗传信息；蓝藻门（*Cyanophyta*）在固定功能和光合作用方面，海胆在早期发育研究方面，都树立了独特的研究模型。事实上，随着全基因组时代的到来，水生生物自身已成为重要的模式生物，仅在鱼类中便已开始呈现出一支新的包含有20多种鱼类的模型军团，在全球范围内，以斑马鱼为对象发表的相关论文和产出的相关专利等成果，在所有的水生模式生物中占绝对的优势，同时其也是全球生命科学研究的宠儿。

2. 水产动物生物学现象的机制解析和生物技术的创新发展已在全基因组分析的基础上跃上了新台阶

作为研究水产动物发生、发育、生长、繁殖及其生活习性的规律和机制，并由此开发可用于遗传育种和病害防控生物技术的一门综合性学科，水产生物学和生物技术为水产育种及养殖产业的形成和快速发展提供了系列的知识和技术源泉。

伴随着现代分子生物学技术、分子遗传学、测序技术和信息技术的迅速发展，特别是近年来基因组测序呈井喷状的发展态势，水产生物机制研究逐渐从常规步入分子和细胞学水平，育种学也由常规传统育种方法向超快速改变生物基因型的方向发展；近年来的全基因组高通量基因分型技术又将常规的分子标记辅助育种推向全基因组选择育种的方向，使得从基因组水平估计育种值成为可能。

3. 鱼类及水产生物遗传育种已进入基于全基因组选择和分子模块设计育种新时代

随着基因组资源的日益丰富，全基因组和功能基因组分析为许多水产生物物种独有生物学现象的遗传基础和分子机制解析提供了全方位的生物信息证据，然而，这些信息如何用于遗传育种，即鱼类及水产生物遗传育种何去何从，一直是近年来育种学家反复思考的问题。基因组测序揭示出物种经济性状的两大特征：①复杂性状的遗传控制表现出"模块化"特征，且可分解成可遗传操作的模块；②种群、品系或个体间的变异可通过高通量遗传标记分型技术建立起与性状间的连锁，依据这两个特征，按照特定的育种方向预先设计良种，自由组合不同优良等位基因，从而快速培育优良品种，是当前种业科技创新的研究热点。

4. 基因组编辑技术等前沿技术亟待发展与创新

基因组编辑或转基因技术对基因的修饰精确度高，能够对生物生长、生殖、抗病等重要性状直接进行改良，适用性广，可以从根本上加快品质选育进程，尤其是在品种特异性状的选育上，可以通过直接将控制性状的目标基因导入到品种（系）中，加速育种进程。

第二节　淡水生物种业产业发展现状与趋势

中国水产养殖模式已被世界知名经济学家推介为未来世界面对食物短缺、保障食物安全最有效率的动物蛋白生产方式，引领了世界农业生产模式的转型。国以农为本，农以种为先，中国水产种业已被视为现代渔业发展的第一产业要素。自20世纪80年代以来，全球和中国水产养殖业产量均处于持续增长的状态，由图7-3可见，从产量上讲，中国是名副其实的水产养殖大国，长期以来，我国养殖产量持续占世界水产养殖产量的60%以上。

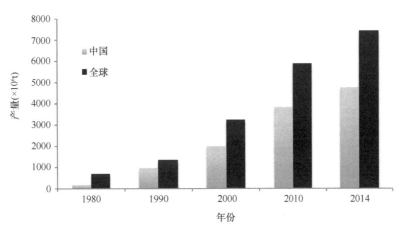

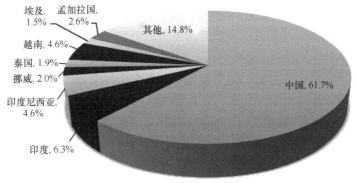

图 7-3　全球和中国水产养殖业产量趋势及全球水产养殖业产量分布格局（联合国粮食及农业组织，2016）

2015 年中国渔业总产量 6699.65 万 t，养殖产量为 4937.90 万 t，占世界水产养殖产量的 70% 以上，其中淡水养殖产量 3062.27 万 t。2015 年度淡水养殖产值 5337.12 亿元，其中水产苗种产值 616.15 亿元（农业部渔业渔政管理局，2016）。总体上来看，近年来我国淡水养殖产量和产值均处于持续增长状态，每年增幅分别为 4%~6% 和 5%~12%，虽然淡水苗种这几年有所波动，但苗种产值也处于持续增长状态，每年增幅为 3%~9%（表 7-1）。

表 7-1　全国淡水养殖产量及产值

指标	2012 年	2013 年	2014 年	2015 年	2013 年比 2012 年幅度增减（%）	2014 年比 2013 年幅度增减（%）	2015 年比 2014 年幅度增减（%）
淡水养殖产量（万 t）	2 644.54	2 802.43	2 935.76	3 062.27	5.97	4.76	4.31
淡水鱼类（万 t）	2 334.11	2 481.73	2 603.00	2 715.00	6.32	4.89	4.30
淡水甲壳（万 t）	234.30	242.94	255.97	269.06	3.69	5.36	5.11
淡水贝类（万 t）	25.88	25.58	25.12	26.22	−1.17	−1.78	4.39
藻类（螺旋藻）（万 t）	0.82	0.80	0.85	0.89	2.30	4.44	4.35
其他（龟鳖蛙）（万 t）	44.76	46.91	47.17	47.05	4.80	5.54	0.28
其他（珍珠）（t）	2 548.84	1 983.20	1 979.33	1 795.97	−22.18	−0.20	−9.26
观赏鱼类（亿尾）	2.11	36.88	23.62	34.73	75.53	−35.94	47.04
淡水苗种（亿尾）	11 181	19 143	12 746	12 665	71.20	−33.41	−0.63
淡水养殖产值（亿元）	4 194.82	4 665.57	5 072.58	5 337.12	11.22	8.72	5.22
水产苗种产值（亿元）	512.87	550.74	596.87	616.15	7.38	8.38	3.23

就具体物种来说，目前养殖的淡水生物主要有淡水鱼类、淡水甲壳类、淡水贝类（主要为珍珠蚌）、藻类（主要为螺旋藻）、龟鳖类和观赏鱼类等。其中淡水鱼类分为草鱼、鲢、鳙、鲤、鲫、鲂和罗非鱼等大宗淡水鱼类和鲈、鳜、鳢、鲴、黄颡鱼、鲟、鲑、鳟等名特优鱼类。据农业部渔业渔政管理局发布的近年中国渔业统计年鉴，淡水养殖鱼类产量稳定攀升，排名前五位的依次是草鱼、鲢、鲤、鳙和鲫。其中 2015 年草鱼年产量 567.62 万 t；鲢位居第二，产量 435.46 万 t；鳙、鲤、鲫位居第三到第五，分别为 335.94 万 t、335.80 万 t、291.26 万 t；罗非鱼年产量 177.95 万 t，稳居世界首位。淡水名特优鱼类肉质好，大多无肌间刺，适合冷（冻）藏和加工，且经济价值高，如鲈、鳢、鳜、黄颡鱼、鲴、鲟、鲑、鳟等，2015 年其产量在 400 万 t 左右。淡水甲壳类近年来发展也非常迅速，养殖地区涵盖了除西藏以外的全国各省、自治区、直辖市，目前养殖的品种主要有河蟹、青虾、罗氏沼虾、克氏原螯虾（小龙虾）、南美白对虾（海虾淡养）等，2015 年总产量为 269.06 万 t，年养殖产值已超千亿元。近年来，全国龟鳖养殖产量每年都在增长，占全国淡水养殖比例逐年增加，2015 年全国龟鳖蛙类养殖产量为 47.05 万 t。淡水贝类主要是珍珠蚌类，近年来发展迅速，特别是 20 世纪 70 年代三角帆蚌人工繁殖成功后，珍珠产业得到较大的发展，产量自 2000 年起始终占全世界珍珠总产量的 90% 以上，然而就我国来说，发展并不稳定。淡水藻类主要是螺旋藻类，所占比重较小，每年虽有增加，但总的产量不超过 1 万 t。

在种业体系架构方面，自 1998 年起，国家开始实施水产良种工程，我国通过成立全国水产原种和良种审定委员会，投资建设全国水产原良种场，以"保护区-原种场-良种场-苗种场""遗传育种中心、引种中心-良种场-苗种场"等思路开始铺设现代化的种业体系，水产种业已正式进入规范化管理阶段，截止到 2016 年，全国共建有水产遗传育种中心 25 个，水产原种场 90 个，水产良种场 423 个，水产种苗繁育场 1.5 万家。预计 2020 年将建设 50 个左右的水产遗传育种中心。从建立育种技术体系、构建核心群体和培育新品种三个方面，同时辅以国家级良种场（良种扩繁场）和苗种场等，搭建了从水产遗传育种、良种扩繁到苗种生产供应的三级种苗生产保障体系。

由传统的种苗养殖转向工业化现代化信息化的生产，是实现现代水产养殖业的重要内容之一，在淡水工厂化养殖方面，我国力量还比较薄弱，种苗生产主要依赖于池塘和网箱养殖，近年来进行了一些工厂化养殖的研究和应用探索，基本实现了斑点叉尾鮰、黄颡鱼等鱼类的工厂化繁苗、育苗，尝试了封闭式循环水养殖大口黑鲈、鳜等，以及采用受控式高效循环水养殖异育银鲫'中科 3 号'等。

针对各物种特征不尽相同，产业发展也不尽相同。大宗淡水鱼类种业是我国淡水养殖种业的支柱，关系到国计民生，种苗供应主要依赖于国家级或省级的淡水水产原、良种场，目前人工育苗技术相对成熟，苗种产业发展较快。2008 年农业部和财政部联合启动的国家大宗淡水鱼类产业技术体系主推培育的新品种，为国家级、省级水产良种场和苗种生产企业合作，建立了相应新品种的苗种扩繁基地，实现良好运行。同时向综合试验站提供优质种苗，集成了病害防治技术、养殖模式、饲料投喂等技术，并在示范县进行示范，将成果迅速转化为生产力。名特优鱼类经济效益高，产业链较为完善，市场前景较好，较多物种有专门提供鱼苗和专门进行连片养殖的专业村，有具一定规模的流通企业，但种苗主要由个体农户和小种苗场生产，通常没有专业的种苗生产技术规范，良种缺乏和退化严重。淡水甲壳类产业集中在江苏、湖北、广东、安徽和浙江等地，要以直接出售苗种或亲本的形式销往长江流域和东北地区。淡水龟鳖、珍珠贝类、观赏鱼类和螺旋藻类受众少，主要由企业推动，经营方式主要以公司直接出售苗种或以"公司+基地+农户"的方式为主，特别是龟鳖类种苗，主要掌握在一些大公司手中，这些大公司实力强，保存亲本多，也进行了一定的选育，苗种质量较好。

然而，2012～2015 年淡水苗种产量分别为 11 181 亿尾、19 143 亿尾、12 746 亿尾和 12 665 亿尾，波动较大，特别是近年来，渔业人口和渔业从业人员逐年减少，在淡水养殖面积无显著增加的情况下，如何实现水产苗种工厂化繁育、系统集成和生产水产种业设施设备及合理开发养殖面积（稻渔综合种养、受控式高效循环水养殖等）将成为淡水生物种业产业发展的新趋势。

第三节　淡水生物种业科技发展现状与趋势

自 20 世纪 80 年代以来，伴随着高新生物技术的发展，传统的水产养殖业与现代生命科学相结合，世界水产养殖业逐渐涌现出勃勃生机，得到了迅猛发展（图 7-1，图 7-2），在国家各类计划政策的支持下，中国水产生物科技创新在鱼类、虾类、贝类、藻类、龟鳖类等的品种培育和苗种繁育方面做出了巨大的贡献。

一、种质资源利用、保存与保护

种业是水产养殖业的基础，种质资源是关乎人类生存、国家生态安全和种业安全的物质基础，生物种质资源的占有情况已成为衡量一个国家国力的重要指标之一。国外种质资源利用保存与保护开展比较早，美国先后启动国家动物遗传资源保护项目（NAGP）、全美遗传资源信息网络（GRIN）、全国种质资源保护与利用中心（基因库）、动物种质数据库等，水生动物的建库工作也正在进行中；加拿大从 20 世纪 90 年代开始进行遗传资源情况调查，目前已基本完成信息平台搭建；日本不但重视本国品种资源的搜集，还自 1987 年开始，为调查国外的动物遗传资源保存与利用情况，每年向国外派遣 1 个调查队。

我国拥有丰富的水生生物资源，是世界上 12 个生物多样性特别丰富的国家之一，这为开展水产养殖提供了便利条件，开发潜力巨大。在水产种质资源调查方面，20 世纪 80 年代开始对淡水鱼类种质资源进行研究，"十二五"期间，借助国家科技基础条件平台项目，依托以国家级、省级水产原良种场为核心的原良种生产服务体系，保存了一批重要的水产种质资源，初步搭建了国家性的水产种质资源保护和共享利用平台。在水产种质资源评价方面，已构建了一批重要养殖种类的 cDNA 文库或细菌人工染色体（BAC）文库和高密度遗传连锁图谱；发掘鉴定了一批具有重要育种价值的功能基因、数量性状基因座（QTL）位点和分子标记；水产动物分子生物学基础研究已经取得了重要突破或进展（桂建芳，2015）；对一些重要的养殖品种，已经建立了形态学、细胞学、生化和分子生物学等一整套种质鉴定技术，有些品种甚至可以定位到其相应的经济性状。

二、淡水生物种业科技基础研究

许多在产业中发挥重大作用的水产养殖品种的培育离不开水产养殖基础研究的发展，对原种生物学特性进行深入研究，充分了解其遗传背景，在此基础上，针对其特性确定具体的选育技术路线，筛选与经济性状相关的遗传标记，进而选育出复合目标性状的新品系（种）。针对生长、生殖、抗逆（病）、性控等重要经济性状的遗传改良依然是当前及未来世界水产养殖业发展的主要推动力。

目前，我国针对水产养殖业发展现状和可持续发展需求，通过开展重要养殖水产生物生殖、生长和抗性等主要经济性状的功能基因研究，初步解析了部分水产生殖、生长、抗病和抗寒的基因调控网络，建立主要经济性状功能基因组研究和分子设计育种中间的有机联系，创制一批在生殖、生长或抗性等目标经济性状上表现优秀的育种材料。我国在调控水产动物特别是鱼类生殖、性别、生长、抗病、抗逆等重要性状的主要功能基因鉴定和调控网络解析方面取得了长足的进步（桂建芳和朱作言，2012）。

伴随着全基因组测序浪潮，在淡水生物方面，我国目前已经破译了鲤（Xu et al.，2014）、草鱼（Wang et al.，2015）、团头鲂、翘嘴红鲌、红鲫（Liu et al.，2016）等的全基因组序列，也启动了银鲫、鲢、鳙等的全基因组测序计划。其中，鲤全基因组序列揭示出其独特的全基因组复制事件和地方品系众多的遗传多样性机制；草鱼基因组及其功能基因信号通路分析诠释了其草食性适应的分子机制；翘嘴红鲌在解析杂交新品种的遗传特性、食性和肉食性淡水鱼类进化地位方面提供了新见解。这些全基因组信息的解析将为水产生物重要经济性状相关基因的发掘和养殖品种的遗传改良提供关键技术支撑，也将对水产种业的科技进展产生巨大而深远的影响（桂建芳，2015）。

三、种业科技发展对新品种培育的贡献

世界主要养殖国家的育种模式主要以选择育种和杂交优势利用为主。我国开展养殖的水产生物种类超过 300 种，目前实现规模化养殖的超过 100 种，其中，采用常规育种技术培育出快速生长的'建鲤''彭泽鲫'、大口黑鲈等；采用遗传分子标记和多性状 BLUP 等辅助选择育种的方法，已在银鲫、鲤、中国对虾、杂交鲍、罗氏沼虾、斑点叉尾鮰、罗非鱼和珍珠贝等淡水养殖种类成功运用（唐启升，2014）。例如，在发现和利用银鲫特殊的单性和有性双重生殖方式基础上，通过 30 多年对遗传标记的持续研发，已连续培育出三代异育银鲫新品种，即异育银鲫、高体形异育银鲫和异育银鲫'中科 3 号'（Mei and Gui，2015）；利用性别控制技术培育出具有生长优势的全雌黄颡鱼、全雄黄颡鱼等；在杂交育种方面，鱼类、虾类、蟹类、贝类中都有报道，现已建立了鲈、鲫、鲤、鲍等的杂交育种和精子冷冻保存技术，并已在养殖上推广应用。多倍体诱导、人工雌核生殖、人工雄核生殖、细胞融合及细胞核移植等细胞工程育种技术已在鲤、鲫、草鱼、鳙、鲢、罗非鱼、胡子鲶、黄颡鱼、虹鳟和团头鲂等中成功使用（唐启升，2014；Mei and Gui，2015）；在基因工程育种方面，早在 2000 年就率先由水生所完成转全鱼生长激素基因鲤的中试，并进一步选育出养殖性状优良、遗传性状稳定的转全鱼生长激素基因鲤家系，近年又培育出 100%不育的三倍体转基因鲤，转基因技术在鱼类中已非常成熟，如获批准，可及时上市，此外伴随着锌指核酸酶（ZFN）、TALEN 和 Crispr/Cas9 等基因组编辑技术发展，国内育种学家对于原始生殖细胞操作、精原细胞移植和代孕技术也进行了尝试，这些技术可大大缩短育种周期，也是极为有用的水产育种技术。目前研究比较前沿的分子育种技术——分子设计育种、全基因组选择育种和基因组关联分析育种是在解析物种遗传信息的基础上，有目的、有导向地培育新品种，也是未来育种发展的方向，这些技术有的已经在一些动物品种快速选育中应用，有的才刚刚开始研究。我国水产育种团队已进行了一些尝试，如在海洋贝类中，研发了成套的基于全基因组的低成本、高通量遗传标记分型技术，建立了贝类全基因组选择育种分析评估系统（Jiao et al.，2014；Dou et al.，2016；Li et al.，2015）；在鲤、鲫和草鱼等淡水鱼类中也进行了一些分子模块育种的尝试。

总之，我国在良种选育、杂交育种、分子设计育种、转基因育种、性控育种、细胞工程育种等技术方面取得了一系列进展，随着水产动物基因组的逐渐破译，全基因组育种方面也进行了一定探索。截至 2017 年，我国原良种审定委员会审定通过的水产养殖新品种共计 182 种，涵盖了鱼、虾、贝、蟹、藻等主要养殖种类，其中淡水养殖新品种 102 种，含自主培育新品种 70 余个（表 7-2）。

表 7-2 1996～2015 年全国水产原种和良种审定委员会审定通过的自主培育的淡水养殖新品种

序号	品种名称	登记号	类别	亲本来源	培育单位
1	兴国红鲤	GS-01-001-1996	选育种	兴国县天然水域野生群体	兴国县红鲤鱼繁殖场、江西大学生物系
2	荷包红鲤	GS-01-002-1996	选育种	婺源县天然水域野生群体	婺源县荷包红鲤研究所、江西大学生物系
3	彭泽鲫	GS-01-003-1996	选育种	彭泽县天然水域野生群体	江西省水产科学研究所、九江水产科学研究所
4	建鲤	GS-01-004-1996	细胞工程选育种	荷包红鲤和元江鲤	中国水产科学研究院淡水渔业研究中心
5	松浦银鲫	GS-01-005-1996	细胞工程选育种	方正银鲫群体	中国水产科学研究院黑龙江水产研究所
6	荷包红鲤抗寒品系	GS-01-006-1996	选育种	荷包红鲤	中国水产科学研究院黑龙江水产研究所
7	德国镜鲤选育系	GS-01-007-1996	选育种	德国镜鲤	中国水产科学研究院黑龙江水产研究所

续表

序号	品种名称	登记号	类别	亲本来源	培育单位
8	奥尼鱼	GS-02-001-1996	杂交种	尼罗罗非鱼（♀）×奥利亚罗非鱼（♂）	广州市水产研究所、淡水渔业研究中心
9	福寿鱼	GS-02-002-1996	杂交种	莫桑比克罗非鱼（♀）×尼罗罗非鱼（♂）	中国水产科学研究院珠江水产研究所
10	颖鲤	GS-02-003-1996	杂交种	散鳞镜鲤（♀）×鲤鲫移核鱼 F$_2$（♂）	中国水产科学研究院长江水产研究所
11	丰鲤	GS-02-004-1996	杂交种	兴国红鲤（♀）×散鳞镜鲤（♂）	水生所
12	荷元鲤	GS-02-005-1996	杂交种	荷包红鲤（♀）×元江鲤（♂）	中国水产科学研究院长江水产研究所
13	岳鲤	GS-02-006-1996	杂交种	荷包红鲤（♀）×湘江野鲤（♂）	湖南师范学院生物系、长江岳麓渔场
14	三杂交鲤	GS-02-007-1996	杂交种	荷元鲤[荷包红鲤（♀）×元江鲤（♂）]（♀）×自交系镜鲤（♂）	中国水产科学研究院长江水产研究所
15	芙蓉鲤	GS-02-008-1996	杂交种	俄罗斯散鳞镜鲤（♀）×兴国红鲤（♂）	湖南省水产研究所
16	异育银鲫	GS-02-009-1996	杂交种	方正银鲫（♀）×兴国红鲤（♂）	水生所
17	松浦鲤	GS-01-002-1997	选育种	[黑龙江鲤（♀）×荷包红鲤（♂）]（♀）×德国镜鲤（♂）	中国水产科学研究院黑龙江水产研究所、哈尔滨市水产研究所、黑龙江省嫩江水产研究所
18	团头鲂浦江1号	GS-01-001-2000	选育种	湖北省淤泥湖团头鲂原种	上海水产大学
19	万安玻璃红鲤	GS-01-002-2000	选育种	万安县天然水域野生群体	江西省万安玻璃红鲤良种场
20	湘云鲤	GS-02-001-2001	细胞工程杂交种	兴国红鲤（♀）×异源四倍体鲫鲤（♂）	湖南师范大学
21	湘云鲫	GS-02-002-2001	杂交种	日本白鲫（♀）×异源四倍体鲫鲤（♂）	湖南师范大学
22	红白长尾鲫	GS-02-001-2002	杂交选育种	红鲫（♀）×白鲫（♂）	天津市换新水产良种场
23	蓝花长尾鲫	GS-02-002-2002	杂交选育种	金鱼（♀）×彩鲫（♂）	天津市换新水产良种场
24	松荷鲤	GS-01-002-2003	杂交选育种	黑龙江鲤、荷包红鲤和散鳞镜鲤三元杂交	中国水产科学研究院黑龙江水产研究所
25	剑尾鱼RP-B系	GS-01-003-2003	选育种	红眼红体剑尾鱼	中国水产科学研究院珠江水产研究所
26	墨龙鲤	GS-01-004-2003	选育种	日本锦鲤黑色突变体	天津市换新水产良种场
27	豫选黄河鲤	GS-01-001-2004	选育种	黄河鲤野生群体	河南省水产科学研究院
28	新吉富罗非鱼	GS-01-001-2005	选育种	吉富品系罗非鱼	上海水产大学、青岛罗非鱼良种场、广东罗非鱼良种场
29	甘肃金鳟	GS-01-001-2006	选育种	1992年发现的虹鳟金色突变体	甘肃渔业技术推广总站
30	夏奥1号奥利亚罗非鱼	GS-01-002-2006	选育种	1983年从美国引进的奥利亚罗非鱼群体	中国水产科学研究院淡水渔业研究中心
31	津新鲤	GS-01-003-2006	选育种	建鲤群体	天津换新水产良种场
32	康乐蚌	GS-02-001-2006	杂交种	三角帆蚌（♀）×池蝶蚌（♂）	上海水产大学等
33	萍乡肉红鲫	GS-01-001-2007	选育种	萍乡鲫肉红突变体	萍乡市水产科学研究所、南昌大学、江西水产科学研究所
34	异育银鲫中科3号	GS-01-002-2007	细胞工程选育种	A系和D系异育银鲫	水生所
35	杂交黄金鲫	GS-02-001-2007	杂交种	散鳞镜鲤（♀）×红鲫（♂）	天津换新水产良种场
36	松浦镜鲤	GS-01-001-2008	选育种	德国镜鲤选育系	中国水产科学研究院黑龙江水产研究所
37	清溪乌鳖	GS-01-003-2008	选育种	野生中华鳖群体	浙江清溪鳖业有限公司、浙江水产引种育种中心
38	湘云鲫2号	GS-02-001-2008	细胞工程杂交种	改良二倍体红鲫（♀）×改良四倍体鲫鲤（♂）	湖南师范大学
39	杂交青虾太湖1号	GS-02-002-2008	杂交种	青虾和海南沼虾杂交种（♀）×太湖野生青虾（♂）	中国水产科学研究院淡水渔业研究中心
40	罗氏沼虾南太湖2号	GS-01-001-2009	选育种	2002年从缅甸引进的罗氏沼虾群体和浙江、广西早期引进的日本群体	浙江淡水水产研究所、浙江南太湖淡水水产种业有限公司

续表

序号	品种名称	登记号	类别	亲本来源	培育单位
41	芙蓉鲤鲫	GS-02-001-2009	杂交种	（散鳞镜鲤♀×兴国红鲤♂）♀×红鲫♂	湖南水产科学研究所
42	吉丽罗非鱼	GS-02-002-2009	杂交种	新吉富尼罗罗非鱼♀×萨罗罗非鱼♂	上海海洋大学、河北中捷罗非鱼良种场
43	杂交鳢杭鳢1号	GS-02-003-2009	杂交种	珠江水系斑鳢♀×野生群体乌鳢♂	杭州市农业科学研究院
44	长丰鲢	GS-01-001-2010	细胞工程选育种	长江野生鲢群体	中国水产科学研究院长江水产研究所
45	津鲢	GS-01-002-2010	选育种	引种的长江鲢群体	天津换新水产良种场
46	福瑞鲤	GS-01-003-2010	选育种	建鲤、野生黄河鲤	中国水产科学研究院淡水渔业研究中心
47	大口黑鲈优鲈1号	GS-01-004-2010	选育种	引进的养殖大口黑鲈群体	中国水产科学研究院珠江水产研究所、佛山市九江镇农林服务中心
48	黄颡鱼全雄1号	GS-04-001-2010	性控及分子标记辅助选育种	普通黄颡鱼、YY超雄黄颡鱼	水利部/中国科学院水工程生态研究所、水生所、武汉百瑞生物科技有限公司
49	松浦红镜鲤	GS-01-001-2011	选育种	荷包红鲤抗寒品系、散磷镜鲤	中国水产科学研究院黑龙江水产研究所
50	瓯江彩鲤龙申1号	GS-01-002-2011	选育种	浙江省瓯江流域彩鲤养殖群体	上海海洋大学、浙江龙泉省级瓯江彩鲤良种场
51	中华绒螯蟹长江1号	GS-01-003-2011	选育种	长江水系中华绒螯蟹群体	江苏淡水水产研究所
52	中华绒螯蟹光合1号	GS-01-004-2011	选育种	辽河入海口野生中华绒螯蟹	盘锦光合蟹业有限公司
53	鳊鲴杂交鱼	GS-02-001-2011	杂交种	团头鲂♀×黄尾密鲴♂	湖南师范大学
54	杂交鲌先锋1号	GS-02-001-2012	杂交种	翘嘴红鲌♀×黑尾近红鲌♂	武汉市水产科学研究所、武汉先锋水产科技有限公司
55	芦台鲂鲌	GS-02-002-2012	杂交种	团头鲂♀×翘嘴红鲌♂	天津换新水产良种场
56	尼罗罗非鱼鹭雄1号	GS-04-001-2012	性控选育种	尼罗罗非鱼选育群体（XX）、超雄性尼罗罗非鱼（YY）	厦门鹭业水产有限公司等
57	中华绒螯蟹长江2号	GS-01-004-2013	选育种	中华绒螯蟹莱茵河群体	江苏淡水水产研究所
58	津新乌鲫	GS-02-002-2013	细胞工程杂交种	红鲫♀×（白化红鲫♀×墨龙鲤♂的 F₂ 中筛选出可育的四倍体）♂	天津换新水产良种场
59	斑点叉尾鮰江丰1号	GS-02-003-2013	杂交种	斑点叉尾鮰密西西比2001选育系♀×斑点叉尾鮰阿肯色2003选育系♂	江苏淡水水产研究所、全国水产技术推广总站、中国水产科学研究院黄海水产研究所
60	翘嘴鳜华康1号	GS-01-001-2014	选育种	野生翘嘴鳜	华中农业大学、通威股份有限公司、广东清远宇顺农牧渔业科技服务有限公司
61	易捕鲤	GS-01-002-2014	选育种	大头鲤、黑龙江鲤和散鳞镜鲤	中国水产科学研究院黑龙江水产研究所
62	吉富罗非鱼中威1号	GS-01-003-2014	选育种	吉富品系尼罗罗非鱼	中国水产科学研究院淡水渔业研究中心、通威股份有限公司
63	乌斑杂交鳢	GS-02-002-2014	杂交种	乌鳢♀×斑鳢♂	中国水产科学研究院珠江所、中山市三角镇惠安水产种苗繁殖场
64	吉奥罗非鱼	GS-02-003-2014	杂交种	新吉富罗非鱼♀×奥利亚罗非鱼♂	茂名市伟业罗非鱼良种场、上海海洋大学
65	杂交翘嘴鲂	GS-02-004-2014	杂交种	（团头鲂♀×翘嘴红鲌♂）♀×团头鲂♂	湖南师范大学
66	秋浦杂交斑鳜	GS-02-005-2014	杂交种	斑鳜♀×鳜♂	池州市秋浦特种水产开发有限公司、上海海洋大学
67	白金丰产鲫	GS-01-001-2015	细胞工程杂交种	彭泽鲫、野生尖鳍鲤	华南师范大学、佛山市三水白金水产种苗有限公司、中国水产科学研究院珠江水产研究所
68	香鱼浙闽1号	GS-01-002-2015	选育种	野生香鱼	宁波大学、宁德市众合农业发展有限公司
69	赣昌鲤鲫	GS-02-001-2015	杂交种	日本白鲫♀×兴国红鲤♂	江西水产技术推广站、南昌县莲塘鱼病防治所、江西生物科技职业学院

序号	品种名称	登记号	类别	亲本来源	培育单位
70	莫荷罗非鱼广福 1 号	GS-02-002-2015	杂交种	橙色莫桑比克罗非鱼♀×荷那龙罗非鱼♂	中国水产科学研究院珠江水产研究所等
71	中华绒螯蟹江海 21	GS-02-003-2015	选育种	长江水系中华绒螯蟹	上海海洋大学、上海市水产研究所、明光市永言水产（集团）有限公司、上海市崇明县水产技术推广站等
72	中华鳖浙新花鳖	GS-02-005-2015	杂交种	中华鳖日本品系♀×清溪乌鳖♂	浙江水产引种育种中心、浙江清溪鳖业有限公司
73	长丰鲫	GS-04-001-2015	细胞工程选育种	异育银鲫 D 系、鲤鲫移核鱼	中国水产科学研究院长江水产研究所、水生所

注：表中内容依据全国水产技术推广总站每年发布的水产新品种推广指南和全国水产原种和良种审定委员会网站发布的水产新品种名录编写而成，特此致谢

由上表可知，我国水产新品种多是采用选育和杂交等传统育种方法获得，基于水生生物自身的特殊性，多数育种周期长、效率不高，要开发批量大、品质高、性状优又具有广适性的新品种，一方面需要开展多性状、多技术复合分子设计育种研发，建立基于全基因组功能育种的技术新体系，另一方面需要创制生态健康的苗种繁育新体系。

四、苗种繁育技术体系

目前，我国现存的淡水养殖业良种生产企业规模小、基础条件差、生产设备简陋，淡水优良苗种繁育主要依托于国家水产良种工程，然而，截至 2016 年，我国已建成的水产原良种场仅仅 400 多个，远不能满足水产种业和养殖业发展的需要，与当前及未来养殖业发展的实际需求存在较大的差距。因此一方面应积极推进国家水产良种工程建设，另一方面需要在有限的条件下创制新的生态健康的苗种繁育体系，纵观全国，苗种繁育及种苗养殖新体系（系统）主要呈现集约化、设施化、工厂化和生态化、绿色化、有机化两种新趋势，受关注的技术主要有以下几种。

1. 受控式高效循环水养殖技术

该养殖系统整合了分子辅助育种能力、宏基因组分析能力，生物水质调控、病害防控、循环水控制、微生态调节、自动化监控等技术，以及中集集团集装箱调配和改造能力；结合了行业前沿的物理过滤方式，采用高效的生化过滤系统，可大幅改善养殖水质。同时，系统的实时智能监控保障了养殖水体的各项指标，使水产动物始终处于最适的生长环境。

2. 池塘循环流水养殖技术

该技术主要针对池塘设计而成，设计思路为在池塘中兴建流水池/槽，将其分为养殖区的水质净化区。流水池用于圈养吃食性水生动物，水质净化区套养滤食性鱼虾贝藻等。通过安装在流水池上游的气提式增氧推水设备将流水池/槽中水生动物排泄物推集到指定的废弃物收集区，废弃物再通过自动吸污装置回收到沉淀池；最后通过沉淀脱水处理，变为陆生植物的高效有机肥，既解决池塘养殖的自身污染，又做到化废为宝，同时还可以实现实时物联网监控，利于室外规模化、集约化、工厂智能化繁育和养殖，提高池塘养殖的经济、社会和生态效益。

3. 稻田综合种养绿色生态农业新技术

该技术通过引进河蟹、小龙虾、中华鳖、泥鳅等名特优水产品种，带动稻田产业升级，促进了规模化经营；采用了"科、种、养、加、销"一体化现代经营模式，突出了规模化、标准化、产业化的现代

农业发展方向；同时通过种养结合、生态循环，大幅度减少了农药和化肥使用，有效改善了稻田生态环境；通过与生态农业、休闲农业的有机结合，促进了有机生态产业的发展（马达文等，2016；朱泽闻等，2016）。

第四节　国内外科技发展差距与存在问题

当前我国淡水渔业科技进步贡献率已超过 50%，尽管有些领域落后于发达国家，但综合实力在国际上总体处于中上水平，与发达国家科技发展差距主要存在于以下几个方面。

在科技投入和项目支持方面，国外遗传育种多起源于大的育种计划，研究目标集中并能进行长期的支持，如美国南美白对虾计划，最初起源于美国农业部自 20 世纪 90 年代部署的美国海产对虾养殖计划（US Marine Shrimp Farming Project，USMSFP），后期以 SIS、CP、KonaBay 等公司为主导进行种虾供应，这些大公司特别是 SIS 公司，拥有自主研发与规模化生产相结合的良好模式，目前几乎垄断了国际南美白对虾良种供应。挪威从 1972 年以来一直坚持对鲑鳟进行良种选育，创建了"挪威三文鱼"这个民族品牌，并在全球部署鲑鳟育种基地和项目，初步扶持了一个即将垄断国际鲑鳟良种供应的大型跨国种业集团。除了政府主导和投资外，国外发达国家多有成熟的大型企业，拥有自主研发和经费支持，如英国的 Genus 种业集团公司每年的研发经费为 3400 万美元左右，折合人民币约为 2.36 亿元，几乎是我国整个动物遗传育种领域投资的 2 倍。而我国淡水种业主要以国家科技计划投资为主，种业企业规模不大且几乎没有科技创新投入。和发达国家数十年支持一个育种项目不同，我国科研立项计划多以 5 年为一个周期，很少有项目能都获得连续支持，此外，自 2014 年后，国务院部署国家科技计划管理改革后，水产遗传育种方面尚无大的支持计划，急需长期、稳定的经费支持。

在种业发展模式方面，从国际水产种业发展实践看，企业能够灵活面对市场，应是国家种业发展的主要载体和技术创新主体。国外大型种业企业规模大，已自成产业，有自主品种，有些甚至有自己的种质资源库，能够协调科研、生产、加工、经营、管理等各环节。我国水产种业起步较晚，纯粹商业成果转化项目较少，以企业为主体的商业化育种体系尚未形成，大多数水产企业规模小，整体自主创新能力薄弱，缺乏国际竞争力。目前，水产遗传育种多是由高等院校、科研院所等进行，目前规模化繁殖和成功推广的例子并不多，其中异育银鲫'中科 3 号'是由水生所研发，依托原良种场或遗传育种中心，进行良种保种、亲本扩繁、技术指导等，主导开始阶段的示范推广；各级水产技术推广站配合进行示范点选择、苗种繁育、数据收集等；当推广达到较大规模后，开始以省级水产技术推广站为主导进行进一步推广，研究单位配合提供亲本和技术支持，取得了较好的效果。目前，一些大的水产企业开始尝试建立育、繁、推一整套产业链，如黄颡鱼'全雄 1 号'商业化推广中，已经开拓了"种源可控，分级生产，加盟商管理"的市场推广模式，能够确保养殖者得到真正优质的黄颡鱼'全雄 1 号'苗种。

在科研自主创新方面，我国水产养殖历史悠久，20 世纪 60 年代，"四大家鱼"人工繁殖技术的突破开启了我国水产种业科技创新的历史，特别是自 20 世纪 90 年代以来，我国水产动物遗传育种研究一直呈稳定上升的发展态势，时至今日，我国与"水产养殖动物遗传育种"相关的 SCI 发文量和专利申请量始终位居 SCI 数据库及德温特专利索引（ISI Derwent Innovations Index，DII）数据库的前列，中国科学院和中国水产科学研究院分别位居世界 SCI 发文量和专利权人第一位，是除美国外第二发文大国和第一专利大国。然而，与发达国家相比，我国淡水养殖科研项目较少，研究对象广泛，技术参差不齐，种质资源的收集和保存数量不足，育种基础理论和基础数据积累较少，缺乏系统的研究和持续的品种改良工作，停留在初级阶段，自主创新相对滞后，科技创新之路任重道远。

第五节　科技创新发展思路与重点任务

现代水产种业是以现代设施装备为基础，以现代科学与育种技术为支撑，采用现代的生产管理、经营管理和示范推广模式，实现"产学研-育繁推"一体化的水产种苗生产产业，科技创新重点任务与发展思路主要分为两个方面。

1. 淡水育种基础和应用基础研究

重点任务 1：水产优异种质资源鉴定与利用。

发展思路：①全面掌握不同种质生境、生物学、生产性状特征；②重点开展品质、抗病、抗逆、饲料转化率、加工等性状的精准测量；③开展种群遗传多样性、优异性状遗传规律研究；④创制携带优异性状、具有育种利用潜力的核心种质群体；⑤与"一带一路"沿线国家开展种质资源国际合作研究。

重点任务 2：重要经济性状的遗传解析。

发展思路：①应用多组学联合分析、遗传学等方法，研究品质性状（外观、营养、加工、健康等）、抗病（鳗弧菌、出血病等）、抗逆（低氧、盐碱、低温）、生长性状及性别形成的遗传基础；②筛选性状决定关键基因，鉴定其功能及调控网络，阐明性状形成的分子机制；③发掘有育种价值的优异等位基因，并应用于育种研究。

重点任务 3：育种前沿共性技术创新。

发展思路：①开展分子标记辅助选择、全基因组选择、分子设计等育种共性技术创新；研制高通量基因型分析技术、遗传评估技术、分子设计育种计算机模拟技术；建立以品质、抗病、抗逆等目标性状为主的现代水产基因组育种技术体系。②构建适用于水产生物的高效、高特异性、低脱靶率的基因组编辑载体系统及基因导入技术体系；探索水产生物基因组编辑技术育种途径的建立及其在良种培育中的应用；建立基因改造水产生物遗传、生态安全评估与控制技术。

2. 淡水种业产业

重点任务 1：健康、标准化的水产苗种工厂化繁育。

发展思路：①构建种质信息可追溯的规模化保种、配种技术和体系；②建立科学、高效、低成本的制种方法；③建立养殖要素和生态系统可控的良种繁育、养殖技术工艺，建立国家水产种业标准技术体系。

重点任务 2：水产种业设施设备的工厂化生产和系统集成。

发展思路：①研制、改造升级种业重大设施设备和信息系统；②建设服务全行业的资源共享、表型鉴定、质量检测服务共享平台；③建成现代化种业产业运营体系。

重点任务 3：稻渔综合种养水产种业的培育与集成。

发展思路：①针对稻渔综合种养、工厂化等新型养殖模式，筛选培育适宜的养殖良种；②开展适养良种种苗的规模化生产、繁育、养殖技术研究；③开展规模化集成与推广示范。

第六节　科技创新保障措施与政策建议

综合国内外现状，我国在水产养殖产量和渔业技术方面均占有优势，但在种业可持续发展和产学研协调共进方面仍面临严峻的挑战，需拿出一些强有力的保障措施来应对，我们提出以下几方面建议供政府管理部门决策和参考。

1. 制定并实施长期系统的种业发展规划，逐步建立多元化的种业投入机制

我国淡水种业近年来虽然处于上升阶段，但与现代水产种业的要求尚相距较远，主要表现在自主创新能力滞后、苗种生产水平不稳定、苗种企业竞争力弱、市场监管能力不强、种业发展支持体系不健全，需要发挥公共财政在种业科技投入中的主导作用，制定并实施长期系统的种业发展规划，加大各类科技计划向种业科技的倾斜力度和投入，建立投入稳定增长的长效机制，同时完善渔业补贴政策，拓宽渠道，综合运用财政拨款、基金、贴息、担保等多元化措施吸引社会资金投入，建立和完善多元化、多渠道的种业科技投入体系。

2. 明确政研企分工和合作，探讨不同物种种业发展模式

我国水产养殖动物种业养殖种类多，发展程度不一，不同种之间特点也不尽相同，应探讨不同的种业发展模式：对于直接关系到水产品的保障供给能力，关系国计民生，且育种周期长，保种程度高，相对经济效益又低的品种，需要政府长期扶持，科研院所和高等院校参与新品种研发，企业参与推广；对于经济效益较高的部分名特优鱼类，保种和育种成本较低，适合在政府引导扶持下，以市场为导向，强化产学研紧密结合，以重点企业为龙头。总之，通过在研究单位的科学家与企业、公司、产业部门间建立直接联系，把从事病害研究、养殖模式研究、遗传育种的科研专家和公司结合起来，直接抵达养殖户，做到产、学、研结合，才能真正意义上带动产业的发展。

3. 加大良种的知识产权保护，实施水产种苗的法制化管理

加大良种的知识产权保护，实施水产种苗的法制化管理，是实现商业化水产种业的重要条件。我国虽通过、实施了一系列与水产种苗管理相关的法规制度，但没有有效实施，水产种苗的生产行业散乱无序，这就需要完善水产品种的审定制度，实行生产经营许可证经营管理，做好法制宣传和培训工作，提高水产种苗生产单位和个人的技术操作水平；加强执法力度，及时查处违法行为。

4. 培植新型水产龙头企业，创制以企业为主体的商业化种业新机制

企业能够灵活面对市场，发达国家早已实现了育种的商业化转移，种业企业有能力投入大量资金用于新品种和新技术的研发，我国大多数水产育种企业尚未建立起自身的科技创新体系，科研经费投入严重不足，在经费投入上也过度依赖政府财政投入，缺乏育种投入的长期性和持续性。通过改制、重组或引资等多种形式和途径，需要在政府的引导和资助下，积极培植一批覆盖水产种业全产业链、面向市场需求的"产学研-育繁推"一体化的新型水产种业企业，加快建立以企业为主体的商业化育种新机制。

参 考 文 献

桂建芳. 2015. 水生生物学科学前沿及热点问题. 科学通报, 60: 2051-2057.

桂建芳, 朱作言. 2012.水产动物重要经济性状的分子基础及其遗传改良. 科学通报, 57: 1719-1729.

联合国粮食及农业组织. 2016. 2016 年世界渔业和水产养殖状况: 为全面实现粮食和营养安全做贡献. 罗马: 联合国粮食及农业组织.

马达文, 钱静, 刘家寿, 等. 2016. 稻渔综合种养及其发展建议. 中国工程科学, 18(3): 96-100.

农业部渔业渔政管理局. 2014.2014 中国渔业统计年鉴. 北京: 中国农业出版社.

农业部渔业渔政管理局. 2015. 2015 中国渔业统计年鉴. 北京: 中国农业出版社.

农业部渔业渔政管理局. 2016. 2016 中国渔业统计年鉴. 北京: 中国农业出版社.

唐启升. 2014. 中国水产种业创新驱动发展战略研究报告. 北京: 科学出版社.

朱泽闻, 李可心, 王浩. 2016. 我国稻渔综合种养的内涵特征、发展现状及政策建议. 中国水产, 10: 32-35.

Dou J, Li X, Fu Q, et al. 2016. Evaluation of the 2b-RAD method for genomic selection in scallop breeding. Sci Rep, 6: 19244.

Gui J F, Zhu Z Y. 2012. Molecular basis and genetic improvement of economically important traits in aquaculture animals. Chin Sci Bull, 57: 1751-1760.

Jiao W, Fu X, Dou J, et al. 2014. High-resolution linkage and quantitative trait locus mapping aided by genome survey sequencing: Building up an integrative genomic framework for a bivalve mollusk. DNA Res, 21: 85-101.

Larsen J, Roney J M. 2013. Farmed fish production overtakes beef. Washington, DC: Earth Policy Institute.

Li H, Wang J, Bao Z. 2015. A novel genomic selection method combining GBLUP and LASSO. Genetica, 143: 299-304.

Liu S, Luo J, Chai J, et al. 2016. Genomic incompatibilities in the diploid and tetraploid offspring of the goldfish × common carp cross. Proceedings of the National Academy of Sciences, 113(5): 1327-1332.

Mei J, Gui J F. 2015. Genetic basis and biotechnological manipulation of sexual dimorphism and sex determination in fish. Sci China Life Sci, 58(2): 124-136.

Naylor R L, Goldburg R J, Primavera J H, et al. 2000. Effect of aquaculture on world fish supplies. Nature, 405(6790): 1017-1024.

Pauly D, Alder J, Bennett E, et al. 2003. The future for fisheries. Science, 302(5649): 1359-1361.

Pauly D, Christensen V, Guénette S, et al. 2002. Towards sustainability in world fisheries. Nature, 418(6898): 689-695.

Wang Y, Lu Y, Zhang Y, et al. 2015. The draft genome of the grass carp (*Ctenopharyngodon idellus*) provides insights into its evolution and vegetarian adaptation. Nat Genet, 47(6): 625-631.

Xu P, Zhang X, Wang X, et al. 2014. Genome sequence and genetic diversity of common carp, *Cyprinus carpio*. Nat Genet, 46: 1212-1219.

第八章　淡水健康养殖[*]

第一节　淡水健康养殖科技创新发展战略背景

淡水养殖是我国淡水生物产业的重要组成部分，是我国渔业的主要生产方式和市场水产品供应的主要来源，在国民经济中具有重要的地位。据统计，2015 年我国淡水养殖产量 3062.27 万 t，产值 5337.12 亿元，分别占全国水产品总产量的 45.7% 和渔业产值的 47.11%。我国的淡水养殖生产形式主要有池塘、湖泊、水库、河沟、稻田、围栏、网箱和工厂化等，其中淡水池塘养殖面积 270.1 万 hm^2，水库养殖面积 201.2 万 hm^2，湖泊养殖面积 102.2 万 hm^2，河沟养殖面积 27.7 万 hm^2，稻田养殖面积 150.2 万 hm^2。在养殖品种和产量方面，主要养殖草鱼、鲤、鲫、鳊、鲂、虾、蟹、鲈、鲶、鳅、鳝、龟、鳖、蛙、鳟等，其中草鱼产量 567.62 万 t，鲢 435.46 万 t，鳙 335.94 万 t，甲壳类 269.06 万 t。我国不同地区的水产养殖差异较大，湖北、安徽、江苏、江西、湖南、广东等省区是我国淡水养殖主产区（农业部渔业渔政管理局，2016）。

水产健康养殖是根据养殖水生动物活动、生长、繁殖所需的生理、生态要求，通过系统规范化的养殖管理技术，使其在人为控制的生态环境中健康生长的养殖方式。相对于传统的养殖方式，健康养殖具有"高效、优质、生态、健康、安全"的特点，不仅养殖环境符合养殖品种的生态生理要求，其产地环境也要符合清洁生产要求。

我国水产健康养殖概念最早是在 1993 年全国对虾病害大暴发之后，为探索能够更好地防治病害，尽快恢复和发展水产健康养殖的方法而提出的。健康养殖作为一个指导性的理念，其基本的要求就是科学饲养，同时通过工程、技术和管理措施，使养殖环境条件满足养殖要求，既满足生物的要求又提高产量。近年来，随着我国社会经济的快速发展，传统淡水养殖遇到了前所未有的挑战，淡水养殖长期存在的资源消耗大、生态效率低、经济效益不高、产品安全隐患大、国际竞争力弱等问题不断凸显，人们开始研究池塘的健康养殖问题，并且其逐步得到了广泛的认可和快速的发展，成为水产养殖发展的方向。党的十八大强调要"着力推进绿色发展、循环发展、低碳发展"，2015 年中央一号文件也提出了"稳粮增收、提质增效、创新驱动"的发展方针，相关政策为淡水健康养殖发展提供了强大的政策支持。在此背景下，实施淡水健康养殖科技战略，建立水产养殖新技术、新模式，引导产业结构调整，是解决制约产业结构调整的技术问题，促进产业向质量效益型转变，增加渔民收入，解决养殖与生态环境之间的难题，实现生态、经济可持续和产业现代化的必然选择。

第二节　淡水健康养殖产业发展现状与趋势

淡水养殖是在淡水水体或内陆盐碱水域饲养和繁殖水产经济动植物的生产方式，是内陆水产业的主要内容。按养殖场所分为池塘养殖、湖泊养殖、江河养殖、水库养殖、稻田养殖、工厂化养殖、网箱养

---

　　* 编写：刘兴国，姜兰，邓玉婷

殖、微流水养殖等。按集约化程度分为粗养、半精养和精养。中国是世界上最早开展水产养殖的国家，目前淡水养殖面积和产量均居世界首位。

一、发展现状

（一）国外淡水养殖现状

世界上有很多国家开展淡水养殖，草鱼、鲤、鲫等鲤科鱼类已成为欧洲、非洲、东南亚、美洲等地区的重要淡水养殖对象。20世纪70年代美国从中国引进亚洲鲤鱼（美国鲤科鱼类的总称），由于养殖方式不当，其在一些区域成为危害生态环境的物种（Chapman et al., 2013）。此外，非洲一些国家引进草鱼进行养殖，由于养殖密度较低，产量不高（高金伟等，2014）。日本有1900多年的鲤养殖历史，主要养殖大和鲤、镜鲤、锦鲤和德国镜鲤等品种，采取稻田、灌溉地、小鱼池、流水池、网箱及循环水等养殖方式，养殖产量占日本淡水鱼养殖总产量的40%以上（毕南开，1986）。欧洲的一些国家养殖鳊鲂类，养殖品种以欧鳊为主，养殖产量为200t左右。全球的鲇养殖种类有40多种，主要养殖国家有越南、美国、中国、泰国、巴西等（FAO，2015）。斑点叉尾鮰是美国主要的淡水养殖鱼类，约占淡水养殖鱼类总量的65%。世界鲑鳟类养殖较为普及，养殖品种有30多个，统计产量有13种，其中大西洋鲑（60%）、虹鳟（30%）和银鲑（5%）产量居前三位，2013年世界鲑养殖产量达到300万t（牟振波，2013）。日本的龟鳖养殖较为发达，19世纪中后期就开始建立养殖场驯养野生中华鳖，20世纪70年代后已普遍采用锅炉、温泉和工厂余热等加温养殖，初步建立了温室快速养鳖技术。中华绒螯蟹是中国的淡水品种，目前在欧洲和北美洲的天然水体中也发现了其自然种群分布（Froese et al.，2008）。20世纪80年代以来，世界养虾业蓬勃发展，养殖模式由粗放转向半集约化，美国、南美洲和亚洲是主要养殖区。其中，日本沼虾已在日本、朝鲜半岛、缅甸、越南、新加坡、菲律宾、俄罗斯、伊朗等地开展养殖。罗氏沼虾原产于印度-太平洋的热带和亚热带地区，目前在东南亚许多国家已形成以罗氏沼虾为主体的养殖模式，并成为该地区渔民重要经济来源（慕峰等，2007）。淡水螯虾在欧洲与大洋洲养殖历史较长，关于克氏原螯虾的研究也较多，养殖产量已达到$3000kg/hm^2$（舒新亚，2010）。

在淡水养殖的饲料营养方面，美国是最早开始水产养殖动物营养研究和工业化的国家，到20世纪50年代，已制成颗粒饲料并生产销售。20世纪40年代，日本、欧洲也迅速开展饲料营养研究，50年代进入工业化生产。虽然美国、日本和欧洲是水产动物营养研究与水产饲料商业化生产最早的国家和地区，但由于它们不是水产养殖的主产区，水产饲料总量并不大（中国科学技术协会，2016）。2014年全球水产饲料产量已达4100多万t，其中，亚洲水产饲料产量为2700万t，其次是拉丁美洲产量为800万t，欧洲320万t，北美地区180万t，非洲、中东分别为80万t、70万t。在水产养殖水平较为先进的国家，配合饲料的普及率很高，有效提高了饲料利用率。欧美等发达国家重视食品安全和环境问题，针对饲料安全、污水处理均出台了严苛的法律法规，在饲料生产中执行严格的危害分析和关键控制点（hazard analysis and critical control point，HACCP）（麦康森，2010）。

在淡水养殖病害防治方面，国外将传统检测技术和分子生物学的检测技术有机结合，研制水产养殖动物重要病原高灵敏定量与定性检测的生物芯片、环介导等温扩增（LAMP）、生物传感器、试纸条等产品，开发病害发生的风险评估参数模型，建立水产养殖动物流行病监控与风险评估技术。利用现代分子生物学的各种技术方法和手段进一步深入研究病原的感染致病机制及宿主免疫反应；查明宿主免疫系统及控病免疫调控机制、病原侵染与致病机制、靶向制剂（含疫苗）靶点鉴定及作用机制，为疫苗的开发和研制提供重要的理论信息。针对水产养殖动物重大病毒性病原，开发低成本、高效和长效疫苗；寻找安全有效的疫苗导入途径，研究口服和浸泡疫苗导入的免疫机制，此外，针对多种病原，开发多价或联合疫苗。基于鱼类非特异性和特异性免疫机制，开发天然和人工合成的抗病制品或免疫增强剂也将是疾病免疫防控的一个有效途径。

（二）我国淡水养殖现状

目前，我国主要淡水养殖品种有 37 种（唐启升等，2016）。按产量统计主要为草鱼、鲢、鳙、鲤、鲫、罗非鱼、鳊、乌鳢、鲶、黄鳝、泥鳅、黄颡鱼、鲈、鮰、鳗鲡及鳜、鳝、鲑、鳟等鱼类品种，虾蟹等甲壳类，贝类，藻类，龟鳖类，以及观赏鱼类等（农业部渔业渔政管理局，2016）。

草鱼是我国淡水养殖产量最高的品种，2015 年产量达到 567.62 万 t，在全国各地均有养殖，养殖主产区集中在华东、华中和华南地区。养殖形式主要有池塘养殖、河道养殖、湖泊养殖、水库养殖、网箱养殖、工厂化养殖等。养殖方式有单养、混养和套养方式，以及精养、半精养和粗养等形式（徐文彦等，2006）。2015 年我国的鲢、鳙产量分别达到 435.46 万 t 和 335.94 万 t，居淡水鱼类产量的第二、三位，由于其滤食性特点，是混养的主要品种，可与多种养殖方式相配合，也有单养和精养方式。鲤在北方地区养殖产量较大，2015 年全国鲤产量为 335.8 万 t，仅次于草鱼和鲢、鳙的产量。我国的鲤品种（品系）是世界上最多的，有许多为特有的种类，如'荷包红鲤''兴国红鲤''福瑞鲤''松浦镜鲤''德国镜鲤''散鳞镜鲤''松浦鲤'和'万安玻璃红鲤'等。养殖主产区主要在山东、辽宁、河南等地，养殖亩产可达 1500kg 以上（朱健，2001）。我国的鳊养殖主要集中在长江中下游地区，养殖产量达 79.68 万 t，其中江苏省养殖产量最高，达到 18.22 万 t，其次是湖北省、安徽省、江西省和湖南省（王为民，2009）。鲫是我国重要的大宗淡水养殖鱼类之一，目前鲫基本实现了良种化，人工育苗技术相对成熟，尤其从 20 世纪 80 年代开始，连续培育出的异育银鲫、高体形异育银鲫和异育银鲫'中科 3 号'等新品种，促进了鲫养殖业的快速发展。近年来，我国的鲈鲶类养殖发展很快，一些具有较高经济价值的品种得到快速普及，如大口黑鲈经过近 30 年发展，已在全国大多数省区养殖，年总产量超过 24 万 t。另外，我国的鲶、乌鳢养殖产量已分别超过 45 万 t 和 49.6 万 t，乌鳢养殖主要集中在山东和广东地区（张新铖等，2011）。20 世纪 90 年代，鳜人工繁殖成功，目前已在湖北、江苏、广东和湖南等地形成了一定的养殖规模。国内的鮰养殖主要集中在四川、湖南、湖北、重庆、广西等西南地区，因受国际市场影响，产业发展较慢，2015 年养殖产量为 26.5 万 t。我国的龟鳖养殖业起步于 20 世纪 80 年代，目前已成为世界上最大的龟鳖养殖国家。鳖主要品种有台湾鳖、日本鳖、黄河鳖、太湖鳖等品系（Huang and Lin，2002），养殖主要分布在浙江（45%）、湖北（10%）、江苏（7.8%）。目前，我国养殖龟约 50 种，主要分布在浙江（34%）、广东（12%）、江西（10%）等地。龟鳖养殖方式主要为温室养殖和池塘养殖，其中温室养殖约占总产量的 55%。我国的鲑鳟类养殖产业起步于 20 世纪 60 年代，80 年代中期进入快速发展时期，2015 年养殖年产量约 4.1 万 t。主要养殖品种为虹鳟、哲罗鲑、细鳞鲑等。近几年，青海、新疆、黑龙江的白鲑属冷水鱼大水面增殖发展较快。北京、云南、四川的冷水鱼休闲渔业发展迅速（纪锋等，2012）。淡水甲壳类是我国重要的淡水养殖种类，发展迅速，2015 年产量达到 269 万 t，是增长最快的淡水养殖种类。以河蟹、青虾、克氏原螯虾、罗氏沼虾和南美白对虾等为代表的淡水虾蟹养殖品种深受消费者喜爱，市场需求旺盛，具有生长快、繁殖力强、适应性广、经济价值高等特点，是我国重要的水产养殖品种和名优特色品种，养殖面积、产量和效益逐年增长。虾蟹养殖从 20 世纪 60 年代初起步，半个世纪以来已取得了长足发展，成为我国淡水养殖的主导品种，成为长江中下游地区水产养殖的主导产业、支柱产业和富民产业，在促进农业增效、农民增收方面发挥了重要作用。我国传统的淡水贝类养殖一直稳定发展，2015 年淡水贝类总产量为 26.22 万 t，其中河蚌产量 9.66 万 t，螺、蚬产量分别为 11.2 万 t 和 2.57 万 t。另外，我国的淡水观赏鱼也有了一定的发展，2015 年生产 34.7 万尾。

我国渔用配合饲料的开发和研究始于 1958 年，由于当时水产养殖业尚处于传统生产阶段，配合饲料的研究并未得到重视，直至 80 年代才受到国家的重视和关注（陈立侨和李二超，2006）。1976～1979 年，农林部曾经将颗粒饲料养鱼类列为重点项目并进行推广。但由于缺乏营养生理和需要的基础研究，当时的多数配合饲料也只是"拼盘"饲料。我国水产饲料真正商业化生产始于 20 世纪 80 年代，虽然起步晚、历史短，但由于国家产业政策正确和巨大的产业需求，我国水产动物营养研究与水产饲料工业进入高速发展期。短短 30 年，我国发展成为世界水产饲料产量最高的国家。1991 年我国水产饲料产量仅 75 万 t，到 2014 年达到 1900 万 t，占全球水产饲料的 44%左右（麦康森，2010）。逐步建立了较为完整的水产饲料工业体系，FAO 推荐的水产饲料 GMP 生产操作规范及我国的无公害食品行动计划已经逐步在企业推广普及，制定了水产饲料的质量检测和饲料生物学综合评定技术标准，建立了一批国家、省部级渔用饲料检测机构，使渔用饲料生产走上了正规化，一些饲料品种质量达到世界领先水平。从水产饲料销售来看，普通淡水饲料仍是中国市场上的主流，水产颗粒饲料销量约占水产饲料总销量的 70%。占据水产饲料 78%市场的是草鱼、鲫、罗非鱼、鳊、青鱼等传统淡水养殖品种。水产饲料工业作为一个朝阳产业，发展空间仍很大，若按饵料系数 1.5 计算，2014 年水产饲料生产总量为 1903 万 t，饲料覆盖率仅有 26.6%，仍有大量的行业增长空间（王广军，2005）。

我国水产养殖种类病害多，几乎所有养殖品种都会受到疾病威胁。由于水产养殖区域跨度大，养殖水域环境多样，不同气候、养殖模式、养殖条件导致发病情况有显著差异。另外，随着种苗在全国范围频繁互换，病害的多样性（包括病原种类、病原株型）不断增加。目前，我国在水产养殖鱼类病害的病原学、流行病学、病理学、药理学、免疫学、实验动物模型等基础研究领域仍较薄弱，存在的主要问题是高新技术和研究方法的应用较晚，研究内容缺乏深度和系统性。此外，我国水产疫苗的研究较晚，因为水产疫苗和生物制剂申报手续烦琐，审批周期长，目前尚无商品化的水产疫苗。国内水产疫苗研制及应用与国外相比主要差距为：水产疫苗的商品化进程缓慢、疫苗制剂的技术含量有待进一步提高、推广应用力度不够等。另外，我国的水产养殖管理不够科学，制度还不完善，特别是病害预防、控制、治理方面缺乏应急机制与保障措施。在物种引进时没有严格的风险管理制度，对疾病携带的危险估计不够，控制措施不力。

二、发展趋势

随着资源、环境、人口矛盾的不断凸现，以绿色、低碳、高效、清洁、无公害、可持续为主要特征的水产健康养殖模式逐渐成为淡水养殖的发展方向。

1. 绿色高效养殖成为淡水渔业发展趋势

目前，世界水产养殖产业正在向高度设施化、集约化、自动化和标准化的绿色高效养殖方式发展。欧美等发达国家，由于经济实力强、科学技术发达，其陆基工厂化养殖产业发展迅速，在池塘养殖方面多数采用农场式模式，沿用工业化管理规范，在养殖过程中，有着严格的进出水水质管理、养殖饲料管理、养殖产品无公害管理规范。

我国淡水养殖历史悠久，虽然创造了"桑基渔业""蔗基渔业"等生态养殖典范模式和"八字精养法"等养殖管理技术，但目前仍主要采用传统生产方式，存在着水资源消耗大、养殖污染重、饲料利用率低、渔药滥用等问题，无法满足淡水养殖健康可持续发展的需要。"十一五"以来，围绕健康高效养殖要求，全国各地大力发展了池塘标准化、池塘循环水、渔农综合种养等健康高效养殖模式的试验与推广，有效地解决了池塘养殖节水减排问题。近年来，针对池塘高效养殖要求，池塘生态工程化养殖、渔农综合种养、高能效池塘养殖等生态高效模式不断出现，成为水产养殖发展的新热点，为增加养殖产出和渔民收入提供了新途径。从发展趋势来看，我国的水产养殖必然走绿色高效养殖之路，根据我国淡水养殖的特点，建立适合我国特色的淡水养殖技术经济指标，推行跑道式养殖、多阶段批次式养殖、池塘循环水养殖模式、室内外接力养殖、工厂化双循环养殖模式、渔农综合种养等绿色高效养殖模式，实施基于环境友好的管理技术等将成为未来淡水养殖的发展方向。

2. 开发新型饲料源和环保功能饲料是未来发展方向

我国虽然是一个农业大国，但不是一个饲料资源大国，我国饲料原料的数量和质量不能满足饲料工业高速发展的需要。因此，采用水产动物饲料蛋白源开发及无鱼粉饲料配制技术、饲料原料有毒有害物质去除与饲料加工技术等有助于减少鱼粉使用，提高饲料利用率。饲料组成不仅能影响水生动物的营养，而且会影响水生动物的免疫、抗病能力。特别是在水产集约化、规模化养殖中，水产动物面临着大量的应激，如营养、环境、代谢等激烈变化，容易诱发疾病，甚至死亡。应开展促生长、抗应激、抗病力强、调控肠道等的功能性饲料添加剂、中草药提取物、中性植酸酶、主要消化酶、诱食剂、着色剂、水中稳定性维生素和微量元素等水产饲料添加剂的研究。开发功能性饲料是提升国产饲料竞争力的必由之路。

随着人民生活质量的提高，食品质量与安全的问题是大家关注的热点。有机水产养殖已成为发展的方向。通过采用有机水产养殖、有机饲料等方式，进行生态健康养殖，并进一步探明饲料在机体的代谢产物，通过适当的营养调控技术提高肌肉中胶原蛋白质的含量，提高口感与风味，改善养殖动物肉质品质，是淡水饲料工业发展的新趋势。

3. 高效检测和积极预防成为疾病防控的主要内容

我国的淡水养殖品种多、养殖模式多样、养殖环境复杂，加之水域污染严重和落后的养殖方式，致使水产病害复杂多发，既有大量的病毒、细菌、真菌、寄生虫等病原性病害，也有大规模发生的环境胁迫性和生理性病害。需要在免疫学的系统性、病原种株流行病学、病原致病机制、环境胁迫和生理性疾病等方面加强研究。通过开发水产病原免疫学检测技术、PCR 检测技术和 LAMP 检测技术，研发一系列能有效防控疾病的生物制品，有效防控养殖动物疾病发生。

第三节　淡水健康养殖科技发展现状与趋势

一、国外科技发展状况

在养殖方式方面，发达国家的养殖基础研究深入系统，如对草鱼的繁殖生理生态学、营养需求量、养殖环境因子、养殖生态系统等方面有系统的研究（陆忠康，2005）。罗氏沼虾养殖国家和地区注重品种的选育，以保持其生长速度快、抗逆性强等优良性状（Caffey et al.，1996）。美国、日本、泰国等国对南美白对虾的养殖生物结构、容量、能量流动、疾病诊断和应激反应等方面研究较为深入（Boone，1931）。在龟鳖养殖方面，日本培育出了养殖性能较高的中华鳖（日本品系），具有生长快、抗逆性强、品质好、繁殖力高等特点（Brix，1999）。日本利用温泉和工厂余热等开展了温室快速养鳖，并提出了中华鳖与鲤、鳗生态混养的模式。韩国及南亚国家主要集中在池塘单养方面。国外鲑鳟类养殖模式主要为流水、网箱、循环水养殖和河流、湖泊增殖等（牟振波，2013）。欧美和日本等发达国家对淡水养殖品种的生态环境基础研究较深入，他们借助发达的自动化工业和高水平的科技，建立了相应鱼类的工厂化流水或循环水养鱼和网箱养殖方式。德国、丹麦、荷兰等国重视养殖环境生物修复技术，全欧洲从事该项技术的研究机构和商业公司有近百个，采用的生物修复技术具有处理毒害物种类广泛、成本低、易推广等特点。国外重视养殖过程管理，一般都围绕主要养殖品种建立"最佳养殖实践规范（BMP）技术"，对水产养殖过程中的水质调控、疾病防治、投喂决策、质量控制、信息追溯与养殖管理进行规范化控制，极大提高了养殖综合效益。另外，国外水产养殖的信息化、机械化水平较高，在生产过程中已发挥出重要的作用，如Fish-PrFEQ 投喂管理平台，可以有效地根据初始鱼体重和大数据分析估算不同养殖阶段的鱼体重量及摄食总量，保证了水产养殖的经济效益和生态效益（David et al.，2001）。

在饲料营养方面，欧美国家由于养殖品种较为单一，能够进行细致而系统的研究。欧洲国家着重对水产动物的研究，特别是水产动物不同发育时期的营养需求及不同生物之间的营养需求差异的研究。美国的水产养殖业是一个相对新兴的产业，但发展速度很快，对一些重要的经济品种和养殖利润较大品种开发了低成本、无污染的饲料，同时研究投喂方法，以提高饲料效率，降低成本，减少污染。一些东南亚国家如泰国、越南等水产养殖业后起之秀虽起步较晚，但战略得当，目前主要以对虾、罗非鱼及鲶为主，坚持出口导向，以高技术标准严格要求，在许多产业和研究领域甚至已经赶超我国（Boonyaratpalin，1997）。国外对蛋白质、脂肪等各营养要素的需求及其对机体的影响，蛋白质和脂肪等的新原料替代，营养与品质关系，营养免疫学，饲料新型添加剂等研究深入。并且对仔稚鱼、幼鱼、成鱼、亲鱼等不同生长阶段的营养学也有深入研究（Cahu and Infante，2001）。另外由于分子技术在水产动物研究中的广泛应用，发达国家还对蛋白质、脂肪和糖类等营养素的中间代谢过程进行了深入研究，不仅从生理生化水平，而且从分子水平探明相关营养素的代谢机制。这些研究成果为精确设计饲料配方奠定了理论基础（Halver and Hardy，2002）。

在疾病防控方面，国外系统研究了接种商业疫苗的鲤的抗体反应及生存状态，建立了鲤常见病疫苗开发和重大流行病监控及病情防治技术体系（张新铖等，2011）。以色列用显微外科手术从罗氏沼虾早期虾苗身上移走雄性激素转变性别等。欧美国家对鲑鳟养殖实行严格的养殖操作规范，苗种出售前必须免疫，并严格限制抗生素药物的使用。国外水产病原免疫学检测技术、PCR 检测技术和 LAMP 检测技术已经得到广泛开发。针对硬骨鱼类的一些特定疾病开发、应用高效疫苗和针对一种鱼类多种病原性疾病开发联合疫苗已经成为国际共识。渔用疫苗的推广应用可显著减少抗生素的使用，对于保障水产食品安全具有重要现实意义。由于疫苗的大规模应用，挪威等国大西洋鲑的抗生素等化学药品的使用率下降 94%以上，节约了养殖成本，缓解了药物使用带来的环境压力。据不完全统计，国际上 22 种细菌性疫苗和不低于 6 种病毒性疫苗已经在 40 个以上的国家超过 17 种重要养殖鱼类获得较为广泛的商业化应用。

二、国内科技发展状况

"十一五"以来，国内相关部门围绕淡水养殖的基础科学问题和优质高效养殖技术等开展研究与应用，在池塘高效养殖和生态工程化调控、湖泊高效增养殖和库区生态养殖、高效环保渔用饲料配制、渔用疫苗研制和病害免疫防控、淡水鱼工厂化养殖关键装备与养殖系统集成等方面取得了一批重要的技术成果，初步建立了适合我国的淡水渔业生产模式，淡水养殖产量以年均 5%~10%增长。

在养殖方式研究方面，目前我国已经从草鱼生长发育、种质资源开发利用、营养生理及养殖环境的生态特征等基础方面开展了研究（李耀国和肖调义，2011）。建立了草鱼池塘小网箱、精养、混养、集约化养殖、生态高效"立体式"养殖及循环水养殖等养殖模式，制定了无公害草鱼养殖标准、环境标准和产品质量标准（林仕梅等，2006）。在鲤养殖方面，在鲤细胞、生化及分子水平遗传学做了大量研究，为鲤的优良品种快速培育、病害防治、营养和食品安全等方面的研究与开发提供了支撑（Xu et al.，2014）。在鲂鳊类养殖方面，新建立了池塘混养斑点叉尾鲴、鲂鱼种模式，团头鲂与草鱼高效生态混养模式，珍珠蚌、三角鲂混养模式，水库配养团头鲂模式等新模式，其中"鳊反季节"养殖模式突破了养殖季节限制，实现了一年两茬养殖（胥辉，2013）。在虾蟹类养殖研究方面，"十五"以来，在各类科技项目的支持下，取得了一定的成果，为河蟹产业发展奠定了坚实的技术基础。目前，我国在青虾养殖方面的研究主要集中在养殖过程管理和养殖模式。南美白对虾养殖主要侧重于新型养殖模式构建和不同养殖模式、密度条件下南美白对虾生态特性、经济效益、池塘生态因子及能量收支影响等，优化建立了养殖池塘 C/N 平衡、生物絮团培育技术、对虾高位池浮游微藻群落结构优化技术等（梁德才，2010）。在鲑鳟类养殖方面，我国多倍体育种理论和主要技术参数仍停留在小规模的科学研究层面，三倍体苗种（发眼卵）全部依赖进口，增加了养殖成本（孙大江和王炳谦，2010）。在健康高效养殖模式研究方面，创建了池塘生态工程化养殖、池塘工业化养殖、序批式养殖、高效低碳养殖、渔农生态综合养殖等高能效养殖模式，建立了池塘水体中微生物定向培育、微生物固定化配制等技术，以及水质调控、底质调控、生物絮团调控等一系列水质调控技术和方法（李耀国和肖调义，2011），促进了水产养殖健康发展、水质生态调控（刘兴国，2010）。

在饲料和投喂技术方面，重点围绕绿色饲料开发、替代蛋白源开发、饲料添加剂安全性评估、提高水产品品质等方面开展研究。其中，精准投喂技术是近年来研究的热点，主要围绕不同养殖品种不同生长阶段的营养需求、摄食与环境的关系、最佳投喂节律和投喂频率等开展研究，建立不同环境下鱼类动态投喂率估算技术，降低了饲料浪费，提高了利用效率。我国的水产动物营养研究起步较晚，直到 20 世纪 80 年代，国家才把水产动物营养与饲料配方研究列入国家饲料开发项目，比发达国家足足晚了 40 年。但通过国家攻关（支撑）、产业技术体系建设、农业行业专项及相关国家"973""863"等科技计划，我国水产动物营养研究发展迅速。主要完成了对草鱼、银鲫、罗非鱼、团头鲂、鲤、青鱼、中华绒螯蟹、对虾、大黄鱼、尖吻鲈、花鲈、大菱鲆、牙鲆、舌鳎等养殖鱼类不同生长阶段的营养素的需要参数及常规水产饲料主要原料的利用研究，研究内容包括蛋白质、脂肪、必需氨基酸、必需脂肪酸、维生素，以及主要矿物元素等营养素，为使用饲料的配制提供了理论依据，初步构建了我国主要代表种类的"营养需要参数与饲料原料生物利用率数据库"。在 20 世纪 90 年代中期我国把动物健康的营养调控研究与应用推广到了水产养殖领域，逐步阐明脂肪酸、维生素、氨基酸等各营养要素对水产动物免疫的影响，并成功研制了一批渔用饲料添加剂，包括微生态制剂、中草药提取物和益生素等（Liu et al., 2014）。在优质蛋白源、脂肪源短缺的今天，我国一直在寻找合适的饲料原料来替代鱼粉和鱼油。目前为止，新研究开发的饲料源包括用豆粕、菜粕、肉骨粉、藻粉等来替代鱼粉；用豆油、菜籽油等替代鱼油，并取得了良好的成果。并对部分主要经济养殖动物的消化生理进行研究，为科学选择饲料原料和配制人工饲料提供了基础资料。近年来，我国也开始关注水产品质量安全与品质调控问题，现已在影响其质量与品质方面做了大量研究，对团头鲂、草鱼、大西洋鲑和虹鳟等的研究证明营养与饲料对其颜色、外观、风味、口感、质地、营养价值和食用安全的直接影响，并且饲料中的蛋白质和脂肪含量均能影响水产动物的品质（朱磊等，2013）。我国水产动物营养与饲料研究虽然取得了一定的成绩，但因起步晚、研究基础薄弱，且政府的投入十分有限，导致我们无论在应用基础研究，还是在饲料的研制开发方面都落后于发达国家。

在病害研究方面，我国在水产病原免疫学检测技术、PCR 检测技术和 LAMP 检测技术的商业化应用方面明显落后于发达国家。我国学者虽然成功研发了一系列能有效防控疾病的生物制品，如草鱼出血病灭活疫苗及减毒活疫苗、淡水鱼类嗜水气单胞菌灭活疫苗，海水鱼类迟钝爱德华菌减毒活疫苗已经获得新兽药证书，并在若干有重大影响的病原（如鱼类虹彩病毒、罗非鱼链球菌及海水鱼类弧菌病）的保护性抗原发掘及疫苗研制方面也已取得阶段性重要进展，有望在短期内获得一批新的渔用生物制品，对虾白斑综合征生物防控技术和肝胰腺坏死症生态防控技术也已经在生产中广泛应用。但总的来看，还存在着研究基础不足、缺乏系统性等问题。

三、发展趋势

水产养殖业的发展始终伴随着科技进步的步伐，新理论、新技术、新模式成为渔业发展的主要推动力。随着产业对科技的需求越来越大，淡水养殖领域的科技发展呈现以下趋势。

1. 养殖方式向绿色高效方向发展

在"十一五""十二五"相关科研项目的支持下，我国的水产养殖基础研究有了明显的进步，初步改变了依靠经验养殖的传统方式，促进了产业进步与发展。随着科研对产业的影响作用日益显现，未来养殖研究将进一步从应用技术向基础方面发展，围绕养殖鱼类生理、生态特征和绿色高效养殖需要，进行规模化苗种繁育技术体系研究与构建、池塘生态化养殖模式研究与集成、池塘生态工程循环水养殖模式创新、渔农复合种养模式创新与推广，研究精准化高效饲养、高效低碳生态健康养殖等技术模式，建立主要养殖种类生态、优质、高效养殖模式和标准化生产管理技术体系，形成标准化操作规范，实现规模化养殖和产业化经营，提升养殖产业的市场竞争力。同时，建立大宗淡水鱼产业联盟，实施基于良好生态环境的养殖管理模式（BMP），推动水产养殖向清洁化、规模化、生态化方向发展。

2. 营养饲料向开发营养源和品质调控方向发展

随着养殖产业的扩大，鱼粉与鱼油紧缺越来越严重，寻找可替代的蛋白源和脂肪源成为越来越紧迫的事情。进行水产动物饲料蛋白源开发及研发无鱼粉饲料配制技术、新饲料源开发技术、饲料原料有毒有害物质去除与饲料加工技术等有助于减少鱼粉使用，提高饲料利用率。饲料组成不仅能影响水生动物的营养，而且会影响水生动物的免疫、抗病能力和肠道健康，以及养殖过程中的病害危险程度。因此，在水产动物健康、营养免疫调控技术及饲料中新型添加剂等方面值得进一步的研究。如果亲代营养不当，亲代的繁殖和子代的健康都会受到很大的影响，亟待加强对亲代营养与繁殖调控技术的研究。通过对饲料配制技术进行筛选与改进、新技术研发等，集中解决目前主要代表种抗应激能力与免疫力下降、鱼病暴发频繁、药物耐药性等关键技术问题，开展促生长、抗应激、抗病力强、调控肠道等的功能性饲料添加剂，以及中草药提取物、中性植酸酶、主要消化酶、诱食剂、着色剂、水中稳定性维生素和微量元素等水产饲料添加剂的研究。逐步实现主要饲料添加剂国产化，降低饲料生产成本，提升国产饲料和水产养殖产品的国际竞争力。

3. 病害防控向监测预警与防控体系方向发展

病害防控将向以下方向发展：①将传统检测技术和分子生物学的检测技术有机结合，研制水产养殖动物重要病原高灵敏定量与定性检测的生物芯片、环介导等温扩增（LAMP）、生物传感器、试纸条等产品，开发病害发生的风险评估参数模型，建立水产养殖动物流行病监控与风险评估技术，为重大流行病监控、灾变预警提供技术支撑。②利用现代分子生物学的各种技术方法和手段，进一步深入研究病原的感染致病机制及宿主免疫反应，开展水产养殖动物和重要病原的免疫相关的基因组、转录组、代谢组和蛋白组研究，查明宿主免疫系统及免疫调控机制、病原侵染与致病机制、靶向制剂（含疫苗）靶点鉴定及作用机制，为疫苗的开发和研制提供重要的理论信息。③病原疫苗的开发和研究依旧是鱼类疾病防控的重要手段，针对水产养殖动物重大病毒性病原，开发低成本、高效和长效疫苗；寻找安全有效的疫苗导入途径，研究口服和浸泡疫苗导入的免疫机制，此外，针对多种病原，开发多价或联合疫苗。④基于鱼类非特异性和特异性免疫机制，开发天然和人工合成的抗病制品或免疫增强剂将是疾病免疫防控的一个有效途径。⑤生态防治与养殖模式结合，从多方面达到病害防控的目的。⑥抗病苗种的培育将是病害防控工程的一个发展趋势，转基因技术在水生动物抗病育种的应用研究中也将会受到越来越多的关注。除此之外，注重疾病控制研究模型与资源库的建设，开发水产养殖疾病控制实验动物模型和病原及药物分析水生动物细胞模型，建立养殖动物病原及渔用药物分析的细胞库。

第四节　国内外科技发展差距与存在问题

一、国内外存在的差距

我国水产养殖产量虽然处于世界领先水平，但在养殖基础、养殖模式与营养饲料、病害防控等方面与国际先进水平相比还有较大的差距。

在养殖模式方面，世界水产养殖发达国家，如美国、挪威、英国、日本和澳大利亚等，由于养殖种类相对稳定，对产品质量、品种、食用安全和环境安全要求更高，促使相关研究更加系统和深入。这与我国水产养殖的现状不一样，我国目前的水产养殖特点决定了研发的特点是点多面广、应急性研究多，而系统深入研究不够。与国际先进水平相比，我国水产养殖业存在着工业化程度低、系统工程少、资源与环境代价大、国际先进的模式系统推广难等一系列问题。尽管我国在养殖产量、规模、经验等方面有一定的优势，但针对淡水主导品种生态生理习性，做精做优主导品种产业链，推广生态效率高、占地少、受自然环境影响小、环境友好、产品质量可控性强的水产工业化养殖模式将是我国养殖业发展的主要方向。

在营养饲料方面，近年来由于国家产业政策正确引导、科研经费的大力支持和产业的巨大需求，我国水产动物营养研究与水产饲料工业高速发展，无论是研究水平还是饲料产品品质在某些领域都达到了国际领先水平。然而我国水产养殖模式与发达国家存在差异，且研究起步较晚，基础相对薄弱，我国在该领域研究的系统性、深度、行业运行与监管及观念等方面仍与国外先进水平存在一定差距。并且在饲料原料替代及随之而来的营养、品质等方面，并未进行深入和系统化的研究。对养殖动物的品质安全方面的研究，尚不如国外的规范和系统。

我国需要在免疫学的系统性、病原种株流行病学、病原致病机制、环境胁迫和生理性疾病等方面加强研究。我国水产动物病害种类多、流行范围广、危害严重，疾病病原检测技术开发多，产业化应用少，疫苗还没有在水产脊椎动物中广泛应用，还缺乏实际应用的水产病害预警体系，主要疾病净化工作才刚刚起步。另外，在免疫学的系统性、病原种株流行病学、病原致病机制、环境胁迫和生理性疾病等方面应加强研究。

二、存在的问题

"十一五"以来，我国淡水养殖技术发展虽然取得了长足的进步，但与国际先进水平相比仍有较大的差距。存在的问题主要有以下几个方面。

1. 养殖基础研究不足，缺乏系统性理论技术

目前，我国在主要养殖类型的养殖学基础研究方面还很薄弱，尤其缺少对主要养殖方式生态系统结构、功能、过程和机制研究，难以解释和掌握养殖产业发展过程中的规律特征。此外，缺少前沿性研究，创新性不够，主要以跟踪研究为主，应对不断出现的各类新问题的解决能力弱，对新技术的消化吸收跟不上国际前沿技术的发展速度。跨学科的应用基础研究严重不足，无法完成多学科之间的融合，研究思路发展和方向受到局限。

由于缺少生态高效养殖的理论技术指导，我国的水产养殖整体仍以传统生产方式为主，以消耗自然资源为主的生产方式和以增加养殖面积来提高产量的问题仍然严重，设施简陋且技术落后，产业集聚度低，国际竞争力弱，专业化分工不明确，尤其是近年来一些地区出现了盲目发展和片面追求产量的倾向，

滥用药物和监管不严，导致水产养殖产业病害损失加大、环境破坏加剧、产品卫生和安全不能得到保障、效益提升乏力、出口贸易受挫等一系列严峻问题，严重制约了池塘养殖的健康可持续发展。

2. 饲料营养研究针对性不强，缺乏系统性

我国淡水养殖种类众多，多数营养参数尚未研究，即使重要代表种不同生长阶段的营养参数也未被建立，饲料配方无法精准设计，饲料效率不高，研究的系统性不足，几乎没有一种鱼有完善的营养学研究。而国外的养殖品种较为单一，如美国的斑点叉尾鲴、挪威的大西洋鲑等，均有大量的科研人员和科研经费投入研究，研究十分透彻和系统。水产动物饲料与营养的研究应该是系统的、长期的积累，因此，针对某个养殖品种，需要几年甚至是几十年的系统研究，才能比较完整地解决产业面临的问题。而我国的科技研发经费太过于强调有"新意"，忽视系统、长期的经费支持，不利于彻底解决产业技术问题。国内基础研究较为薄弱，多数研究投入是为了短线的成果，甚至在满足有些新品种的营养需求时，公司根据相关的品种设计配方，而忽视鱼类营养学的基础工作，如基本的营养需求数据、消化率数据等，而多数的研究热衷于研发快速生长的添加剂、降低饲料配方的成本等，导致本末倒置，难以从根本上解决问题。

3. 病害监测预警与防控研究不足

由于缺乏水产专用良药，更没有专用疫苗，每年由于病害的发生对水产养殖造成了巨大的损失，同时也导致化学产品或者抗生素在水产病害防治中滥用，这甚至对食品安全构成了威胁。

水产养殖病害监测预警与防控面临的具体问题包括：①我国水产养殖规模、种类和模式差异较大，养殖种类病害多。我国水产养殖种类多样，包括鱼类、贝类、甲壳类及水生植物等。进行规模化养殖的水产品种类已达 60 多种，但几乎所有养殖品种都会受到疾病威胁。水产养殖区域跨度大，养殖水域环境多样，不同气候、养殖模式、养殖条件导致发病情况差异显著。另外，随着种苗在全国范围频繁互换，病的多样性（包括病原种类、病原株型）不断增加。②我国在水产养殖鱼类病害的病原学、流行病学、病理学、药理学、免疫学、实验动物模型等基础研究领域仍较薄弱，存在的主要问题是高新技术和研究方法的应用较晚，研究内容缺乏深度和系统性。③我国水产疫苗的研究较晚，因为水产疫苗和生物制剂申报手续烦琐，审批周期长，目前尚无商品化的水产疫苗。国内水产疫苗研制及应用与国外相比主要差距为水产疫苗的商品化进程缓慢、疫苗制剂的技术含量有待进一步提高、推广应用力度不够等。④养殖生态环境恶化，养殖健康管理技术落后。由于人类的破坏、抗生素滥用、养殖模式不合理、养殖密度的不规范，导致养殖生态环境恶化。此外，我国的水产养殖管理不够科学，制度还不完善，特别是病害预防、控制、治理方面缺乏应急机制与保障措施。在物种引进时没有严格的风险管理制度，对疾病携带的危险估计不够，控制措施不力。

第五节　科技创新发展思路与重点任务

科技是现代渔业发展的驱动力。"十二五"以来，全国渔业科技共获省部级以上奖励 600 余项，培育新品种 68 个，制定渔业国家和行业标准 230 项，遴选发布 60 多个渔业主导品种和 36 项渔业主推技术，建设渔业综合性重点实验室 2 个、专业性重点实验室 23 个、综合试验站 17 个。渔业科技进步贡献率由 2010 年的 55% 提高至 2015 年的 58%。为推进渔业转方式调结构，确保水产品安全有效供给，渔民收入稳定增长，渔业健康可持续发展，支撑和引领现代渔业建设，农业部于 2017 年 1 月 18 日制定了《"十三五"渔业科技发展规划》，为全国渔业发展指明了方向。

一、总体思路

牢固树立创新、协调、绿色、开放、共享的发展理念，以提质增效、减量增收、绿色发展、富裕农民为目标，以高效、优质、生态、健康、安全为方向，围绕淡水养殖"调结构、转方式"的产业发展需要，重点解决制约健康高效养殖的理论基础、关键技术和集成应用的技术问题，通过科技创新，突破主要养殖品种绿色健康高效养殖方式、营养饲料、疾病防控等的关键理论和技术，建立适合不同品种的绿色高效养殖技术体系，提升淡水渔业生产标准化、绿色化、产业化、组织化和可持续发展水平，提高淡水渔业发展的质量效益和竞争力，走出一条产出高效、产品安全、资源节约、环境友好的中国特色淡水渔业之路，全面提升我国淡水养殖的整体水平和国际竞争力，促进淡水养殖产业的结构方式转变，引领产业健康高效可持续发展。

二、重点任务

为实现绿色高效淡水养殖，重点围绕建立主要养殖品种生态高效养殖方式、病害防控技术体系、营养与饲养技术体系和工业化管理等理论技术开展研究，建立推广适合不同地区的健康高效养殖模式和标准化生产管理技术体系，支撑淡水养殖健康可持续发展。

（一）建立主要品种绿色高效养殖方式

1. 水产养殖清洁生产技术

以"基于生态系统管理的水产养殖"生态学基本原理为基础，研究养殖系统的结构与功能，查明群落结构与种群间的相互作用，揭示养殖系统中物质循环与能量流动变动规律，研究清洁养殖生产的原理与途径，阐明"绿色、低碳、清洁"养殖新模式的生态学基础。利用现代生物学技术，发现不同环境和不同层次的生物标识，揭示养殖的生态效应；利用数值模型，科学评估典型水域生物承载力；进行多种类搭配混养的方式研究，建立稳定的营养结构，构建生态系统水平的健康增养殖生态系统；研发养殖废水循环使用或无公害排放技术；研究生物物种间互利机制，实现持续利用技术；研究环境激素、难降解化合物、重金属和富营养物质的生态高效控制与处理方法；通过对现有养殖模式的优化升级和改造，实现养殖系统的生态调控；研究先进的养殖技术和设施，构建人工可控的清洁养殖系统，使系统中的环境激素、难降解化合物、重金属和富营养物质得到有效控制，实现水产养殖清洁生产。

2. 规范化池塘生态工程养殖技术

根据淡水主要品种养殖生物学特点，研究优化养殖池塘的结构、形式等，建立适合不同品种养殖的标准化池塘构建技术；研究不同品种的养殖容量和放养结构等，建立不同品种标准化池塘养殖生产方式；针对不同品种养殖特点，建立标准化池塘养殖管理技术；形成主要品种池塘标准化养殖模式并示范推广。结合不同品种养殖生物学特点，研究不同品种的池塘生态工程化养殖系统构建技术；研究多品种搭配养殖技术，建立生态工程化养殖模式；结合养殖系统特点，建立管理技术。研究养殖池塘湿地化设施构建技术、品种结构、放养容量、管理形式等，建立具有湿地功能的池塘生态化养殖模式。研究优化品种搭配、植物种植、系统构建、种养管理等技术，建立主导品种高效生态种养模式并示范推广。研究鱼、虾、蟹、贝、水生植物等多营养级池塘复合养殖系统，分析不同复合方式的能量和物质流动与转化特点；研究不同食性养殖动物混养或分割沟通养殖模式技术；研究优化生产管理方式；建立多营养级池塘复合养殖模式并示范推广。

3. 高能效池塘养殖方式

结合不同品种的生态、行为、生理等特点，研究相应设施化池塘养殖系统构建技术；研究优化针对不同品种的生态位分割式池塘养殖系统、序批式养殖系统、高效低碳养殖模式系统等；研究不同养殖系统的设备配置、增氧、排污、投喂、应急保障等管理技术及养殖排放物资源化利用技术等。

4. 绿色工厂化养殖技术

针对南美白对虾、龟鳖等品种，研究柔性阳光大棚、阳光温室等的构建技术；研究养殖水处理与调控技术；研究养殖设施、设备配置技术等；建立阳光温室高效健康养殖模式；针对鲴、鲟、鲈、鳅、鳝、龟、鳖、罗非鱼等养殖品种，研究优化工厂化养殖车间构建技术；研究水处理与调控技术；研究品种搭配、养殖结构、容量等养殖技术；研究饲料投喂、病害控制、应急保障等管理技术；针对冷水性养殖鱼类，研究优化流水养殖设施、设备系统的配置与构建技术；研究品种搭配、养殖结构、容量等养殖技术；研究水处理与调控技术，以及饲料投喂、病害控制和管理等技术。

（二）健全主要品种营养与饲养技术体系

1. 水产养殖动物营养代谢与肉质调控技术研究

针对养殖肉质风味下降的问题，从营养、基因和养殖环境这三方面入手，开展养殖和野生鱼类品质评价指标筛选及比较分析研究；开展鱼类摄食的生理调节与营养吸收机理，主要营养素在机体器官、组织间的分配规律及其调控机制，肉质性状形成的规律及其营养代谢调控，消化道结构与功能的发育规律及其调节，肉质性状相关功能基因的表达及营养调控，养殖方式、环境应激影响肉品质的信号传导通路及其外源物质的调控研究。从水产品营养、风味、口感等形成机制及其品质的营养学调控技术等方面进行深入研究，阐明了肉质性状形成的基因表达和机体代谢规律，结合营养调控的手段，提升水产养殖动物的品质。

2. 基于组学方法的营养物质代谢与调控规律

针对养殖鱼类的营养与代谢失调、抗应激力差、抗病力差、肉质风味下降等应用基础理论问题，整合组学（基因组学、转录组学、蛋白质组学、代谢组学和微生物组学等）的研究方法，系统、全面地认识营养素与生命体的相互作用，以及食物营养成分（包括营养素、非营养素、抗营养素等成分）在机体里分布、运输、消化、代谢等规律。研究不同品种、不同生长阶段动物在不同营养水平日粮及在不同生理状态下机体重要器官（包括肠道、肝脏、骨骼肌和脂肪组织等）和肠道微生物的基因表达谱、蛋白质组和代谢组；开展不同营养元素对水产动物信号通路分子调控机体生理功能的影响，筛选营养特异性分子标识，制定特定营养调控策略；开展植物蛋白源替代鱼粉过程中发生的蛋白质数量与质量的变化规律等研究；通过组学分析能够得到成千上万的基因表达、蛋白质分子的信号图谱，根据图谱解析水产动物的生理性状和营养状态，从而揭示主要营养素在机体内的代谢规律及调控机制，为不同水产动物不同群体提供个性化的饲料配方。

3. 水产养殖产品安全保障与品质的营养调控技术

主要研究水产品品质形成的机制及评价技术规范；水产品中异味物质在鱼体的代谢规律和清除技术；饲料配方对养殖鱼类品质的影响及调控技术；饲料投喂技术对养殖鱼类品质的影响及调控技术；饲料加工工艺对有毒有害物质的清除作用；有毒有害物质在水产品体内的代谢过程与削减技术。

4. 新型饲料原料的开发与应用技术

主要研究新型饲料原料利用率评价；新型饲料在不同养殖动物的不同生长阶段利用研究；新型饲料原料利用中的营养素平衡技术；新型饲料原料营养特征的形成规律与改进技术。

5. 水产动物环境友好型配合饲料的开发和应用示范

研究在不同环境条件下（温度、盐度、溶氧、氨氮、亚硝酸氮、pH 和物理胁迫）对养殖动物营养代谢和营养定量需要的影响，建立养殖代表种在不同环境条件下的动物营养摄入与废物排出动态模型，制定以提高营养利用率、减少废物排出、保证养殖环境可持续发展为主要目标的营养学策略，开发环境友好型高效配合饲料的配制和生产技术，并进行示范和推广。

（三）建立完善病害防控技术体系

1. 水产生物疾病病原学与流行病学研究

主要研究疾病的发生、病原感染传播途径、生态分布及流行规律；病原血清型和遗传多样性与变异；多病原混合感染的病原生态学。

2. 水产生物的免疫学和病原与宿主的相互作用机制

主要研究水产生物免疫系统发生、发育、组成与功能；固有免疫或获得（适应）性免疫及调控机制；免疫系统对环境胁迫的响应机制；病原侵入宿主的分子机制；病原与宿主的相互调控与病原致病性的关系。

3. 水产养殖脊椎动物疫苗研发与产业化技术

重点开展主要病原性疾病疫苗研发和产业化生产应用，尤其是针对一种重要水产动物发展可同时预防多种疾病的联合疫苗的研发与产业化生产应用。联合疫苗是当今国际渔用疫苗的发展趋势，挪威已经开发出一种包含 6 种抗原（含细菌和病毒），可同时预防 6 种主要病原的六联灭活疫苗，并广泛应用于挪威的网箱养殖的大西洋鲑。多联疫苗也是我国渔用疫苗研制的重要发展方向，针对重要单品种的主要病原研制细菌-细菌、细菌-病毒、病毒-病毒、病毒-细菌-寄生虫二联及多联疫苗是保证我国养殖渔业健康发展的重要环节。

4. 水产养殖主要病害监测预警技术

建立主要养殖生物关键病害的监测预警技术是水产生物病害防控的重要环节之一。关键是做好当前主要病原的流行病学研究，结合历史资料分析病害的发生规律及其与环境的关系，如季节、水温、水质、养殖密度、宿主范围与病害发生的相关关系，从而建立起有效的病害监测与预警系统。重点开展病原现场快速检测技术及确证技术的研发和国家参考验证体系的建设；建立全国性和区域性病害发生与流行的大数据收集与分析平台；建立全国性的监测预警平台和信息发布平台。

5. 水产主要病害的生态防控技术与产业化应用示范

研究养殖生态系统与环境胁迫性病害发生关系、营养与生理性病害发生关系等，开发调控环境生态系统的高效益生菌技术及产品、藻类定向培育技术及产品等；构建消除传染源、切断疾病传播的养殖生态系统；构建防控条件致病病原所致疾病发生的养殖生态系统；构建防控环境胁迫性病害发生的养殖生态系统；建立防控生理性疾病技术体系；与养殖技术结合，建立数字化、精准化的防控病害发生的高效生态养殖模式。

（四）建立工业化养殖管理体系

1. 养殖过程管理技术

针对主要养殖品种特点，研究养殖水质、底质调控管理技术；研究饲养、病害等的管理技术；建立基于良好生态环境的管理技术体系。

2. 养殖产品质量安全防控管理技术

开展养殖产品质量安全监控技术研究，研究关键控制点、监控指标、养殖过程监控方案和产品质量检验等，形成养殖产品质量安全防控管理技术体系。

3. 养殖排放物资源化利用技术

开展不同模式下养殖污染排放规律研究，研究生态化利用、发酵处理、微生物处理再利用等技术，形成养殖排放物资源化利用技术体系，实现养殖污染"零排放"。

4. 工业化养殖生产配套技术

开展精准化养殖工程与数字化管理关键技术研究与应用、养殖生产轻简化、机械化设备研发，解决一批技术难点，形成较为完善的技术体系，提高养殖轻简化与工业化水平，促进养殖业向集约化、自动化和信息化发展。

第六节　科技创新保障措施与政策建议

进入 21 世纪以来，全球水产养殖以年均 6.1%的速度增长，为保障人类食物安全做出了重要贡献。当前世界范围内的池塘养殖正向着标准化、设施化、机械化、智能化、多营养层级复合的生态高效养殖方向发展。虽然目前的一些新技术存在着许多问题，但相信随着相关技术的不断成熟，适合我国淡水养殖"新结构、新方式"的绿色高效养殖方式将逐步替代传统的生产模式，淡水养殖将会健康可持续发展。为了实现我国淡水养殖绿色可持续发展，建议在科技创新保障措施与政策等方面实施以下举措。

1. 加强组织管理，建立监督评估机制

对重点支持项目进行科学规范、有效监督管理，主管部门贯彻落实相关管理制度和措施，确保重点项目和任务在规范有序和有效监管的条件下进行。针对不同产业模式，在研究内容、承担主体、实施区域等方面进行有序安排，强调科研项目的可操作性，强化管控机制，完善项目组织结构。充分发挥专家委员会在总体方向、顶层设计、总体进度把握等方面的作用，强化过程管理。严格执行专家评审、公示公正，对项目实施效果进行监测评估，加强对项目资金的监督管理，确保产业科技健康发展。

2. 落实科研体制机制创新政策，鼓励科研创新

改革开放 30 年来，我国的水产养殖业得到了快速的发展，但目前仍然存在着养殖工业化程度低，系统工程少，资源与环境成本高，与可持续发展的要求及国外先进养殖业的标准相比存在非常大的差距等问题，我国是养殖大国，但还不是养殖强国。目前，我国在支持水产养殖方面虽然制定了很多的鼓励政策，但执行力度不够，缺乏可持续的扶持与监管政策。为此，必须认真贯彻落实《"十三五"国家科技创新规划》和中央关于鼓励科研人员创新的政策，结合水产科研特点，采取激励科研人员投身科研的措施，

充分调动科研人员的积极性。以国家级科研院所和水产院校为重点，通过大型项目，加大投入，持续支持，提高科研能力，重点突破制约行业发展的基础理论和关键技术。强化和优先发展各类实践基地和"产、学、研"基地，促进科技成果转化。

3. 加大财政支持力度，促进各项工程和技术措施得以落实

加大政府的投入和扶持力度，树立资源节约和环境友好的水产养殖业发展目标。在政策和资金支持上，着眼于现代渔业建设目标，将水产养殖设施设备纳入财政支持范畴，搞好规划，并建立政府补贴、企业或个人投入、市场化运作相结合的长效机制，促进水产养殖业的健康持续发展。①加大对水产养殖设施工程建设、机具购置等的补贴，结合各地开展的池塘规范化改造工程，推进水产养殖的现代化建设。②加大科研投入，在淡水池塘养殖工程化、集约化、生态化设施设备和大水面生态渔业工程建设，水产养殖自动化和机械化技术集成创新方面组织科研攻关，提升水产养殖业的基础设施水平，建设精准、高效、生态、优质的现代淡水养殖产业。③加大对淡水养殖产业基础性、公益性项目公共财政支持力度，完善与调整各项补贴政策，使之与渔业资源保护和产业结构调整相协调，优化税收减免政策，对企业开展的促进相关产业科技发展的项目予以政策倾斜，以有偿资金方式扶持龙头企业。市场引导投资方向，企业自主决定产业科技投资，建立市场经济引导淡水养殖产业发展的投融资运行机制。

4. 进一步完善学科布局，促进养殖学科协调发展

绿色高效养殖集成了生态学、渔业资源学、环境科学、水产养殖学、工程学等学科理论基础，是一门多学科交叉的新兴学科。目前国内从事相关研究的团队还很少，研究基础不足，需要整合相关研究力量，进一步完善学科布局，促进相关学科交叉合作，培养人才。开展绿色高效养殖研究是一项长期的、系统的工程，是提高水产品质量的必由之路，容易形成新领域，产生新成果。需要进一步完善学科布局，促进养殖学科协调发展。

5. 加强国际交流与合作，推进学科发展

加强与国外研究机构、大学和国际组织的科技合作、人员交流及联合研究平台建设，主动参与国际科学研究计划，消化吸收国际先进技术，保持我国淡水渔业科技创新优势，增强科技竞争实力和科技发展能力。围绕"一带一路"国家战略，实现淡水渔业"走出去"，加强我国领先研究领域的国际合作和技术输出，建立稳定、通畅的国际合作渠道，扩大对外开放水平。鼓励科研院所、大学和龙头企业将技术和产品向境外输出，建立海外生产基地，进一步开拓养殖技术和产品的国际市场。

参 考 文 献

毕南开. 1986. 日本鲤鱼养殖概况. 渔业信息与战略, 4: 17-18.
陈立侨, 李二超. 2006. 我国水产动物营养与饲料研究概况及发展方向(上). 科学养鱼, 6: 1-2.
傅洪拓. 2013. 青虾产业的现状与发展. 科学养鱼, 8: 4-5.
高金伟, 明俊超, 敬小军, 等. 2014. 莫桑比克渔业发展现状、存在问题和建议. 安徽农学通报, 20 (3-4): 118-121.
纪锋, 王炳谦, 孙大江, 等. 2012. 我国冷水性鱼类产业现状及发展趋势探讨. 水产学杂志, 25(3): 63-68.
李耀国, 肖调义. 2011. 转基因抗病草鱼研究进展. 生物技术通报, 1: 26-28.
梁德才. 2010. 我国南美白对虾养殖存在的问题及其应对措施. 水产养殖, 12: 178-179.
林仕梅, 谭北平, 魏万权. 2006. 不同养殖模式对草鱼生长的影响. 饲料工业, 27: 24-25.
刘兴国. 2011. 池塘养殖污染与生态控制化调控技术研究. 南京农业大学博士学位论文.
刘兴国, 刘兆普, 徐皓, 等. 2010. 生态工程化循环水池塘养殖系统. 农业工程学报, 26 (11): 237-244.
陆忠康. 2005. 国外草鱼繁殖生物学及其养殖技术现状, 发展趋势. 福建水产, 3: 52-57.
麦康森. 2010. 中国水产养殖与水产饲料工业的成就与展望. 科学养鱼, 11: 1-2.

牟振波. 2013. 二十一世纪前十年全球鲑科鱼类养殖状况. 水产学杂志, 26 (2): 59-62.

慕峰, 吴旭干, 成永旭. 2007. 世界淡水螯虾的分布与产业发展. 上海水产大学学报, 16(1): 64-72.

农业部渔业渔政管理局. 2016. 2016 中国渔业统计年鉴. 北京: 中国农业出版社.

舒新亚. 2010. 克氏原螯虾产业发展及存在的问题. 中国水产, 8: 22-25.

孙大江, 王炳谦. 2010. 鲑科鱼类及其养殖状况. 水产学杂志, 25 (3): 63-68.

唐启升, 韩冬, 毛玉泽, 等. 2016. 中国水产养殖种类组成、不投饵率和营养级. 中国水产科学, 23 (4): 729-758.

王广军. 2005. 国外水产动物营养研究概况. 广东饲料, 14 (1): 31-32.

王为民. 2009. 团头鲂养殖产业现状. 科学养鱼, 4: 44-45.

胥辉. 2013. 团头鲂池塘养殖模式与养殖效益分析. 苏州大学硕士学位论文.

徐文彦, 齐子鑫, 赵永军. 2006. 草鱼池塘集约化养殖模式研究与分析. 郑州牧业工程高等专科学校学报, 26: 7-9.

张新铖, 陈昆慈, 朱新平. 2011. 乌鳢、斑鳢及杂交种养殖研究现状. 广东农业科学, 22: 132-134.

中国科学技术协会. 2016. 2014-2015 水产学学科发展报告. 北京: 中国科学技术出版社.

朱健. 2001. 鲤鱼养殖现状及种质问题讨论. 中国水产, 3: 79-80.

朱磊, 叶元土, 蔡春芳, 等. 2013. 玉米蛋白粉对黄颡鱼体色的影响. 动物营养学报, 25: 3041-3048.

Boone. 1931. Cultured aquatic species information programme *Penaeus vannamei*. Rome: FAO Fisheries and Aquaculture Department.

Boonyaratpalin M. 1997. Nutrient requirement of marine food fish cultured in Southeast Asia. Aquaculture, 151: 283-313.

Brix H. 1999. How green are aquaculture, constructed wetlands and conventional wastewater treatment system. Water Sci Tech, 40(3): 45-50.

Caffey R, Romaire R, Avault J W Jr. 1996. Craw fish farming: an example of sustainable aquaculture. World Aquaculture, 27(2): 18-23.

Cahu C, Infante Z J. 2010. Substitution of live food by formulated diets in marine fish larvae. Aquaculture, 200: 161-180.

Chapman D C, Davis J J, Jenkins J A, et al. 2013. First evidence of grass carp recruitment in the Great Lakes Basin. Journal of Great Lakes Research, 39(4): 547-554.

David L, Rajasekaran P, Fang J. 2001. Polymorphism in ornamental and common carp strains (*Cyprinus carpio* L.) as revealed by AFLP analysis and a new set of microsatellite markers. Molecular Genetics and Genomics, 266: 353-362.

FAO. 2015. Species Fact Sheets. http: //www.fao.org/fishery/species/2153/en [2016-10-3].

Froese, Rainer, Pauly D. 2008. Salmonidae in FishBase. December version.

Halver J E, Hardy R W. 2002. Fish Nutrition. 3rd ed. New York: Academic Press.

Huang C H, Lin W Y. 2002. Estimation of optimal dietary methionine requirement for softshell turtle, *Pelodiscus sinensis*. Aquaculture, 207: 281-287.

Huner J V. 1995. An overview of the status of freshwater crawfish culture. Journal of Shellfish Research, 14: 539-543.

Liu B, Xu P, Xie J, et al. 2014. Effects of emodin and vitamin E on the growth and crowding stress of Wuchang bream (*Megalobrama amblycephala*). Fish & Shellfish Immunology, 40: 595-602.

Xu P, Zhang X, Wang X, et al. 2014. Genome sequence and genetic diversity of the common carp, *Cyprinus carpio*. Nature Genetics, 46(11): 1212.

第九章　淡水养殖设施装备与信息工程*

第一节　淡水养殖设施装备与信息工程科技创新发展战略背景

淡水养殖设施装备与信息工程是运用现代科学技术手段，采用各类设施装备和工具人为地控制、营造或选择养殖环境，以摆脱自然环境和传统生产条件的束缚，使得淡水生物能在最佳生长条件下生长，同时通过电脑、网络和系统集成等新的物质技术手段，实现替代与扩大渔业生产者脑力和体力系统来对设施设备进行精准控制，从而达到高效养殖和规模化生产，其先进程度也代表了淡水生物产业生产力的发展水平。

一、设施装备与信息工程是推进淡水生物产业发展的重要物质基础

设施装备与信息工程是传统生产方式向现代化转变的必然途径，是淡水生物产业生产方式实现"健康养殖、资源节约、环境友好、高效生产"的重要手段。随着中国淡水生物产业现代化的发展进程，中国淡水生物产业的设施装备和信息工程技术取得了长足的发展。从生产工具，到现代设施装备科技的载体，再到推动产业发展的重要生产力，设施装备和信息工程技术的地位不断得到明确和加强，成为中国现代淡水生物产业发展的重要标志，其中水力挖塘机组、增氧机、水产颗粒饲料加工机械、投饲机、池塘养殖生态工程、工厂化养殖设施、水质及环境监测、物联网等众多重要成果，极大地支撑了中国淡水生物产业的发展（张秀梅和李勋，2002；徐皓，2003，2005）。

水产品为中国人民提供了 1/3 的动物蛋白，其中 80% 来源于淡水渔业，是保障中国粮食安全的农业基础产业之一（陈利雄等，2011）。设施装备与信息工程是实现渔业现代化的物质基础，将有效地提高资源利用效率和人为调控水平，实现高效生产。中国水土资源和饲料蛋白源相对短缺，大力推广应用设施设备，促进集约化生产，是产业实现可持续发展的必然选择。随着信息化在渔业现代化过程中的逐步渗透，渔业综合生产能力和宏观决策水平大幅提高，为渔业发展带来新思路、新技术及新的管理方式、经营模式。最直观的是，《江苏农业信息化发展报告（2013）》显示，截至目前，江苏农村网民规模达 991.95 万人，农业电商平台数量已超 9000 个，市场主体达 3856 个，实现电子商务交易金额 5 690 476.7 万元（黄水清，2014）。

二、设施装备与信息工程是促进淡水生物产业实现节水节地的技术手段

传统的养殖方式面临多重挑战，受到地理气候条件影响，容易因水域污染、自然灾害、病害等因素造成减产和品质下降，并且影响或污染水域环境（徐皓等，2007）。随着中国生态文明建设的不断深入，养殖方式所面临社会发展的压力越来越大，保障品质安全、节约水土资源、减少排放、提高集约化和精准化程度是社会发展的必然要求。生产发展方式转变迫在眉睫，通过发展设施装备和信息工程，可以提高资源利用效率，促进淡水生物产业由数量型向质量效益型转变。

---

* 编写：刘晃，徐皓，陈军

设施设备与信息化技术通过改变传统的渔业生产方式和设备的革新，对生产过程的污染进行预防和控制，达到控制污染物产生的目的。通过对信息进行收集应用，将合理利用资源、降低物耗、提高经济效益与环境保护有机地结合起来，实现以尽可能小的环境代价和最少的能源、资源消耗，获得最大的经济效益，进而推动行业绿色健康、可持续发展（王兰英等，2011）。

三、设施装备与信息工程是提高生产效率、节省劳力的有力工具

随着城镇化的加快和居民消费方式的转变，人民群众对高品质水产品的消费需求呈刚性增长，为设施装备的快速发展提供了强劲的动力。同时传统渔业生产环节的劳动强度高，使得招工越来越困难，人工成本逐年增加，劳力短缺和效率低下已成为产业发展的重大障碍，切实需要提高渔业的设施化、机械化程度，研发轻简化设备替代人工，提高全产业链的生产效率。物联网技术的快速发展为提升渔业的智能化管理提供了条件，加快推动生产方式转变，愈加迫切地需要发展设施装备和信息化技术。

现代水产养殖业的发展对高效生产、水产品安全和生产安全提出了更高的要求，生产自动化及管理网络化成为现代渔业发展的基本趋势，生物技术和信息技术逐步渗透到渔业的各个领域，机械化、设施化、数字化、智能化正是提高效率、确保安全的重要保障。淡水生物产业实现信息化，可以改变传统的科技成果传播及转化方式，促进渔业科研成果转化率提高。信息技术的应用，可以紧密联系多学科科研机构和水产科技推广组织，使生产人员和科研人员能够进行高效便捷的信息交流，方便科研人员及时了解渔业产业所需，有针对性地进行水产科技创新活动，进一步提高水产科技成果转化率。另外利用现代信息技术，整合高校、科研机构和水产科技推广组织的优势，深入基层开展科学有效的科技推广，将有力推进农业技术应用能力提高（韩常灿，2009）。

第二节 淡水养殖设施装备与信息工程产业发展现状与趋势

在工业化、信息化的浪潮冲击下，随着对于设施装备与信息工程的投入力度逐年加大，设施装备与信息工程的地位不断地得到明确和加强。目前，已经渗透到淡水生物产业全部领域的各个环节，成为体现淡水生物产业现代化水平和生产力发展水平的一个重要标志，也是促进淡水生物产业加快"转方式、调结构"的有力抓手。

一、国外发展现状

（一）池塘养殖水资源利用效率高，养殖生产机械化、自动化程度高

发达国家在进行淡水渔业生产过程中，非常重视对自然生态环境的保护，追求用较小的资源投入，获得较大的经济效益，注重节约淡水生物资源，防止渔业污染。在养殖过程中采取一系列工程技术手段，如尽量不换水或少换水，构建有效的设备设施等技术规范，控制养殖水体排放，减少水产养殖面源污染等。先进渔业机械设备在发达国家普遍使用。从养殖场的池塘建筑、充氧、投饵、水质管理、捕捞到加工等各个环节均实现了较高程度的机械化和自动化，大量使用了包括免疫环节的自动注射装备、苗种自动计数器、自动投饵机、水质在线监测报警系统，以及捕鱼环节的自动吸鱼机、分鱼机等在内的各种现代化渔业装备和设施，大幅降低了劳动力成本，提高了单位养殖效率，实现了高效生产（中国水产学会，2003；徐皓等，2010）。

（二）工厂化循环水养殖系统商业化应用快速提升，已形成完整的产业链

近 10 年来，工厂化循环水养殖系统商业化应用快速提升，以美国、德国、丹麦、挪威、日本和以色列等为代表的渔业科技发达国家将工厂化循环水养殖模式作为优先发展领域，已形成一个集养殖设施装备和系统制造、产业化应用于一体的完整产业链。循环水养殖系统已经成功应用于养殖温水性鱼（鲳鳕类、军曹鱼、红拟石首鱼、海鲈）和冷水性鱼（大西洋鲑），鲳鳕类养殖密度达到 59.9kg/m³。丹麦建有欧洲渔业工程中心（ACT）用以研究和指导欧洲地区的养殖生产。在循环水养殖系统及相关装备制造领域，有 AquaOptima、AKVA、Ecofish、McRobert、Sunfish 等国际知名企业，其产品已覆盖全球大部分地区（Hutchinson et al.，2004；刘鹰，2006；丁建乐等，2011）。

（三）发展生态友好型的大水面渔业，注重资源养护与环境修复功能

生态友好型的大水面渔业已成为经济发达国家水产业发展的方向，并以此为目标发展负责任的水产种养生产系统，将资源养护与环境修复纳入生产管理中，充分发挥合理的养殖品种结构在水域生态环境改善方面的作用，通过优化天然水域渔业生态系统结构、开发工程化和生态化养殖设施等综合措施，构建"最佳管理操作"运行机制，控制生产的品质、安全与环境影响。欧美国家非常重视长期基础资料积累，建立了资源评估-人工增殖-限量捕捞的动态预测分析和生态环境常规管理机制。引入计算机技术，加强渔业与环境相互关系研究，渔业环境生物修复技术、高效生态养殖技术研究日益受到重视（李钟杰等，2014）。

（四）自动化、智能化渔业设施设备得到普遍应用

21 世纪以来综合性信息应用技术得到长足发展，欧美、日本等渔业发达国家与地区先后建设完成包括数据库技术、网络技术、计算机模型库和知识库系统、多媒体技术、实时处理与控制等信息技术相结合的综合性渔业生产管理系统，使渔业产品的生产过程和生产方式大大改进，渔业现代化生产经营水平不断提高（苏国强，2003）。美国康奈尔大学和西弗吉尼亚淡水研究所等使用高科技手段研发了高密度、高自动化、高集成度的工厂化循环水养殖模式，且已经在美国取得了较好的试验使用效果（刘晃等，2009）；马来西亚、印度尼西亚、新加坡等国家针对本国池塘养殖需求，陆续开发出各种池塘集中投喂系统，这些系统集成了一系列传感设备，能够实现投喂过程精准控制和实时监控，相关产品已经得到广泛的推广应用（巩沐歌，2011）。近年来以色列、日本等国家还相继开发了藻相、微生物等综合性淡水池塘养殖自动控制系统，投饵量自动估算系统和投饵控制系统等一系列提高淡水池塘养殖自动化、智能化程度的现代化生产设备，对提高饲料利用率、降低劳动强度、减少水体污染起到重要作用。

二、国内发展现状

（一）养殖池塘基本设施标准化建设进程加快，机械化设施设备广泛应用

"十一五"以来，老旧池塘的基础设施改造已经发展成覆盖主产区的全国性池塘标准化改造工程，至2010 年全国已实施标准化池塘改造 1100 万亩（高杨，2011），到 2016 年中国水产健康养殖示范面积比例已达到 51%（韩长赋，2017）。一些养殖小区还建设有生态塘、生态沟、人工湿地等生态工程设施，甚至

数字化环境监控系统。增氧机（水车式、叶轮式、射流式）、涌浪机、投饲机等养殖设备在淡水池塘养殖中得到广泛使用，大大提高了生产效率和池塘单产。池塘鱼类起捕、分级是池塘养殖操作中人力劳动强度较大的工作，现有一些销售企业或个人，在活鱼运输车上安装吊机装置，以减少劳动强度。通风强化人工湿地构建技术、池塘溶氧自动监测控制系统、复合生物浮床、底质改良机、减排网箱等生态工程设施与技术的应用大幅减少了养殖污染物排放，节水效果明显，经济效益提高显著（徐皓等，2009，2010）。

（二）集养殖设施装备研发、精细化制造、产业化应用于一体的产业链已初具雏形

近年来，中国工厂化循环水养殖技术进步较快，相关研究机构和企业围绕工厂化养殖高效净化、工厂化养殖成套设备开发、精细化养殖与管理技术集成等开展大量研究与示范，形成了几种有一定特色的工厂化循环水养殖系统模式。据不完全统计，中国循环水养殖系统装备供应商达 20 家以上。为整体提升中国工厂化设施养殖的技术水平和自主创新能力，以及中国水产养殖业的健康可持续发展提供保障。工厂化水产养殖规模和产量正逐年上升，是所有养殖方式中增速最快的。但是这些增加的工厂化养殖系统中，高达 80%以上的工厂化养殖系统采用"大进大出"的用水方式，既不利于水环境保护，又造成地下水资源浪费严重（陈军等，2009；徐皓等，2013）。

（三）大水面渔业设施设备有了一定的发展，但是相关技术仍不成熟

几十年来湖泊、水库等大水面渔业已遍及中国内陆各个省区和各大水系，特别是长江流域。改革开放以来，开展了湖泊水库网箱、库湾网栏和围网养殖设施、鱼类防逃与捕捞装置、电赶拦鱼机等的研制，建立了湖泊水库高效养殖、鱼类电栅防逃和声电驱集捕捞等技术。目前中国淡水经济生物资源严重衰退，天然水域呈现生态荒漠化趋势，淡水生物资源养护与环境修复已成为国家生态安全保障和生态文明建设的迫切要求，主要设施设备包括鱼类良种场、增殖放流站、人工鱼巢、生态网箱等，但相关技术仍不成熟，缺乏专业化和标准化的技术规范（刘其根等，2003；王进等，2011；李钟杰等，2014）。

（四）渔业信息化应用技术处在起步阶段，初步构建了渔业基础信息收集体系

20 世纪 90 年代起中国开始研发水产专家系统，目前国内已研制开发出多个水产养殖专家系统，这些成果已在渔业的科研、生产和管理方面发挥出不同程度的作用，如集美大学开发的鱼病诊断专家系统"鱼医生"，北京市水产科学研究院研发的鲟、罗非鱼智能化鱼病诊断专家系统等（巩沐歌，2011）。而针对信息化要求构建的模型系统、决策支持系统相关产品较少，很多技术仍处于研发阶段，尚不能满足生产需要。中国政府在应用信息化技术进行渔业生产方面进行了大量探索性工作，经过多年的努力，建立了农业部至各省、重点地县的渔业环境监测网络系统等一批环境监测系统，实现对渔业环境信息的实时监测（黄云峰等，2011）。在渔业生态环境监测方面，水面监测站和遥感技术结合的水质监测系统，已在贵阳、辽宁、黑龙江、河南、南京等地示范应用（沈公铭等，2016）。研制了渔业环境无线监测站和便携式水质监测系统，依靠传感器技术和无线通信技术，实现部分区域淡水渔业生态环境的自动监测与管理。

三、产业发展趋势

中国淡水渔业经过多年发展，已经形成一套以机械设备辅助渔业生产的机械化生产体系，其中以中国水产科学研究院渔业机械仪器研究所为代表的研究机构，先后开发出叶轮增氧机、涌浪机等一系列机

械化增氧设备，太阳能底质改良机、移动增氧机等一系列调水、改水机械设备，以及集中式投喂系统、水利挖塘机、自动织网机等一系列渔业生产辅助设备。通过这些机械设备的使用，为中国渔业增产、增收、降低劳动力成本提供了重要的技术支撑。但是随着社会的发展及技术的进步，淡水生物产业生产逐步向集约化、高效化方向发展。传统以机械化为主的渔业生产方式已经不能满足当今渔业现代化发展需求，且池塘捕捞起网、鱼类自动分级等养殖必需的劳动密集型生产过程还未实现机械化，这对加快中国渔业产业结构调整、提高渔业劳动生产效率、实现信息渔业的产业发展形成了很大的制约。在资源和环境的双重压力下，中国的淡水生物产业的发展将会越来越趋向于规模化、自动化和现代化，生产的效率会不断提升，土地和水资源的利用率也会不断提升。急需在优质高效水产养殖技术的集成与创新方面取得突破，构建高效可持续发展的新技术、新模式、新途径，培育可持续的水产养殖产业经济，迅速突破一批制约现有产业发展的关键和共性技术，改造与提升传统产业。

第三节　淡水养殖设施装备与信息工程科技发展现状与趋势

科学技术不仅是促进淡水生物产业生产力发展的决定因素，而且是提高淡水生物产业生产效益的源泉。近几年来，淡水生物产业的科学技术进步及其推广应用获得了较快发展，科技贡献率和成果转化率显著提高，为加快淡水生物产业现代化发展提供了强有力的技术保障。

一、国外科技发展现状

（一）池塘基础设施、养殖机械设备和自动化技术水平成熟

围绕池塘构建等基础设施进行了系统研究，提出养殖场选址时对土壤有机质、黏土的要求，以及塘埂构筑坡比、排水管设置方式等；对增氧机制和增氧机应用有深入的研究，饲料投喂技术已采用先进的计算机自动控制技术，饲料投喂已经实现自动化、智能化、精准化投饲控制；研发了针对矩形鲤养殖池塘的机械化捕鱼原型系统，真空式吸鱼泵、叶轮式吸鱼泵也有应用报道。基于微藻的池塘生态调控作用，构建了充分利用光合作用的跑道式微藻生态工程化设施系统。开发出可消除水体中副溶血弧菌的银弹水处理系统；开展了鱼菜共生系统的深入研究，研究鱼和西红柿的共生系统，提高了水体和营养物质利用效率，研发鱼菜共生——水培园艺可持续养殖生态系统等（徐皓等，2010）。

（二）突破了工厂化循环水养殖关键工程装备、关键技术、养殖系统集成与优化，形成较为成熟的技术体系

近10年来，国际上围绕精准投喂的喂饲系统、高密度养殖条件下鱼类的游泳和摄食行为、通过饲料配方的改善以减少废物排放、紫外线和臭氧联合消毒、光周期对鱼类摄食行为的影响、鱼类养殖环境的优化、细菌的数量和种类对水处理系统效能的影响、换水量和循环水率的优化、养殖水体中的酸碱平衡、养殖设施的优化设计、鱼类福利等开展研究，研发了采用降低水处理系统水力负荷的快速排污技术、生物滤器的稳定运行管理技术、高效增氧方式及技术、日趋先进的养殖环境监控技术。发达国家根据各自的水处理技术特点开发出体积小、成本低、处理能力强的新型养殖污水处理设备（Martins et al.，2010；丁建乐等，2011）。

（三）水域生态系统管理与修复的配套设施设备成为大水面渔业的研究热点

国外对内陆渔业资源保护和环境修复的配套设施设备技术进行了大量研究，同时通过现代化监测设备（如鱼类标记系统、水下摄像系统、水声学探测系统）加强渔业与环境相互关系研究，发现了生态系统稳态转换和自组织修复是水域生态环境调控的重要途径，并且重视渔业过程的氮磷收支及其污染问题，采用食物网调控、抑制藻类、改善水体环境的生态修复方法，在自然水域中实现以生物操纵技术防止水体富营养化。有关生物栖息地重建配套设施形成了相关技术标准和规范，并在一些国家和地区广泛应用，生态修复目前已经从单纯的结构性修复发展到生态系统整体的结构、功能与动力学过程的综合修复（李钟杰等，2014）。

（四）基于信息技术的数据采集已成为支撑行业发展的必要组成部分

实现自动控制和智能管理的关键技术是通过对养殖对象外形特征、体表颜色、行为过程和种群特征进行针对性测量，为养殖过程综合判断提供有效的数据支持。欧美等水产强国已经出现了相关产品，冰岛的 Vaki 公司生产的基于机器视觉的鱼苗自动计数设备能够准确计量体重为 3g～12kg 鱼体的数量；德国巴德公司生产的基于声呐技术的残饵检测设备，在估算网箱养殖残饵情况方面取得了不错的效果。水产品的可追溯是当今世界水产业的重大问题。国际物品编码协会开发了现有的全球统一标识系统（EAN-UCC）跟踪与追溯食品安全，建立了水产品从养殖直至消费者整个链条所需要记录的信息及传递方法（文向阳，2006）；泰国作为发展中国家中的水产贸易大国，在水产品质量管理和监控措施上一直紧跟欧美发达国家，建立了包括亲本及其种系来源、虾苗和成虾、饲料、疫苗和药物等的电子数据库。通过信息的收集，可以管理从养殖到加工每个过程的信息（王媛等，2012）。

（五）以数据库和数据模型为核心的综合评价技术得到普遍应用

模型化技术的发展为水产养殖的系统化分析管理提供了一个有力工具。国外许多机构和组织在养殖环境模型化研究，特别是海水养殖环境模型化研究方面起步早，发展迅速，目前出现的模型化开发技术、工具、开发库等，已经逐渐形成一个全面的模型化研究体系。英国相关研究机构通过研究海洋环流及鱼类对气候变化的反应，建立了预测气候影响的模型；计算流体力学（CFD）、视觉化工具函式库（VTK）等软件，实现了养殖过程流体相关模拟的可视化和分析功能，并取得了令人满意的成果（施松新和王乘，2004；王玲和谈晓军，2004）。国外渔业研究机构在养殖生态化调控与管理方面做了不少研究工作，提出了可持续水产养殖的理念。法国国家海洋开发研究院通过对石首鱼和其他海洋有鳍鱼的行为研究，评估其进食与生长率之间的关系，通过研究养殖过程水循环率对鱼类生长的影响，构建了水循环控制模型（张建华等，2009）；挪威、丹麦、爱尔兰等国家自 20 世纪 80 年代开始，以主养鱼类品种为研究对象，建立了鱼类生长数学模型，并建立了与生长相关的环境及营养、圈养密度等方程，利用计算机技术，开发出养殖管理软件，从而大大降低了劳动强度，有效减少人为所致的损失，获取最大的生产效益。

（六）以自动化、智能化技术为核心的设施设备技术得到长足发展

国外水产养殖发达国家早在 20 世纪 80 年代就开展了相关标准化、自动化养殖模式和配套设施设备研发。挪威 AKVA 集团综合利用生物学、工学、电学、计算机等技术，开发了网箱养殖自动投饵系统；

该集团还通过一系列传感器，包括多普勒残饵量传感器、喂料摄像机、环境（温度、溶氧、潮流和波浪）传感器，开发出网箱养殖综合监控系统（郭根喜等，2011）。近年来美国、以色列、日本等国家还相继开发了藻类整合型水产养殖自动控制系统，微电脑估算与控制饵料供给的系统，自动化生物反应器和水产养殖工业化过程控制系统。北美发达国家十分重视加强信息化冷链物流建设，美国一些特大型农场形成了"计算机集成自适应生产"模式，即根据市场信息、资金、劳力及生产环境等参数，计算机可以计算出最优生产物流方案（傅兵和曹卫星，2006；王俊鸣，2006；王恒玉，2007）。荷兰等欧洲国家着重发展现代化的制冷和冷冻设备，利用安装在空间内的各种传感器，通过智能化控制算法自动调节制冷设备运行，保持运输、储存过程中温度恒定。

二、国内科技发展现状

（一）池塘养殖机械设备研究开发取得了多个原创性成果，进一步丰富了养殖环境调控手段，提高了生产效率

在水质调控设备方面，开发出耕水机、涌浪机、池塘底质调控机、移动式太阳能池塘增氧机、复合生物浮床等新型设施设备；研究建立了多种养殖增氧设备搭配使用技术；针对池塘养殖环境影响因子多元化的特点，增加了气候环境关键因子的监测，结合养殖池塘理化指标变化规律，初步构建了池塘养殖环境在线监测与预判模式；开展了池塘循环流水养殖草鱼试点试验，通过添加气提式增氧推水和废弃物收集处理等设备，对鱼类排泄物和残剩饲料进行收集和再利用；研究建立了复合人工湿地的池塘循环水养殖系统；探索了以生态沟渠和生物浮床为主要构件的"内循环、外封闭"的健康养殖小区构建工艺，研发了"渔-农""渔-稻""猪-沼-渔"等健康养殖复合生态系统构建工艺模式（刘兴国和徐皓，2014；刘世晶等，2014）。

（二）工厂化循环水养殖模式研究已进入深入发展阶段，研发了多项关键设备，节水节地等循环经济效应初步显现

通过模仿、改进、自主研发等方式，取得了鱼池高效排污、颗粒物质分级去除、水体高效增氧、水质在线检测与报警等关键技术的长足进步；开发的弧形筛、转鼓式微滤机、低压及管式纯氧增氧装置、封闭及开放式紫外线杀菌装置等技术装备都达到或基本达到国际先进水平；通过集成创新，循环水养殖装备全部实现国产化；集成的养殖系统模式在淡水名特优苗种繁育及养成方面均有良好应用效果；结合人工湿地技术、植物水栽培技术，实现养殖外排水的深度净化处理，使外排水达标后排放或回用，保证循环水养殖生产方式与周围水环境的环境友好（陈军等，2009；徐皓等，2010）。

（三）大水面渔业设施设备研究相对滞后

围绕大水面渔业发展与水环境保护的配套设施设备技术缺乏系统性和集成性，目前普遍缺少对增殖放流、捕捞调控、栖息地修复等技术实施效果的定量和长期跟踪监测与评价。湖泊等大水域渔业生态系统的生态修复和重建技术研究进展缓慢，大部分水域渔业仍处于结构性衰退状态，需要发展生态渔业设施设备关键技术，以实施生态系统定量化动态管理、发挥渔业水域多功能性、追求经济与生态效益平衡（李钟杰等，2014）。

（四）基础信息收集体系不健全，缺乏有效的信息收集手段

受产业特性和发展水平限制，渔业信息收集不得不面对信息量多、信息种类复杂、采集处理困难等一系列问题。近年来，国内研究机构针对行业特点，已经开展了相关传感器技术和信息采集方式方法的研究，但在传感器种类、设备工作稳定性、设备价格等方面距离实际应用还存在较大差距。尚未建立有效的信息收集体系，信息采集的针对性和目标性不强，不能根据地域、品种差异确定有效的信息收集范围，针对信息收集的标准化研究工作开展较少。另外针对一些不能实现在线测量的重要信息，缺乏科学的信息汇总和共享机制，信息利用率低。

（五）信息技术应用研究尚处于起步阶段，缺乏系统模型构建技术

随着水产养殖集约化、标准化快速发展，基于数据模型的智能化系统将在养殖过程中起到越来越重要的作用。近年来，中国科研工作者已经开展了针对养殖水质、污染物排放、水环境变化趋势等一系列模型构建技术研究，但相对于现代化淡水生物产业的信息化需求还具有较大差距，数据处理和模型化技术研究尚处于起步阶段，缺乏系统的信息转化和应用模式，尚未构成基于模型化开发技术、工具、开发库等的模型化研究体系。例如，构建了鱼类生长数学模型，但还缺乏与生长相关的环境及营养、圈养密度等模型的构建；开展了多种水环境相应模型技术研究，但各模型间缺乏有机联系，很难综合各种模型形成生产力。

（六）设施设备处于从机械化向自动化、精准化发展初期阶段

与农业其他产业相比，渔业装备信息化发展相对滞后，总体处于从机械化向自动化、精准化发展初期阶段，模型算法、人工智能、系统集成整合等的研究应用尚不成熟，还不符合精准渔业要求。国内研究方面，水产养殖数字化设施设备研究与应用从"十一五"开始进入国家"863"计划，取得了一定进展。但在自动化、智能化、信息化等高新技术应用上基本停留在简单的、局部的生产控制和单一设备层次，尚缺乏对复杂渔业生产过程，特别是与鱼类生理、生化及行为学信息相关的自动化、智能化设施设备研究，更缺乏系统性和整体性的装备系统研究，与国外相比存在较大差距。

三、科技发展趋势

（一）池塘养殖设施装备正朝着养殖机械化、设施智能化、模式生态化方向快速发展

池塘养殖全环节实现机械化，以最大程度降低劳动力成本，已成为中国池塘养殖业的发展趋势，同时以互联网、自控技术和智能技术等信息技术为支撑的数字化水产也在迅猛发展，在不久的将来池塘养殖生产全过程及其生态环境、社会经济属性等将实现数字化和可视化表达、控制和管理，使水产品能够按照人类需求进行生产。以资源节约、环境友好、产品安全为核心的多系统模式、多营养级、多净化技术的池塘生态工程化养殖模式将成为池塘养殖新模式，以实现水资源充分利用、养殖尾水达标排放、养殖环境友好健康和养殖产品安全可控（刘兴国和徐皓，2014）。

（二）循环水养殖装备开发系列化、系统集成精细化、生产过程智能化

根据循环水养殖所涉及的关键技术环节，开发系列化的装备，如固液分离装备系列、增氧设备系列、

生物过滤器系列、水体消毒与深度氧化装备系列、养殖系统温控装备系列。根据不同的养殖品种、同一养殖品种的不同养殖阶段（亲鱼养殖与强化阶段、苗种孵化阶段、大规格苗种培育阶段、商品鱼养成阶段、海珍品活体净化与品质改善阶段），精准集成相应的循环水养殖系统，达到提高装备配置的合理性、降低运行能耗、提高系统稳定性的目标。以互联网+的理念为指导，应用物联网技术，使循环水养殖生产过程实现高效物联、高效管理（徐皓等，2010，2013）。

（三）大水面渔业设施设备以实现大水面渔业与环境协调发展为目标

针对现阶段大水面渔业资源和环境存在的问题，大水面生态渔业应以"保护水质、兼顾渔业、适度开发、持续利用"为基本原则，通过开展栖息地生境修复、资源增殖放流、网箱结构改良、多种群捕捞管理和渔业结构调控等关键技术研究，充分发挥生态渔业设施设备（如生境重建设施、增殖放流设施、选择性渔具、生态网箱等）在渔业资源养护和水环境修复方面的作用，同时加强对其生态学效应的长期监测与评价，建立基于以生态系统自组织修复为主的生态渔业综合调控的标准化设施设备技术体系，使渔业生产与环境保护兼顾，渔业增产与优质高效兼顾，实现大水面渔业与环境协调发展（李钟杰等，2014）。

（四）信息化技术将面向生产过程，以实现生产的智能化、精准化

用信息化的处理手段，对养殖过程进行数值化转化，提升养殖过程信息处理能力，全面提高中国养殖产业的科学技术水平；研发一批提高养殖生产效率和经济效益的关键技术，增强高效开发和利用现有养殖资源的能力；提高水产饲料与加工流通的信息化处理能力；从面向渔业生产过程的大数据应用研究入手，建立针对不同层次需要的信息处理模型，研发针对不同需求的各类信息应用系统。从信息化渔业生产角度，开展面向生产过程自动化、生产管理智能化、设备控制精准化的设施装备研发。研发适用于综合养殖、生态养殖和健康养殖的信息化装备与设施。推进工业化养殖发展规模，突破传统养殖与封闭式循环水养殖系统技术，提高设施养殖现代工程装备水平，以技术的集成创新和适应性应用研究为突破口，推动传统养殖产业的产业结构调整和技术升级（沈公铭等，2016）。

第四节　国内外科技发展差距与存在问题

总结对比国内外淡水养殖设施装备与信息工程产业及科技发展现状，我国淡水养殖设施装备与信息工程依然存在着设施简陋、机械化程度低、调控能力不足、生产管理方式落后、信息化与智能化应用不足等问题，与国外先进技术水平相比差距仍然不小。全面系统研究分析我国设施装备与信息工程科技发展中存在的问题，找出存在的差距，将有助于对未来产业发展态势进行科学判断，明确发展重点。

1. 生产方式粗放，设施设备陈旧，生产效率不高

水产养殖是中国淡水生物产业的主要生产方式，但是中国淡水池塘养殖系统为开放系统，即纳水养鱼、废水排放。主产区主要集中在经济发展较快的华东、华南和华中地区，工业污水、生活污水造成环境水域水质劣化，养殖系统经常处于无水可换的境地。由于生产方式粗放，养殖池塘大排大灌加剧水体富营养化的现象为社会和舆论所诟病。在健康养殖环境调控、水资源节约和富营养化控制等方面与社会可持续发展的要求差距很大。中国渔业生产长期沿用的高消耗、高排放的生产模式，与资源和生态环境保护之间矛盾突出，不符合可持续发展要求。由于农村生产力发展水平的局限，中国水产养殖主要依靠人力劳动，养殖规模小、经营分散、生产效率低下，难以保障渔民持续、稳定增收，这些因素反过来又制约了养殖设施系

统集成度的提高。内陆池塘虽然开展了大规模的规范化建设，建立了多种高效健康养殖小区模式，但仍存在着缺少布局、环境破败、设施陈旧、水资源浪费大等问题。工厂化循环水养殖系统的总体造价偏高、运行能耗偏高、系统的运行稳定性不强，与传统养殖模式相比的竞争优势没能得到充分体现。

2. 生产过程整体机械化程度低，劳动强度大

中国水产养殖生产依然属于劳动密集型生产方式，与发达国家相比，在设施化、机械化等方面还存在着相当大的差距。中国目前多数水产养殖场的机械化程度尚不足 40%，许多生产环节仍需要人工劳作，存在着劳动强度大、生产效率低等问题，养殖过程管理及产业链关键环节的机械化与自动化程度亟待提高。中国渔业劳动生产效率低下，主要生产过程初步实现了机械化，但自动化、精准化、智能化程度还很低，面临劳动力短缺等严峻挑战。例如，养殖生产增氧机、投饲机等已经广泛应用，但缺乏智能增氧、精准投喂控制；水产加工机械已经多种多样，但成套化、自动化不足，部分甚至还是以手工操作为主。与农业其他产业相比，渔业装备信息化发展相对滞后，总体处于从机械化向自动化、精准化发展初期阶段，模型算法、人工智能、系统集成整合等的研究应用尚不成熟，还不能符合精准渔业要求。

3. 大水面增养殖设施技术匮乏

由于多年来过度追求产量，过度捕捞、过度放养，加之水利工程建设和流域污染日益加剧，中国内陆大水域渔业资源衰退、江湖阻隔、栖息地生境破坏、大量水生植物消亡等现象严重。2015 年 5 月中共中央国务院发布了《关于加快推进生态文明建设的意见》，明确提出到 2020 年，自然岸线保有率不低于 35%，生物多样性丧失速度得到基本控制。而目前中国生态岸线工程构建技术、鱼类"三场一通道"（鱼类产卵场、索饵场、育肥场和洄游通道）重建设施技术、大水面原位增殖设施和异地大规模扩繁工程均处于起步阶段，与生态文明建设战略要求差距巨大。

4. 渔业信息化刚刚起步，系统数字化、智能化程度低

中国渔业准入门槛较低，渔业从业人员水平参差不齐，生产观念相对比较保守，技术、管理水平比较陈旧，难以迅速接受信息化等新技术、新模式的渗透与融合，信息化生产管理等信息技术应用发展缓慢，养殖生产管理主要依靠劳动者经验，投喂、水质管理、病害防治等技术定量化不足。作为信息化基础的水产养殖过程信息主要还立足于传统的事后统计思维方式，时效性、精准性不强，对产业提升作用不够显著；养殖环境的监测与调控、精准的饲料投喂、操作的机械化，以及整个系统的数字化、智能化等工业化生产要素都未能有效集成，高效的生产力尚未形成，急需以信息化思维方式解构、重构产业和生产方式，为高效可持续渔业发展提供支撑。

第五节　科技创新发展思路与重点任务

围绕淡水生物产业实现现代化的发展需求，针对中国淡水生物产业设施装备与信息工程领域的重大科学技术问题，开展前沿基础研究、关键技术创新、系统技术集成，形成先进设施装备、信息化应用技术与新型模式，有效提升淡水生物产业设施装备与信息工程领域的精准化、机械化、信息化水平，实现现代淡水生物产业"生态、优质、高效"的发展目标要求。

一、总体思路与目标

按照现代社会可持续发展和现代渔业建设基本发展的要求，坚持生态优先，以"生态、优质、高效"

为主线，以设施装备精准化、机械化、信息化为核心，围绕数据库、信息系统、模型、决策支持、专家系统、智能控制、精准渔业、遥感（remote sensing，RS）、地理信息系统（geographical information system，GIS）、全球定位系统（global positioning system，GPS）（RS、GIS 和 GPS 简称 3S）、物联网和智能装备等，开展装备技术与信息技术研发及系统工程创新，通过技术成果积累和科技人才培养，整体提升淡水生物产业设施装备和信息工程的科技水平，通过技术示范与推广应用，形成"需求驱动、集成创新、示范应用、信息服务"的研究与创新发展新格局，推进淡水生物产业的现代化进程，促进渔业增效和渔民增收，实现现代淡水生物产业"生态、优质、高效"的发展目标要求。

二、重点任务

（一）水产养殖生境精准调控技术研究与装备研发

1. 池塘养殖生境生态要素及设施设备作用机制研究

针对池塘养殖水体氮、磷、碳等主要营养物质的存在形态、收支及时空变化规律，梳理池塘水体主要营养物质及能量的动态转化特点，研究养殖设施设备对碳、氮、磷等主要营养物质沉积与释放的影响特征，沉积物-水界面营养物质动态迁移机制；研究主要品种不同载鱼量池塘养殖物质及能量系统性循环利用主导因子关联机制及驱动机制。

2. 工业化养殖生境精准化管控机制研究

针对工业化循环水养殖系统的特征，开展全封闭循环水养殖鱼类行为学、生理生态学、物质能量转换基本机制研究；突破养殖系统水质、流场、投喂、分级等精准化管控技术，建立科学合理的可控水体调控参数模型。

3. 工厂化循环水养殖系统排放控制技术与装备研究

针对工厂化高密度养殖生产过程产生的排放物，开展高效生物处理技术、可生物降解聚合物填料脱氮技术、养殖废弃物处理设施与资源化再利用技术等研究与装备研发，通过絮凝、电解、脱氮等技术的有机组合与集成，实现养殖废弃物的达标排放及资源化回收再利用，形成模块化系统排放污水处理成套装备。

4. 节水减排型池塘设施养殖系统集成示范

针对静水养殖的传统池塘生产方式效率低下、增氧困难、管理不便的弊端，以生态位分隔养殖为原理，采用工程构建技术手段，针对中国鱼类池塘养殖特点，进行节水高效全循环池塘养殖关键技术研究，突破节水减排条件下池塘养殖增产的技术难点，实现对池塘生态系统的有效控制。开展节水减排型循环水池塘养殖系统、分隔式循环水池塘养殖系统等的构建与集成示范。

（二）水产养殖全过程机械化关键技术研发

1. 池塘养殖全过程机械化关键技术研发

针对池塘养殖增氧、投饲、水质调控、捕获等各生产环节，开展节能型机械化增氧及配置技术、节能型水质调控和底质改良技术、精准化饲喂技术、机械化捕捞技术、高效新型人工湿地设施等关键调控技术研究与机械化设备研发，探索池塘养殖全程机械化生产模式，提高池塘养殖的经济、生态效益。

2. 经济和珍稀水产苗种增殖繁育工厂与名优品种养鱼工厂模式构建

针对主要养殖品种和天然资源衰退的经济鱼类和珍稀鱼类，开展繁育环境的工程化构建、繁育条件的自动化控制、繁育产品的物联网构建、繁育生产的标准化等各方面技术研究，构建可实现订单化生产的专业化水产苗种繁育工厂与名优品种养鱼工厂，突破经济鱼类和珍稀鱼类增殖扩繁设施技术，为增殖放流提供稳定的苗种供应，推进渔业资源恢复，保护鱼类生物多样性。

（三）大水面渔业生态因子工程化调控技术与设施研发

1. 大水面渔业生态因子工程化调控技术基础研究

针对大水面鱼类的安全生产保障技术需求，以溶解氧、pH、氨氮、温度等生态因子的动态监测与工程化调控为技术核心，开展大水面渔业水体生态因子监测技术、鱼类群落、浮游生物与关键生态因子之间的定量关系、养殖水体生态因子的设施工程化调控技术等研究，揭示可持续大水面渔业生产模式中的调控机制，为提高大水面渔业资源的利用效率、改善产品质量和增加生态环境效益提供技术支撑。

2. 大水面网箱结构改良及养殖污染物减排技术研究与应用

针对中国大水面当前不合理的渔业方式自身污染较为严重的现实普遍问题，开展网箱养殖残饵和粪便收集装置技术、网箱多重结构设置与合理空间布局技术、网箱养鱼-水生植物（水生蔬菜等）耦合生态养殖设施技术等研究，通过网箱结构改良及养殖污染物减排技术研究与示范，研发网箱养鱼清洁生产技术和工艺，保障大水面网箱养殖渔业的可持续发展，实现渔业利用与水环境保护兼顾的目标。

3. 大水面关键生境设施营建与渔业资源自然增殖技术研究

针对大水面鱼类及其他濒危水生动物的生境需求，开展关键栖息地设施营建技术、重要野生经济鱼类产卵场构建、人工鱼礁和人工鱼巢设置技术、增殖放流效果评估的鱼类标志与跟踪设备技术等技术研究，根据水产品苗种绿色生产和安全保障技术要求，开展渔业增殖放流配套设施设备技术研究，为大水面野生经济鱼类资源养护提供基础条件。

（四）环境友好的水产养殖信息化关键技术研究

1. 养殖对象数字化表达技术研究

以养殖对象在不同生境和摄食等特定条件下生理生化反应的内在机制为基础，以光学和声学等探测技术为手段，获取目标物外形、体色、行为特征等有效信息，构建养殖对象特征数字化参数库。综合利用模糊数学、神经网络、回归分析等技术手段对目标物体的外形、体色、行为过程等信息进行统计分析，突破特征行为提取、识别和判断技术，初步构建养殖对象特征行为数字化表达模式，为信息化水产养殖模式构建提供基础支撑。

2. 信息化养殖模型技术研究

针对主要养殖类型和养殖模式，基于中国主要养殖区域养殖环境特点，重点开展：养殖气象大数据应用技术研究，养殖水体关键因子响应规律研究，构建气候特征因子与养殖环境关键因子之间的作用关系模型。基于养殖环境自然生境模型和调控手段等人为干扰与响应，开展养殖环境调控技术研究，构建养殖环境智能化控制模型。根据养殖对象在不同生长环境下的生长特点，开展养殖对象生理和生长规律及病害表现研究，构建鱼类营养与生长模型和病害防治模型。集成典型养殖品种养殖模式的预测模型，构建基于大数据和云计算的养殖专家系统。

3. 环境友好的信息化养殖模式构建及相关设施、设备研发

针对智能化、标准化的水产养殖需求，基于养殖水质预测模型、水质调控模型、水质调控过程反馈控制模型、池塘底质预测模型、底质调控模型研究，研发水质综合调控设备，重点研发循环水自动调控设施、信息化底质调控设备等数字化环境调控设备和智能化精准投喂装备。研发养殖水质数据自动采集、无线传输、信息处理预警等设备系统，研发养殖环境视觉、视频设备系统，集成以物联网技术为核心的"产、供、销"一体化养殖系统。

（五）渔业信息资源建设关键技术研究

1. 渔业信息标准化技术和信息交换技术研究

研究渔业数据、数据库标准化和渔业数据体系，以及渔业数据采集、存储、共享与传播标准协议、接口技术，建立现代渔业数据中心构建技术。

2. 渔业信息规范技术研究

研究分析渔业科学数据资源分布规律，研发渔业科学数据资源分布评价方法，建立区域性渔业科学数据资源整合模式，形成渔业信息服务理论与方法。

3. 渔业信息共享技术研究

以数据为中心，以实现数据共享和信息服务为目的，通过建设各类渔业专题数据库和元数据库，形成分布式的渔业数据中心，并利用数据挖掘、文献计量分析、竞争情报分析、决策支持、大数据等理论与方法，最终为研究开发形成面向生产与政务管理等专题应用的业务化系统提供基础支撑。

第六节　科技创新保障措施与政策建议

设施装备与信息工程是促进我国传统水产养殖产业"转方式，调结构"，实现水产养殖绿色发展的重要手段。需要依靠科技创新破解制约产业发展的关键和难题，既要兼顾生态文明，又要注重提质增效。通过加大科技创新和成果转化的政策支持力度，引导产业创新发展，实现生态保护与产业协调发展。

1. 做好顶层设计，合理规划中长期产业布局

要立足中国淡水生物产业设施装备与信息工程基础、比较优势及未来前景，按照先易后难、典型示范、分步推进的原则，结合国民经济发展、保护生态环境等方面情况，做好顶层设计，系统提出淡水养殖设施装备与信息工程的发展思路、发展重点和相关政策措施，确定发展技术路线图，明确战略性新兴产业的发展目标、发展重点、时间表和路线图，系统提出有关政策措施。

2. 加强技术研究与集成示范推广，以点带面促进技术进步

组织科研优势单位，针对主要养殖设施模式和主产区的区域特点，开展淡水养殖设施装备与信息工程基础共性技术和关键技术的研发，通过关键技术集成与模式构建，进行系统优化，形成主要养殖设施模式生产条件改造和技术装备提升的技术体系，在主要养殖产区进行生产示范，为大规模的改造工程奠定技术基础。同时，重视标准制定工作，加快制定国内相关技术标准，完善标准体系建设，以标准保护国内市场、拓展国际市场。

3. 鼓励融资创新，构建多元化的产业化应用模式

在"整合资金、统筹资源"的基础上，充分发挥政策导向作用，着力构建多元化投入体系，推动了淡水生物产业设施装备与信息工程的发展。健全财税金融政策支持体系，加大扶持力度，引导和鼓励社会资金投入。加大财政支持力度。在整合现有政策资源和资金渠道的基础上，建立稳定的财政投入增长机制，增加中央财政投入，创新支持方式，着力支持重大关键技术研发、重大产业创新发展工程、重大创新成果产业化、重大应用示范工程等。

4. 建立人才培养体系

中国淡水生物产业设施装备与信息工程需要努力造就一支结构合理的高层次人才队伍，特别是要通过加强国内外科技合作，鼓励中国引进一批掌握核心技术，具有持续研发能力，并能实施重要产业化项目的海外领军科研人才。同时要善于调动淡水生物产业设施装备与信息工程领域广大科技工作者的积极性、主动性和创造性。

5. 加大国际国内合作

立足于中国自身力量的基础之上，充分利用国内外的各种资源（技术、资金和人才等），顺应研发全球化的发展趋势，组成产业技术创新战略联盟，形成"研究开发—中试开发—产业示范—辐射带动"创新链。依托国家级、省部级重点实验室等创新平台及物种种质资源库、基因库、现代渔业园区等相关试验基地，创建定期交流合作机制，互派研究和管理人员进行学习和交流，互通研发成果。

参 考 文 献

陈军, 徐皓, 倪琦, 等. 2009. 中国工厂化循环水养殖发展研究报告. 渔业现代化, 36(4): 1-7.
陈利雄, 朱长波, 董双林. 2011. 中国水产养殖选址和养殖容量管理现状. 广东农业科学, (21): 1-8.
丁建乐, 鲍旭腾, 梁澄. 2011. 欧洲循环水养殖系统研究进展. 渔业现代化, 38(5): 53-57.
傅兵, 曹卫星. 2006. 美国农业信息化的特点与启示. 江苏农业科学, (6): 7-10.
高杨. 2011-11-9. 全国养殖池塘改造完成近半. 农民日报, 第 2 版.
巩沐歌. 2011. 国内外渔业信息化发展现状对比分析. 现代渔业信息, 26 (12): 20-24.
郭根喜, 关长涛, 江涛, 等. 2011. 走进挪威和爱尔兰深海网箱养殖. 海洋与渔业·水产前沿, (2): 32-38.
韩长赋. 2017. 以推进农业供给侧结构性改革为主线，"四推进一稳定"做好农业农村工作——农业部部长韩长赋在全国农业工作会议上的讲话. 农业部情况通报, (1): 1-28.
韩常灿. 2009. 农业科研院所科技推广策略研究. 浙江大学硕士学位论文.
黄水清. 2014. 江苏农业信息化发展报告(2013). 北京: 科学出版社.
黄云峰, 冯佳和, 吕建明, 等. 2011. 渔业环境自动监控预警系统建设. 安徽农业科学, 39(35): 22155-22157.
李钟杰, 刘家寿, 叶少文, 等. 2014. 淡水大水面渔业增养殖生态构建技术发展思路. 上海: 水域生态环境修复学术研讨会.
刘晃, 张宇雷, 吴凡, 等. 2009. 美国工厂化循环水养殖系统研究. 农业开发研究, (3): 10-13.
刘其根, 陈马康, 何光喜, 等. 2003. 保水渔业——中国大水面渔业发展的时代选择. 渔业现代化, (4): 7-9.
刘世晶, 唐荣, 李亚男, 等. 2014. 基于信息化水环境监测的养殖水调控技术. 上海: 水域生态环境修复学术研讨会.
刘兴国, 徐皓. 2014. 池塘生态化养殖小区构建技术. 上海: 水域生态环境修复学术研讨会.
刘鹰. 2006. 欧洲循环水养殖技术综述. 渔业现代化, (6): 47-49, 38.
宁佐毅. 2012. 提高渔业养殖新技术实现渔业生产自动化——大力发展物联网技术. 农家参谋·种业大观, (12): 32-33.
沈公铭, 黄瑛, 穆希岩, 等. 2016. 中国渔业生态环境监测现状及未来发展的思考. 中国渔业质量与标准, 6(5): 13-18.
施松新, 王乘. 2004. 面向数字流域的系统分析与集成技术研究. 华中科技大学学报(自然科学版), (3): 57-59.

苏国强. 2003. 信息技术在渔业中的应用. 科技管理研究, (6): 83-85.

王恒玉. 2007. 美国农业信息化的特点与启示. 生产力研究, (23): 94-95, 139.

王进, 张澜澜, 马秀刚, 等. 2011. 关于黑龙江省发展大中水面渔业生产的研究. 农业经济与管理, (3): 89-96.

王俊鸣. 2006-07-19. 信息技术打造精准农业——美国农业信息化发展历程. 科技日报, 第2版.

王兰英, 邵宇宾, 杨帆. 2011. 论信息产业与可持续发展. 中国人口·资源与环境, 21(2): 86-90.

王玲, 谈晓军. 2004. 虚拟现实技术在数字流域中的应用初探. 水电能源科学, 22(2): 86-88.

王媛, 蔡友琼, 徐捷. 2012. 国内外可追溯体系现状及中国水产品可追溯存在的问题. 中国渔业质量与标准, 2(2): 75-78.

文向阳. 2006. 食品安全追溯应用现状与发展. 中国电子商情(RFID技术与应用), (4): 10-13.

徐皓. 2003. 渔业装备研究的发展与展望(续)——写在中国水产科学研究院渔业机械仪器研究所成立40周年之际. 渔业现代化, (4): 3-6.

徐皓. 2005. 开展促进渔船渔机行业健康发展的战略研究. 广州: 2005中国渔船技术发展论坛.

徐皓, 刘兴国, 吴凡. 2009. 池塘养殖系统模式构建主要技术与改造模式. 中国水产, (8): 7-9.

徐皓, 刘忠松, 吴凡, 等. 2013. 工业化水产苗种繁育设施系统的构建. 渔业现代化, 40(4): 1-7.

徐皓, 倪琦, 刘晃. 2007. 中国水产养殖设施模式发展研究. 渔业现代化, 34(6): 1-6.

徐皓, 张建华, 丁建乐, 等. 2010. 国内外渔业装备与工程技术研究进展综述. 渔业现代化, 37(2): 1-8.

张建华, 李应仁, 丁建乐. 2009. 国外渔业研究机构主要研究内容与方法概述. 渔业科学进展, 30(1): 122-129.

张秀梅, 李勋. 2002. 中国设施渔业的现状及发展前景. 北京: 2002年世界水产养殖大会.

中国水产学会. 2003. 世界水产养殖科技大趋势——2002年世界水产养殖大会论文交流综述. 北京: 海洋出版社.

Hutchinson W, Jeffrey M, O' Sullivan D, et al. 2004. Recirculating Aquaculture Systems: Minimum Standards for Design, Construction and Management. Kent Town, SA. Aust.: Inland Aquaculture Association of South Australia.

Martins C I M, Eding E H, Verdegem M C J, et al. 2010. New developments in recirculating aquaculture systems in Europe: A perspective on environmental sustainability. Aquacultural Engineering, 43(3): 83-93.

第十章　淡水产品加工与质量安全[*]

第一节　淡水产品加工与质量安全科技创新发展战略背景

水产品加工是对水产资源进行规模化和综合利用的生产活动，是连接水产资源生产与消费的关键环节，加工水平的高低代表了整个产业发展的高度。在美国、欧洲、日本等发达国家和地区，水产品加工已形成了先进的现代化加工体系，随着科技和经济的发展，加工产业更加机械化、规模化和自动化。在国际上，水产品加工主要是在海洋水产资源的加工开发利用方面比较成熟和完整。我国自改革开放以来，特别是加入 WTO 后，大力开展农产品国际贸易，利用水产资源、劳动力和成本优势，引进国际水产加工技术与设备，逐步建立了以面向国际贸易为主的水产品加工产业，随着国际贸易的发展，一大批"两头在外"的水产品加工企业活跃在国际水产品加工与贸易的舞台，积极地参与国际水产品市场竞争，使我国成为名副其实的世界水产品加工与贸易大国。目前我国已基本形成了以冷冻冷藏、腌熏、罐藏、调味休闲食品、鱼糜制品、鱼粉、鱼油、海藻食品、海藻化工、海洋保健食品、海洋药物、鱼皮制革和化妆品及工艺品等十多个门类为主的水产加工产业，成为推动我国渔业生产持续发展的重要动力，渔业经济的重要组成部分，水产品出口占据出口农产品首位，在农产品出口及外贸出口中具有突出的地位。但是我国水产加工仍然是以海洋资源为主要原料，而在我国渔业产量组成中，淡水产品产量已超过海水产品，并在逐年增加，海洋水产品产量则停滞不前。据《2017 中国渔业统计年鉴》记录，近十年淡水产品总产量呈上升趋势，2016 年我国淡水产品总产量为 3411.11 万 t，其中鱼类 2986.65 万 t，虾蟹类 316.11 万 t，贝类 35.53 万 t，其他产品 72.82 万 t，分别占全国淡水产品总产量的 87.56%、9.27%、1.04%和 2.13%。我国淡水产品产量常年居世界首位，是世界淡水产品生产大国，其中淡水鱼产量占世界总产量的 60%以上。虽然我国是利用淡水产品历史悠久的国家，但我国淡水产品的加工起步较晚，除了采用一些传统加工工艺进行手工和作坊式的生产，以及 20 世纪 90 年代后开展鱼糜加工利用的研究外，总体上淡水产品的加工仍处于起步阶段。由于淡水产品与海水产品在组成成分、结构特点和生化特性等方面具有不同与特异之处，淡水产品的产业化加工存在更多的难题。国家自"十五"到"十二五"期间，组织和实施了一些与淡水鱼类加工有关的科研计划项目，特别是农业部于 2008 年开始，为加强淡水渔业的建设与发展，创立了全国大宗淡水鱼产业技术体系，加工是其中重要的岗位，对淡水鱼加工技术的开发应用进行广泛研究。经过近十年的研究与应用，我国淡水鱼加工产业雏形已形成，但离淡水渔业发展的要求和消费者对淡水产品的需求还相差甚远（夏文水等，2014）。

虽然我国淡水产品养殖产量高，产值稳步发展，但产品结构与产业结构方面存在的矛盾日益突出，养殖产品不能很好地满足市场需求，造成渔业经济产能过剩，其中一个重要的原因就是淡水产品加工能力不足。区别于国际上海洋渔业强国，我国具有独特的国情和水产资源，淡水渔业是我国渔业发展的特色与优势，因而，大力发展和加强淡水产品加工，是我国将走出一条具有中国特色的渔业发展道路的重要组成部分。

同时，我国渔业发展已经进入数量安全与质量安全并重的新阶段，"高产、优质、高效、生态、安全"

*　编写：夏文水，翟毓秀

已成为我国渔业发展的新目标。食品、农产品质量安全中的危害风险已成为当今社会风险之一，其关系到劳动力生产与再生产的质量、社会道德与国家诚信的建立、农业生产经营方式的改进及和谐社会的构建，因而是各国社会政治经济发展到一定程度后政府重点管理的领域（王清印，2013）。2016 年，农业部以"农渔发[2016]1 号"文件发布《农业部关于加快推进渔业转方式调结构的指导意见》，明确提出"提质增效、减量增收""健康养殖、产品安全"的要求，对质量安全工作提出了新要求。加强淡水产品的质量安全控制、保障淡水产品的质量安全是国家战略需要的组成部分。

一、发展淡水产品加工业和保障水产品质量安全是提高我国人民生活水平及保障营养健康的战略需要

淡水产品是营养丰富的优质蛋白质健康食品，氨基酸组成与人体所需氨基酸比例接近，体内消化吸收利用率高，并且是优质脂质、矿物质和维生素的良好来源，深受消费者的喜爱。随着居民人均可支配收入的不断提高，膳食结构逐渐由温饱型向营养型转变，城乡居民人均水产品的消费量出现了持续快速上升的趋势，特别是因疯牛病、口蹄疫、禽流感等疫情的不断发生，水产品在居民食物消费中的地位不断提高。然而现有淡水产品市场仍以区域性鲜销为主，销售范围半径小，销售受季节影响大，无法满足消费者对淡水产品日常消费饮食日益增长的需要。加工就是解决这些问题的有效途径，发展淡水产品加工业，通过应用与不断改善现代淡水鱼保活与保鲜贮运物流技术，可满足消费者对鲜活鱼的消费需求；通过开发方便、快捷、熟食、即食的美味淡水加工产品，可满足不同层次人群对淡水产品的需求，特别是满足生活节奏快、生活水平高的上班族年轻人等对方便、营养、健康、安全的保鲜调理制品、鲜食菜肴制品、风味休闲制品等方便淡水食品的需求。发展淡水产品加工，确保营养健康水产食品的有效供给，是提高人民生活水平、增强营养供给能力、改善国民营养健康状况的战略需求。

水产品质量安全是关系人民健康和国计民生的大事，但近年来，水产品质量安全问题频发，突发性问题、热点问题不断出现，特别是"孔雀石绿""氯霉素""多宝鱼""小龙虾"及贝类毒素中毒等事件发生后，水产品质量安全问题越来越引起全社会的关注，不仅给人民健康和生命安全造成危害，也对产业健康持续发展带来了严重影响，成为制约水产业发展的瓶颈，并直接影响着水产品的安全供给。因此，保障水产品质量安全，是建立市场准入、促进渔业产业发展和水产品安全消费的基本要求，也是国家法律法规的强制性要求，对保障人民生命健康和安全有重要战略意义。

二、发展淡水产品加工业和保障水产品质量安全是实现我国经济发展、复兴强国的战略需要

我国淡水渔业资源量大，但淡水产品加工业还比较薄弱，淡水产品产业链短、精深加工比例低；低端同质产品多、低水平竞争混乱；企业规模小、品牌意识淡薄；技术创新不足，综合利用率低；安全意识不够、质量问题层出不穷，导致我国淡水渔业资源优势尚未形成产业优势；龙头企业少，产业聚集度低，制约了淡水渔业的持续发展。发展淡水产品加工业可大幅提升淡水产品的经济价值，是实现我国淡水渔业提质增效和发展渔业经济的重要途径，也是推动水产品加工业集群和创新型示范园区创建与发展、促进我国经济发展的战略需要。同时，淡水产品加工是实现淡水渔业产业化经营、优化渔业结构的重要内容，也是推进我国农业现代化、农村工业化，实现渔业增效、渔农增收、繁荣农村经济的重要抓手。

此外，我国是世界上水产品的出口大国，2015 年我国水产品进出口总量 814.15 万 t、总额 814.15 亿美元，出口量 406.03 万 t、出口额 203.33 亿美元，贸易顺差 113.51 亿美元，连年位居中国农产品出口首位，位居全球水产品出口首位。然而世界上的发达国家为了保护国内渔业的发展和本国水产品的市场占

有率,纷纷利用 WTO 有关协议,特别是贸易技术壁垒协定(TBT)和实施卫生与植物卫生措施协定(SPS),抵制国外产品,保护国内产业,质量安全成为设置贸易技术壁垒的主要手段。多年来,发达国家以质量安全为由纷纷设置技术性壁垒,导致我国水产品出口屡屡受阻。因此,提高水产品质量安全水平是提升我国水产品在国际市场的竞争力、保障我国水产品出口创汇的战略需要。

三、发展淡水产品加工业和保障水产品质量安全是推动水产养殖业可持续发展的战略需要

淡水产品加工业不仅是养殖的后续环节,更是满足消费者需求变化的关键环节,对于养殖有指导与保障的重要作用。形成适应加工环节和销售环节的养殖模式,是渔业持续发展的原动力。如果养殖产业不能及时适应市场需求,或不能满足加工要求,会造成淡水生物资源的浪费或衰退。养殖数量虽多,但质量不高,与销售链断节,渔业产业不成规模,不能形成渔业经济的良性循环。大力发展淡水产品加工业,突出加工在养殖-加工-销售产业链中承前启后的重要地位,开展淡水鱼保鲜、精深加工、综合利用,使淡水鱼实现长期和宽范围的销售,可实现淡水鱼的大幅增值,有力拉动淡水养殖渔业的深度发展,提升淡水鱼养殖产业抵御风险能力和市场竞争力,对稳定淡水鱼养殖生产规模和发展渔业经济具有重要作用,是推动淡水渔业产业转型升级和养殖产业可持续发展的战略需要。发展淡水产品加工形成全产业链,建设龙头企业,树立品牌,扩大规模,可以带动整个渔业经济发展,进一步稳定和拉动淡水产品养殖产业。

淡水鱼的养殖易受到环境的影响。随着经济的发展,大量工业废水和生活污水排放量大幅度上升,加之农业化肥、农药的大量使用及其通过地表径流作用而带入水体所造成的面源污染加重,使得一些湖泊特别是近郊湖泊普遍受到污染,某些污染较为严重的水域甚至不能用于渔业生产。此外,随着养殖密度的不断增加,大量饲料的投入使得池塘养殖环境恶化,引起鱼类疾病频繁发生,进一步导致渔药及抗生素的施用量大大增加。2006 年上海“多宝鱼事件”,致使整个产业至今没有得到完全恢复,水产品质量安全成为影响产业健康发展的一大瓶颈。因此,需要加强淡水产品的质量安全控制,保障水产品质量安全是推动水产养殖业可持续发展的战略需要。

四、发展淡水产品加工业和保障水产品质量安全是国家科技战略发展的客观要求

在《国家中长期科学和技术发展规划纲要（2006—2020 年）》中,“4.农业”部分提到要“提高农产品质量”。同时,《全国渔业发展第十二个五年规划（2011—2015 年）》中提出了保证水产品品质和保障水产品质量安全并重,指出“水产品质量安全关系城乡居民的身体健康,关系行业发展的兴衰成败。要在确保水产品有效供给的基础上,将质量安全摆在更加突出的位置,努力推动渔业生产由数量为主向数量和质量并重方向转变”;在《全国渔业发展第十三个五年规划（2016—2020 年）》中,强调“推进水产加工业转型升级,积极发展水产品精深加工”“稳定并发展加工产业,提高水产品的附加值”。2016 年 3 月,在《农业部关于加快推进渔业转方式调结构的指导意见》中,也明确提出“提质增效、减量增收”“健康养殖、产品安全”的要求。科技兴国、科技强国已成为我国的国策和全民的共识。

长期以来,我国在海洋资源利用与海洋水产加工方面已开展了系列科技研究,在海洋食品、海洋药物、海洋化工与化妆品、海洋生物等方面已取得具有国际先进水平的科研成果,建立了相应的海洋水产加工产业体系,成为海洋水产加工大国,但在淡水产品加工和质量安全研究领域基本是空白,对淡水产品的科技研究仅起步于国家“十二五”科技计划,只能算刚刚开始,对淡水产品的深入研究还很缺乏,科研体系不全,科研队伍弱,基础研究偏少,风险隐患不明,缺少技术支撑,缺乏风险评估。综上可见,

我国的水产加工还需要重视发展组成占比最大的淡水产品加工，加强淡水产品加工与质量安全的应用基础与技术研究，依靠科技，不断创新，突破淡水产品提质增效和质量安全的关键基础理论与技术，加强淡水产品的科研，支撑淡水产品加工产业发展和保障淡水产品安全是国家科技战略发展的客观要求。

第二节　淡水产品加工与质量安全产业发展现状与趋势

水产品加工产业反映了一个国家的渔业生产水平，是经济发达的标志。依据水产资源的不同，将水产品加工产业分为海洋水产品加工产业与淡水产品加工产业。海洋资源丰富的国家和工业与经济发达国家，大多已完成了海洋水产品加工产业的建设，形成了相应的水产品加工体系，而对于淡水产品加工世界各国几乎都涉及不多。我国近十几年来，淡水产品养殖发展迅猛，不仅加工存在着发展滞后问题，在饲料养殖、鱼病防治、环境污染等方面也带来许多挑战，有不少安全隐患没有根除，淡水产品安全问题仍不容忽视。为此，国家出台了系列推动农（渔）产品加工业发展的政策，鼓励发展农产品加工业，推进生产、加工、物流、营销等一体化发展，延伸价值链，实施创新驱动战略，为我国淡水产品加工业发展提供了有利的政策环境。特别是随着国家对渔业转型升级和产业结构调整的战略需求，加工产业在渔业产业发展中的作用日益突出，淡水产品加工产业与质量安全产业开始逐步发展，并呈现出良好发展势头。

一、国外产业发展现状

国外发达国家如美国、日本、挪威等已形成了较为完善的水产品加工产业模式，加工利用程度高，国外市场上流通的水产品主要是经过加工处理的半成品或成品，如在美国超市里几乎没有鲜活水产品流通；产业聚集度较高，企业规模大，机械化程度高，并通过集中加工处理对加工副产物进行利用。国外水产品贮运保鲜技术先进，保活运输设备和冷链完善，从源头上保障了水产品加工原料的品质；国外水产品加工技术水平较高，海洋活性脂质、活性多糖等深加工产品较多，不仅提高了资源的有效利用率，实现加工增值，缓解水产品市场供需矛盾，而且带动了诸如加工机械、包装材料和物流等相关产业的发展，产生了明显的经济效益和社会效益；国外产品注重产品的营养与方便性，精深加工的高价值生物制品和营养保健品受到国外和国内消费者青睐；此外，国外水产品加工技术强调"全利用""零废弃"，重视绿色低碳环保加工。国外由于海洋资源极大丰富，水产加工与消费主要是围绕海洋水产品，而对于淡水产品的资源利用很少，美国在70年代开始将一些淡水鱼如鲴、鲶等加工为鱼片，80年代加工量增加，此后我国产品逐步被国外进口产品所代替。在亚洲地区有一些国家食用淡水产品，如近几年来越南的巴沙鱼加工产业发展比较快，对我国淡水鱼加工产业产生了一定的影响。整体上，国外对淡水产品的加工与利用比较少，也没有形成相应的产业体系。

在加工产品质量控制方面，国外更加注重产品标准化建设，例如，挪威鱼糜制品根据产品鱼糜含量进行规范化分级标注管理，完善市场监管。在养殖过程中的质量安全控制与管理主要通过政府立法监管、突出行业协会和养殖从业者自律，以及强化科技支撑等手段开展。首先是政府发挥主导作用，一是制定相关的法律法规，包括渔业发展管理计划、渔业生产执照的发放等，从而奠定了政府实施渔业资源保护性开发和调控、渔业生产准入和监管、渔业可持续发展和政府规划的法律基石；二是开展系统化有效管理，包括海关检疫和政府日常检查、管理信息公布和公众监督、民众调查访谈、政府教育倡导和对从业者的培训发展等，使政府对水产养殖质量安全的管理与监控成为一个系统化工程，确保管理与监控的有效实施。国外水产品质量安全控制与管理的另一个突出特点是强化源头管理，一是实施严格的养殖许可制度，养殖从业者必须向政府申请养殖从业资格，由政府登记发放养殖从业执照，并进行动态管理；二是实施严格的产地登记管理制度，进入流通领域的养殖水产品必须提供政府许可的养殖产地证明，标明产地商标，消费者对养殖水产品的产地信息有知情权；三是实施严格完善的养殖日志记录制度，即养殖水产品上市销售时必须提供整个养殖生产过程的生产记录日志，以供经销商备案登记和政府部门检查，没有生产记录日志的养殖产品不得进入流通市场；四是实施严格的养殖环境管理制度，养殖业主申请许可执照时，将面临一系列来自环保等部门的申请审批流程，并接受其监督。国外水产品质量安全控制与管理强化业主责任，加强行业自律，一是积极引导发挥各类养殖协会的协调作用，使广大养殖业主主动参与产业协调和管理，实现自主、自律和自我完善；二是政府通过网站、发放宣传资料和举办各类群众喜闻乐见的活动形式等途径，开展渔业方面的宣传，营造良好的渔业养殖质量安全氛围，使得水产养殖质量与养殖环境安全意识深入人心，使得维护水产养殖质量与养殖环境安全成为养殖业主的自发行为。

二、国内产业发展现状

我国是世界上从事水产养殖历史最悠久的国家之一，养殖经验丰富，养殖技术普及，中国淡水鱼养殖水平处于世界前列，总产量最大，但是对于淡水产品加工，相比于国外水产发达国家的加工技术水平与产业化生产水平，差距还很大。我国淡水产品加工水平比较低，加工企业普遍规模小，新产品研发能力不足，技术与装备现代化程度不高，加工副产品利用率不高，产品附加值低，不能满足多样化的需求。近几十年来，我国水产品加工业发展迅速。2015 年我国水产品加工企业数、水产冷库数、冻结能力、冷藏能力、制冰能力、加工能力分别达到 9892 个、8654 座、91.92 万 t/d、500.66 万 t/次、25.28 万 t/d、2810.32 万 t/年；2015 年我国水产品加工总量 2092.31 万 t，其中淡水产品 373.90 万 t，海水产品 1718.40 万 t，比起 2005 年的 1195.5 万 t 水产品加工总量，其中淡水产品 112.5 万 t，海水产品 1083 万 t，从加工总量来看，水产品加工能力提升，淡水产品加工比例显著增加；从加工量占比来看，2015 年，我国海产品加工量占总加工量的 82.1%，而淡水产品加工量偏小，如淡水鱼加工量仅为 561.8 万 t，占 17.9%，淡水虾蟹贝类的加工更少，与海产品相差很大，整体滞后于淡水产品的养殖，不能满足养殖产量对加工的需求。

当前，我国淡水产品加工产业迎来了难得的历史机遇，经济快速发展，人民生活水平不断提高，城镇居民消费需求快速升级，为水产品加工业发展提供了强大拉力。随着收入水平的提高及工作生活节奏的加快，人们的消费习惯和消费行为发生了很大变化，对方便快捷、营养安全的加工水产食品需求剧增，淡水产品加工业发展的空间越来越广阔。一些淡水养殖大省与地区都很重视淡水产品加工，一些原有从事海洋产品加工的工厂在转向淡水产品加工，一些资金正在投向淡水产品加工产业，兴建加工厂或扩大规模，呈现了良好的发展势头。一些淡水养殖鱼如鲫、罗非鱼、草鱼、鲢、鲂等，以及小龙虾、螃蟹等正在被加工成适应现代消费需求的餐饮快餐食品、旅游休闲食品及营养健康食品，正在被消费者接受和受到欢迎（夏文水等，2014）。

我国非常注重水产品质量安全，国家先后颁布了《中华人民共和国渔业法》《中华人民共和国农产品质量安全法》《中华人民共和国食品安全法》，这些法规中均提出了开展水产品质量安全管理的具体要求。农业部还发布了《水产养殖质量安全管理规定》，提出了专门针对水产养殖过程中的质量安全控制技术和管理办法。除上述法律法规外，我国养殖水产品标准、检测、认证体系的框架也已初步形成，公布了《无公害食品水产品中渔药残留限量》《无公害食品渔用药物使用准则》《无公害食品渔用配合饲料安全限量》《禁止在饲料和动物饮用水中使用的药物品种目录》等。这些法律法规和标准体系的颁布使养殖生产的环境、种苗、养成、防病等养殖环节都有法可依、有规可循。自 2002 年农业部在全国范围内全面推行"无公害食品行动计划"及 2003 年农业部第 31 号令"水产养殖质量安全管理规定"实施以来，农业部会同各省及地方渔业主管部门积极开展例行监测、风险评估、产地抽查、苗种抽查等各项水产品质量安全专项整治活动，严厉打击水产养殖非法使用违禁药物的行为。经过 10 年的努力，水产品质量安全水平稳步提升，有效遏制了重点地区、重点品种中违禁药物的违法使用现象，养殖过程中也杜绝了大剂量、高频率使用孔雀石绿、硝基呋喃类禁用药物的现象，氯霉素的违规使用问题已经基本解决。近年来，在国内外关注食品安全的背景下，我国在质量安全领域投入了大量人力物力，各方面都取得了令人瞩目的成绩：经过近30年的努力，我国水产标准体系基本建立，对保障水产品质量安全起到了重要作用；我国水产品质量安全检验检测体系已经初步完善，体系建设成效显著，初步建成了以国家中心为龙头，部级中心（含区域性、专业性质检中心）为主体，省级水产品质检中心为支撑，县级水产品质检机构为基础的分布格局；随着我国"无公害食品行动计划"的实施，认证工作开始在国内稳步推进，认证体系建设初见成效。目前产品认证包括无公害渔业产品认证、绿色食品、有机产品、中国良好农业操作规范、水产养殖认证委员会等5个认证品种，体系认证包括 ISO 9000、ISO 14000 和 HACCP 认证 3 个品种，对提高我国的养殖水产品质量安全水平发挥了重要作用。

与此同时，不断强化质量安全对行业的支撑能力，加强基础研究，目前，质量安全风险评估体系建设已经初步完成、初见成效，基础研究体系建设也已逐步展开。在各专项的支持下，相关研究逐步展开并深入，一批行业急需的应急支撑技术、一些基础和应用基础研究成果支撑了行业监管工作的开展。除此之外，对影响质量安全的重要隐患进行摸查，对关键危害因子进行风险评估，对一些关键的特异性风险品种和危害因子进行机制研究，为后续工作打下了基础。

三、产业发展趋势

产业的发展伴随着科技的发展，我国科技水平的提升，以及经济的快速发展。未来我国淡水产品加工产业将加大科技投入，同时配套发展渔业加工机械设备，以及扩大科研人才队伍，支撑产业链的持续发展；随着我国工业化的快速推进，现代装备技术高速发展，在淡水产品加工领域中的应用将日益广泛，传统淡水产品加工业将向工厂化、规模化制造转变，淡水产品加工的工业化、标准化、规模化、现代化发展成为必然；此外，更加重视淡水产品的质量安全，保障产业化的顺利实施。总之，我国淡水加工与质量安全产业的发展会依据我国国情与消费需求，整体上应是朝产品方便营养化、品种多元化、加工机械化、生产规模化与现代化方向发展。主要趋势如下。

1）淡水产品加工的生产规模不断扩大、机械化水平不断提高。

2）淡水加工产品向多样化、个性化、方便化及营养健康方向发展。

3）加工综合利用程度逐步提高。

4）高新技术广泛应用，现代制造水平不断升级。

5）以消费为导向的产业发展，高度集中、个性化定制、与网络紧密相连；同时为淡水养殖提供保障和指导。

6）淡水产品质量与安全稳步提升。

第三节 淡水产品加工与质量安全科技发展现状与趋势

淡水产品加工与质量安全科技研发及突破是促进渔业转型升级、提质增效、推动淡水产品加工产业现代化发展的内在驱动力。"十一五"以来，国家开始重视淡水产品加工与质量安全的科技创新工作，逐步制定政策，加大科研力度，推动我国淡水产品加工与质量安全科技发展，淡水产品加工技术水平有了明显提升，淡水产品质量安全控制技术、安全风险评估与预警技术不断增强，自主创新能力得到明显增强。但由于淡水产品的科技研发起步较晚、淡水产品种类多、加工难度大、科研与推广投入不足、质量安全问题多等原因，仍有制约淡水产品加工产业发展的大量关键科技问题尚未解决，以及存在技术创新动力不够的问题。

一、国外科技发展现状

近年来，发达国家和地区利用其雄厚的物质资源与人才优势，在发展水产品加工技术和保障水产品质量安全研究方面不断引领创新性发展。

1. 新型保鲜技术不断出现，水产品鲜度评价技术体系不断完善

水产品保鲜技术仍是国外研究的热点领域之一，冰藏保鲜、微冻保鲜、化学保鲜、生物保鲜、超高压保鲜、气调保鲜、辐照保鲜等技术在水产品保鲜中的应用范围不断拓展，对不同保鲜技术对水产品保鲜效果、影响因素和保鲜机制的认识进一步深入，并通过基于不同保鲜原理建立组合保鲜技术提升保鲜效果，采用微冻保鲜结合紧缩包装延长水产品货架期，应用壳聚糖涂膜及苦味陈皮和 BHT 复合保鲜提升水产品贮藏品质；组合应用气调保鲜和辐照保鲜增强对微生物生长的抑制作用；水产品鲜度评价技术不断发展，采用固相微萃取、傅里叶变化红外、气质联用技术，或采用电子鼻现代化设备，对鱼肉新鲜度进行评价，利用质量指标法（QIM）对鱼肉新鲜度进行评级筛选；水产品品质无损快速评价技术发展迅速，现代仪器分析技术逐渐应用到水产品品质评价中，利用高光谱成像或近红外光谱技术等无损检测技术，对水产品品质、寄生虫、杂质异物进行快速检测（Aramli et al.，2013；Cheng et al.，2014；de Oliveira et al.，2017）。

2. 新型加工技术逐步替代传统加工工艺，加工成品的品质和安全性得以提高

在水产品加工领域，利用现代新型食品加工技术和装备对传统工艺技术进行改造，热泵干燥、微波辅助干燥、过热蒸汽干燥、太阳能干燥、冷冻干燥及多级联合干燥等技术在水产品加工中的应用逐渐增多，在缩短干燥时间的同时提高了产品质量；采用液熏方式替代传统烟熏方式，保障了水产品安全，不含苯并芘，并易于实现工业连续化生产；在鱼糜制品加工方面，通过采用新型加热成型方式或添加外源天然提取物等技术手段提升鱼糜凝胶品质和生产效率，超高压杀菌技术、电磁杀菌技术对水产加工的品质与保藏的影响及应用基础研究在逐渐开展 （Martin-Sanchez et al.，2009；Martinez et al.，2011；Patel and Kar，2012）。

3. 加工副产物的利用范围不断拓展，产品种类丰富且品质良好

利用水产加工副产物提取活性蛋白、脂质及生物酶是国外水产品副产物利用的主要研发方向。采用酸溶解提取法、酶溶解提取法及超声辅助提取法获得了适用于医学、食品、化妆品等领域的胶原蛋白材料；开展了淡水产品内源蛋白酶的制备技术研究，采用硫酸铵分级沉淀、排阻色谱、亲和层析、离子层析提取了组织蛋白酶、丝氨酸蛋白酶，有望在水产品加工中有所利用；利用商业酶开发了蛋白质酶解和活性肽生产技术；设计了压榨比可调节的双螺杆压榨机，提高了鱼粉的得率；研究了利用 β-环糊精对冷冻的鲱鱼油进行包埋，获得了包埋率达 84.1% 的鱼油；采用高真空分馏和分子蒸馏技术从青鱼油中富集浓缩 ω-3 多不饱和脂肪酸，得到了热敏性物质 DHA 和 EPA 保存率较高的鱼油（Maqsood et al.，2012；Manikkam et al.，2016；Villamil et al.，2017）。

4. 危害物检测新技术不断涌现，有力保障水产品质量安全

在水产品质量安全检测技术领域，美国科技人员率先开发出快速溶剂萃取技术（ASE），明显降低萃取溶剂的使用量，提高了萃取效率，开发出固相微萃取、液相微萃取等多种前处理技术并得到广泛的应用；还将污染物多残留高通量检测技术作为研发重点之一，结合共性萃取等样品前处理技术，目前已形成了多套高通量检测技术标准；检测技术已经从简单的总量分析发展为更为科学的形态分析，通过对各种联用技术的应用，进行形态分析、化合物和代谢产物的结构解析和残留分析。与此同时，国际上采用胶体金免疫层析技术、酶联免疫分析技术、酶抑制法、生物传感器技术、LAMP 技术等对农产品中的农兽药、渔药残留、有害重金属、致病微生物等进行快速检测。在标准物质制备方面，国外发达国家和地区基本垄断了该领域的大量制备、高纯提取、精准定量、高效保存技术，例如，加拿大国家研究委员会于 1976 年就建立标准物质项目，研制生产的标准品得到 40 多个国家和地区实验室的一致认可（Garcia-Lopez et al.，2008；Chaivisuthangkura et al.，2013）。

5. 质量安全基础研究逐步深入，长期风险成为重点

在水产品质量安全基础研究领域，国际上相关研究逐步深入，重点关注影响水产品安全性的长期影响因素，如有害重金属、生物毒素、致病性有害微生物和病毒、持久性有机污染物等；非常重视影响产品质量安全的有害物质的毒理学、毒代动力学及风险评估共性技术研究；不仅关注影响质量安全的主要因素，还更加关注对其形成过程，以及分子基础和调控机制的研究，关注环境生态、生物安全、食用安全及产品质量诸多方面，研究内容包括关键的污染物甄别、污染物在水生生物的富集分布及代谢规律、污染物对养殖生物的危害机制、水生生物中污染物特异性富集机制、水产品质量安全形成的生物基础与调控途径、营养组成和关键功能性成分的生物效应，以及风味品质的形成机制、分子基础与调控途径等；药物代谢由于有受个体差异、种属差异、性别差异、年龄差异、养殖环境差异等因素影响的特点，国际上通过建立生理药代动力学（physiologically based pharmacokinetic，PBPK）模型实验代谢残留规律的外推，成为新的解决方案和技术手段，PBPK 模型初步具备了残留预测的能力。

6. 风险评估技术不断完善，成果应用更受重视

在水产品质量安全风险评估技术领域，国际上针对特定生态系统构建污染物暴露模型，结合基础毒性数据及利用最新的分子生物学手段，发现敏感毒性作用终点，最终将风险评估的研究体系逐渐完善和更新。在投入品方面，国际上已经制定了针对水产品驱杀虫剂的较为完备的评估方法体系，英国则研究了饲料等投入品中添加的矿质元素对养殖产品质量安全的影响评估，建立了严格的养殖用水标准和投入品质量安全标准及标准化操作规程；麻醉剂的应用和安全评估是目前收贮运领域的热点，国际癌症研究机构（IARC）和美国国家毒理学计划评价项目（NTP）报告认为丁香酚是 3 类致癌物；在致病微生物方面，国际微生物风险评估联合专家委员会（JEMRA）已经完成了对海产品中的副溶血性弧菌、生牡蛎中的创伤弧菌等一系列的评估报告；在抗菌药物耐药性研究中，发达国家近年来纷纷加大投入，开展动物源病原菌及食源性细菌耐药性研究，并在已制定的框架性文件指导下评估其对人类健康和公共卫生的风险性。

7. 预警技术受到重视，安全保障更为有效

在预警技术领域，国外基于逻辑预警理论、系统预警理论（系统工程预警理论、耗散预警理论、协同预警理论）、风险分析理论、信号预警原理等基础预警理论开展了大量技术研究和创新。以美国农产品信息分析预警为例，其技术支撑主要体现在强大的数据支撑、先进的模型分析工具和高素质的分析人才三大方面。对于关键风险因子，国外也进行了有益的尝试，如通过固相吸附毒素跟踪技术，可以提前一两周对贝类毒素进行预警。

8. 过程控制深入理念，追溯管理得到推崇

在质量安全过程控制与管理领域，美国在 1985 年将 HACCP 首先应用在水产业中，联合国粮食及农业组织（FAO）大力推行 HACCP 在全球水产界的应用；加拿大渔业海洋部自 1992 年推行水产食品的登记制度,规定申请登记的必备条件为水产品工厂应施行以 HACCP 为基础的质量管理计划；欧盟制定的《养殖鱼生产流通链信息记录细则》从全程角度出发，建立了养殖水产品可追溯体系的标准细则，从而实现养殖水产品信息全程可追溯。在标准与技术法规方面，世界贸易组织（WTO）、国际标准化组织（ISO）、欧盟（EU）等国际组织和美国、日本等发达国家纷纷加强了标准化研究，制定出标准化发展战略和相关政策，标准在世界各国经济和全球贸易中的地位和作用更加突出，呈现出技术性贸易壁垒的作用增强、标准对科技的转化作用增强的发展趋势，在 WTO 贸易技术壁垒（TBT）的原则下，标准成为市场竞争的重要技术手段。

二、国内科技发展现状

近年来，通过国家科技部、农业部和各省相关部门、机构的重视和组织，从事淡水产品科技工作者在淡水产品的应用基础研究和技术开发与转化方面的不懈努力，以及同时借鉴国际上先进的检测、评估及监管模式，我国的淡水产品加工技术与质量安全研究水平已经有了显著的提高，主要体现在贮运保鲜、精深加工、副产物综合利用、质量安全检测、风险评估与预警、质量控制等方面。

1. 淡水产品应用基础研究逐渐开展，原料加工特性逐步明确

主要对淡水产中产量最大的大宗淡水鱼营养成分组成、理化性质和加工特性及在不同贮藏条件下品质变化的基础数据逐步进行完善；较全面地分析了草鱼、鲢被宰杀后死僵过程中品质变化规律，明确了草鱼、鳙、鲤在不同的贮藏环境中引起鱼肉腐败的主要腐败菌，揭示了草鱼、鲢被宰杀后鱼体中 IMP 的变化规律及其调控方法；对于宰杀方式、贮藏条件及鱼肉内源酶对鱼肉贮藏过程中成分组成及品质变化的影响有了较全面的认识，初步揭示了内源蛋白酶在冷藏保鲜鱼肉品质变化中的作用和机制；对淡水产品的贮运保鲜、精深加工与综合利用进行了较为广泛和深入的研究，对加工作用对淡水产品品质的影响及其机制正在不断加深了解，淡水鱼保鲜技术不断发展，开发了生物涂膜保鲜技术、等离子体臭氧杀菌、混合气体包装、冰温微冻等系列贮藏保鲜技术；集成应用原料新鲜度控制、内源酶抑制和涂膜保鲜等技术开发了系列生鲜类淡水鱼食品，解决了淡水鱼虾冷藏保质期短问题，提升了产品品质［如指标 pH、挥发性盐基氮（TVBN）含量和硫代巴比妥酸（TBA）值］；一些适合淡水产品分析检测安全评价的方法受到关注和重视，采用光谱技术构建了新鲜度、营养指标和物理性质指标的近红外光谱（NIRS）定量分析模型，建立了基于近红外技术的大宗淡水鱼品质评价方法（Ge et al.，2016；Qin et al.，2016；Jiang et al.，2017；Li et al.，2017；Wang et al.，2017；Xu et al.，2017；Yu et al.，2017；Zang et al.，2017）。

2. 淡水产品精深加工技术得到发展，新技术应用不断深入

淡水鱼加工技术广泛开展于传统产品工艺改革与创新和加工高新技术应用，对现有的水产精深加工技术和食品加工高新技术在淡水产品中应用研究开发的力度和范围显著加大，针对大宗淡水鱼品种多、鱼体小、鱼刺多、鱼肉软、腥味重等难以加工的特点，在传统发酵鱼加工的基础上，应用现代生物技术，建立了以有益微生物发酵为主的淡水产品生物加工技术，筛选出了适合鱼肉快速发酵生产和显著增香的发酵剂，创建了淡水鱼体生物增香与鱼糜凝胶生物增强技术，揭示了淡水鱼生物加工机制，解决了淡水鱼一些难加工的问题，实现了淡水鱼产品的产业化生产，有效地提升了淡水鱼制品的品质和工业化生产技术水平；对利用冷冻保鲜技术、热力杀菌技术对不同淡水产品进行加工延长保藏期的途径与机制研究在逐步深入，超高压杀菌、电离杀菌、电磁场杀菌技术与新型包装技术对淡水产加工的影响正在受到重视（夏文水等，2014）。

3. 淡水产品加工技术水平显著提高，正在生产中被应用推广

淡水产品生物加工技术在糟醉鱼、腌渍鱼、风味休闲鱼的工业化生产中被有效利用，创新与革新传统特色的淡水鱼虾产品的加工工艺，已形成了具有一定规模的商业化生产，使加工技术水平明显提升；针对传统热杀菌强度过高导致蒸煮味道和肉质软烂的行业技术难题，构建了基于质构保持的最低程度热加工技术，提高杀菌效率，降低过度受热，组合应用腌制、脱腥、油炸、调味、杀菌等工艺技术开发系列室温保藏、长保质期的主食快餐、菜肴淡水产品食品，逐步实现了方便、即食、快餐食品的规模化、工业化生产和产品流通与销售范围的大幅增加，形成了有带动作用的淡水鱼加工产业；针对淡水鱼蛋白易冷冻变性、蛋白凝胶强度弱的问题，开发建立了淡水鱼糜冷冻保护技术、基于蛋白多糖的鱼糜凝胶增强技术，实现了微波鱼糜、海淡水复合鱼糜、外裹糊预制鱼糜制品及常温休闲鱼糜制品等系列产品的开发应用（Tang et al.，2014；Jia et al.，2015；Gao et al.，2016；Yang et al.，2016；Liu et al.，2017；Yu et al.，2017）。

4. 淡水产品加工副产物的综合利用技术受到重视，综合加工效益初步显现

在淡水产品副产物利用中应用物理、化学和生物酶手段与方法增值产品的研究日益增多，淡水产品副产物综合利用技术开始逐步发展，采用生物酶技术对加工副产物中的蛋白质进行增溶、水解和改性，建立了综合利用低值蛋白的高效酶水解技术，开发了系列速溶、风味好的鱼类、河蚌等淡水蛋白及肽营养健康食品和配料；从鱼皮、鱼骨等副产物中提取胶原蛋白，并对其进行改性，开发了胶原基功能性生物医用材料；对鱼骨进行纳米化处理，将鱼骨开发成骨粉-蛋白肽补钙咀嚼片或添加到鱼糜中开发成高钙鱼糜制品，拓宽了鱼骨的应用范围；淡水产品加工副产物中油脂利用技术水平明显提高，利用微胶囊包埋等技术提高鱼油、虾油的稳定性，并应用到强化乳粉、咀嚼片等营养健康食品中，产品价值得到显著提升；以淡水虾蟹壳为原料提取甲壳素、壳聚糖，并进一步开发成具有防腐保鲜、增稠、降脂减肥、免疫调节、止血等作用的食品添加剂、膳食补充剂或生物材料等高价值产品，副产物中多糖开发利用水平得到重视（Li et al.，2015；Chen et al.，2016；Yin et al.，2016，2017）。

5. 水产品质量安全检测技术与基础研究取得了突破性的进展

在样品前处理技术方面，不仅引进、消化、吸收国外先进的前处理技术，还积极研发具有原创性的新方法。研发出新型的离子液体液滴微萃取装置，对样品基质中痕量有机污染物进行萃取分析；建立了以 32 种磺胺类、喹诺酮类药物同时测定，16 种脂溶性贝类毒素的检测方法，150 种多氯联苯同时测定方法为代表的污染物高通量检测技术，解决了耗时费力、效率不高等方面的瓶颈问题；研究建立了高效液相色谱-电感耦合等离子体质谱（HPLC-ICP-MS）法分析扇贝无机镉、体积排阻高效液相色谱-电感耦合等离子体质谱（SEC-HPLC-ICP-MS）法联用技术分析扇贝中有机镉形态的方法；研发了基于胶体金免疫层析技术的孔雀石绿、硝基呋喃、氯霉素等禁用药物试纸条，以及高灵敏非标记电化学免疫传感器，对大田软海绵酸进行特异性识别和准确定量；通过对喹噁啉类药物在重要水生生物体内的主要代谢产物进行结构解析，确立了药物的残留标识物；研发了一批用于检测方法验证的基准物质和标准物质，针对水产品中的不可培养的食源性病毒，开展了耐核糖核酸酶的标准物质制备技术研究。

研究了渔药、生物毒素、重金属、甲醛等典型危害因子在淡水养殖动物体内的代谢动力学特征与残留规律，摸清了孔雀石绿、硝基呋喃、磺胺类、喹诺酮类等禁限用药物在淡水重点养殖鱼类中的代谢消除规律，获得了上述鱼类的基础生理学参数和不同药物特异性参数，建立了上述禁限用药物在典型水产养殖动物体内的代谢动力学模型，并进行预测评估；掌握了甲醛在不同水产品中的本底含量和产生机制；针对水生动物对有害重金属和致病微生物的特异性蓄积问题，利用分子生物学技术寻找作用靶点，而对铅、镉、砷等重金属的不同形态在大宗淡水鱼中的分布和蓄积规律也已经有了较为深入和全面的认识。

6. 水产品质量安全风险评估与预警技术研究工作逐步开展

开展了禁用和限用药物如孔雀石绿、硝基呋喃类、恩诺沙星等在水产动物中的代谢产物研究；养殖"三剂"的使用对于水域生态环境的影响研究已经逐步展开，进行了一些水产品中驱杀虫剂的代谢残留规律研究和风险评估；评估水产品中致病微生物，如副溶血性弧菌、诺如病毒等的安全风险，与此同时，我国多个高校和科研单位就动物源病原菌耐药性现状、耐药产生与传播机制、优化现用药物给药方案避免耐药性产生等方面开展了一系列研究，包括对水产常见病原菌气单胞菌的耐药调查、防耐药突变给药方案等方面。近两年，对收贮运环节存在孔雀石绿、氯霉素和硝基呋喃类违禁药物的滥用、水产品中丁香酚代谢规律和安全性评估等的深入研究已经展开。研究发现工业化循环水养殖模式中较为严重的 Fe、Mn 超标影响养殖鱼体的健康和生长周期，也对 $CuSO_4$ 药物在养殖系统中的危害、污染程度、分布特征等进行了研究，有关次溴酸盐等危害物的研究则主要是揭示存在这一现象。国内相关研究机构对于农产品质量安全预警的理论研究主要集中在以下三个方面：预警系统评价指标的确定及分析方法，预警系统的总体结构设计，预警系统模型的构建。但多以理论研究为主，缺乏适合行业生产和监管实际中信息获取能力的应用研究。

7. 水产品质量安全过程控制与管理逐步完善

经过多年的努力，我国在水产养殖质量安全过程控制技术和管理方面取得了一定的进步，在水产品质量安全控制技术、全过程管理和产业链追溯技术方面取得了一定的成果。初步摸清了影响质量安全的风险隐患，影响水产品质量安全的关键危害因子逐步清晰；影响水产品质量安全的农兽药、重金属、生物毒素、病原性微生物及其他违法添加剂在水产品中的残留现状初步明确；水产品质量安全控制技术日益得到重视，控制技术研究与安全利用水平不断提高；开展了追溯体系的研究及建立，生物毒素现场监控技术研究，微生物、重金属等有害物质的净化与脱除技术研究，以及无公害渔用制剂的研究开发等。水产品质量安全标准与技术法规体系基本形成，基本满足了水产品质量安全工作，突出表现在标准体系和技术法规不断完善、水产品质量安全可追溯体系开始推行等方面，标准基础研究取得丰富成果，相继提出部分重金属、渔药等典型危害物的安全限量指标，为标准的制修订提供了科学依据。

三、科技发展趋势

纵观国际上水产品加工与质量安全领域的科技研究历史与进展，根据海洋水产加工与质量安全方面的发展，淡水产相关领域的发展趋势大体有以下几点。

1. 淡水产品加工基础研究逐渐深入，并指导与支撑产业的发展

随着对淡水产品加工的重视，科研机构与科研人员会加大对淡水产品加工研究的深度和广度，完善淡水产品的基础数据资料和加工的理论基础，可有力地指导淡水产品加工产业的建设与发展，支撑产业的发展与壮大，淡水产品加工科技与产业将在国际上相应地形成水产加工体系的组成部分。如何更多更好地保全食品营养、改善食品的感官品质、有助健康及更加满足和引领多样化的消费需求，已成为淡水产品加工科研中的重要课题之一。将传统淡水产品和餐饮菜肴加工包装实现工业化生产，将是未来淡水产品加工科技发展的特色与优势。

2. 淡水产品加工技术朝着绿色、生物、低碳方向发展

水产品加工产业的发展对低碳经济的发展起着重要的作用，中国水产科学研究院黄海水产研究所唐启升院士提出的"大力发展碳汇渔业"这一创新思路，倡导我国渔业应在低碳模式下健康快速地发展。我国传统水产品加工业在加工科技、深加工能力、生产设备、产业结构等方面都存在不足，这些问题制约了水产品加工业低碳经济模式的发展，必须通过转变水产品加工发展方式、大力发展水产品精深加工、提高副产物的综合应用、进一步提质增效，依靠技术创新等措施推进水产品加工业低碳经济可持续发展。水产品加工业走绿色、低碳经济发展道路，是我国水产品加工业生产持续发展的重要动力，也是水产品

加工业的必由之路。

3. 淡水产品加工要符合食品消费发展趋势

全球食品消费发展趋势是在保障食品安全的基础上不断地创新，符合消费者对美味、方便、营养、健康的不断追求。欧美、日本等发达国家已经启用"赏味期限（日期）"代替一般的保质期（时段）。食品的消费类型从重数量（吃饱求生存）到数量与质量并重（好吃求口味）直至更重质量（吃好求健康）的转变，有效地保留淡水产品营养价值与功能作用，开发方便化、休闲化、多样化的新型淡水产食品，将是大健康时代背景下淡水产品加工发展的必由之路（朱蓓薇和薛长湖，2016）。

4. 风险评估方法更加科学有效

在全球范围内搜集食源性疾病和食品中有毒化学物质及致病菌污染资料，建立危险性因素的基础数据库和危险预警系统；逐渐改进危险性评价的方法，创建新的评价新技术、新产品安全性的方法，如采用更新更快的风险评估方法来分析高通量毒理检测中得出的批量数据，将使我们能对成千上万种商业化学品和环境污染物进行实质有效的评估；基于生物学的模型和基于体外测试计算的高通量毒理检测将逐步代替动物检测；风险评估正被扩展到用于阐述更为广泛的环境问题、新型健康问题和不寻常的剂量-反应关系，并正引起越来越多的注意。

5. 检测技术日益趋向快速、痕量、形态分析、高通量

检测技术的发展呈现两个明显的趋势：一是这些安全卫生指标限量值的逐步降低，并出现了诸如二噁英等污染物的超痕量指标；二是检测技术日益趋向于高技术化、高通量、速测化、便携化。发达国家的食品安全检测技术已从单一的形态鉴别到多赋存形态分析；从一般定性分析发展到能对多种物质的定性、定量分析，乃至对未知物的鉴别；从一般成分分析到对复杂物质中微量杂质的分析。检测技术方面的发展可总结为两大方向：实验室高通量、高灵敏、多残留且特异性强的确证技术，以及生产现场可采用的简单、快捷的速测技术。

6. 食品安全监管体制趋向强制性和统一性

为提高食品安全监管的效率，发达国家和地区食品安全监管体制逐步趋向于统一管理、协调、高效运作的架构，强调对"农田到餐桌"的全过程进行食品安全监控，形成政府、企业、科研机构、消费者共同参与的监管模式。在管理手段上，逐步采用"风险分析"作为食品安全监管的基本模式。欧美食品安全监管集中体现出以下几项基本原则：统一管理原则，建立健全法律体系原则，实施风险管理原则，信息公开透明原则，"农田到餐桌"全程控制和可追溯原则，责任主体限定原则，专家参与原则，充分发挥消费者作用原则，以及预防为主原则。

国际上对食品安全实行强制性管理，要求企业必须建立产品追溯制度，这在某些发达国家已经开展实行。如 2002 年，美国国会通过了"生物反恐法案"，将食品安全提高到国家安全战略高度，食品生产有关的企业必须建立产品质量追溯制度；欧盟强制性要求入盟国家对家畜和肉制品开发及流通实施追溯制度。此外，研究制定统一兼容、科学高效、扩展性强的物品编码标识技术方案，解决食品从农场到餐桌过程中面临的缺乏统一协调编码标识的问题，为食品供应链的各个管理对象提供统一、兼容的编码和条码，从而实现生产、仓储、物流等各个环节对多个管理对象的编码标识追溯统一问题，从而实现供应链的全程可追溯（尹世久，2016）。

7. 食品安全保障规则趋向法典化

在食品安全监管体制逐步统一化的进程中，各国政府逐步开始统一食品安全的各项保障规则，其显著标志就是食品安全法律和标准的法典化。法典化的根本目标在于基于共同的原则形成体系完整、价值和谐的科学体系，从而避免因制定机关过滥、制定层次过多而增加治理成本、降低治理效能。总体看来，许多国家已逐步将过去分散的食品安全法律规范予以编撰，形成覆盖食品生产经营全过程的食品安全法典。此外，许多国家将食品安全标准列入食品安全法律中，将其称为食品安全技术法规，具有强制性。

第四节　国内外科技发展差距与存在问题

虽然经过近年来的努力，我国在淡水产品加工技术和质量安全领域取得了突破性的进展，经过了从无到有、由少到多的过程，但与国外发达国家相比，科技发展水平还存在着较大的差距，基础研究严重滞后，仍有较多制约淡水产品领域发展的科学与技术问题尚未解决。总结起来，在如下几个方面还存在着问题。

1. 基础研究薄弱，科技支撑不足

目前国内对淡水产品的基础研究比较缺乏，技术应用研究不够系统和深入，我国淡水产品加工中除鱼的理化性质与加工特性的基本数据开始被获取外，其他产品还几乎空白；对于淡水产品的组成、理化性质、结构特点等在加工与保藏过程中的变化规律的认识与了解还不足，开拓和创新能力严重不足，科技的支撑不强。近年来，水产品质量安全从最初的开展单一性检测工作，已逐步向研究污染物共性提取、蓄积机制、代谢规律等基础性研究领域拓展，目前基础性研究多属于"点"的阶段，远未形成链和面，不系统，未贯穿与覆盖产业链，无法为产业的转型、升级和改造提供原创性的成套的研究成果。研究队伍力量和强度还不足以满足科技与产业发展的需求。

2. 装备落后和工程化技术缺乏，产业化程度低

淡水产品加工机械设备比较缺乏或应用程度比较低，产业装备程度差，工程化配套和整体水平有待提高，技术集成与应用推广有待加强，这些是制约我国淡水产品加工业发展的主要问题。在加工机械设备的开发方面，除鱼糜加工产业机械化水平较高外，多数淡水产品加工企业加工设备相对简单，加工装备生产能力小，众多传统的淡水食品，大多以作坊式手工加工为主，生产技术水平比较落后，特别是淡水鱼的预处理工序缺乏规模化与连续化生产应用的机械与设备，深加工与精加工的机械设备、标准化与工业化生产装备更有待开发。

3. 高附加值产品少，精深加工能力不足

目前我国水产品加工仍然以冷冻、冰鲜等初级加工为主，精深加工能力薄弱，产品附加值不高。我国水产加工企业大多数为中小企业，新产品研发能力较差，缺乏产品自主开发能力，大部分加工产品以原料和半成品等形式为主，淡水产品更加明显。高附加值的产品如水产调味品、功能性水产食品、生物制品等的比例还不高，加工过程中产生的大量副产物中有价值成分没有得到充分利用，一些水产品精深加工技术尚未取得突破，制约了整个水产品加工业竞争力的进一步提升。

4. 产业结构不合理，产品市场竞争力有待加强

我国淡水产品商业体系已基本形成，消费市场大，但主要是鲜活淡水产品，一些淡水加工产品主要以冷冻品、干制品、腌熏制品为主，占整个淡水产加工产品市场的 90%。产品结构不合理，地区发展不平衡，加工产品量少，价值增加有限。企业淡水产品加工面临不少挑战，淡水产品加工在产业竞争中缺乏竞争优势，导致企业进一步发展受到制约。

5. 尚未建立完善的监测与预警体系，食用安全存在隐患

我国水产品质量安全监测与预警体系在历经"十一五""十二五"的多年研发与布局后，已初见成效，杜绝了对社会影响面广、对健康危害严重、对行业冲击程度大的质量安全事件，但部分隐患仍不同程度地影响着我国的水产品质量安全，尚未建立完善的监测与预警体系，依然存在食用安全隐患。面临的困难主要包括污染来源多样，风险隐患尚未全部明确；支撑预警预报技术的研究基础缺乏，缺乏对水产品安全快速反应系统的研究，对国内外的水产品安全动态信息系统跟踪不足，对国内监测数据系统的汇集和科学评析不够充分；产业企业规模小、千家万户的养殖生产模式，给进行监测和预警带来了困难。

6. 质量控制技术体系尚不能完全覆盖全产业链

未形成覆盖全产业链的质量保证体系，现行许多管理标准可操作性不强，我国通过 HACCP 质量控制体系认证和欧盟认证的企业数量明显偏低；管理部门、科研机构现阶段的分段式管理、片段化研究也导致无法从全产业链的层面确保质量安全；养殖环节的质量安全控制技术与风险预警体系基本处于空白，缺乏对重要、关键危害因子的监控预警，追溯管理还未覆盖全生产链；对水产品品质的关注度不够，涉及水产品质量安全的控制技术多偏向基于杀菌、有害物减除等环节，对品质控制的关注度和深入研究明显滞后，对品质标志性因子的发掘、检测评价与控制方法的建立等尚在起步阶段。

7. 追溯体系的建立仍需技术与法律法规等多重保障

我国食品的可追溯体系建设虽已初见成效，但对于农产品尤其是鲜活消费占主导的水产品可追溯体系尚未全面建立。最为突出的是产业标准化生产程度较低，法律及法规体系尚未完善，相关技术标准还不健全，制约着可追溯体系的建立和推广；不同状态的多种水产品其标识技术研发滞后；水产品生产企业的多元化给质量溯源系统的研发和推广带来困难，追溯系统仅停留在信息的追溯上，溯源链条较短，信息资源共享和交换不足。在市场推广方面，缺乏实行强制追溯的法律依据，企业缺乏前期投入的动力，并缺乏技术追溯的积累，如原产地溯源技术等，均制约着追溯体系的建立。

8. 风险分析的研究应用与发达国家存在差距

与发达国家相比，我国的水产品安全风险分析处于起步阶段，是食品安全领域比较弱的短板，风险分析和结果的应用存在明显差距。目前，风险分析各环节隶属于不同的系统和部门，难以及时完成科学、全面、具有前瞻性的风险评估工作，加之技术手段和专家资源都集中在国家级业务机构中，因此出现了不同地区"闭门评估"、不同部门"分段评估"的问题，导致方法不统一、结果不一致，风险分析在食品安全标准制定和技术贸易壁垒中的应用研究也比较薄弱。而风险评估基础积累不足、技术能力急需提高的现状，也制约了风险评估工作。我国现有的暴露评估数据项目少，数据不连续，覆盖的地区较少，生物学标志物的研究薄弱。在源头污染资料方面缺乏产地环境安全性资料和产地档案数据库，水产品中兽药残留、生物毒素及其他持久性化学物的污染状况缺乏长期、系统的检测资料。

第五节　科技创新发展思路与重点任务

淡水产品加工与安全控制科技创新与发展是深入推进渔业供给侧结构性改革，加快提升淡水渔业综合效益与竞争力，建设淡水渔业现代化的重要组成部分。随着消费结构升级和产业结构调整，对淡水产品质量安全、方便快捷、营养健康提出了更高要求，对节能、减排、绿色、低碳等渔业可持续发展技术提出了前所未有的需求，迫切需要依靠科技创新增强淡水渔业持续发展动力。因此，淡水产品加工与质量安全要深入实施创新驱动发展战略，以科技创新支撑和引领渔业供给侧结构性改革，提高淡水产品的供给质量，提升淡水产品加工产业效益和产业竞争力，走产品安全、资源节约、环境友好的淡水产品加工现代化道路，为淡水渔业产业调整升级提供科技支撑。

一、总体思路

面向国家建设与民族复兴的战略要求，针对淡水产品加工与质量安全中存在的机遇与挑战，根据国家制定的发展规划与部署，按照水产品领域与行业的方针与政策，加大淡水产品加工与质量安全的科技研究，加强科技创新，强化科研队伍与平台，建立科研体系，以高效、增值、先进、生态的理念，以满足消费者需求为导向，发展淡水产品加工产业，促进形成我国淡水产品加工与质量安全的科技体系，发展、壮大我国淡水产品加工与质量安全的产业体系，为建设我国现代渔业做出贡献。

二、总体目标

总体目标为建立符合我国国情和消费发展趋势，以市场为导向、加工为核心、资源为保障的全产业链的现代淡水渔业体系，建立基础研究深入、原始创新强大、科技水平领先的淡水产品加工与质量安全科技体系，使淡水产品科技与产业成为世界水产领域中有重要作用与领先地位的组成部分，为世界水产做贡献，为发展中国家做榜样。目标又分近期目标与远期目标。

1. 近期目标

"十三五"期间通过对养殖淡水产品加工与冷链物流、质量安全控制等关键技术的研究，攻克若干影响加工与质量安全的热点与焦点科学问题，提高技术集成应用程度，加快技术转化，扩大推广应用范围，开发出适合养殖淡水产品贮运保鲜、精深加工技术体系及方便餐饮食品、营养健康食品系列产品，推动我国养殖淡水产品加工规模化和机械化程度达到较高水平，在淡水优势养殖地区形成具有一定产业化规模的加工企业集群和加工产业带，并形成一批典型的具有带动效应的淡水产品加工企业和知名品牌，加工量显著增加，加工产品比例不断提高，带动养殖发展明显；加快淡水产品质量安全监测技术、控制与预警技术、风险评估技术在淡水产品生产中的应用，不断提升水产品质量安全的"可控性"，使淡水产品质量安全有明显提高。

2. 远期目标

突破淡水产品加工与质量安全方面的关键科学问题与难题，提升我国淡水产品保鲜与加工技术水平，提升产业规模、整体效益和现代化生产水平，使淡水产品成为保障我国优质蛋白与营养膳食结构的重要部分，加工产量大幅增加，工业产值明显提升；针对淡水产品生产、加工、流通与消费的全过程质量安全的监管需求，揭示一批淡水产品中典型危害物的蓄积、转化和迁移规律，在高效检测技术、水产品质量安全评价与控制技术、溯源及预警技术等关键和共性技术方面取得突破，进行典型危害物的风险评估和限量标准研究，提高我国水产品质量安全领域的科研创新能力，全面保障淡水产品质量安全。

三、重点任务

立足国家和渔业对水产食品安全和水产品营养健康的重大战略需求，围绕淡水渔业产业链体系构建及价值链提升，针对淡水生物加工产业与质量安全发展需求，开展淡水产品精深加工、冷链物流与质量安全控制技术和理论研究及产业化示范，构建淡水产品加工、物流保鲜与质量控制技术体系，推动我国淡水产品加工产业的技术、装备升级和质量安全控制水平提升。

1. 系统深入开展淡水产品的应用基础与技术应用研究

不断完善我国淡水鱼虾蟹贝类及植物类产品的理化性质、加工特性与质量安全方面的基本数据资料，填补淡水产品基础数据空白；深入研究淡水产品的组成、理化性质、结构特点等在加工与保藏过程中的变化规律与机制，研究加工技术对产品质量与安全的影响，开发适应淡水产品加工的工艺与技术；深入探讨淡水产品污染物蓄积机制与代谢规律，研发适合淡水产品安全分析检测的快速、灵敏、有效技术与方法，研究淡水产品质量与安全的控制技术，为产业发展提供指导与支撑。

2. 加强科研协作与学科交叉，解决产业化问题

淡水产品加工机械设备的开发需要加工、材料、机械等领域的科研协作，需要食品科学与工程学科的交叉，共同研发适合淡水产品加工要求的机械设备，以突破淡水产品机械化、标准化加工的技术转化与工程化的瓶颈；以引进与借鉴国际先进的加工机械设备，进行消化吸收，创制具有一定规模化与连续化生产的淡水产品预处理机械与设备、深加工与精加工的机械设备、标准化与工业化生产装备。通过产学研协同创新来推进产业化，以科技、资金、资源、管理等合力实现产业化规模的扩大和效益的增加，解决节能降耗、综合利用途径与工程实施问题，不断提高工程化配套和整体水平、技术集成与应用推广程度。

3. 淡水产品精深加工关键技术研究与新产品创制

开展贮藏保鲜、品质保持、赋香增味、劣变控制等关键技术与传统餐饮淡水食品工艺挖掘和工业化加工技术研究，开发方便美味、营养健康的鲜食、快餐、即食水产食品；研究高效预处理、节能组合干燥、重组加工、风味调控、新型杀菌与保鲜技术，开展鱼类、甲壳类及加工副产物中蛋白质、脂质、功能活性物质等分离提取制备技术，突破原料利用率提高、适口性改善、风味调控等关键技术瓶颈，开发针对不同消费人群的高值化、方便化鱼类蛋白（肽）、脂质、多糖等营养健康食品和配料。研究干制品保质贮藏技术；研究常温熟食鱼制品及加工过程中品质保持新技术、新工艺。

4. 淡水食品冷链物流及贮运保鲜技术研究与推广应用

开展淡水产品的净化提质、保活运输与应激调控技术研究，解析淡水产品死后贮藏、物流过程中品质变化的物质基础及机制，开发绿色防腐保鲜技术，建立生鲜淡水食品质量控制与冷链物流技术体系。对养殖生产量、市场消费量大的虾蟹贝鱼，特别是高附加值与特色优势明显的淡水产品，要加快保鲜与品控技术、保藏与包装技术开发与研究，完善物流贮运尤其是面向家庭的保鲜链，不断降低冷链物流贮运的生产成本。

5. 水产品质量安全高效监测技术研究

开展监测与监控技术研究，主要包括水产品中危害物的高效提取与纯化技术、多组分多残留精确定量确证技术，基于色谱-质谱串联、红外光谱、核磁共振、分子生物学等方法的重要危害物结构解析、形态学分析、基因型分析技术，基于免疫学、生物传感器、生物芯片、分子生物学等技术的水产品内源性、外源性危害物的快速筛选、现场速测、在线智能检测技术，水产品品质的快速无损检测技术，水产品真实属性鉴别与定量分析技术，新型前处理及分离材料研发，以及标准物质研发和检测仪器装置的研制。

6. 水产品质量安全控制与预警技术研究

基于 HACCP 原则，研发贯穿全生产链的质量安全控制与预警技术。主要包括养殖水产品中关键危害因子的甄别技术，养殖过程化学性风险因子的传递阻隔及净化削减技术，贮运及加工过程的生物性风险因子的新型控制技术，内源性有害物质的控制技术，以及关键危害因子的削减技术；基于生物标志物的化学、生物性关键危害因子预警技术，潜在有毒物种智能识别与安全控制技术，安全高效的保鲜技术，海水中毒素实时在线监控与贝类毒素的早期预警技术，新型污染物的生物标志物及分子预警新技术；基于大数据与云计算，构建可视化、动态化、网络化的食品安全预警系统等。

7. 追踪溯源技术及现代物流信息化技术研究

以全程质量管理的思路，从水产品全链质量安全控制需求出发，构建覆盖全程的追溯技术体系。主要包括水产品的产地识别及原产地溯源技术，鲜活水产品无损标识材料和标识技术，质量安全全程管理和追溯技术，可视化准确指示水产品货架期的智能包装新技术，贮运过程质量与安全动态监控技术，以物联网、云计算等为核心的现代物流技术，制定信息采集、编码、标签标识规范，构建基于互联网+、云计算、GSM移动地理定位技术的全程质量可追溯系统与平台等。

8. 水产品中危害因子的变化规律与影响机制研究

针对养殖环境中有害重金属、有机污染物、食源性致病微生物等关键危害因子，研究其在全链条中的迁移途径、蓄积分布规律和代谢、削减机制，进行安全性风险评估，建立质量安全标准；针对水生动物的生理特性和品种差异性，研究重金属在生物体内的赋存形态、特异性富集机制与分子基础，有害生物毒素的形成与影响机制；食源性致病微生物的协同侵染、传播规律，耐药基因迁移转化机制，养殖抗菌药物耐药性风险研究；水产品品质风味形成过程与调控机制研究及功能性成分、活性物质成分甄别和挖掘等。

第六节　科技创新保障措施与政策建议

一、加强渔业产业链建设，强化加工在产业链中的作用

我国淡水渔业的内外部环境和内在动因正在发生深刻变化，进入一个"结构升级、方式转变、动力转换"的新时期，淡水渔业的比较优势逐步丧失，必须依靠加工推进渔业供给侧结构性改革，提高渔业综合效益和持续发展能力，将加工在渔业产业链中的作用凸显出来，通过加工增值实现淡水产品由低水平供需平衡向高水平供需平衡的跃升，通过加工推动数量增长向质量提升转变，通过加工转化带动养殖产业持续发展。种养产业要服务于加工产业，以加工需求为牵引，形成"为加工而养"的种养格局，优化产业结构，推动加工产能向主养区、优势区聚集，优化区域布局。

二、加强政策引导，尽快建立加工技术体系和贯穿产业链的质量保障体系

目前淡水产品加工比例较低，加工企业规模较小，市场产品品种较少，机械化、工业化、标准化生产程度不高，水产品由买方市场向卖方市场的转变及产业结构调整缓慢已经制约了产业的发展，急需加强顶层设计、政策引导，实现养殖和加工双导向，以产业带动加工发展、以加工引导产业结构调整、以加工引导市场消费，确保产业的健康持续发展；目前我国养殖业"小乱散"、标准化程度不高的产业现状，鲜活消费占主导的水产品可追溯体系尚未全面建立、监控预警技术尚未完善的研究现状，需要加强政策引导和扶持，而水产品质量安全全程追溯体系、预警技术体系的建立和应用也需要以法律法规作为保障，从而激发企业参与质量安全保障的活力，以此推动加快水产品质量安全保障体系建设。

各级渔业行政管理部门要把淡水渔业科技工作摆在更加突出的位置，加强组织领导，制定科技创新

发展规划,明确工作任务和目标,逐项抓好落实。各级渔业行政管理部门要强化创新意识,加强对科研、教学和推广单位的工作指导,继续深化改革,积极探索和总结产学研相结合的淡水渔业科技创新模式。加强对加工与质量安全相关科技成果的宣传、教育和推广普及工作,提高渔民对科技成果的主动利用能力。进一步加强科技人才的培养,加快造就一批淡水加工的领军人才、科学家和创新团队,尽快形成一支具有世界前沿水平的淡水加工技术创新人才队伍;培养一支不同层次的质量监控和管理队伍,加强质量标准的制定、指标的检测、技术资料和情报的交流及质量监控和管理,以确保我国水产品安全性。

三、强化科技支撑,大力推进水产品加工与质量安全技术攻关

水产品质量安全贯穿全产业链,水产品加工是原料转化为食品的重要过程。长期以来,受我国社会发展现状和经济条件所限,淡水产品加工技术及基础研究和积累严重不足,不能满足淡水渔业转型升级及加工产业发展需求,难以支撑水产品质量安全监管和加工技术发展,急需以满足产业需求和支撑水产品加工技术创新与质量安全监管为目标,强化生物加工技术的应用、水产品营养组分甄别和挖掘,加工贮运过程中风味、质构、营养组分等品质变化规律及调控机制解析,淡水加工适用装备的研制;加强影响水产品质量安全的关键危害物质的富集、代谢和削减规律、形成机制等基础研究,支撑建立加工、冷链物流和质量安全保障技术及标准制修订,促进加工增值和全产业链质量安全保障能力的提升。

四、加强支撑保障,加快水产品加工与质量安全科技成果转化应用

淡水产品加工对于稳定带动上游养殖产业起至关重要的作用,是提升淡水渔业产业效益的重要途径,水产品质量安全是一项公益性、基础性事业,自身经济效益低,社会效益重大。但我国长期以来,存在着重产量、轻质量,重养殖、轻加工的惯性思维,加之我国在农业科技投入上的不足,由此也带来在加工和质量安全领域投入有限、基础研究不足、支撑技术缺乏的现状,与当前我国产业转型升级和减量增收、提质增效新形势下的任务目标差距极大,急需专项资金加大对淡水产品加工与质量安全研究的支持,补齐前期在该领域投入上的不足和研究方面的短板,以尽快提升我国淡水产品价值和经济效益,以及质量安全过程控制的科技成果积累和集成应用,保障淡水养殖渔业的持续健康发展。

参 考 文 献

王清印. 2013. 海水养殖科技创新与发展. 北京: 海洋出版社: 281-312.

夏文水, 罗永康, 熊善柏, 等. 2014. 大宗淡水鱼贮运保鲜与加工技术. 北京: 中国农业出版社: 1-18.

尹世久. 2016. 中国食品安全发展报告. 北京: 北京大学出版社: 145-193.

周德庆. 2013. 水产品安全风险评估理论与案例. 青岛: 中国海洋大学出版社: 198-262.

朱蓓薇, 薛长湖. 2016. 海洋生物资源开发利用高技术丛书·海洋水产品加工与食品安全. 北京: 科学出版社: 221-307.

Aramli M S, Kalbassi M R, Nazari R M, et al. 2013. Effects of short-term storage on the motility, oxidative stress, and ATP content of *Persian sturgeon* (*Acipenser persicus*) sperm. Animal Reproduction Science, 143(1-4): 112-117.

Chaivisuthangkura P, Pengsuk C, Longyant S, et al. 2013. Evaluation of monoclonal antibody based immunochromatographic strip test for direct detection of *Vibrio cholerae* O1 contamination in seafood samples. Journal of Microbiological Methods, 95(2): 304-311.

Chen J, Chen Y, Xia W, et al. 2016. Grass carp peptides hydrolysed by the combination of Alcalase and Neutrase: Angiotensin-I converting enzyme (ACE) inhibitory activity, antioxidant activities and physicochemical profiles. International Journal of Food Science and Technology, 51(2): 499-508.

Cheng J H, Sun D W, Han Z, et al. 2014. Texture and structure measurements and analyses for evaluation of fish and fillet freshness quality: a review. Comprehensive Reviews in Food Science and Food Safety, 13(1): 52-61.

de Oliveira F A, Cabral Neto O, Rodrigues dos Santos L M, et al. 2017. Effect of high pressure on fish meat quality - A review.

Trends in Food Science & Technology, 66: 1-19.

Gao P, Wang W, Jiang Q, et al. 2016. Effect of autochthonous starter cultures on the volatile flavour compounds of Chinese traditional fermented fish (Suan yu). International Journal of Food Science and Technology, 51(7): 1630-1637.

Garcia-Lopez M, Canosa P, Rodriguez I. 2008. Trends and recent applications of matrix solid-phase dispersion. Analytical and Bioanalytical Chemistry, 391(3): 963-974.

Ge L, Xu Y, Xia W, et al. 2016. Differential role of endogenous cathepsin and microorganism in texture softening of ice-stored grass carp (*Ctenopharyngodon idella*) fillets. Journal of the Science of Food and Agriculture, 96(9): 3233-3239.

Jia D, You J, Hu Y, et al. 2015. Effect of CaCl$_2$ on denaturation and aggregation of silver carp myosin during setting. Food Chemistry, 185: 212-218.

Jiang W, He Y, Xiong S, et al. 2017. Effect of mild ozone oxidation on structural changes of silver carp (*Hypophthalmichthys molitrix*) myosin. Food and Bioprocess Technology, 10(2): 370-378.

Li D, Zhang L, Song S, et al. 2017. The role of microorganisms in the degradation of adenosine triphosphate (ATP) in chill-stored common carp (*Cyprinus carpio*) fillets. Food Chemistry, 224: 347-352.

Li J, Xiong S, Wang F, et al. 2015. Optimization of microencapsulation of fish oil with gum arabic/casein/beta-cyclodextrin mixtures by spray drying. Journal of Food Science, 80(7): C1445-C1452.

Liu R, Liu Q, Xiong S, et al. 2017. Effects of high intensity unltrasound on structural and physicochemical properties of myosin from silver carp. Ultrasonics Sonochemistry, 37: 150-157.

Manikkam V, Vasiljevic T, Donkor O N, et al. 2016. A review of potential marine-derived hypotensive and anti-obesity peptides. Critical Reviews in Food Science and Nutrition, 56(1): 92-112.

Maqsood S, Benjakul S, Kamal-Eldin A. 2012. Extraction, processing, and stabilization of health-promoting fish oils. Recent patents on food, nutrition & agriculture, 4(2): 141-147.

Martinez O, Salmeron J, Guillen M D, et al. 2011. Characteristics of dry- and brine-salted salmon later treated with liquid smoke flavouring. Agricultural and Food Science, 20(3): 217-227.

Martin-Sanchez A M, Navarro C, Perez-Alvarez J A, et al. 2009. Alternatives for efficient and sustainable production of surimi: a review. Comprehensive Reviews in Food Science and Food Safety, 8(4): 359-374.

Patel K K, Kar A. 2012. Heat pump assisted drying of agricultural produce-an overview. Journal of Food Science and Technology-Mysore, 49(2): 142-160.

Qin N, Li D, Hong H, et al. 2016. Effects of different stunning methods on the flesh quality of grass carp (*Ctenopharyngodon idellus*) fillets stored at 4 degrees C. Food Chemistry, 201: 131-138.

Tang F, Xia W, Xu Y, et al. 2014. Effect of thermal sterilization on the selected quality attributes of sweet and sour carp. International Journal of Food Properties, 17(8): 1828-1840.

Villamil O, Vaquiro H, Solanilla J F. 2017. Fish viscera protein hydrolysates: Production, potential applications and functional and bioactive properties. Food Chemistry, 224: 160-171.

Wang H, Liu X, Zhang Y, et al. 2017. Spoilage potential of three different bacteria isolated from spoiled grass carp (*Ctenopharyngodon idellus*) fillets during storage at 4 degrees C. Lwt-Food Science and Technology, 81: 10-17.

Xu Y, Jiang X, Ge L, et al. 2017. Inhibitory effect of edible additives on collagenase activity and softening of chilled grass carp fillets. Journal of Food Processing and Preservation, 41(2).

Yang F, Xia W, Rustad T, et al. 2016. Changes in myofibrillar structure of silver carp (*Hypophthalmichthys molitrix*) as affected by endogenous proteolysis under acidic condition. International Journal of Food Science and Technology, 51(10): 2171-2177.

Yin T, Du H, Zhang J, et al. 2016. Preparation and characterization of ultrafine fish bone powder. Journal of Aquatic Food Product Technology, 25(7): 1045-1055.

Yin T, Park J W, Xiong S. 2017. Effects of micron fish bone with different particle size on the properties of silver carp (*Hypophthalmichthys molitrix*) surimi gels. Journal of Food Quality, (2): 1-8.

Yu D, Jiang Q, Xu Y, et al. 2017. The shelf life extension of refrigerated grass carp (*Ctenopharyngodon idellus*) fillets by chitosan coating combined with glycerol monolaurate. International Journal of Biological Macromolecules, 101: 448-454.

Yu N, Xu Y, Jiang Q, et al. 2017. Molecular forces involved in heat-induced freshwater surimi gel: Effects of various bond disrupting agents on the gel properties and protein conformation changes. Food Hydrocolloids, 69: 193-201.

Zang J, Xu Y, Xia W, et al. 2017. The impact of desmin on texture and water-holding capacity of ice-stored grass carp (*Ctenopharyngodon idella*) fillet. International Journal of Food Science and Technology, 52(2): 464-471.

第十一章　淡水生物产业经济[*]

第一节　淡水生物产业经济内涵与范畴

淡水生物产业经济，源于渔业经济，是指利用淡水及淡水生物资源，进行淡水生物产品（如鱼虾蟹和植物产品）、附加产品或服务（如生态环境保护或环境改善）的生产、交换、分配、消费等多种经济活动的总称。淡水生物产业经济研究的主要任务是在揭示淡水生物产业经济活动及其运动规律的基础上，运用概念和逻辑的形式反映淡水生物产业的特殊经济规律，通过实证分析来论证这些客观规律的存在及表现形式，并概括到理论的高度，来指导淡水生物产业经济发展的基本问题。

一、渔业经济学的发展历程

20 世纪 30 年代，日本渔业经济学家蜷川虎三出版了全球第一本相对较为系统的《水产经济学》专著，标志着渔业经济学的初步成型，随后，冈本清造于 1961 年编著了《水产经济学》。20 世纪 70 年代后期，许多沿海国家重视渔业生产的发展，一些渔业发达国家开始重视渔业经济研究，国际上出版的渔业经济专著逐渐增多。1978 年，苏联渔业经济学家琴索耶夫、挪威洛根渥尔德与汉尼森等分别出版专著《渔业经济学》；随后又有多名日本渔业经济学家出版了一系列水产经济学著作，如近藤康男于 1979 年著《水产经济学概论》，青光照夫和岩崎寿男于 1982 年合著了《水产经济学》，大海草宏和长谷川彰于 1982 年合著了《现代水产经论》。2001 年，中国台湾陈清纯与庄庆达运用西方经济学原理，合著了《渔业经济学》；2010 年，Lee G. Anderson 和 Juan Carlos Seijo 合著了《渔业管理生物经济学》等。

我国渔业历史悠久，渔业经济研究最早可追溯到春秋末期的范蠡《养鱼经》，后又有明代黄省曾著的《种鱼经》。我国不同历史时期的渔业经济问题不同，各时期都有政治家、思想家对渔业经济问题进行相关论述，但早期还缺乏比较系统的渔业经济研究。新中国成立以后，我国渔业经济研究逐步加强，1953 年，上海水产学院开设了《渔业经济学》本科课程。但是在 1978 年以前，我国渔业以捕捞渔业为主，渔业经济研究主要参照苏联的计划经济理论与模式。渔业是自 20 世纪 80 年代改革开放开始我国农业领域最早引入市场化改革的产业，渔业的快速发展催生了以市场经济基本理论为核心的渔业经济研究。中国社会科学院农村发展研究所、农业部水产司和全国渔业经济研究会于 1983 年出版了我国第一本系统专业性的渔业经济著作《中国渔业经济 1949—1983》，1989 年，又出版了《中国渔业经济 1979—1987》；我国渔业经济学家相继编著出版了不同版本的《渔业经济学》专著（毕定帮等，1990；胡笑波和骆乐，1995；骆乐，2011）。20 多年来，随着渔业的快速发展，对渔业经济研究的需求日益增大，除实证研究外，许多学者在渔业经济学科概念界定、研究对象、研究范畴等方面都做过系统论述（吴万夫，1992；林光纪，2005；王衍亮，2005；杨子江，2005；韩立民和张红智，2005；操建华，2014），标志着渔业经济学科的日臻成熟。

---

[*] 编写：韩杨，赵明军

二、淡水生物产业经济学的内涵

20 世纪 1985 年，迫于渔业资源减少的压力，国家确立了"以养为主"的渔业发展方针，渔业特别是淡水渔业经济因此而飞速发展，淡水产品产量从 1980 年的 124 万 t 增长到 2016 年的 3411 万 t，其中淡水养殖产品占总量的 93.2%，达 3179 万 t。随着淡水养殖业的快速发展，淡水渔业的第二、三产业也迅速发展，传统渔业的外延不断扩大，除传统捕捞、养殖等生产方式外，生产方式呈现多元化发展趋势，如观赏渔业、休闲观光渔业、稻田养鱼、鱼菜共生等，而且在渔业中的产值占比逐年提高。此外，与淡水渔业相关的水生野生动物保护、水域环境保护等的地位越来越重要。特别是近几年，在渔业转方式调结构的宏观政策背景下，渔业增长方式在逐步发生转变，对渔业经济研究提出了更高的要求，原有渔业经济研究范畴已不能概括全部与水资源相关的生物产业经济活动，于是产生了"淡水生物产业经济""海洋生物产业经济"等新兴经济门类。

淡水生物产业经济是指淡水生物产品（如鱼虾蟹和植物产品）、附加产品（如生态环境保护或环境改善）或服务的生产、交换、分配、消费等多种经济活动的总称。传统渔业经济以政治经济学为理论基础，主要研究渔业经济活动及经济关系；而现代淡水生物产业经济主要以均衡理论、资源优化配置、价格和竞争等市场经济理论来研究产业经济活动与经济关系。淡水生物产业经济研究的主要任务是在揭示淡水生物产业经济活动及其运动规律的基础上，运用概念和逻辑的形式反映淡水生物产业的特殊经济规律，通过实证分析来论证这些客观规律的存在及表现形式，并概括到理论的高度，指导淡水生物产业经济发展。

以淡水养殖为主的淡水生物产业经过 30 多年的快速发展，已进入转型期，过去 30 多年发展中存在的很多瓶颈性、综合性的问题给经济研究提出了许多新的要求，从宏观上看，主要有三类：一是产业增长与自然资源和环境的关系，需要研究在不增加环境负担、不破坏资源条件下的可持续发展的最优增长方式；二是产业发展与社会的关系，主要包括产业经济组织、新型渔业村发展、渔民收入增长、渔民权益、金融政策、保险补贴政策等；三是产业投入、经济结构与经济效益的关系，主要包括资本等要素投入产出关系、一二三产业结构、产业链、产业结构和产品消费等。

淡水生物产业是我国农业的重要组成部分，淡水生物产业经济创新研究具有十分重要的战略意义。采用经济学研究方法，系统研究产业发展与水资源、生物资源、水生生态环境之间的关系，综合评价行业产出对资源、环境的影响，提出产业发展的约束条件与产业增长方式及相关的管理制度和政策，对于改善生态环境、维护生态安全有着极其重大的意义。从宏观经济学角度研究淡水生物产业与农村经济发展的关系，综合评估产业组织模式、产业链布局、二三产业结构对渔民收入的影响，对于促进农村产业结构调整、农村经济发展与转型、新城镇建设、提高农民收入等有非常重要的意义。

第二节　我国淡水生物产业经济现状与发展趋势

我国目前淡水产品已达 3400 多万 t，是全球第一淡水生物产业大国。

一、淡水生物产业生产概况

从水产品总量来看，如图 11-1 所示，我国水产品总量从 1980 年的 449.7 万 t 快速增长至 2016 年的 6901 万 t，占全世界水产品总产量的 40%，水产品总量年平均增长率达到 39.7%；其中，淡水产品产量从 1980 年的 124 万 t 快速增长至 2015 年的 3411 万 t，淡水产品总量年平均增长率达到 72.9%；淡水产品占全国水产品总量比例从 1980 年的 27.6%快速增长到 2016 年的 49.4%,淡水产品产量占我国水产品总量的半壁江山,占世界淡水产品总量的 60%左右。

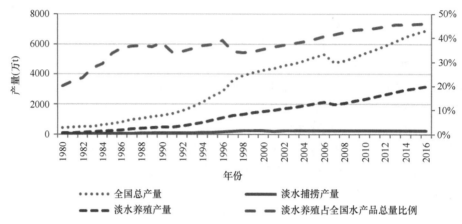

图 11-1　1980~2016 年中国水产品总量及淡水产品总量变化趋势

数据来源: 历年中国渔业统计年鉴

从淡水生物生产总值来看,2016 年,我国渔业生产总值达到 12 003 亿元,占农、林、牧、渔总产值的 11%;其中,淡水养殖渔业产值 5813.1 亿元,淡水捕捞渔业产值 431.1 亿元,淡水渔业产值约占渔业总产值的 52%,占农、林、牧、渔总产值的 6%左右,淡水渔业在农业、农村经济、渔业发展中占据重要地位。

从渔业从业人数与渔民收入来看,2016 年,我国渔业人口 1973.4 万人,其中传统渔民 661.1 万人,渔民人均纯收入 16 904.20 元。

二、淡水生物产业结构

从产业结构来看,2016 年,我国渔业生产总值 12 029.1 亿元,渔业第二产业产值 5410.5 亿元,第三产业产值 6248.9 亿元,如图 11-2 所示,渔业第二、三产业发展相对于第一产业滞后。从淡水生物产业第一产业内部结构来看,淡水养殖与淡水捕捞产值结构为 1∶0.09 左右,说明淡水生物产业主要以淡水养殖业为主。我国淡水产品仍多以生鲜形式进行运输、消费,加工流通和营销领域等第二、三产业仍具很大的发展空间。

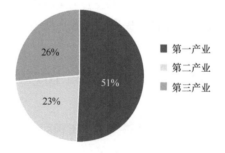

图 11-2　2016 年我国渔业三产产值结构

数据来源:《2017 中国渔业统计年鉴》

2016 年出台的《农业部关于加快推进渔业转方式调结构的指导意见》中明确提出"要推进产业链延伸拓展,大力发展水产品加工流通业,大力发展休闲渔业;推进产业化经营,推进一、二、三产业融合、协调发展，延伸产业链、提高价值链"。可以预见，未来 10 年内，我国渔业第二、三产业会得到快速的发展，主要包括三大方面：一是以休闲渔业、观赏渔业、旅游渔业等为主的渔业服务业；二是水产品冷链物流、加工业和水产品营销服务业；三是第二、三产业行业集中度会得到提升，企业经营规模进一步增大。

三、淡水生物产品结构

从渔业产品结构来看，2016 年，我国淡水产品产量 3411 万 t，其中淡水养殖产品 3179 万 t，占淡水产品产量的 93%左右；从淡水养殖渔业的品种结构来看，价格较低的大宗淡水鱼草鱼、鲢、鳙、鲤、鲫占淡水养殖总量的 48%，受国际市场欢迎的罗非鱼产量占淡水养殖总量的 6%左右，如图 11-3 所示。淡水养殖鱼类产品产量占淡水养殖水产品总量的 90%左右，淡水养殖的虾类罗氏沼虾和南美白对虾，以及淡水养殖贝类和其他类水产品占淡水养殖总量的 10%左右。伴随渔业第二、三产业的发展，淡水养殖观赏鱼和淡水养殖珍珠产量也在逐年增加。

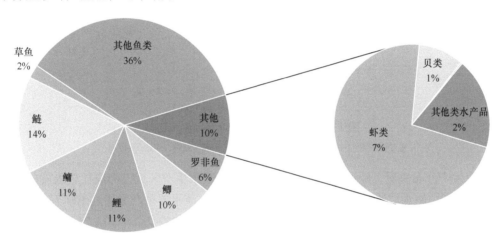

图 11-3　2016 年我国淡水养殖产品品种结构

数据来源：《2017 中国渔业统计年鉴》

将 2016 年主要的养殖鱼类产量按品质分成高、中、低三个级别（表 11-1）统计分析，可以发现低档低质的大宗淡水鱼类产量仍占总产量的 67.01%，而中高品质的鱼类仅占比约 33%。从消费市场分析，近十多年来，大宗淡水鱼类已呈现产量过剩、卖鱼难、效益差的趋势。这与改革开放初期的吃鱼难形成明显的对照。这种趋势表明，随着国民消费水平的提升，低档鱼的消费需求在降低，而中高档鱼类消费需求在增加。2016 年，农业部提出"要优化养殖品种结构，调减结构性过剩品种，发展高附加值的养殖品种"，可以预见，随着该政策的实施及市场竞争的进一步发展，淡水产品结构会得到进一步的调整，中高档淡水鱼类的产量会逐步增加，而低档低质产品的产量会逐步降低。

表 11-1　2016 年全国主要淡水养殖鱼类总产量与各类品质鱼类情况分析

品质级别	产量（万 t）	占总产量比例（%）	统计包括的鱼类
高品质鱼类	151.74	5.54	河鲀、鲑、鳟、池沼公鱼、银鱼、鲟、鳗鲡、鳜、鲈、黄颡鱼
中品质鱼类	752.46	27.45	短盖巨脂鲤、鲴、泥鳅、长吻鮠、黄鳝、鲶、乌鳢、罗非鱼、鳊
大宗淡鱼类（低档）	1836.6	67.01	鲤、鲢、青鱼、鳊、鲫、草鱼
总计	2740.8	100	

注：根据《2017 中国渔业统计年鉴》中的数据进行统计分析

四、淡水生物生产方式与区域分布

从生产方式来看，如图 11-4 所示，我国淡水产品主要养殖生产方式以池塘养殖为主，其次是水库养殖，伴随着新兴养殖技术的提升，环境承载力的制约，相对传统的湖泊、河沟养殖方式逐步减少，更为科学的网箱、围栏、工厂化养殖方式逐渐增多。

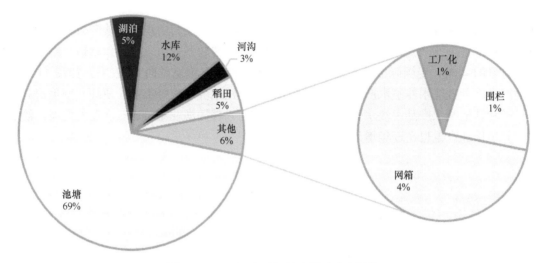

图 11-4　2016 年我国淡水养殖生产结构

数据来源:《1981 中国渔业统计年鉴》,《中国农业统计年鉴 2017》

从生物产业生产分布来看，经过 30 多年的发展，我国淡水生产区域已形成比较稳健的发展格局，主要集中在东部沿海和中南水域资源相对丰富的区域，2016 年，淡水养殖产量超过 100 万 t 省（自治区）有11 个，产量从高到低依次是：湖北 452 万 t、广东 395 万 t、江苏 342 万 t、湖南 259 万 t、江西 244 万 t、安徽 205 万 t、广西 160 万 t、山东 144 万 t、四川 140 万 t、河南 121 万 t、浙江 105 万 t，这 11 个省（自治区）的淡水养殖产量占全国淡水养殖产量的 80.7%。

2016 年农业部明确提出，"十三五"期间调整生产方式，一是调减湖泊、水库等公共水域的投饵性网箱养殖规模，减轻对水环境的污染；二是压减长江流域以渔业资源保护为目的的高投入高污染水产养殖模式和捕捞产能；三是大力发展大水面生态养殖、工厂化循环水养殖、池塘工程化养殖和稻田养殖等健康养殖方式；四是推进养殖节水减排，淘汰废水超标排放的养殖方式。2017 年以来，广东、湖北等各主要养殖省已采取了严厉的政策措施，对不符合国家产业调整政策的养殖生产方式进行限制。可以预见，未来 10 年内，淡水生物产业的生产方式结构会发生很大转变，低效、高污染的生产方式将逐步被淘汰，而生态健康养殖产量会逐步增加。

第三节　我国淡水生物产业经济研究进展

改革开放初期的淡水生物产业经济研究主要集中在渔业经济体制改革、水产品流通体制改革、产业技术经济指标的构建等方面，为我国渔业体制转型、探索渔业市场经济规律和探索可持续发展道路做出了重大贡献。改革开放以来，随着淡水养殖业的快速发展，淡水生物产业经济研究开始注重经济增长和产业转型，主要研究领域集中在渔业经济增长、产业结构调整、水产品贸易、组织模式、可持续发展等几个方面。

一、政策和科技等要素投入对产业增长的促进作用

（一）政策对淡水生物产业经济增长起着决定性的作用

新中国成立后，我国渔业经历了三次质的飞跃（林光纪，2011），第一次（1978~1990 年）是改革开放后的恢复性增长，是体制经济学在渔业体制改革中的实践结果；第二次（1991~1999 年）是《中华人民共和国渔业法》（1986 年）确立"以养为主"的产业政策方针后，淡水养殖产量飞速增加，体现了制度和政策经济学的实践效果；第三次（2000 年以来）是结构转型，从生产数量型向质量效益型转变。每一次的产业提升和大的发展，都是由于体制、制度和政策的巨大推动作用。

20 世纪 80 年代以来，我国逐渐摸索对渔民、渔企、渔村及渔业第一产业、第二产业、第三产业政策，许多学者对我国渔业制度和政策都做过研究。对新中国成立 50 年的渔业总要素生产率变化中制度因素所起的作用进行研究（姚震和骆乐，2001）表明，我国渔业经济每一高速增长阶段都有制度变迁的特征，合理的制度结构和制度安排是推动我国渔业经济增长的一个主要原因。袁新华等（2008）分析了我国渔业发展各阶段经济增长率的变化特点，杨正勇和葛光华（2000）分析了渔业产业化过程中技术进步与制度的关系，证明了我国渔业制度变革对渔业经济增长率的明显贡献。

（二）科技对淡水生物产业经济增长起着极其重要的支撑作用

中国淡水生物产业过去 30 多年发展有两个关键因素，一是制度和政策支持，二是科技支撑。从 20 世纪 50 年代的"四大家鱼"苗种培育技术突破，到 80 年代以后的河蟹、对虾、罗非鱼、大菱鲆、青虾等很多新品种的技术突破，每一个品种的技术进步都对产业起到大的促进作用。许多学者采用多种方法对科技进步对产业发展的贡献率进行研究，表明科技进步对产业的发展起到了决定性的支撑作用。运用 C-D 生产函数测算科技对淡水养殖渔业贡献率（陈洁等，2010）发现，虽然近年来淡水养殖业科技进步明显放缓，但是，科技快速进步在支持中国淡水养殖业迅速发展中曾经起到非常重要的作用。张成等（2014）采用 2006~2012 年我国 29 个省（自治区、直辖市）水产养殖业相关投入产出数据，运用数据包络分析结合 Malmquist 指数，对我国水产养殖业综合技术效率和全要素生产率及其分解的技术进步、技术效率、纯技术效率、规模效率进行测算，结果表明，我国水产养殖业综合技术效率不高，纯技术效率和规模效率都相对偏低；全国水产养殖业全要素生产率增长有所下降，其中，由技术创新所决定的技术进步呈现下降趋势，规模效率得到一定提升，由技术推广所决定的纯技术效率有所下降。

（三）各种不同要素投入对渔业经济增长和渔民收入增长的影响不同

淡水养殖业经济要素包括土地、劳动力、投资与科技等。近十多年来，对要素投入与经济增长、渔民收入增长的关系研究很多，主要通过建立生产函数或模型，对影响渔业经济增长的要素进行定量分析。研究内容主要有渔业科技进步贡献率、生产要素对渔业增长贡献率、渔业产量影响因素、渔业经济增长方式，使用的函数模型方法包括增长速度方程、CES 模型、养殖业生产函数模型、C-D 生产函数、广义最小二乘法、分位数回归法等（操建华，2014）。

综合不同的研究结果，表明各种不同要素的投入对渔业经济和渔民收入增长的影响程度不同。孙琛（2006）提出渔业已成为增加农业产值和农民收入的一条重要途径，但由于渔业产值成本率增高，导致资本投入对收入增长的贡献相对变小，同时，渔业生产存在适度规模的问题。对于渔民收入的研究（同春

芬等，2013）表明，近年渔民收入水平呈现逐渐增长的趋势，但增收滞缓，渔民收入受渔业第一产业影响程度远大于渔业第二、三产业的影响程度，渔民收入严重依赖渔业第一产业。水产品价格对渔民收入和水产品产量都有正的影响，而水产品产量的增加对使渔民收入增加影响有限，相反对水产品价格下降影响显著（高强等，2012）。对于湖北省淡水渔业经济要素的研究结果表明，影响湖北省淡水渔业增长的主要因素按影响程度排序依次是养殖面积、劳动力投入、资本投入，且规模报酬递增，比较分析各投入要素的贡献率发现，贡献率大小排序依次为劳动力投入、资本投入、养殖面积（陈曙，2010）。

二、产业结构调整是渔业供给侧改革研究的主要内容

淡水生物产业第二、三产业是指渔业工业和建筑业、渔业流通和服务业。长期以来，我国重视渔业第一产业的发展，而渔业第二、三产业的发展远远落后于第一产业，随着近十年国家农业调结构和供给侧结构改革政策的出台，渔业流通和服务业拓展对产业增长起着越来越重要的作用，因此对淡水生物产业第二、三产业发展的研究逐步增多。

作为淡水生物产业延伸产业的休闲渔业和观赏渔业属于渔业服务业，近年来发展迅速，对于产业增长增效和渔村产业转型意义重大。杨子江（2007）对休闲渔业进行了归纳研究，提出发展休闲渔业，要进行整体形象定位和合理规划，以渔文化整合休闲渔业资源，与渔业结构调整相结合，针对不同休闲渔业经营方式进行体验化设计，按照体验经济的要求选择营销推广策略。闵宽洪（2006）将休闲渔业分为生产经营型、休闲垂钓型、观光疗养型和展示教育型等 4 类，提出休闲渔业应增加经营种类、选择合适品种、获得政府鼓励及协调和规范服务等建议。

对于淡水生物产品结构的研究，主要聚焦在大宗淡水鱼品种和出口依赖的虾、罗非鱼产业，国家现代农业产业技术体系对淡水生物产业的关注点主要集中在大宗淡水鱼产业体系、虾产业体系和包括罗非鱼在内的特色淡水鱼产业体系，各产业体系的经济岗位专家定期分别从各自产业苗种生产、成鱼养殖、产品加工和市场贸易等产业链分析各淡水渔业产业经济发展情况（陈洁，2011）。

我国淡水生物产业对地区资源禀赋有很强的依赖性，对产业结构调整的研究主要应针对不同区域的资源禀赋差异。陈洁（2011）基于不同区域间淡水渔业经济问题做了较多研究。对云南渔业产业结构研究的结果表明，云南省渔业仍以第一产业为主，第一产业与第二、三产业尚未形成合力，第一和第二产业没有明显的依存关系，渔业产业经济内部上下游产业之间的经济性、关联性和依存性并不是很高，依然处于分散化、小规模的经营阶段，虽然水产品产量在逐年增加，养殖面积也在逐年扩大，但是渔业产业的合力并未真正形成（周睿等，2015）。对河北省渔业第三产业进行研究的结果表明，河北省渔业经济仍然以第一产业为主，第二、三产业规模小、比重低，需加强结构调整优化。提出发展第三产业，要壮大渔业专业合作经济组织、发展水产电子商务、加强现代水产物流、做大休闲渔业等（梁永国等，2010）。

拓展淡水渔业产业链是产业结构调整的重要途径，其中发展淡水产品加工、流通和营销是拓展产业链的重要内容。张莉（2012）对淡水渔业产业链整合的动因、整合模式和评价体系进行了深入的研究。

三、淡水产品国际贸易研究注重国际贸易规则对我国出口产品的影响

我国是世界水产品出口大国，由出口顺差带来的贸易摩擦和技术壁垒是我国水产品贸易面临的巨大挑战，我国出口罗非鱼、淡水小龙虾都曾遭遇过欧美等进口国的反倾销调查与关税处罚。近十多年，对于水产品贸易经济研究的关注点有 4 个（操建华，2014）：一是如何在贸易中利用 WTO 规则；二是技术型贸易壁垒和反倾销的影响和应对措施；三是水产品贸易顺差的影响和应对；四是补贴制度与 WTO 制度的相容性。对于我国淡水产品出口竞争力的研究（胡德春，2004）认为，中国淡水产品出口总量不大、

市场不广、品种不多的原因是渔业生产技术水平较低、生产条件较差、规模较小、结构单一等，扩大淡水产品出口应大力推进淡水渔业生产规模化、淡水渔业产品品牌化和淡水渔业经营协作化。孙琛（2005）分析了加入 WTO 对我国水产品贸易的影响，认为水产品进口和来料加工出口都表现出较强的增长之势，但非关税壁垒对水产品出口的影响应该更多地引起人们的关注。关于渔业补贴制度的研究起步较晚，近15 年来中国渔业补贴制度的研究成果增长迅速，但也存在着相当程度的不足和缺陷。李育林和陈汉能（2014）梳理了近 15 年中国渔业补贴制度的相关研究成果，认为统一渔业补贴概念的界定、加强对渔业补贴政策绩效的评估、丰富中国与其他国家的比较研究、加大渔业补贴政策研究深度与提高其实用价值等是进一步深化中国渔业补贴制度研究的现实选择。

四、产业组织模式是促进淡水生物发展、提升产品质量的有效途径

长期以来，我国淡水养殖业基本以个体、家庭为组织单元，行业集中程度低、产品无品牌、质量无法保障、产品竞争力差，近十多年，随着产业整体规模的扩大和竞争强度的增大，地区性行业协会、合作社及龙头企业"公司+农户"等新型产业组织模式的快速发展，正逐步转变行业组织模式。对于产业组织经济研究的重点是协会与合作社的作用、组织体系建设等（操建华，2014），有的是从政府、市场和行业协会之间的关系阐释，有的是从交易成本的视角进行分析和验证，有的是通过对国外行业协会定位、作用进行对比论述、分析。在合作组织研究上，李可心等（2012）探讨了国家技术推广机构与合作组织合作的途径。穆欢等（2016）提出打造洪泽湖跨省行业协会与产业联盟，明确三大目标，即搭平台、做桥梁、谋共赢，育龙头、带龙身、促发展，打品牌、树形象、增效益，使其成为洪泽湖水产品品牌的代言人，成为全国水产品品牌领域最具影响力的民间组织机构之一。

五、资源、环境与产业可持续性发展正成为淡水生物产业经济研究的热点

随着我国淡水养殖业的快速发展，近 20 年来，制约淡水生物产业可持续发展的矛盾与问题逐步暴露。于是，产业可持续发展的经济学研究开始增多，所涉及的问题主要包括淡水生物资源利用与保护、水域（湖泊、水库和江河）环境保护、水资源保护与节水渔业，以及如何通过发展养殖业保护自然水域环境等，许多问题正成为淡水生物产业经济研究的热点。

于孝东和王力（2013）对水库渔业的功能进行了研究，以从千岛湖渔业发展过程中遇到的问题到"以鱼养水，鱼水共生"的可持续发展举措及其影响为例证，提出了基于生态学视角下的水库生态系统"保水渔业"思路，为水库渔业的发展提供了路径和管理借鉴。董蓓（2015）对湖北省淡水渔业可持续发展的问题进行了研究，主要研究内容：一是应用渔业生态足迹指数模型，研究了湖北省生态环境与渔业经济发展之间的响应关系；二是构建了省域渔业可持续发展水平测度模型，构建了渔业可持续发展评价指标体系；三是对基于省域比较的渔业可持续水平及时空演变进行分析，结果表明湖北省渔业可持续发展水平长期处于优势，超全国平均水平；四是对渔业可持续发展评价指标进行灰色关联分析，表明湖北省渔业的可持续发展水平呈现出降低—升高—降低的变化趋势。这种变化趋势主要是由于渔业养殖单产水平、养殖渔船总功率、渔业养殖面积、渔业捕捞业产量增长率、污染造成水产品数量损失、渔业技术推广经费投入等指标值的变化。

杨品红和李梦军（2011）针对我国大宗淡水鱼产业面临的问题，提出了我国大宗淡水鱼可持续发展的基本战略：以渔业资源资本化带动资源的持续发展；以终端市场消费需求带动整个产业链的稳定发展；以引导市场消费需求提升产业市场地位；以加工和流通渠道建设带动种苗和养殖产业持续发展；以不同消费层次需求推动多层次多方式健康养殖；以品牌塑造和经营提升产业国际国内市场竞争地位。

第四节　国际淡水生物产业经济研究进展

我国水产品总产量占全球的 70%左右，国际上对于淡水生物产业经济的研究注重点与我国有很大的不同。主要表现在两个方面：一是注重用计量经济学与实证研究相结合的方法研究产业经济问题；二是研究内容集中在环境与渔业可持续发展、水产品价格波动规律、国际贸易与国际竞争力、渔业利益相关者、区域渔业经济发展，以及对渔业在金融、保险领域的产业扶持政策等。

一、资源环境保护与产业可持续发展

在发展淡水生物产业的同时，大多国家首先要关注的问题是产业对于环境的影响、资源保护，产业发展必须要建立在可持续的基础上，不能因产业发展而破坏环境、牺牲自然资源。

在捕捞业与养殖业的关系方面，Shang（1973）比较分析了水产养殖、畜牧业与海洋渔业的经济潜力，进一步分析了水产养殖在食品经济中占有重要地位，并预测了可能增加的幅度。Anderson（1985）研究了市场作用下海洋渔业和淡水渔业之间的竞争关系，提出淡水养殖业能够有效增加水产品供给，降低水产品价格。Curtis 和 Squires（2007）分析了政府"回购计划"对养殖渔业的影响，分析了欧洲几个国家对海洋渔业的"回购计划"政策，以及对海洋捕捞业和养殖渔业的影响。

在养殖业与环境保护和可持续发展方面，Martins 等（2010）对欧洲循环水养殖与环境保护的关系进行了研究，提出可持续水产养殖的双重目标，一是生产食物，二是维持自然资源和环境。循环水养殖系统（RASS）是对生态环境影响最低的养殖生产系统，通过使用循环水养殖系统，可使集约化养殖生产与环境可持续性相适应。

在区域性淡水生物产业经济发展方面，Agbayani 等（1997）对环太平洋、亚洲区域水产养殖经济方面进行了评估，主要包括 4 个方面：一是养殖业评估，包括内陆/淡水养殖、微咸水/沿海水产养殖、海水养殖；二是养殖产品的收获、加工、运输和营销，对市场和发展进行了讨论；三是养殖区域的环境和社会问题，包括社会公平和妇女问题；四是以社区为基础的沿海资源管理，对技术转让和宏观经济政策及制度结构进行了分析。

二、水产品价格波动规律与养殖技术经济

在水产品价格波动方面，Asche 等（2004）以法国市场为例对不同养殖鱼类价格之间的相互作用及对市场的影响进行了分析，表明具有较强市场竞争力的养殖鱼类间存在相互作用和价格波动关系，这种竞争关系更已引起水产养殖部门对市场的关注。Ling 等（1998）分析了泰国和印度尼西亚虾市场价格与日本东京批发市场价格之间的关联性。

在生产成本收益方面，Ling 等（1999）运用资源成本分析方法（DRC）从对虾养殖技术、养殖密度、养殖方式等几个方面结合汇率、国际市场虾价格的变动及机会成本等多方面因素，对比了泰国、印度尼西亚、菲律宾、马来西亚、越南、印度、孟加拉、斯里兰卡、中国在对虾养殖成本收益的差异。Shang 和 Fujimura（1977）分析了夏威夷淡水对虾养殖规模与成本收益的关系，研究的范围从最小的 1acre（1acre=0.404 856hm²）的养殖场，到最大的 100acre 养殖场，讨论了影响成本和收益的主要因素。Prince 和 Maughan（1978）分析了不同养殖规模、养殖方式、养殖技术的池塘养殖的经济效益。

三、国际贸易及国际竞争力

Ling 等（1999）从比较优势角度对亚洲对虾养殖国进行了经济研究，提出几乎所有的亚洲对虾养殖生产者都具有较大的比较优势，在价格方面，出口到日本比出口到美国和欧盟市场具有更大的价格优势；此外，相对于其他亚洲国家，泰国、印度尼西亚和斯里兰卡等具有较强的比较优势；由于投入成本高，孟加拉在向欧盟和美国市场出口对虾方面存在比较劣势。Kinnucan 和 Myrland（2005）分析了经济增长、关税对全球三文鱼市场的影响，结果表明，全球鲑进口增长将与经济增长大致趋同。然而，由于部分国家限制进口的政策，并不是所有的出口商都会均分这种增长，对进口国而言，由于进口该类产品对经济增长贡献高于国内生产该类产品，很难对该类产品进行贸易保护。Xie 等（2008）应用扩展模型对养殖鲑的贸易数据进行了分析，提出影响出口价格的主要因素是汇率变化和贸易量的变化。

Koboyshi 等（2015）运用部分均衡多市场模型预测了全球水产品供应量将从 2011 年的 15 400 万 t 增加到 2030 年的 18 600 万 t，预计罗非鱼和对虾的养殖产量增长最快，印度、中国、拉丁美洲和加勒比等国家和地区的生产总量将快速增长，而中国将成为全球重要的水产品需求大国。

四、产业从业者收益与权益

从业者收益与权益、产业对于改善民生的作用与途径，是产业经济研究者最关注的研究课题。

在淡水养殖与渔民权益、渔民收入方面，亚洲开发银行（Asian Development Bank，2005）评估了孟加拉、菲律宾和泰国等国家通过小规模淡水养殖减少贫困、改善生活方式的相关情况，主要包括 11 个方面：①民生改善条件；②穷人对小规模淡水养殖的进入门槛和抵御风险能力；③水产养殖及管理水平；④水产养殖投资与融资选择；⑤市场情况；⑥劳动力市场；⑦公共服务和基础设施支持；⑧公共和私营机构的作用；⑨政策环境和法律框架；⑩水资源和环境保护；⑪养殖与节水。Mccausland 等（2006）分析了沿海区域海洋渔业与水产养殖业之间的关系，探讨了沿海区域水产养殖业成为就业的重要渠道。

Chu 和 Tudur（2010）从水产养殖业利益相关者角度分析了美国和挪威水产养殖业扩张的可能性，提出了影响两国水产养殖业发展的主要因素。Nauman 等（1995）对美国东北部进行了一项淡水鱼的消费者调查，通过收集新鲜杂交鲈、鳟和鲑的市场信息，研究提出了影响购买决策的主要因素。

Cheng 和 Capps（1988）以 3 种贝类和 5 种鱼类为样本，对美国家庭消费支出与水产品消费需求关系进行了分析，结果表明，对水产品的消费支出的影响因素依次是价格、家庭收入、家庭规模、地理区域、城市化程度、种族和季节性。其中最大的影响因素是消费者家庭收入。

五、淡水生物产业经济研究的主要方法

国外对淡水生物产业经济研究注重采用计量经济学方法，通过建立数学模型对产业问题进行研究，并通过实证对经济模型进行验证。

1. 价格波动研究

Asche 等（2004）采用时间序列数据，运用因果协整模型分析了影响法国白鱼市场价格变化的关键因素，运用格兰杰两阶段估计-双变量协整方法分析国际上不同国家市场之间的关联关系。Guttormsen（1999）运用 CAD 模型和 VAR 模型预测养殖鲑价格变动趋势，结果表明，在分析水产品价格波动方面，CAD 模型的优点在于可预测价格变动趋势，而 VAR 模型的优点在于预测精度高。

2. 消费需求研究

主要运用价格弹性和生物社会经济模型来模拟传统渔业、水产养殖和物理海洋环境及沿海劳动力市场的相互作用和监管环境。Anderson 和 Bettencourt（1993）运用混合双限制 Tobit 模型分析了新英格兰两家批发市场中购买者对新鲜和冷冻鲑偏好研究。

3. 生产优化研究

主要运用生物经济模型。Cacho（1997）运用最优控制模型求解，分析了投喂成本与渔货物产值关系。Engle 和 Valderrama（2004）分析虾产业发展，其一方面成为虾生产/出口大国的主要外汇来源之一，另一方面，虾产业也影响了本国环境。

4. 经济增长研究

对经济增长的研究方法主要有随机生产前沿函数、数据包络分析（DEA）等。Sharma 和 Leung（2003）运用随机生产前沿函数测算生产效率对水产养殖管理的影响；与农业和其他工业管理相比，很少有学者运用随机生产前沿函数方法分析水产经济问题。近年来，一些文献中逐渐开始运用随机前沿生产函数模型和数据包络分析，这是生产效率测量最常用的两种方法。Dey 等（2005）对淡水池塘混养技术效率进行测算，通过对中国、印度、泰国、越南的淡水池塘混养技术水平进行比较，发现影响技术效率的主要因素是产量、投入水平和混养强度等。

第五节　我国淡水生物产业经济研究存在的问题

淡水生物产业属新兴产业，虽然近十多年来，我国在淡水渔业经济研究方面取得了很多成绩，但是，与国际渔业经济研究比较，我国淡水生物产业经济研究仍存在很多问题，主要体现在淡水生物产业经济学科建设与研究方法、研究内容、数据统计与相关研究人才等方面。

一、学科体系尚不完善，经济研究方法仍停留在定性层面

淡水生物产业经济属于农业应用经济学的一个分支，具行业特性的学科知识体系与研究方法尚不健全，从事经济研究的人员大多出身于渔业而非经济学，研究方法上存在两方面的问题：一是定性、探讨性的研究较多，而定量、规范研究较少。研究方法还基本停留在问题定性探讨层面，遵循的方法基本是归纳提出问题—成因逻辑推演—解决问题对策与思路，大多研究缺乏科学、定量与规范的实证研究。二是理论方法与生产实际脱节，经济研究滞后于产业发展。很多产业经济研究试图用理论模型去解释实际问题，但多数研究都属于事后解释型，得出的结论或建议对产业发展的指导意义不大。

二、研究内容重生产与产量，轻质量、消费与效益；重微观，轻宏观

我国已有的淡水生物产业经济研究主要聚焦在渔业经济增长与渔民收入、产业结构调整、水产品贸易、生产经营组织、渔业可持续发展、渔业政策等几个方面。由于我国还处于市场经济转型期，政策导向决定了我国淡水生物产业经济研究在内容上存在两个方面的问题。

一是重生产与产量，轻质量、消费与效益。从产业本身来看，淡水生物产业是一个整体系统，从源头的资源、生产到流通、消费等包括一系列的过程，其中涉及方方面面相互作用的经济问题，但长期形

成的短缺经济思维，使以往的经济研究大多集中在如何增加产量、如何生产供应等问题上，对水产品价格与消费、产量与质量、产量与效益等问题，还缺乏研究与关注。当前水产品结构性过剩、产品质量问题不断、行业效益下滑，恐怕这些问题与缺乏针对性的经济研究有一定的关系。

二是重微观，轻宏观。经过快速发展的 30 年，我国水产品出现结构性过剩问题，行业整体效益下滑，对生态环境也产生了一定的影响，渔业经济中存在的矛盾比较突出，从宏观上分析主要有八大方面，包括水产品总产量与品种结构、生产方式与产品质量、成本价格与效益、流通与水产品消费、水产品出口与国际市场竞争力、产业规模与组织方式、资源利用与生态环境、渔（农）民收入与渔（农）村经济发展等，但是，产业经济研究还缺乏从宏观层面对这些问题的系统研究。由于缺乏对经济研究的支撑，这些问题已对产业产生很多负面的影响。国际上对渔业经济的研究，注重可持续发展、国际贸易、产品竞争力与从业者收益等，挪威三文鱼在全球出口市场的营销策略值得我国名优特水产品在出口战略方面进行借鉴。当前，我国渔业正处于调结构、转方式等供给侧结构改革的关键时期，淡水生物产业经济研究领域，在水产品市场与消费、渔民收入水平提高、渔村劳动力转移、养殖业经济结构、养殖者经济行为、产业政策、养殖业环境成本与生态服务价值、国际贸易与产品竞争力等方面有大量的综合经济问题需要研究。

三、经济研究难以取得可靠、准确的数据

数据是经济研究的基础，淡水生物产业经济研究依赖于大量科学、准确的数据，只有数据准确可靠，经济研究才有可能得出符合实际的结论。但在经济数据方面，我国渔业数据存在三个问题：一是现有渔业经济数据积累不够。现存的生产数据主要来源于中国渔业统计年鉴，进出口数据主要来源于海关进出口数据。这些数据对于淡水生物产业经济研究还远远不够。二是现有的渔业统计指标设置及统计方法仍存在不完善的地方，数据准确度不高，给经济实证研究带来困难。三是现有渔业数据搜集困难。现有的数据统计职责隶属于不同管理部门，经济研究需要从不同管理部门获取数据，较为困难，数据无法共享。

四、产业经济研究的专业人才不多，与产业大国地位不匹配

相对于经济学科、农业经济学科及渔业自然学科等，我国从事淡水渔业经济研究的专业人才少、科研项目少、项目经费少、应用成果少，这与我国淡水生物产业在国民经济、农业及全球淡水生物产业经济中的地位不相称。

第六节　我国淡水生物产业经济研究方向与重点任务

中国渔业已进入转型期，2016 年 5 月，《农业部关于加快推进渔业转方式调结构的指导意见》中提出："十三五"时期，要以提质增效、减量增收、绿色发展、富裕渔民为目标。淡水渔业调结构转方式的重点任务，一是调减湖泊、水库等公共水域的投饵性网箱养殖规模，减轻对水环境的污染；二是压减长江流域以渔业资源保护为目的的高投入高污染水产养殖模式和捕捞产能；三是大力发展大水面生态养殖、工厂化循环水养殖、池塘工程化养殖和稻田养殖等健康养殖方式；四是推进养殖节水减排，淘汰废水超标排放的养殖方式；五是优化养殖品种结构，调减结构性过剩品种，发展高附加值的养殖品种；六是推进产业链延伸拓展，大力发展水产品加工流通业，大力发展休闲渔业；七是推进产业化经营，推进第一、二、三产业融合、协调发展，延伸产业链、提高价值链。

我国正面临新的渔业经济形势与国家渔业政策进一步调整，一系列与产业、政策密切结合的经济学问题都将成为淡水生物产业经济研究的重要课题，根据供给侧结构性改革和渔业调结构转方式的新要

求，我国淡水生物产业经济研究方向上应重点注意 4 个问题：一是注重经济研究的全局观和系统性，注重国家层面的宏观战略问题的研究；二是经济研究应具有全球视野，注重增强中国水产品国际竞争力的研究；三是应密切结合产业实际需要，经济研究既应符合经济学规律，又要满足产业实际和国家产业政策的需要；四是经济研究注重产业、水生生态、环境、经济和社会的关系与平衡，满足产业可持续发展的需要。

一、经济增长方式及相关政策

随着供给侧结构性改革和调结构转方式等宏观政策的实施，我国淡水生物产业已进入生产数量型向质量效益型转变的转型期，产业增长方式将发生重大转变。从扩大再生产的内容来看，有外延扩大再生产与内涵扩大再生产；从经营角度来看，有粗放经营与集约经营之分；从经济效果来看，有追求速度和数量的增长与追求质量和经济效益的提高之分。在农业部"加快渔业转方式调结构"的政策指导下，淡水渔业的增长方式、渔业结构与生产要素等都将发生相应转变，需要重点加强对以下问题的经济学研究。

（一）淡水生物产业经济增长方式研究

我国渔业增长已受到土地、水环境、劳动力成本升高、产品质量下降等因素的制约，需要进一步研究各类生产要素如科技、土地（池塘、江河、湖泊）、劳动力和资本等对经济增长的贡献，以及相关生产要素的配置效率。

（二）渔民收入增长研究

研究影响养殖渔民收入增长的关键因素，尤其是影响渔业生产、经营性收入的关键因素。压减江河捕捞产量，压减水库、江河、湖泊的养殖规模和产量，压减环境污染重和效益差的养殖品种和养殖方式，必然会让一部分渔民失船、失水，渔民如何转产？如何进行经济补偿？这是渔业经济需要研究的重要课题。

（三）食物安全与淡水渔业供给研究

从食物供应安全角度看，我国淡水产品在保障国民蛋白供应上起到很大作用，养殖水产品相对种植业节地，相对畜牧业节粮，应着重分析淡水渔业供给对国家食物安全的作用和意义。

二、生产方式与产业结构研究

（一）淡水渔业与海洋渔业关系研究

在研究淡水养殖产业问题的同时，加强对中国江河、湖泊等淡水渔业资源开发的研究，将淡水渔业、海洋渔业作为一个整体进行全局、系统的研究。

（二）产业结构研究

对于产业间结构调整进行研究，在研究渔业第一产业经济增长的同时，加强第二、三产业经济增长

（第二产业：加工业，如以经济园区带动渔业加工业经济增长。第三产业：都市渔业、休闲渔业的新型经济增长方式），以及三产融合方面的研究，尤其是健康养殖业、水产加工流通业、休闲渔业研究。

（三）产品结构研究

进行提升价值与蛋白含量高、特色产品类别经济研究；结合淡水渔业区划特征，开展特色渔业区划与区域经济研究。淡水产品种繁多，一些品种如鲤、鲢和鲫等，产量大，效益低，而一些优质水产养殖品种，由于竞争引起产品质量和效益下降的问题已经凸现，如对虾、三文鱼、鲟等。

（四）产业链、价值链研究

加强产业链中生产、加工、流通、消费等环节增值研究，特别要加强对新的水产品经营业态、消费业态的研究及对水产品品牌的研究。

三、新型经营主体与组织模式研究

（一）加强新型经营主体研究

对养殖渔民、家庭农场、渔业企业、企业协会、渔业组织等多个主体进行深入研究。

（二）探索新型渔业生产、经营模式

目前，我国淡水生物产业生产方式仍以分散经营和小规模为主，集约化经营的养殖公司（养殖场）较少，而我国淡水适渔水体（如稻田、盐碱地、水库、湖泊、江河）类型多，生产方式多样化（包括池塘养殖、综合养殖、稻田养鱼、水库养殖、湖泊养殖、江河养殖），应进一步研究适合我国淡水生物产业现阶段发展的生产经营规模、组织模式；同时，应加强不同渔业生产、经营模式的成本收益研究。

四、水产品市场、价格波动与国际贸易研究

（一）水产品市场研究

加强水产品国际、国内两个市场的研究，对国内市场，研究消费需求及淡水产品价格波动规律，规避由价格波动带来的价格风险，通过市场需求调整淡水渔业生产结构，引导产业发展；对国际市场，研究出口依赖型水产品的国际竞争力，发挥竞争优势。

（二）重要水产品国际贸易跟踪研究

应对国际贸易规则进行跟踪研究，适时提出我国对国际贸易规则的应对措施；应持续跟踪世界水产品贸易大国与我国主要贸易伙伴国的进出口变动趋势，以及影响双边、多边贸易变化因素，尤其重点研究我国传统水产品贸易伙伴欧洲、美国、日本、韩国和东盟国家，研究提高我国水产品国际竞争力的政策和战略；应加强我国对于进口水产品的技术与贸易政策研究，以应对进口水产品增加的经济形势。

五、淡水生物产业与环境、资源、可持续发展研究

（一）淡水渔业资源开发利用机制研究

我国内陆大部分淡水江河湖泊流域渔业存在资源衰退、过度捕捞，如何科学、有效地进行淡水渔业资源的捕捞开发利用已经是迫在眉睫的研究课题。

（二）淡水养殖生产方式与环境、资源承载力研究

在工业化带来环境污染及我国土地、水资源缺乏的形势下，土地、水资源已成为淡水生物产业发展的制约性因素，同时，淡水养殖本身对水环境也存在一定程度的污染，因此，需要探索研究淡水生物产业发展方式与环境融合，以及与土地、水资源优化配置的研究，以确保产业在生态、经济和社会和谐基础上的可持续发展。

（三）淡水生物产业循环经济研究

淡水生物产业循环经济本质上是一种生态经济，循环经济应遵循"减量、再用、循环"原则，要求产业所涉及的所有水资源、生物资源、投入品及能源在不断运行的经济循环中得到合理和持久利用，使经济活动对自然生态环境影响降到最低程度。

六、淡水生物产业扶持政策研究

（一）产业金融、保险研究

金融领域主要研究如何解决新型渔业经营主体贷款、融资难问题；淡水渔业保险研究主要研究如何通过保险降低淡水养殖业、捕捞渔业的风险问题。

（二）行业补贴、补偿机制研究

淡水生物产业是我国农业的重要组成部分，渔民应与农民具有同样获得国家专项补贴的权利。主要研究如何充分利用 WTO 绿箱政策对渔民进行财政补贴，应对渔业补偿机制进行研究，特别是针对失水、失船等转产转业渔民的补偿机制，以保障渔民基本权益。

第七节　经济创新研究的保障措施与政策建议

经过 30 多年的快速发展，我国淡水生物产业已进入新的转型发展期，产业结构将发生很大的变化，加强转型期淡水生物产业经济研究，对于产业持续健康发展的意义重大。

一、加强重大战略课题的顶层设计，强化宏观层面的经济研究

与国民经济其他产业部门相比，虽然淡水生物产业经济占比较低，但其作为农业和农村经济的重要

组成部分,涉及近2000万渔业人口的生计,对促进农业、农村发展和提高农渔民收入有着极其重要的作用。因此,要加强重大战略课题的顶层设计,强化对影响产业持续发展、影响产业增效和渔民增收等宏观层面重大经济问题的研究。一是站在全球的高度,加强研究提高我国水产品国际竞争力的经济战略,以及利用"一带一路"战略输出技术、产能和产品的经济战略。二是持续跟踪研究近年来国家渔业产业政策的效果,为宏观政策的制定提供相关决策依据。要保证在任何一项重大产业政策出台前,首先要进行经济研究。三是产业可持续发展研究,要充分研究淡水生物产业与资源、环境和社会关系,保证产业既获得快速高效的发展,能对社会进步和经济增长起到促进作用,又不对环境、资源造成负面影响。四是加强淡水生物产业与农业及国民经济其他产业部门的关系研究,为产业持续健康发展创造良好的经济环境。

二、加强跨地区、多层次联合研究,保证研究素材、经济数据的充分和准确性

我国淡水生物产业产量大,产品品种与生产方式多,生产区域和消费区域涉及面广,信息数据量大而复杂,单单依靠已有的统计数据和个别机构人员的调研,很难获得研究所需的素材、经济数据,无法保证数据的充分和准确性,也就无法保证经济研究成果的可靠性。因此,对于重大研究课题,必须组织跨地区、多层次的联合研究,甚至需要组织与国外研究机构的联合,这与渔业自然学科的研究有很大的不同。要组织分散于各种机构的优势研究团队、优秀人才,逐步建立覆盖淡水生物产业各子产业门类、贯穿产业链、优势互补、协作共享的研究团队,人员组成要既包括渔业专业人员,又包括经济研究专业人才,通过建立良好的合作机制,合作立项研究、推进交流合作,培养人才。

三、增加研究经费,加快培养产业发展战略型和经济研究人才

加强淡水生物产业经济研究,必须要改变"经济研究就是搞搞调研、编写报告"的观念,必须改变"不需要多少研究经费"的观念,必须改变"不需要高水平专业人才"的观念。提高经济研究的针对性、可靠性与有效性,必须解决以下三大问题。

一是要增加经济研究基础设施建设和项目研究经费。经济研究的素材是信息与数据,数据都需要历史的积累,而不是等到进行项目研究时临时收集,因此,要组织专门队伍,增加经费,建设经济信息基础收集系统,同时,要增加研究项目的经费,使研究人员有足够的经费用于调研。

二是要加强学科建设,培养战略和经济研究人才,建设研究团队。学科建设和人才培养需要一个长期的过程,除大学学位教育外,要充分利用"中国渔业经济专家论坛"和各类行业协会组织的"产业发展论坛"或"峰会"等各类平台,培养产业发展战略型和经济研究人才。

三是要鼓励自由研究思想。经济与战略研究不同于自然学科的研究,需要研究人员有自由开放的发散型思维,除提高研究者的经济理论水平外,应该鼓励研究人员深入产业基层,去调研问题、发现问题,从基层的研究中发现解决产业问题的途径,提高经济研究对解决产业实际问题的针对性。

参 考 文 献

毕定邦, 胡伟, 解力平. 1990. 渔业经济学. 杭州: 浙江人民出版社.

操建华. 2014. 中国渔业经济学的研究进展与展望. 生态经济(中文版), 30(12): 88-92.

陈洁. 2011. 中国淡水渔业发展问题研究. 上海: 上海远东出版社.

陈洁, 朱玉春, 罗丹. 2010. 中国淡水养殖业的科技瓶颈与突破. 管理世界, (11): 61-67.

陈曙. 2010. 湖北省淡水渔业生产的投入要素分析. 华中农业大学学报(社会科学版), (2): 60-63.

董蓓. 2015. 湖北省渔业可持续发展指标体系构建及综合评价研究. 华中农业大学硕士学位论文.

高强, 王海雨, 张亚敏. 2012. 水产品价格、渔民收入与水产品产量增加的实证研究——基于协整和 VAR 模型的实证分析. 中共青岛市委党校青岛行政学院学报, (3): 13-17.

韩立民, 张红智. 2005. 渔业经济的产业特性及相关研究范畴. 中国海洋大学学报(社会科学版), (5): 7-11.

胡德春. 2004. 中国淡水产品出口现状及问题. 中国农村经济, (7): 53-65.

胡笑波, 骆乐. 2001. 渔业经济学. 北京: 中国农业出版社.

李可心, 朱泽闻, 钱银龙. 2012. 国家水产技术推广机构指导并联合渔业合作经济组织开展技术推广服务的分析与探讨. 中国水产, (1): 34-36.

李育林, 陈汉能. 2014. 中国渔业补贴制度研究评析. 世界农业, (5): 98-103.

梁永国, 罗胡英, 王永新. 2010. 基于结构优化的渔业经济第三产业发展研究——以河北省为例. 中国商贸, (10): 221-223.

林光纪. 2005. 重构渔业经济学科的探讨. 中国渔业经济, (3): 6-8.

林光纪. 2011. 渔业经济学科的前沿与现实. 福建水产, 33(3): 68-72.

骆乐. 2011. 渔业经济学. 北京: 中国农业出版社.

闵宽洪. 2006. 我国休闲渔业发展浅析. 中国渔业经济, (4): 21-23.

穆欢, 张胜宇, 杨其海. 2016. 洪泽湖渔业产业发展和行业协会建设实践. 水产养殖, (3): 35-37.

孙琛. 2005. 加入 WTO 对我国水产品国际贸易的影响及后过渡期的相应对策. 农业经济问题, (9): 54-57.

孙琛. 2006. 渔业对农业结构调整与农民增收的贡献分析. 农业经济问题, 27(7): 51-53.

同春芬, 黄艺, 张曦兮. 2013. 中国渔民收入结构的影响因素分析. 中国人口科学, (4): 73-81.

王衍亮. 2005. 渔业管理学及其研究前沿探讨. 中国渔业经济, (2): 3-9.

吴万夫. 1997. 渔业经济学科的建设与发展. 中国水产科学, (2): 1-10.

杨品红, 李梦军. 2011. 我国大宗淡水鱼可持续发展的战略构想. 安徽农业科学, 39(35): 21809-21812.

杨正勇, 葛光华. 2000. 渔业产业化过程中技术进步的制度经济学思考. 农业技术经济, (3): 29-31.

杨子江. 2005. 渔业经济学思考之一: 渔业经济学研究领域与前沿课题初探. 北京: 中国水产学会全国水产学科前沿与发展战略研讨会.

杨子江. 2007. 基于体验经济视角的休闲渔业及其发展模式探讨. 上海海洋大学学报, 16(5): 470-477.

姚震, 骆乐. 2001. 渔业制度变迁对渔业生产率贡献的分析. 中国渔业经济, (6): 16-17.

于孝东, 王力. 2013. 生态学视野下的水库渔业可持续发展困境及路径选择——千岛湖保水渔业例证. 生态经济, (3): 143-147.

袁新华, 李彩艳, 缪为民. 2008. 我国渔业经济增长的制度经济学分析. 2008 年中国渔业经济专家论坛论文集.

张成, 张伟华, 高志平. 2014. 我国水产养殖业技术效率和全要素生产率研究. 农业技术经济, (6): 38-45.

张莉. 2012. 淡水渔业产业链整合研究. 武汉: 华中师范大学出版社.

周睿, 李光华, 吴敬东, 等. 2015. 云南省渔业产业结构的灰色关联分析. 云南农业, (1): 43-46.

Anderson J L. 1985. Market interactions between aquaculture and the common-property commercial fishery. Marine Resource Economics, 2(1): 1-24.

Anderson J L, Bettencourt S U. 1993. A conjoint approach to model product preferences: the new england market for fresh and frozen salmon. Marine Resource Economics, 8(1): 31-49.

Asche F, Bjørndal T, Young J A. 2001. Market interactions for aquaculture products. Aquaculture Economics & Management, 5(5-6): 303-318.

Asche F, Gordon D V, Hannesson R. 2004. Test for market integration and the law of one price: the market for whitefish in france. Marine Resource Economics, 19(2): 195-210.

Asian Development Bank. 2005. An evaluation of small-scale freshwater rural aquaculture development for poverty reduction.

Beach R H, Viator C L. 2008. The economics of aquaculture insurance: an overview of the U.S. pilot insurance program for cultivated clams. Aquaculture Economics & Management, 12(1): 25-38.

Cacho O J. 1997. Systems modelling and bioeconomic modelling in aquaculture. Aquaculture Economics & Management, 1(1-2): 45-64.

Cheng H T, Capps O. 1988. Demand analysis of fresh and frozen finfish and shellfish in the united states. American Journal of Agricultural Economics, 70(3): 533-542.

Chu J, Tudur L. 2010. Stakeholders perceptions of aquaculture and implications for its future: a comparison of the U.S.A. and Norway. Marine Resource Economics, 25(1): 61-76.

Curtis, Squires, R & Dale. 2007. Fisheries & aquaculture economics & management.

Dey M M, Paraguas F J, Srichantuk N, et al. Technical efficiency of freshwater pond polyculture production in selected Asian countries: estimation and implication. Aquaculture Economics & Management, 9(1-2): 39-63

Engle C, Valderrama D. 2004. Economic effects of implementing selected components of best management practices (bmps) for semi-intensive shrimp farms in honduras. Aquaculture Economics & Management, 8(3-4): 157-177.

Guttormsen A G. 1999. Forecasting weekly salmon prices: risk management in fish farming. Aquaculture Economics & Management, 3(2): 159-166.

Kinnucan H W, Myrland Ø. 2005. Effects of income growth and tariffs on the world salmon market. Applied Economics, 37(17): 1967-1978.

Kobayashi M, Msangi S, Batka M, et al. 2015. Fish to 2030: the role and opportunity for aquaculture. Aquaculture Economics & Management, 19(3): 282-300.

Ling B H, Leung P S, Shang Y C. 1998. Behaviour of price transmissions in vertically coordinated markets: the case of frozen black tiger shrimp (*Penaeus monodon*). Aquaculture Economics & Management, 2(3): 119-128.

Ling B H, Leung P S, Shang Y C. 1999. Comparing Asian shrimp farming: the domestic resource cost approach. Aquaculture, 175(1-2): 31-48.

Martins C I M, Eding E H, Verdegem M C J, et al. 2010. New developments in recirculating aquaculture systems in Europe: a perspective on environmental sustainability. Aquacultural Engineering, 43(3): 83-93.

Mccausland W D, Mente E, Pierce G J, et al. 2006. A simulation model of sustainability of coastal communities: aquaculture, fishing, environment and labour markets. Ecological Modelling, 193(3-4): 271-294.

Nauman F A, Gempesaw C M, Bacon J R, et al. 1995. Consumer choice for fresh fish: factors affecting purchase decisions. Marine Resource Economics, 10(10): 117-142.

Neiland A E, Soley N, Varley J B, et al. 2001. Shrimp aquaculture: economic perspectives for policy development. Marine Policy, 25(4): 265-279.

Prince E D, Maughan O E. 1978. Freshwater artificial reefs: biology and economics. Fisheries, 3(1): 5-9.

Shang Y C. 1973. Comparison of the economic potential of aquaculture, land animal husbandry and ocean fisheries: the case of taiwan. Aquaculture, 2: 187-195.

Shang Y C, Fujimura T. 1977. The production economics of freshwater prawn (*Macrobrachium rosenbergii*) farming in Hawaii. Aquaculture, 11(2): 99-110.

Sharma K R, Leung P. 2003. A review of production frontier analysis for aquaculture management. Aquaculture Economics & Management, 7(1-2): 15-34.

Valderrama D, Engle C R. 2001. Risk analysis of shrimp farming in honduras. Aquaculture Economics & Management, 5(1-2): 49-68.

Xie J, Kinnucan H W, Myrland Ø. 2008. The effects of exchange rates on export prices of farmed salmon. Marine Resource Economics, 23(4): 439-457.

案例篇

第十二章　淡水生物资源养护与生态修复典型案例*

第一节　莱茵河流域资源养护和生态修复

莱茵河（Rhine River）是一条国际性河流，发源于瑞士的阿尔卑斯山，流经法国东部，纵贯德国南北，最后抵达荷兰入海，流域内生活着大约 5800 万人，是欧洲的重要水道和沿岸国家的重要供水水源地，对欧洲的社会、政治、经济发展都起着重要作用。莱茵河及沿河地区大量的开发利用、互相冲突的利益及特殊的环境与洪水问题，将保护及综合治理莱茵河的重要性摆在了人们面前。以保护莱茵河国际委员会为代表，莱茵河流域各国建立并不断完善协作机制，严肃律己、互通信息、整治污染。经过多年努力，如今的莱茵河已恢复生机、重现美丽，多国协作的平台仍在继续运转，继续守卫莱茵河。莱茵河流域曾经经过的污染、治理、生态恢复和国际合作过程，对于我国正在进行的全面小康社会建设，特别是流域水资源开发利用，具有重要的借鉴意义。

一、发展历程

（一）莱茵河概况

莱茵河发源于瑞士格劳宾登州（Graubünden）的阿尔卑斯山区，流经列支敦士登、奥地利、德国和法国，最终于荷兰鹿特丹附近流入北海（North Sea），是欧洲最重要的河流之一。莱茵河全长 1230km[①]，可分为 6 个河段（Van der Velde and Van den Brink，1994；Uehlinger et al.，2009），即阿尔卑斯莱茵河（Alpine Rhine）及其支流、高莱茵河（High Rhine）、上莱茵河（Upper Rhine）、中莱茵河（Middle Rhine）、下莱茵河（Lower Rhine）及莱茵河三角洲（Delta Rhine），在三角洲地区分成三条支流汇入北海。

莱茵河流域全年水量充沛，平均径流量 2300m³/s，流域面积 185 260km²（Uehlinger et al.，2009），整个流域生活着约 5800 万人，3000 万人以莱茵河为饮用水源（Plum and Schulte-Wülwer-Leidig，2014）。自瑞士巴塞尔（Basel）起，莱茵河的通航里程达 883km，两岸的许多支流通过一系列运河与多瑙河、罗讷河等水系连接，构成四通八达的水运网（Lelek，1989），成为世界上内河航运最发达的河流，也是最繁忙的流域之一，带动了内陆经济的持续发展，形成许多著名的城市（如康斯坦茨、巴塞尔、法兰克福、鹿特丹等），并集聚了化工、钢铁机械制造、旅游、金融保险等产业带。流域各国通过多种国际机构进行共同管理，真正实现了与一条河的共同繁荣。

（二）莱茵河的环境污染

莱茵河对沿岸国家渔业和航运交通发挥了重要作用。早在 1885 年，沿岸国家就签署了莱茵河上第一

---

* 编写：庄平，危起伟，赵峰

① 通常所说的莱茵河长度是指"Rheinkilometer"，其范围是在 1939 年测定的从康士坦茨湖（Lake Constance）的旧莱茵河桥（Old Rhine Bridge）（0km）到荷兰角港（Hoek van Holland）（1036.20km）的距离。然而在 19 世纪和 20 世纪完成一系列河道疏浚工程后，这一长度明显小于河流的自然分布范围。莱茵河全长（total length）应当包含康士坦茨湖和阿尔卑斯莱茵河（Alpine Rhine），但是对其直接测量比较困难，以前估计全长为 1320km，直到 2010 年 3 月德国指出莱茵河全长要比以前认为的短 90km，随后荷兰政府水文局也宣布经核实确认莱茵河全长为 1230km

个国际公约，即鲑渔业监管公约；到 1900 年和 1902 年，又分别签署了对易燃、易腐蚀和有毒物质运输进行规范化管理的公约。然而，19 世纪下半叶工业化发展的狂潮使人们忽略了对这条欧洲母亲河的保护，沿岸国家多个工业区大量污水排入河中，严重侵害莱茵河生态环境，以致河内鱼虾绝迹，甚至莱茵河一度得名"欧洲的下水道（the sewer of Europe）"（ICPR，2004）。例如，莱茵河在德国段就有约 300 家工厂把大量的酸、漂液、染料、铜、镉、汞、去污剂、杀虫剂等上千种污染物倾入河中。此外，河流航道中轮船排出的废油、两岸居民倒入的污水、废渣及农场的化肥、农药等，使莱茵河水质遭到严重污染。在 1973～1975 年的监测数据表明，每年大约 47t 汞、400t 砷、130t 镉、1600t 铅、1500t 铜、1200t 锌、2600t 铬、1200 万 t 氯化物随河水流入下游的荷兰境内（Kiss，1985）。

然而，使人们彻底意识到对莱茵河的治理刻不容缓的还是两次著名的污染事故。1986 年 11 月 1 日，瑞士巴塞尔的桑多兹（Sandoz）化学公司的一个化学品仓库发生火灾，装有约 1250t 剧毒农药的钢罐爆炸，硫、磷、汞等有毒物质排入莱茵河，形成 70km 长的微红色"飘带"向下游流去，造成大批鳗、鳟、水鸭等水生生物死亡；11 月 21 日，德国巴登市的苯胺和苏打化学公司冷却系统故障，又使 2t 农药流入莱茵河，河水含毒量超标准 200 倍。这两次污染使莱茵河的生态受到了严重破坏，事故造成约 160km 范围内多数鱼类死亡，约 480km 范围内的井水受到污染影响不能饮用。污染事故警报传向瑞士、德国、法国、荷兰四国沿岸城市，沿河自来水厂、啤酒厂全部关闭，改用汽车向居民定量供水。由于莱茵河在德国境内长达 865km，是德国最重要的河流，因而德国遭受损失最大。事故使德国投资了 300 多亿马克的莱茵河治理工程前功尽弃。接近入海口的荷兰将与莱茵河相通的河闸全部关闭。法国和德国的一些报纸甚至将这次事件与印度博帕尔毒气泄漏事件、苏联的切尔诺贝利核电站爆炸事件相提并论。

（三）莱茵河生物资源的丧失

水质污染、航道和水电设施的建设等人类活动导致莱茵河流域大量水生生物资源丧失。在荷兰的监测表明，鱼类物种数量逐年降低（图 12-1），到 1970 年物种多样性降到最低，1980～1991 年经过一系列

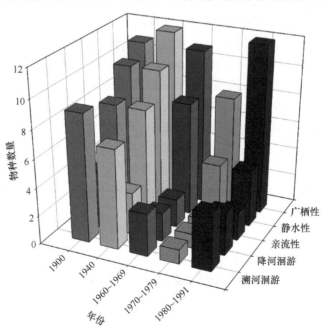

图 12-1 荷兰境内莱茵河及其支流鱼类物种数量变化情况（修改自 Van Dijk et al.，1995）

把鱼类物种分成 5 个类群：广栖性（对流水或者静水没有明显偏好）、静水性（喜欢在静水中生活）、亲流性（喜欢在流水中生活）、降河洄游（海中产卵，淡水中成长）、溯河洄游（淡水中产卵，海水中成长）

治理措施，水质提升后一些洄游性鱼类有所恢复，但是与最初相比仍然显著下降（Lelek，1989；Van Dijk et al.，1995）。例如，大西洋鲑是莱茵河重要的鱼类物种。然而，水质的化学污染导致其数量锐减；水电站建设形成的物理障碍又导致其无法洄游到上游产卵，最终造成莱茵河中鲑数量从 1870 年的 280 000 条左右降低到 1950 年的 0 条（图 12-2）（Van Dijk et al.，1995）。人类的各种活动对莱茵河生态系统造成很多种负面影响，鲑的消失只是其中一个最显著的案例。

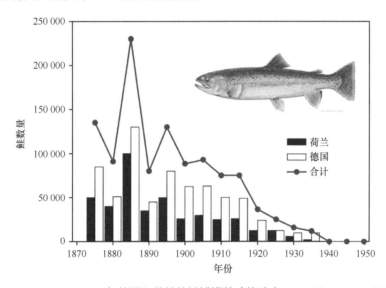

图 12-2　1875～1950 年德国和荷兰的鲑捕捞数（修改自 Van Dijk et al.，1995）

（四）莱茵河治理历程

1. 治理初始阶段

环境污染问题日益严重，作为莱茵河最下游的荷兰受到的危害也最大。1948 年在鲑渔业条约委员会会议上，荷兰提出重视环境污染的问题，并倡议成立专门的组织。1950 年 7 月瑞士、法国、卢森堡、德国和荷兰联合成立了保护莱茵河国际委员会（International Commission for the Protection of the Rhine against Pollution，ICPR），并于 1963 年 4 月 29 日在瑞士首都伯尔尼（Bern）签订了莱茵河保护公约，确定开始采取实质性的污染防治措施，以解决河水的污染问题（Kiss，1985）。起初该委员会的功能是安排对莱茵河污染情况的调查，提出建议并起草指南，来保护该河免受污染。流域内各国除了通过委员会进行合作之外，并没有其他的污染控制义务，因此在污染治理开始阶段取得的成果也很小。

2. 水质恢复阶段

直到 1986 年，瑞士和德国的两次重大环境事故终于唤醒民众、企业和政府。痛定思痛，流域内各国开始了对莱茵河治理的思考。连续召开了三次部长级会议，讨论水质污染问题，最终于 1987 年制定了"莱茵河行动计划（The Rhine Action Programme）"，投入大量的人力、财力对莱茵河的污染进行整治，并且提出到 1995 年各种污染物削减率达到 50% 的目标。各国积极兴建污水处理厂，采用新技术和流程，减少水体污染；采取强有力的措施降低意外事故造成的污染风险，成功地减少了城市生活污水和工业废水的排放量。

3. 生态修复阶段

在水质逐渐恢复的基础上，ICPR 提出了改善莱茵河生态系统的目标，保证莱茵河水域能够安全地作为饮用水源；同时提高流域生态质量，使高营养级物种（如鲑等）重返原来的栖息地（Plum and Schulte-Wülwer-Leidig，2014）。到 1999 年，在原来五国的基础上欧盟新加入了 ICPR，修改并签署了新的莱茵河保护公约，议题扩展到解决洪水、地下水及生态问题（ICPR，1999）。各缔约国本着相互信任、相互合作的精神从整体的角度看待莱茵河流域生态系统的可持续发展，将河流、河流沿岸及与河流有关的区域一起考虑来保护莱茵河流域的生态系统健康。这为莱茵河综合管理打下了基础，也标志着人类在国际水管理方面迈出了重要的一步：确立生态系统目标，拓宽合作范围，而不仅仅是河流水质方面的合作。不仅要防治莱茵河污染，而且要恢复整个莱茵河生态系统。

4. 提高补充阶段

随着 1993 年和 1995 年洪水的发生，又制定了"洪水行动计划（Action Plan on Floods）"以减少极端洪水的危害，提高洪水意识，增强对洪水的预警能力，保护人民生命财产安全，并提高和加强河滩区生态功能。"莱茵河 2020 行动计划"明确了实施莱茵河生态总体规划。随后还制定了生境斑块连通计划（Habitat Patch Connectivity）、土壤沉积物管理计划（Sediment-management Plan）、莱茵河洄游鱼类总体规划（Masterplan Migratory Fish Rhine）、微型污染物战略（Strategy for Micro-pollutants）等一系列行动计划（图 12-3）（Plum and Schulte-Wülwer-Leidig，2014）。2000 年后的这些行动计划的目的已经从当初应对迫在眉睫的挑战转向更高质量环境的创建和生态系统服务功能的开发上来。

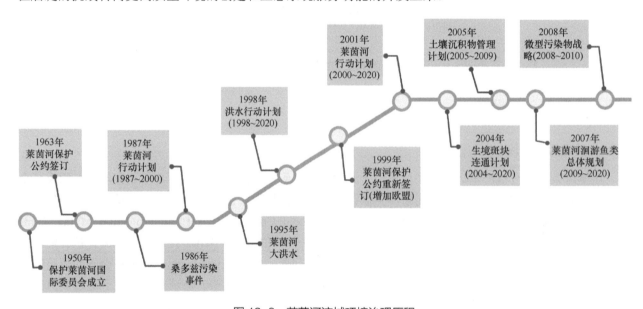

图 12-3　莱茵河流域环境治理历程

二、主要做法

（一）成立全流域国际管理组织

保护莱茵河国际委员会（ICPR）成立于 1950 年，是莱茵河保护工作的跨国管理和协调组织，实施了多项莱茵河环境保护计划。该组织的主要任务有 4 项：①国际流域管理对策、建议及行动计划的制定与评估；②根据行动计划做出科学决策；③向莱茵河流域国家提供年度评价报告；④向公众通报莱茵河的环境状况和治理成果。委员会最高决策机构为每年一度的流域各国部长会议，主席由各成员国轮流担任，常设机构秘书处负责日常工作。ICPR 设有由政府间组织（如河流委员会、航运委员会等）和非政府间组织（如自然保护和环境保护组织、饮用水公司、化学企业、食品企业等）组成的观察员小组，监督各国工作计划的实施；另外还有许多技术和专业协调工作组，如水质工作组、生态工作组、排放标准工作组、防洪工作组、可持续发展规划工作组等。

（二）明确治理目标和工作原则

莱茵河保护公约明确了流域治理的适用范围，包括莱茵河、与莱茵河相关联的地下水、莱茵河水生和陆地生态系统、莱茵河流域，以及可能向莱茵河输送污染物的地区、对莱茵河沿岸防洪有重要意义的地区。提出了具体的治理目标：①实现莱茵河生态系统的可持续发展；②保护莱茵河，使其成为安全饮用水源；③改善河道淤泥质量，保证在疏浚时不对环境造成危害；④结合生态要求，采取全面的防洪保护措施。为了实现上述目标，公约还制定了 9 项治理工作原则，分别是：①谨慎原则；②预防原则；③修复原则；④污染支付原则；⑤经济合理原则；⑥重大技术措施补偿原则；⑦可持续发展原则；⑧环境保护原则；⑨环境污染不转嫁给其他环境介质的原则（杨正波，2008）。

（三）制定治理策略和方法

莱茵河流域的生态治理原则和目标确定后，就要制定具体的治理策略，这其中保护莱茵河国际委员会发挥了重要的作用。1987 年 9 月 30 日，成员国部长级会议通过了莱茵河行动计划，确定了 2000 年应达到的目标。这个计划的特点是从河流整体的生态系统出发来考虑莱茵河治理，把鲑重新回到莱茵河作为环境治理和流域生态系统管理效果的标志。执行过程中的主要策略是：①改善莱茵河水质，防止和减少点源、面源污染，保证并提高工业设备的安全，防止发生意外事件；②保护生物多样性；③保持、改善和恢复河流的自然功能；④保持、改善和恢复野生动植物栖息地，改善鱼类的生存条件和恢复其洄游通道；⑤保证水资源得到有利于生态的合理管理；⑥在对水道进行工程开发（包括防洪、航运或水电站）时考虑到生态方面的要求。

1. 改善水质

改善水质是莱茵河治理的首要目标，主要措施有：①执行污水限量排放许可制度并接受监测；②逐步减少有害物质的排放量，直至完全停止排放；③尽量降低意外事故引发的污染风险，并制定应急措施；④可能会对莱茵河生态系统产生严重影响的技术措施应提前送审，确认其符合相关规定。

（1）污水处理

德国在 1976 年制定了《污水收费法》，向排污者征收污水费，对排污企业征收生态保护税，用以建设污水处理工程。以杜伊斯堡市为例，这座拥有 53 万常住人口的城市每年要产生数千万吨的生活污水，再加上工业厂区的污水，需要强大的污水处理系统。政府鼓励企业联合兴建污水处理系统，实行有偿使用和处理。通过科学合理铺设而成的地下管道将整个城市的生活用水引向几个固定的污水处理厂，市民在缴纳水费的同时，还需根据使用量交纳 50%的污水处理费。另外，那些处理干净的水又会被污水处理企业循环利用，或者按照需求，用低于地下水的价格出售给当地的园林绿化部门，以及一些企业和庄园，作为工业和农业用水，这又是一笔非常可观的收入。因为有利可图，德国的企业都乐意兴建污水处理厂。到 2010 年，仅杜伊斯堡市就有 30 座大型污水处理厂，甚至还有更多的企业申请兴建，为了避免不必要的浪费，政府只能暂停污水处理厂的审批。

除了兴建污水处理厂，杜绝污水的产生更加重要。例如，在瑞士巴塞尔的制药和化工行业除了为工业废水处理投入资金外，还对那些高污染的生产部门进行清理，转而在研究、开发与管理领域加大投入。

推广企业中相关物质的生态管理，如开发对环境危害较低的产品、采用环保型生产工艺和清洁生产技术、无害环境的原材料、材料回收再利用等。另外，为了防止事故污染，ICPR 清查了所有工厂，定期检查这些工厂的设备安全标准和安装情况。ICPR 的综合报告《防止事故污染和工厂安全》概括了基本的工业安全的方方面面。自 1992 年，ICPR 对防止事故污染和工厂安全的关键方面提出了建议，如防止填装时溢出的安全锁定装置、防火意识、有害物质倾覆、管道安全等。这些措施对莱茵河治理起了重要作用。

（2）富营养化治理

由于使用含磷洗涤剂和过量施用化肥，莱茵河水质出现严重的富营养化问题。废水处理及营养物质的转移是避免更多富营物质进入水体的重要方法。德国在 1975 年颁布了《洗涤剂和清洁剂法规》，规定了磷酸盐的最大值。又于 1990 年对含磷洗涤剂加以明文禁止，有效避免了含磷洗涤剂和化肥的过量使用，遏制了莱茵河的富营养化趋势。通过调整洗涤剂成分，磷的入河排放量由 1975 年的 42 000t 减少到 1990 年的 5000t 以下。荷兰采用了多种技术对富营养化的湖泊进行修复，包括水文学（主要是引入其他地方的贫营养水进行稀释）、化学（添加一些化学物质）及生物调控（利用食物链原理通过下行效应进行控制）的方法（Gulati and Donk，2002）。另外，荷兰的税收与矿物计算系统的联合应用构成了很富弹性的经济调控手段。矿物计算系统要求准确记录所有的氮、磷排放，目的是将农场的排放最小化到免征税水平。如果超过了这个值，要为超出部分纳税，其优点在于给农场主机会，以便采取最适合的措施来满足环境的要求，这要比采用一般性政策措施要求每一位农场主满足要求更具有弹性。

（3）水质监测

为了确保水体保护的有效性，在莱茵河及其支流沿岸建立了水质监测站，从瑞士至荷兰一共设有 57 个监测站点，采用先进的监测手段对河水进行监控，形成监测网络。最初的监测着重于对水体的测量，后来监测对象逐渐扩展到悬浮颗粒物、底泥及生物体中的化学物质，超过 100 种成分被监测。另外，还增添了鱼类、无脊椎动物和浮游动物等生物监测。现在每个监测站都有早期水质预警系统，通过连续生物监测和实时在线监测系统，对短期和突发性污染事故进行预警（ICPR，2007，2010）。

除了常规的水质监测，ICPR 统一协调下的多国协作机制在处理紧急环境污染事故中也发挥重要作用。"国际警报方案"是沿河各国的警报与信息互通平台，借助设立于瑞士、法国、德国和荷兰的 7 个警报中心相互沟通，当发现污染物时，快速确认污染源，并发布警报。2011 年德国境内一艘装载 2400t 浓硫酸的轮船在莱茵河上翻覆，引发环境污染威胁，由船务公司、当地水务管理部门及邻近各州政府机构组成的危机应对小组决定，以 12L/s 的速度缓缓释放硫酸，用莱茵河 1600 万 L/s 的流水量将其稀释。在此过程中，"国际警报方案"启动，下游各地区的饮用水生产厂家、过往船只、沿岸居民等都接到硫酸入河的警报。得益于严密的监控，硫酸入河没有产生很大的负面影响。除了参与类似的污染事件处理，"国际警报方案"的 7 个警报中心平时还会相互沟通关于莱茵河水质的最新信息，以应对可能出现的污染威胁。

2. 生态恢复

生态恢复是莱茵河综合治理的最终目标，除了提高水质外，栖息地修复也是生态恢复的重要措施。生境结构异质性是维持河流水生生物群落平衡的重要因素，异质性丧失通常会导致干流区生物群落的恶化（Gorman and Karr，1978；Ward et al.，2002；Aarts and Nienhuis，2003）。沿莱茵河地区在生境多样性方面还存在很多缺陷，莱茵河一些河段和支流如摩泽尔河、美因河及内卡尔河的一些河段已经变成了分蓄洪区，改变了河流的水文地质条件，导致生境异质性丧失。85%以上的洪泛平原与莱茵河的联系被切断，导致栖息地的严重破坏和莱茵河特有动植物种类的消亡。因此，在"莱茵河 2020 计划"中明确了实施莱茵河生态总体规划：恢复干流，使其发挥莱茵河生态系统的主导作用；恢复主要支流，发挥它们作为洄游鱼类栖息地的功能；保护、改善和扩大莱茵河流域具有生态重要性的地区，为一些植物和动物物种提供生存环境。此外，生态规划还与《栖息地法令》和《鸟类法令》的要求结合起来，制定不同河段的开发目标和实施措施，最终恢复莱茵河从康斯坦茨湖至下游北海及一些有鱼类洄游的支流的生态功能。

莱茵河行动计划的第一条"鲑重返计划"是莱茵河生态恢复的重要指标，为了让鲑重返产卵地，开发和实施了很多项目（ICPR，2009）。首先，打通鲑洄游路线，恢复生境连通性和生态连续性，使鱼类在上下游间能够自由迁徙。莱茵河沿岸国家为去除鲑溯游障碍采取了一系列措施，例如，莱茵河三角洲地区的哈灵水道（Haringvliet）开放部分水闸；改造河堰，降低各支流水系中堰坝的高度；修建实验性设备以保护鱼类免受涡轮伤害；水电站运营者出资为莱茵河关键位置的水坝修建鱼道；等等（图12-4）。其次，改善栖息环境。保护和改善支流上的栖息地以恢复鱼类产卵地。如原有渠化堤岸不适合水生植物和动物生长，就把它恢复为自然滩状，以大石头替代水泥，以使鱼类能在石隙间栖息或找到微生食物。最后，人工放流加快恢复。为了重新培养莱茵河鲑，有关部门在苏格兰和法国西南部购买鲑鱼卵，将它们孵化后进行莱茵河的放流，并且开发了一套监测鲑生长状况的软件。

图12-4　荷兰境内莱克河上的鱼道

3. 洪水治理

由于面临严峻的洪水形势，莱茵河流域各国提出防洪战略要集中在减轻灾害风险、降低洪水水位、增强风险意识和完善预警系统4个方面。1998年1月22日，在荷兰鹿特丹举行的第12届莱茵河部长会议上正式通过了总额120亿欧元的"莱茵河洪水管理行动计划"。通过水管理、城镇规划、自然保护、农业和林业、预防等综合措施解决洪水问题。莱茵河洪水管理行动计划的具体措施分为五大类，并按照1998年到3个规划目标年，即2000年、2005年和2020年，分别列出达到的指标效果和投资费用。在计划中所有预期结果都尽可能量化，如扩大天然蓄洪区面积100km²等。根据流域2020年可持续管理目标，针对该行动计划防洪管理对策的4个方面提出了4点目标，即以1995年洪水为基准：①到2000年抑制灾害损失风险的上升，到2005年减少灾害损失风险10%，到2020年减少25%；②到2005年降低莱茵河上游调蓄段以下最高洪水位30cm，到2020年降低70cm；③2005年完成50%以上洪泛区和洪水高危险区域内的洪水风险分布图，到2020年完成所有区域的洪水风险分布图；④短时间内改善洪水预警系统，到2000年将现有洪水预警时间延长50%，到2005年延长1倍（姜彤，2002）。

三、取得成效

经不懈治理，莱茵河水质得到了很大改善，早已洗刷了"欧洲下水道"的恶名，恢复生机。1992年，莱茵河所有污染物实现了50%以上削减率的目标，96%的污染物得到控制，部分污染物排放减少了90%，氮、磷等营养物质和非点源污染实现有效控制，河水富营养化明显改善，氯化物含量显著下降，重金属浓度控制在较低水平（ICPR，2014）。2000 年几乎所有的排放指标都达到了要求，经水质提升、河流连通性提高及保护生境之后，莱茵河动植物显著恢复，很多对环境敏感的已经灭绝或者显著减少的物种开始回归。2012～2013 年监测到 44 种水生植物，306 种底栖硅藻，500 多种大型底栖动物，64 种鱼类物种（ICPR，2015）。因对水质要求非常高而被当作指标物种的鲑在一度绝迹后，也开始重回莱茵河，2008 年已有 5000 条以上的鲑返回莱茵河产卵。目前正在实施的部分过去易受洪水影响地区的重建行动将引导莱茵河发展成为一个生物多样、灾害较少、更加自然的河流系统。如今莱茵河水干净清澈，可直接饮用，成为世界上管理最好的一条河流。

1. 水环境综合管理效果

由于采取污水处理技术、推行清洁生产及对某些物质实行禁排或限排等多项有效治理措施，成功减少了污水排放量，水中氧气含量逐渐增加，无机污染物也有所减少，莱茵河水质显著提高（Lelek and Köhler，1990）。例如，莱茵河下游德荷边界的 Lobith 水域中溶解氧在 20 世纪 60 年代一度低于 40%，如今大部分时间溶解氧饱和度保持在 90% 以上；可溶解有机碳（DOC）含量显著降低并且趋于稳定（图 12-5），说明大量投资污水处理厂降低了河流生物降解物质。另外，造纸工业在制浆中改用氧漂白代替氯漂白使得莱茵河中有机合成氯化物主要成分可吸附有机卤化物（AOX）浓度明显降低（图 12-5）；重金属污染的净化取得重大成功，砷、镉、汞的含量减少了 90% 以上（图 12-6）。氨氮在 20 世纪 60 年代中期和

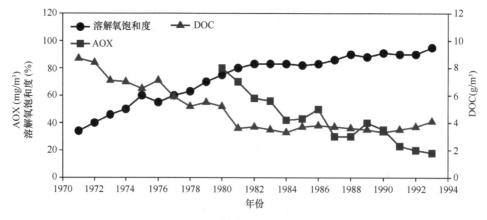

图 12-5　莱茵河在德荷边界 Lobith 水域监测断面溶解氧饱和度、可吸附有机卤化物（AOX）及可溶解有机碳（DOC）含量多年变化（修改自董哲仁，2005）

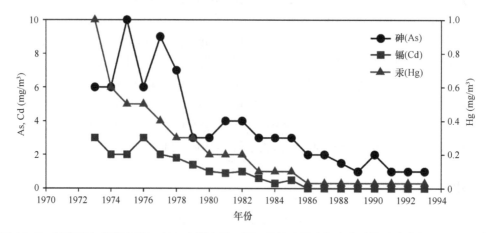

图 12-6　莱茵河在德荷边界 Lobith 水域中砷、镉、汞的含量多年变化（修改自董哲仁，2005）

70 年代初出现了两次污染高峰，氨氮浓度一度超过 3.3mg/L，70 年代中后期，其开始逐步减少，2000 年以后，水体中氨氮浓度基本保持在 0.1mg/L 以下。总磷也呈下降趋势，1978 年总磷浓度为 0.56mg/L，到 2010 年已减少到 0.12mg/L，削减率达 78.8%（图 12-7）（ICPR，2015）。原先水中有些物质由于含量越来越小，到 2014 年已经被移出莱茵河污染物的名单中（ICPR，2014）。

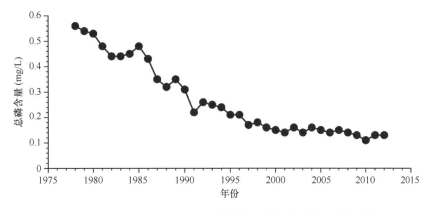

图 12-7　科布伦茨监测站 1978～2012 年总磷浓度年平均值变化情况（修改自 ICPR，2015）

2. 生物资源显著恢复

莱茵河中鱼类、无脊椎动物、水生植物、硅藻及浮游动物等逐渐恢复。20 世纪 50 年代中期至 70 年代早期，在巴塞尔至德荷边界之间河段大型底栖动物种类数急剧下降。随着莱茵河水质的提升，70 年代中期起种类数有所增加，并持续到 90 年代，2000 年达到最高值，之后缓慢降低（图 12-8）（ICPR，2015）。

鲑重返计划是成功实施综合水管理的标志（ICPR，2009，2015）。该计划的实施显著改善了莱茵河生态状况，1989 年大西洋鲑第一次重新出现在莱茵河支流锡格（Sieg）河上；自 1992 年有记录表明鲑和鳟已经能够在莱茵河自然繁殖；1995 年在伊费茨海姆（Iffezheim）大坝下监测到 9 条鲑，说明鲑实际上可以从大西洋向莱茵河溯游 700 多 km，2015 年 1～6 月，在伊费茨海姆鱼道中监测到超过 150 条鲑、30 条雅丽鲥及 120 条鳗。鲑数量的逐渐恢复说明重返计划是成功的（图 12-9）（ICPR，2015），这再次强调了莱茵河周边国家国际合作的有效性。国际上宏伟的目标已经成功地转化为各级地方所采取的具体措施和行动。

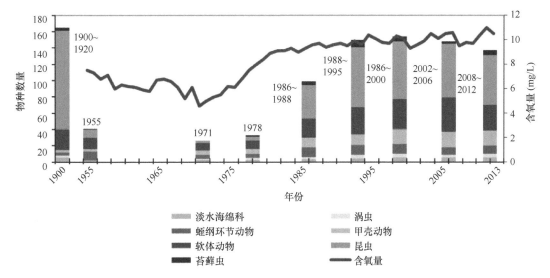

图 12-8　莱茵河几种生物群落（巴塞尔和德荷边界之间河段）及平均含氧量［莱茵河比门（Bimmen）监测站］的历史变化情况（修改自 ICPR，2015）（彩图请扫封底二维码）

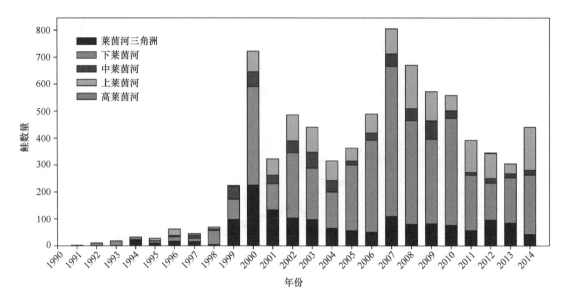

图 12-9 自 1990 年以来在莱茵河监测到的鲑数量变化情况（修改自 ICPR，2015）（彩图请扫封底二维码）

四、经验启示

莱茵河作为跨国性河流，经历了"先污染，后治理""先开发，后保护"的曲折历程。从莱茵河环境治理的经验中可以看出，河流一旦被污染，治理的过程十分漫长，治理费用十分昂贵，河流生态系统短时期难以恢复。莱茵河环境治理花费了近 50 年的时间，才初步达到治理目标。类似我国长江这样的大江大河，虽然现在总体的环境状况比当年莱茵河污染最严重的时候要好得多，但生态退化的趋势非常严峻，生态保护已是迫在眉睫、刻不容缓。2016 年 1 月 5 日，国家主席习近平在重庆召开推动长江经济带发展座谈会时指出："当前和今后相当长一个时期，要把修复长江生态环境摆在压倒性位置，共抓大保护，不搞大开发。"在中央统一部署下，沿江地区已经开展相关行动。莱茵河流域的综合治理给我们提供了很多值得借鉴的宝贵经验。保护莱茵河国际委员会（ICPR）秘书长范德韦特灵总结莱茵河治理成功经验时说，政治意愿和共识、各国之间的相互信任、政府高层协调合作、专业人士全程参与，以及非政府组织发挥政府和公众之间的传达和沟通作用是关键因素。莱茵河流域曾经经历过的污染、治理、生态恢复和国际合作过程，对于我国正在进行的流域资源保护与恢复，特别是长江"共抓大保护"的工作，具有重要的借鉴意义。

1. 建立全流域跨部门的综合管理机制

以长江为例，目前相关的管理部门有十几个（如长江水利委员会、长江流域渔政监督管理办公室、长江流域水资源保护局等），沿江还有多个各级政府，但是由于管理机构职能单一，管理手段不完善，难以承担起综合管理职责；现有管理法规协调性不够；水、土、生物等资源类型与生态环境管理机制存在冲突，阻碍综合管理措施有效实施。因此，可参照 ICPR 模式，打破部门和地域之间的分割状况，在流域尺度上建立多目标综合管理机构，明确流域管理机构的宏观管理职能和直接管理职能，确立应有的权威，如政策法规制定，环境影响评价，审批责权，以及立项管理、资金管理等。通过跨部门、跨地区协调管理与合作，统筹流域内水、土、生物等资源要素的保护管理，做出长江流域整体规划，制定整个流域的综合管理机制，实现流域经济、社会和环境等诸方面的最优化。

沿江上下游城市是否能通过利益关系的调整而紧密配合，是治理长江相当重要的一环。可学习 ICPR 的管理方式，提升下游区域的话语权。例如，ICPR 的主席由各成员国轮流担任，但秘书长却总是荷兰人。

这不仅因为荷兰是最下游的国家，在河水污染的问题上最有发言权，最能够站在公正客观的立场上说话，更重要的是，处于最下游的荷兰受"脏水"危害最大，对于治理污染最有责任心和紧迫感。自身所处的位置使荷兰人最能体会到河流的治理必须由流域内所有国家或地区共同合作才能收到良好效果。

2. 制定具体的工作目标和行动计划

针对要解决的问题制定具体目标和行动计划。例如，莱茵河治理初期面对严峻的污染问题提出以生态环境为主体的"莱茵河行动计划"；当洪水引起人们的关注时，又推进了"洪水行动计划"；水质提升后提出作为生态恢复重要指标的"鲑重返计划"；等等。如今保护莱茵河国际委员会已将"莱茵河生态系统的可持续发展"确定为首要目标。特定物种的恢复反映的不仅仅是水污染防治和渔业问题，更是整个水域的生态系统恢复的标志。因此，针对某些水域可以制定特定物种的恢复计划，以检验全流域生态系统的良好性。例如，可以制定长江中特定物种，如中华鲟、江豚、刀鱼等的恢复行动计划，作为长江生态恢复的标志。

在莱茵河的生态综合治理中，为了让鲑重返产卵地，打通鲑洄游路线，恢复生境连通性和生态连续性，使鱼类在上下游间能够自由迁徙，采取了一系列措施，如降低堰坝高度、修建鱼道、改善栖息地环境等。目前，长江上下游、干支流、左右岸和水陆之间，开发建设缺乏统筹，生态空间不断被挤占，导致河流连通性降低、生态系统割裂，长江干流通江湖泊仅剩下鄱阳湖、洞庭湖和石臼湖，自然湿地面积减少近1000km²（高吉喜，2016）。因此，要严格控制沿江大坝的建设，修建洄游鱼类通道，恢复干流与支流和沿江湖泊的生境连通性，为渔业资源恢复营造适宜的栖息地环境。同时，学习莱茵河鲑鱼苗人工放流经验，成立专门的增殖放流管理机构，将放流资金纳入财政预算，开展科学研究，提供技术支撑，建立渔业资源增殖放流长效机制，实现放流种类人工繁育的有效控制，促进受损种群重建，增加长江及其通江湖泊的渔业资源量，达到资源恢复发展和持续利用的目的。

3. 从源头治理污染

水质提升是水生生物资源恢复的首要前提。要从源头上严控污染源，清查沿江所有工厂，定期检查这些工厂的设备安全标准和安装情况，控制各种污染物入河。提升两岸工业和生活废水处理率，并设立长期水质监测站点。例如，荷兰曾有一家葡萄酒厂检测出一种从未见过的化学物质，委员会立即组织 8 个国家的监测站寻查，发现是法国一家葡萄园喷洒农药的残留，污染很快得到解决。另外，还要提高工业部门的管理水平，避免污染事故发生。如在德国现行环境法规中，风险预防是一项最基本的原则，其核心内容被表述为"社会应当通过认真提前规划和阻止潜在的有害行为来寻求避免对环境的破坏"。德国在 1975 年颁布了《洗涤剂和清洁剂法规》，规定了磷酸盐的最大值，又于 1990 年对含磷洗涤剂加以明文禁止，有效避免了含磷洗涤剂和化肥的过量使用，遏制了莱茵河的富营养化趋势。

4. 建立严格的污染处罚与生态补偿机制

通过充分运用经济手段，来保证环保法规的法律效力，因为对于流域管理中的外部不经济问题，法律化的经济手段最为有效。例如，德国在 1976 年制定了《污水收费法》，向排污者征收污水费，对排污企业征收生态保护税，用以建设污水处理工程。化工企业须先接受检测，确认对环境没有影响方可生产，超标企业必须撤出市场或做出整改。强化社会压力，使企业恪守责任，相关法规使污染企业得不到银行贷款，企业声誉和形象也会受到影响，这就促使企业不得不重视环境利益。

另外，还要发挥市场机制作用，建立生态保护补偿机制。加大对重点生态功能区转移支付力度，建立以干流跨界断面水质为主、向中上游地区倾斜的补偿资金分配标准，形成长江干流补偿制度。支持重要支流上下游通过采取资金补助、产业扶持、人才培训、共建园区等方式开展横向生态保护补偿试点工作。

5. 促使公众参与

环境管理涉及每一个人的利益,除了政府的支持和重视,还需要公众增强环保意识,自觉参与维护,需要政府和公众的互补和合作,以使环保政策得到普遍的认同和执行。例如,德国在 1994 年颁布了《环境信息法》,规定了公众参与的详细途径、方法和程序,在立法上保证公众享有参与和监督的权力。公众参与的途径包括听证会制度、顾问委员制度及通过媒体或互联网获取监测报告等公开信息,保证了流域管理措施能够切实符合广大公众的利益。公众环保意识高涨,以各自不同的方式自觉地保护河流,成为对流域立体化管理的重要组成部分。对流域管理的政策法规及水文、生态和环境信息,公众可以随时查询,参与决策过程,监督各地履行公约的情况。

总之,水污染治理和流域资源保护是一项需要时间和耐心的事业,莱茵河的经验可以借鉴和参考,但无法复制。我们还需要结合自身情况,找出问题所在,努力寻找解决方案。

第二节　美国切萨比克湾流域生态治理

切萨比克湾（Chesapeake Bay）是美国面积最大的河口海湾,也是美国生物多样性最高的河口海湾。伴随人口增长、城市、工业、农场及道路发展,由于过度捕捞、栖息生境遭到破坏和水质恶化等的影响,20 世纪七八十年代,切萨比克湾生态环境严重退化,主要经济鱼类资源急剧下降。为此,美国联邦政府于 1983 年签署的《切萨比克湾协议》（The Chesapeake Bay Agreement of 1983）,正式启动切萨比克湾生态修复项目,经过几十年的治理,切萨比克湾的生态系统已经大为改善,生态修复取得了显著成效:野生动物的栖息繁衍地得到恢复;渔业资源得以保护和养护;富营养化及污染状况大为改善,得到有效防治;土地利用得以依法规划和开发。作为国际上著名的大型水域生态修复工程,切萨比克湾生态修复是美国本土范围乃至世界河口海湾生态修复最为成功的典范,对河口渔业生态修复具有典型参考意义。

一、发展历程

切萨比克湾是美国面积最大的海湾,位于美国东海岸中部的马里兰州和弗吉尼亚州,是大西洋由南向北伸入美洲大陆的海湾。切萨比克湾全长 314km,最窄处 5.5km,最宽处 56km,流域面积 16.6 万 km^2,涵盖了 6 个州（包括纽约州、宾夕法尼亚州、西弗吉尼亚州、弗吉尼亚州、马里兰州,以及特拉华州的部分）和哥伦比亚特区。整个海湾流域包括 150 多条支流,海湾和支流岸线累计达 1.3 万 km。流域内拥有 1992km^2 湿地和大量的河流、小溪,孕育了丰富的生物多样性,有水生动物和植物等 3000 多种,是美国生物多样性最高的河口海湾（陆雯和薛晓晨,2014）。切萨比克湾水域浩瀚,但水域深度极浅,平均水深仅为 8.5m,最大深度是 53m。这意味着,切萨比克湾对气候因素（如温度波动和风）、人类活动影响（如农业、污水处理和城市发展）极其敏感。

自 1950 年以来,切萨比克湾流域具有极为重要的商业、生态和娱乐价值,是美国重要的经济发展和旅游热点地区。流域内的工业主要有炼钢、造船、皮革加工、塑料、树脂制品和化学工业生产。主要农产品包括大豆、蔬菜、烟草等。家禽、海味食品、蔬菜加工等畜牧业和加工工业是切萨比克湾东部沿岸的重要行业。海湾地区人口从 810 万增加到 2000 年的 1600 万。伴随人口增长、城市、工业、农场及道路发展,切萨比克湾环境严重退化,水质严重恶化,鱼类产量不断下降。

美国环境保护局（EPA）组织几十家单位进行调查,确认 20 世纪 80 年代切萨比克湾突出的环境问题为（Chesapeake Bay Program,2000）:①水体呈现严重富营养化。氮和磷富营养化是切萨比克湾的主要环境问题,营养源主要来自流域内经径流带入海湾的粪便、化肥及污水处理厂的排放。据记载,1987 年之前，每年有超过 149.68 万 t 氮和 9071t 磷流入切萨比克湾。这些营养物质引发藻类疯长形成藻华。大规模的藻华覆盖水面，阻挡阳光进入水下，导致大量沉水植物死亡。当海藻死亡并沉到海湾底部时，其分解又消耗大量溶解氧，导致鱼类和贝类缺氧并大量死亡。②森林、湿地大面积消失。随着湾区人口增长、城市扩张，到 2004 年，切萨比克湾流域的森林总面积已不到历史面积的 60%。弗吉尼亚州、马里兰州、宾夕法尼亚州中 60%的湿地已被破坏。沉水植物面积仅为历史面积的 12%。森林、湿地及沉水植物面积的损失，导致对切萨比克湾区至关重要的过滤能力下降，使海湾日常的污染负荷压力显著提高。③水生动物资源量锐减。切萨比克湾盛产牡蛎、螃蟹和其他经济鱼类，为人类提供了丰富的优质水产资源。但由于过度捕捞、栖息生境遭到破坏和水质恶化等的影响，七八十年代，主要经济鱼类资源急剧下降，尤其是条纹鲈（*Morone saxatilis*）、蓝蟹（*Callinectes sapidus*）和本地牡蛎（*Crassostrea virginica*）。据统计，1990 年切萨比克湾蓝蟹捕获量为 4.65 万 t，到 2000 年，蓝蟹捕获量下降为 2.34 万 t；1950 年牡蛎捕捞量占到总渔获物的 44%，到 2004 年，渔获物中几乎难见牡蛎。④水域沉积泥沙量大、浊度高。林地和湿地的损失使径流量增大，径流速度增加，导致更多的沉积物和污染物被直接冲刷进入海湾和它的支流。此外，每年有大约 2 万人从城市搬至郊区建房居住，这意味着郊外更多土地被更改为不透水的地面，如屋顶和路面，导致地面径流无法渗入地下，直接从地面冲刷入河，形成大量的、浑浊的沉积物云团。这些沉积物云团使河流浊度升高，阻挡阳光，抑制沉水植物生长。当沉积物云团沉淀下来时，又导致了底栖生物物种（如牡蛎和蛤蜊）缺氧窒息。

为此，1983 年切萨比克湾项目启动，马里兰州、弗吉尼亚州、宾夕法尼亚州、华盛顿市和美国环境保护局共同签署了《切萨比克湾协议》（The Chesapeake Bay Agreement of 1983），目的是保护和改善切萨比克湾的水质和现有的自然资源。该协议在 1987 年（The Chesapeake Bay Agreement of 1987）和 2000 年（Chesapeake 2000）进行了修正，对原项目目标进行了扩展和修改。2003 年，协议成员增加了特拉华州、纽约州和西弗吉尼亚州，至此，切萨比克湾流域中所有 7 个司法管辖区就切萨比克湾综合治理达成了合作伙伴关系。从 1983 年至今，切萨比克湾流域所涉及的州政府、美国环保局等联邦机构部门不断完善项目协议与目标，促进更加广泛的交流，加强合作伙伴关系，经过几十年的治理，切萨比克湾的上述环境问题已逐步得到治理和解决。

二、主要做法

（一）强有力的政府机构协作及公众支持

为了确保切萨比克湾治理规划的实施，项目经美国国会批准以后，有关方面立即组成了强有力的领导机构——切萨比克湾整治执行委员会。该执行委员会主要决定整治工作的重大政策和措施，签署联合行动的协议，并给予实际工作有力的领导和支持。切萨比克湾整治工作涉及近百个联邦、州市和县镇政府机构及 700 多个农工商企业、科研单位和民间组织。必须通过有效的组织和协调工作，才能使这样多的机构和组织密切配合、齐心协力、协同动作，使切萨比克湾的整治工作不断取得进展。在联邦政府层次，12 个有关机构与环境保护署联合签署理解备忘录。这些机构主要负责协调联邦各有关机构、各州之间的工作。这种协调合作体制对切萨比克湾整治工作产生了巨大的推动作用（图 12-10）（刘健，1999）。

为了提高和保持公民治理海湾的意识，海湾项目办公室印制了几百种适合各种文化程度公民的海湾宣传材料，出版发行了报纸和刊物，定期分发材料，将切萨比克湾治理活动和效果情况向公众发布，通过各种办法让公众的意见能及时反映到项目办公室，不断加强和确保公众参与决策的渠道，开展各种教育宣传活动，培养当地居民的海湾意识。办公室还通过有关机构和组织在学生的课程中和寒暑假期活动中加入海湾治理和保护的内容，使孩子们从小就了解海湾、热爱海湾。有关组织为中学生举办暑期海湾知识教育课，组织湿地实地考察、切萨比克湾游船旅行、海滨公园展销会等活动，寓教于乐，寓教于游，令人兴趣盎然，既加深了对海湾的了解，又提高了对参与切萨比克湾整治的兴趣和积极性。由于卓有成效的宣传教育工作，切萨比克湾整治在这个地区家喻户晓，得到公众的大力支持和积极参与。保护海湾已经成为当地人民的一种自觉行动，而这正是海湾整治工作取得成效的最重要的基础（刘健，1999）。

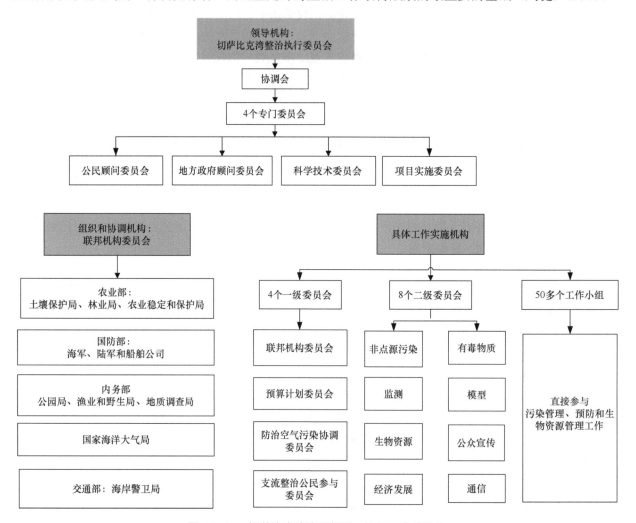

图 12-10　切萨比克湾治理领导、协调、实施机构

（二）明确统一的目标

制定明确的目标，提出实现目标的具体措施，并在实施过程中对目标进行评估和调整是有力地推进切萨比克湾治理工作的首要条件。《切萨比克湾协议》经科学家、资源管理者、决策者和海湾所有流域地区的居民等利益相关者共同参与，历经多年研讨、评估，最终将切萨比克湾生态恢复的目的确定为"帮助恢复一个已经退化损伤的生态系统项目"，其中包含了 4 个具体的目标（Chesapeake Bay Program，2000）：①水质恢复和保护。《切萨比克湾协议》中提出水质恢复和保护的目标是减少 40% 的营养物排放量、去除沉积物，解决海湾化学污染物问题。②促进土地合理利用。确立到 2010 年，对流域进行永久保存、不进行开发利用的原生土地需达到总土地面积的 20%（大约 3.31 万 km²）。在 2012 年之前，将切萨比克湾流域森林和农业用地的开发速度降低 30%（以 1992～1997 年的平均开发速度作为基线）。③保护和恢复生物资源。C2K 协议的第一个目标是"恢复、增强和保护鱼类、贝类和其他生物资源及其栖息地和生态关

系，以便保护所有的渔业资源，并为其提供一个平衡生态系统"。对牡蛎资源保护与恢复的具体目标是，到 2010 年，以 1994 年的资源量为基线，本地牡蛎资源量实现最低 10 倍的增长。对蓝蟹，目标是限制蓝蟹捕捞及恢复产卵的雌蟹数量，使种群达到健康合理的数量和年龄结构。④重要栖息地的保护与修复。切萨比克湾及其流域的重要栖息地包括开放水域、水下海草床、沼泽、湿地、河流及森林，这些重要栖息地对各种各样的物种起着提供食物、过滤污染物、保护海岸线等其他重要的生态服务功能，因此，对重要栖息地的长期保护是必不可少的。对重要栖息地保护与修复的目标是，在 2005 年之前恢复和保护 461km² 沉水植被。到 2010 年，实现恢复 101km² 湿地的目标，湾区流域中每个州的湿地总面积达到其土地面积的 25%；恢复 3234km 河岸带森林和维持在河流和海岸线两岸现有的所有森林；加速重建海湾生物资源的关键重要栖息地的水下海草床。

（三）科学的生态系统综合治理技术

切萨比克湾修复工程是美国最大的生态系统修复工程之一。实现切萨比克湾的可持续管理必须通过科学、合理的管理手段，从流域整个生态系统的角度（包括流域、沿岸区、滨海湿地及浮游带），了解切萨比克湾的情况及其对外界各种变化的反应，这是制定治理目标、实施治理措施的必要条件（Doyle and Drew，2008）。

1. 水质及沉积物治理

随着切萨比克湾流域人口的增加和集约化农业的发展，整个海湾点源和非点源营养输入还将持续增加。治理措施包括建立全流域水质监测站点网络（162 个站点），对点源、非点源（如地下水出流和大气沉降）进行控制；不断地采取污染防治措施，以便争取点源化学污染物零排放；将土地的害虫综合治理和最佳农药喷洒量结合进行管理。例如，在 2005～2008 年，通过对 483 座污水处理厂进行升级改造，提高脱氮除磷能力，禁止含磷污水排放，向海湾排放的氮减少 69%，磷减少 87%。

由于水体富营养化，营养物、重金属和污染物大量输入，海湾近岸和深水区的沉积物已经变得更加富营养化及污染有毒化。有关沉积物的治理方法有（Cooke et al.，1993）：①减少营养和污染物的排放；②永久性掩埋或者减少生物所需的有效营养源；③在小湖、小溪或支流中，通过物理屏障（淤泥和黏土）对底泥沉积物进行密封，或通过化学性阻挡层（明矾）淀积水顶部或刚输入水表的沉积物，有效地减少养分和污染物质再循环。

2. 土地合理利用

切萨比克湾水体健康与整个流域的土地利用方式息息相关。已有研究显示，海湾的人为富营养化和深水区的缺氧状况与森林滥伐及随后进行的农业和城市用地开发直接相关。此外，土地利用方式及其变化的程度已经深深地改变了进入海湾的淡水排放量和沉积物排放量，这改变了水体中的光照、含氧量、盐度情况，最终导致植物的自养作用、食物网的分布和组成的改变。切萨比克湾流域土地的治理主要是通过对流域的原生土地（森林和农场等）进行永久保存，不进行开发利用，并且沿河岸带大量种植树林。此外，流域各州承诺在 2012 年之前，将切萨比克湾流域森林和农业用地的开发速度降低 30%。

3. 重要栖息地保护与修复

对重要栖息地的保护与修复主要是通过维持现有的重要栖息地面积及重建恢复历史面积，如种植沉水植被、退耕重建湿地和种植河岸带森林带等。这些重要的栖息地除了有阻拦沉积物、减少海岸侵蚀、将整个流域输入的营养源转换为生物量和碎屑并输送到远洋带的功能外，更重要的是，它们是切萨比克湾生物赖以生存、栖息、觅食、产卵、迁移和育幼的场所，对重要物种生物资源有重要的支撑作用。

4. 生物资源保护和恢复

保护和恢复生物资源（图 12-11）是切萨比克湾生态修复的重要目标。由于生物物种及其资源量的分布和大小受到理化、人为、生物因素的综合影响，而切萨比克流域自上游至下游，其城市化水平、地质学、化学、生物学上的异质性呈水平梯度分布，并且海湾水体中光、溶解氧、盐度及可利用的营养呈垂直梯度分布差异。因此，对于保护和恢复切萨比克流域生物资源，实现可持续利用和管理十分复杂，必须在水平和垂直维度上，集成考虑生态系统结构和功能的综合管理方法（Doyle and Drew，2008）。切萨比克湾为了实现保护和恢复生物资源的目标主要实施的措施如下。

图 12-11　切萨比克湾重要的水生生物（http://www.chesapeakebay.net/fieldguide）

a. 蓝蟹；b. 牡蛎；c. 条纹鲈；d. 鲱

（1）改善海湾水体缺氧状况

由于水体的富营养化，切萨比克湾已是大西洋中部地区最缺氧的河口。自 1997 年以来，整个海湾已经暴发了多次严重的有害藻类水华。有害藻类水华的暴发导致深海的食物网发生剧烈变化；对于进行垂直迁移的浮游动物来说，由于海湾深水区缺氧加剧，其可以逃避捕食的深水避难所已经荡然无存；底部食碎屑者被迫转移到有氧的、更浅的水域。不仅深水区，近岸及河口区也都正在经历大规模的缺氧。

对于广阔的切萨比克流域来说，对源源不断输入的营养源进行大幅的减排，很难一蹴而就。针对切萨比克湾深水区、近岸和河口的缺氧情况，行之有效的方法是采用生物操纵法逆转水体富营养化过程，以改善水体缺氧状况，即通过重组鱼类群落减少生态系统初级生产力的有效性养分，改变深海食物网的结构和生物量（Carpenter and Kitchell，1988）。具体方法为通过增加捕食浮游植物的鱼类种群数量，控制浮游植物的过量生长，推动食物网各营养水平间的交互级联作用，最后调整水体的营养结构，从而加速水质的恢复。传递能量的关键物种，如鲱（*Clupea pallasi*）的资源量还持续受到威胁。通过生物操纵方法筛选产生出经济、安全、可食用的鱼类品种，如黄鱼、毛鳞鱼、银鲤、鲢，能有效地控制浮游植物的生物量。

（2）补充关键物种资源量

自 20 世纪期间灾难性的衰退之后，在切萨比克湾中，鲱、牡蛎和蓝蟹及其他的经济鱼类鳗、红鼓鱼的资源量持续受到威胁。鲱、本地牡蛎和蓝蟹恰好是切萨比克湾主要的食藻者、食腐质者和滤食者，对流域输入的有机物质起转换和存储的关键功能作用，并且能进一步调节海湾浮游带的群落代谢。

为了保护和恢复这些关键的功能和经济物种，提升其生态服务功能，实施的措施有：有针对性地开展对这些物种（如蓝蟹）的限制性捕捞、增殖放流，进行资源量补充和恢复。例如，通过对蓝蟹基本生物学和生活史周期的研究，突破蓝蟹的大规模人工繁育技术，发展了大规模的孵化养殖场（Zohar et al.，2008）。而后，在考虑切萨比克海湾河口所有环境梯度下，确认野生蓝蟹所有生活史阶段的栖息地所在及在这些栖息地之间的迁移路径，制定科学合理的增殖放流策略：确定蓝蟹在何生活史阶段进行放流、放流蟹的大小尺寸、放流规模、最佳季节的时间选择，将放流蟹和野生蟹之间的差异减至最小，将小生境微环境和放流时环境差异减至最小，协调放流站点与位于洄游通道的捕捞压力区，选择放流的大生境和放流站点（Hines et al.，2008）。通过优化增殖放流策略，提高放流蓝蟹的成活率，增加其资源量。在 2002～2006 年，29 万多只标签蟹的幼体被放流入海湾的育幼所栖息地，其对应的野生资源量增加了 50%～250%（Johnson et al.，2008）。

（3）引入生态功能替代种

切萨比克湾区近岸，主要滤食者为本地牡蛎，其通过摄食富营养化所形成的藻类，发挥切萨比克湾流域输入有机质的处理器作用。近年来，牡蛎资源的枯竭导致海湾近岸将悬浮营养物质转变成无脊椎动物生物量的能力大为下降。然而，随着一些高效的滤食性物种被有目的地引入，如河蚬（*Corbicula fluminea*）、斑纹贻贝（*Dreissena polymorph*），这些物种的滤食性行为已经部分地填补了这一部分能力，并且在某种程度上，可以完全取代牡蛎的功能。例如，在河蚬高密度分布区域，浮游植物生物量已经显著减少，大型水生植物开始恢复，依靠摄食河蚬的鸭子数量也在增加（Phelps 1994）。

（4）修复重要栖息地

重要的栖息地，如沉水植被、海草床、湿地、海岸带等大多分布在近岸区。近岸生态系统的生态修复，是确定切萨比克湾修复重要栖息地项目是否成功的关键环节。对近岸重要栖息地的修复，主要包括对沉水植被（海草床）的修复和对湿地的保护。海草床是多种鱼类和无脊椎动物早期幼体重要的栖息地。在切萨比克海湾，一般通过种植曾经的优势沉水植被物种对海草床进行修复。例如，在海湾中盐度区的浅滩中，种植曾经的优势种川蔓藻（*Ruppia maritima*）和穿叶眼子菜（*Potamogeton perfoliatus*），种植存活率已达 70%，在此，沉水植物物种的重建有效恢复了该区的索饵场功能（Hengst，2007）。在对优势沉水植物物种进行重建时，为了提高种植植被的成活率，必须考虑当时当地的环境指标。例如，2003～2005 年，切萨比克湾的波多马克河口种植大约 9 万株大叶藻（*Zostera marina*），通过 3 年栖息地情况评估，确认了导致植物高死亡率的环境条件为：水温大于 30℃、缺氧（氧气浓度 0～3mg/L），低的有效光利用比（<15%）。植被重建时需要规避这些环境因子压力（Christopher et al.，2010）。湿地作为许多重要物种的育幼场，对其采取的保护措施主要是对确定对关键物种具有更高承载力功能的湿地加以重点保护。例如，野外试验确定蓝蟹幼体偏向聚集在地势更浅、具有流苏形状的湿地，并以此为育幼场（Seitz et al.，2008）。在路易斯安那州，云斑海鳟（*Cynoscion nebulosus*）利用沼泽湿地作为育幼场（Jones，2014）。这些特殊结构或类型的湿地被设为保护区域加以重点保护。

其他类型的重要栖息地保护和恢复还包括：①鱼类洄游通道的修复。大坝及其他河流中的阻碍物阻碍了切萨比克湾溯河性鱼类（如鲱）进入上游到淡水中产卵，或做反向迁移的鱼类（美国鳗）入海产卵，这是整个切萨比克洄游鱼类种群下降的原因。去除大坝等障碍能恢复洄游性和常栖性鱼类至上游栖息地和产卵区的机会。当去除大坝不可行时，给洄游性鱼类重构至产卵场的鱼道是首选。鱼道是人造的结构设计，使洄游鱼类能够通过水流中的阻碍物。用于切萨比克湾流域的鱼道结构有 5 个主要类型：竖向槽、涵洞、升鱼机、新的泳道和堰。建造鱼道及去除大坝是整个流域鱼类洄游通道修复的重点。这些恢复工作的实施，使越来越多的在孵化场繁育的鱼类亲本返回产卵场。在过去的 10 年，有超过 3.4 亿条鲱溯河至马里兰州、宾夕法尼亚州和弗吉尼亚州的支流中进行产卵孵化并返回切萨比克海湾（Chesapeake Bay Program，2004）。②人工重建牡蛎礁床并优化。在切萨比克湾，对牡蛎的过度捕捞导致其栖息地牡蛎礁的严重破坏损毁。最新的牡蛎恢复工作已经从基于海湾转向基于支流的重建牡蛎礁策略。这个基于支流的策略是一个更定向、更集中的方法，利于集成恢复牡蛎礁并恢复提供生态效益的方法。在人工重建牡蛎礁上，舍弃了传统低效的人造贝壳礁，构建优化的人造牡蛎礁结构，使其能提供多层次的、复合结构的生境；能维护持久的礁石结构、降低捕捞的物理损坏；能维持足够量的牡蛎（平均 25g 牡蛎生物量/m²）进行滤食和繁殖；并且当水体底部缺氧时，能为牡蛎提供庇护所（Seaman，2007）。③海岸线的稳定。稳定的海岸线能提供稳定的近岸栖息地，对其进行防护亦十分重要。岬防浪堤能有效地分散潮汐波能量，用于保持岸平面形状，并且其大小和位置可以调整，用于最大化稳定海岸线长度。同时，海岸线长度最大化，能大大增加气生、潮间带和水下环境面积，为近岸栖息地恢复提供灵活的方案。切萨比克湾栖息地修复中设计创建大约 6.9 万 m² 新的栖息地，包括岸滩、沙丘、潮间带盐沼、灌木丛和沉水植被，其中，额外的 2000m² 岩石基底的栖息地是由岬防浪堤结构直接提供（Hardaway et al.，2002）。

（四）资金大量投入及严格管控

切萨比克湾的治理之所以取得令人瞩目的成就，一个不容忽视的原因是，美国联邦政府和有关州政府、市县政府都非常重视这项工程，对切萨比克湾问题的调查就是由国会议员直接提出并促成的。治理项目得到国会批准后，国会每年都将切萨比克湾治理项目列入联邦的财政预算中，投入大量资金在经费上予以保证，并实施了抵税项目、政府和民间合作基金项目等筹资的政策和措施，有力地促进了切萨比克湾治理项目的展开。美国环境保护署向切萨比克湾项目投资从 1984 年财政年度的 461.3 万美元增加到 1993 年财政年度的 1943.5 万美元。在这 10 年中，环境保护署向治理工程投入高达 1.23 亿美元。切萨比克湾治理工程办公室为资金的管理和使用制定了一系列规定，包括资金申请、资金配套、资格审查、质量保证、资金使用报告等，保证环境治理资金的合理、有效利用。

三、取得成效

经过几十年的治理，如今切萨比克湾的生态系统已经大大改善，取得的显著成效主要有以下几部分（Chesapeake Bay Program，2015）。

（一）重要栖息地得以恢复

到 2014 年，大约 55% 的流域河岸和海岸线有森林缓冲区，已接近最终目标（至少 70% 的近岸区具有森林缓冲区）。2010～2014 年，共有 56km² 农业土地被退耕重建为湿地，积累恢复的湿地面积占全流域恢复湿地目标（344km²）的 16%。2005～2014 年，切萨比克湾海草场的面积增加至 307km²，实现了总目标（746km²）的 41%。在恢复洄游鱼类通道的进程中，1988～2015 年，共重新打开和构建了 5462km 鱼类通道，这标志着 5632km 的目标已完成 97%（图 12-12）。

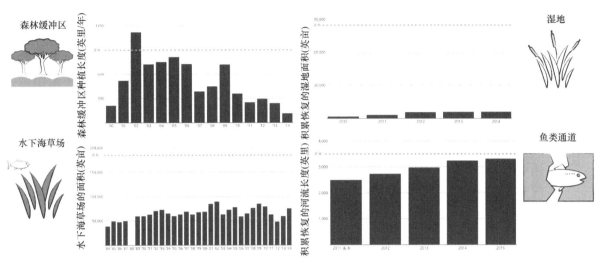

图 12-12 切萨比克湾重要栖息地修复情况（2014 年）①

（来源：http://www.chesapeakebay.net/publications）

（二）生物资源保护成效显著

通过几十年的治理，切萨比克湾流域生物多样性有所恢复，有各种鱼类 348 种，鸟 173 种，水生植物 2200 余种。在关键物种的恢复方面：2014～2015 年，切萨比克湾的蓝蟹雌性亲本的丰富度从 6850 万增加至 1.01 亿。到 2014 年，切萨比克湾五大支流中的美洲鲱产量恢复了目标的 44%。到 2012 年，全切萨比克湾沿岸具有产卵能力的雌性条纹鲈产量已恢复至 58.06 万 t。45%的底栖生物生境有大量的海底蠕虫和蛤蜊，这些底栖生物构成了健康食物网的基础。到 2012 年，在切萨比克湾流域各支流中投放了超过 20 亿只牡蛎，为世界上规模最大的牡蛎修复工程。此外，近年来其他原生非优势物种产量也大幅提高，如在 20 世纪五六十年代产量微不足道的扇贝，到 2004 年跃居成为渔获物中最有价值的物种（图 12-13）。

（三）富营养化及污染防治卓有成效

到 2014 年，营养物排放已经累计减少 21%的氮、71%的磷和 25%的沉积物。2012～2014 年，对切萨比克湾及其潮汐支流中的水质量标准初步评价结果表明，水质已经达到了标准（图 12-14）。

（四）土地保存基本完成

到 2013 年，已经保存大约 3.15 万 km^2 土地，这标志着永久保护流域土地的目标（达到 3.31 万 km^2）完成了 95%。

四、经验启示

切萨比克湾生态修复工程是美国最大的生态系统修复工程之一，经过几十年的治理取得了举世瞩目的成效，其治理修复过程中采取的管理手段、修复方法值得思索和借鉴。我国大河、海湾、河口流域同样面临水环境恶化、生物资源下降、重要栖息地退化、土地过度开发及不合理利用等问题，结合目前各个流域淡水生物资源养护与生态修复的现实情况，切萨比克湾治理的经验和启示有以下几方面。

---

① 英里为非法定计量单位，1 英里≈1.61 千米。
　英亩为非法定计量单位，1 英亩≈0.40 公顷。

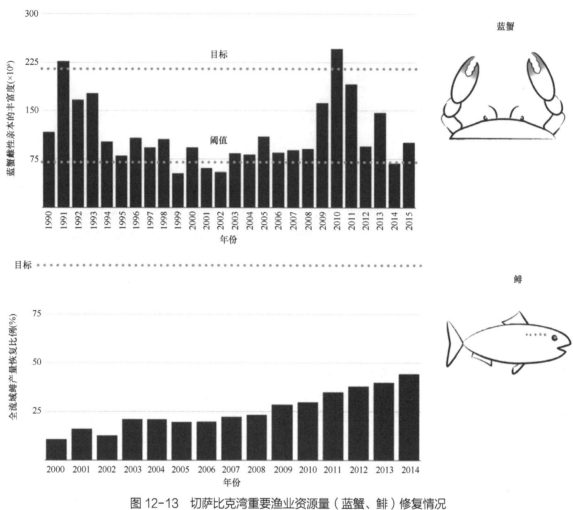

图 12-13　切萨比克湾重要渔业资源量（蓝蟹、鲱）修复情况

数据来源：http：//www.chesapeakebay.net/publications

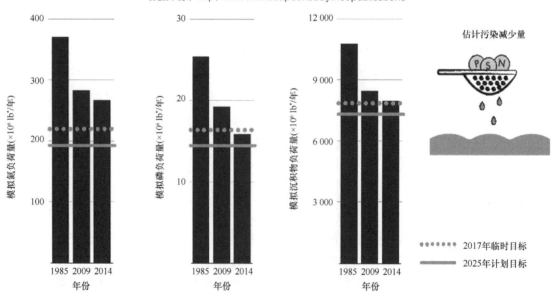

图 12-14　切萨比克湾水质及沉积物修复情况

＊：1lb=0.453 592kg

数据来源：http：//www.chesapeakebay.net/publications

（一）政府加强顶层设计与统筹，为治理项目提供有力支撑

1. 应当进一步加强区域规划和地区工作机构

切萨比克湾侧重于从整体考虑，在实施生态修复技术手段的同时，制定专门环保法案，成立跨区域整治委员会，制度管控手段与技术手段相结合开展生态修复。目前我国大河流域还需加强各相关部门的协调机制、区域联动的修复机制，负责协调各地政府、企业和有关研究机构的工作，同时针对一些区域性的问题，组织制定、实施和协调跨省市的规划和项目，尽快出台生态修复相关配套制度辅助修复技术手段。

2. 需要统筹布局整个流域的生态修复项目

切萨比克湾成立了整治执行委员会，制定目标，分区域落实，分阶段开展修复活动，修复周期长，效果显著。目前我国淡水流域已开展的生态修复项目均以河流沿岸省市为主导，多停留在局部范围和末端治理，项目实施周期大多为3~5年，短期成效不足以支撑生态系统正向演替，建议尽快制定整个流域生态修复规划，整体统筹布局流域生态修复项目，使各项目累积效应达到最大。

（二）明确的目标及可行的实施方案，保障了生态修复项目的有效性

生态修复项目要目标明确，并制定切实可行的具体措施。切萨比克湾生态修复具体目标的制定和修订花费了多年的时间，大量的利益相关者参与其中，包括科学家、资源管理者、决策者和海湾所有流域地区的居民。在开展生态治理和修复前均进行多次污染现状调查，充分了解区域退化现状，并根据监测调查结果实时调整修复计划、评估修复效果，确定了保护水质、土地利用、生物资源、重要栖息地、加强公众参与的具体目标和可行的具体措施，并定时对恢复情况进行评价和修订或添加。目前我国淡水流域生态修复项目的总目标和具体阶段目标主要以各个项目目标为主，并未在全流域范围内形成统一的协议和明确具体目标。另外，配合生态修复开展的跟踪监测、野外实验验证、修复成效评估等监测调查手段较为缺乏，建议尽快出台相应技术标准，推动流域生态修复工作规范化开展。

（三）创新生态修复方法，建立基于生态系统和流域尺度的综合修复技术

切萨比克湾的可持续管理通过科学、合理的管理手段，从流域整个生态系统的角度（包括流域、沿岸区、滨海湿地及浮游带），研究切萨比克湾的情况及其对外界各种变化的反应。确定营养和沉积物污染是海湾的不健康的主要原因，而这些污染源或营养源源源不断地输出自整个切萨比克海湾，无论是土地和河流水平尺度，还是空气与水体、水体顶层与底层、水体与底泥的垂直尺度，因此在治理过程中不仅要考虑整个流域点源/非点源污染的治理，富营养化水平的防治，还要限制整个流域土地开发利用速度、保护原生土地、恢复和保护重要栖息地，如退耕还林、重建湿地、重建河岸带森林缓冲带。在保护和恢复生物资源方面，通过生态系统中生物结构和生态功能的理论，通过对食物网功能的研究，确定重要的功能物种，如食藻者、滤食者、食腐者，对其生物特性、生活史进行研究，限制对其的商业捕捞，保护或增殖雌性及幼体，保护或恢复其重要的栖息地，如种植水下植被、保护湿地，提供育幼场和索饵场，修复、开放或重建阻塞的洄游通道，开放产卵场与育幼场之间的连接，提高物种的资源量。对于资源量几乎崩溃的物种，通过研究食物网的生态位及功能，引入相似功能物种进行替代或重建。我国对淡水流域生物资源的保护，亦取得了很大的进展（罗小勇等，2011），如通过对水生野生动物及时进行救治、暂养和放生、人工增殖放流，对关键水生物种进行保护；通过实施严格

的捕捞管理，改善水体理化条件，保护和修复湿地、鱼类产卵场等重要栖息地，对渔业资源进行养护等。目前，还需要进一步研究整个流域生态系统的生物结构和食物网功能，加强对重点功能物种进行修复，增加其生物资源量，结合修复其各个生活史阶段的重要栖息地（产卵场、育幼场、索饵场和洄游通道），以期达到事半功倍的效果。另外，对于替代性物种的引入需谨慎对待，注意其对整个食物网和生态系统的负面影响。

（四）加大投资力度，执行严格的投资管理

切萨比克湾开展海洋生态修复有多种融资机制支撑，如环保基金、抵税项目、政府与民间合作基金等。目前我国淡水流域开展的各类生态修复以中央或地方政府投入为主，资金来源较为单一。建议拓展流域生态修复资金来源渠道，开展将各类融资模式引入海洋生态修复领域的可行性研究，吸引民间资本，减轻政府财政负担，保证生态修复持续进行。

最后，尽管淡水流域的修复工程是一个远大的任务，但修复目标的设计必须在现实领域之内能加以实现。生态系统由于其栖息地的物理及化学性质的变化，以及入侵物种的引入，其生物结构已经发生不可逆改变。因此，设计修复项目和目标时，并不需要做一些不可能实现的恢复，而是应在了解系统的生物、物理和化学的属性后，为流域生态系统设定更好的、更加现实的目标，然后设置能够达到实际目标的具体计划。因此，对淡水流域生态系统修复情况进行短期重新评估和调整是常规性的需要。

第三节　长江口中华绒螯蟹资源养护与修复

中华绒螯蟹（*Eriocheir sinensis*）是我国名贵淡水经济蟹类，又称河蟹、毛蟹、螃蟹、大闸蟹等，隶属于软甲纲、十足目、弓蟹科、绒螯蟹属。因其原产于我国，两只大螯长有浓密绒毛，故命名为"中华绒螯蟹"。我国对中华绒螯蟹生物学研究历史悠久，早在1000多年前就已开展调查研究，如唐朝陆龟蒙的《蟹志》、宋朝傅肱的《蟹谱》、高似孙的《蟹略》及清朝孙之騄的《晴川蟹录》等论著就详细描述了中华绒螯蟹的形态特征、生态环境、生活习性、生殖洄游规律和渔具、渔法等。近代中华绒螯蟹研究内容主要集中在基础生物学、物种分类及其生态习性等，近几十年则主要集中于中华绒螯蟹的自然资源、种质鉴别与资源保护、人工繁殖、养殖与增殖等方面。国外对中华绒螯蟹研究起步相对较晚，欧洲直到1912年才在德国Rethan的Aller河捕捉到第一只中华绒螯蟹，将其作为一个入侵物种，当时轰动了整个欧洲（Ingle and Andrews，1976）。由于中华绒螯蟹在欧洲大陆的生态入侵造成河堤倒塌、生物多样性破坏等不良后果，学者开始研究中华绒螯蟹的生活习性与栖息环境等，以试图控制其在欧洲大陆的生态入侵。此后，随着中华绒螯蟹扩散到美洲，加拿大和美国的众多学者也开始研究中华绒螯蟹，研究内容主要集中于中华绒螯蟹的入侵生物学及其生物和生态学特征等方面。

中华绒螯蟹自然资源分布广泛，长江水系中华绒螯蟹具有生长速度快、个体肥大、肉质细嫩、味道鲜美、经济价值高等优良特性，深受养殖者和消费者喜爱。每年中华绒螯蟹在长江流域淡水湖泊、河流中生长发育，当性腺发育至Ⅳ期后开始向河口区咸淡水交汇水域进行生殖洄游。长江口生境独特，水产资源丰富，长江口渔场亦曾是我国著名的渔场之一，孕育着冬蟹等五大鱼汛，成为中华绒螯蟹得天独厚的产卵场，长江口丰富的蟹苗等苗种资源支撑着我国中华绒螯蟹等主导水产养殖业的发展（谷孝鸿和赵福顺，2001）。20世纪80年代以前，仅长江河口区中华绒螯蟹冬蟹产量就高达100t，蟹苗也有过67.9t的高产量，曾为全国14个省市的45个县（市）提供长江水系中华绒螯蟹苗种（张列士等，1989）。然而，

长江口中华绒螯蟹资源保护亦面临严峻局面：一方面长江涉水工程建设等对其洄游产生了诸多不利影响，而且水环境质量恶化日趋严重；另一方面由于长江水系中华绒螯蟹具有极高的经济价值，长江中下游渔民在冬蟹、扣蟹和蟹苗汛期过度捕捞，导致资源急剧下降。80 年代以后，中华绒螯蟹资源逐渐衰退，到 2000 年左右甚至已经失去捕捞价值。2004 年以后，随着长江口中华绒螯蟹资源恢复工作的不断深入开展，目前其资源已经重新恢复到历史最好水平。

一、发展历程

中华绒螯蟹是长江的主要渔业捕捞物种。统计资料表明，1970～2003 年长江口亲蟹与蟹苗资源量年间变幅较大，总体呈衰退趋势。从亲蟹捕捞量来看，1970～1984 年长江口亲蟹资源丰富，总体保持较高捕捞产量。随着捕捞工具改进和捕捞效率提高，于 1976 年达历史最高产量 114t，此阶段年均中华绒螯蟹捕捞量达到了 48t；1985～1996 年，长江口亲蟹资源骤降，除 1991 年中华绒螯蟹捕捞量达到 25.5t 外，其余年份捕捞量均为 10t 左右，年均捕捞量仅为 11.3t，不到前一阶段的 1/4，为亲蟹资源的衰退阶段；1997～2003 年，长江口中华绒螯蟹资源趋于枯竭，每年捕捞量降到了不足 1t（1999 年捕捞量为 1.2t），最低的 2003 年仅为 0.5t，年均中华绒螯蟹捕捞量仅为 0.8t，完全失去了捕捞中华绒螯蟹的商业价值（刘凯等，2007）。2004 年后长江口每年均开展了大规模的亲蟹增殖放流，中华绒螯蟹资源才得以逐年恢复，重新出现了冬蟹蟹汛。2004～2011 年，长江口中华绒螯蟹捕捞量分别为 1.8t、10.7t、6t、16t、14t、14t、25t 和 26t，每年捕捞量总体呈上升趋势。资源监测评估表明，2010～2015 年资源量显著增长，年均达到 100t 以上。从蟹苗捕捞量来看，1970～1981 年，长江口天然蟹苗总体资源丰富，1981 年达历史最高产量 20 052kg，为蟹苗捕捞的黄金时代；1982～2003 年长江口蟹苗资源骤降，2003 年降到了仅 15kg，完全失去了开捕天然蟹苗的商业价值，为蟹苗资源的衰退枯竭阶段（张列士等，1989；俞连福等，1999）。2004 年后由于亲蟹增殖放流，蟹苗资源逐年恢复，蟹苗旺发年份蟹苗捕捞量大增，2010 年蟹苗捕捞量达到 32 000kg，2012 年达到 21 235kg，均高于 1981 年的历史最高产量 20 052kg，近年来资源量稳定在 30～70t 的历史最好水平。

增殖放流关系到水生生物资源的可持续发展，可以保护渔业资源、增加渔民收入、促进渔业可持续发展，为当前国内外水生生物资源养护和水域生态修复领域普遍采用（Bartley and Bell，2008）。为了恢复长江中华绒螯蟹天然资源，长江沿岸省市进行了人工放流蟹苗和亲蟹等措施。但在 2003 年以前，处于增殖放流的小规模试验阶段，中华绒螯蟹资源修复效果不明显。2004 年以后处于增殖放流的规模化实施阶段，每年放流数量与投入的资金快速增加，但相关科学研究仍然较少，在初始阶段因主客观因素的限制，基本上未开展大规模标志和效果评估，增殖放流存在许多急需解决的问题，如对资源衰退的主要成因认识不足导致增殖放流工作盲目开展，放流技术研究不足导致增殖放流成效低下和效果无法评估，"放什么？""放多少？""在哪儿放？""何时放？""如何放？"等技术问题都没开展深入研究，暴露出对这一新兴事业的科技支撑不足。近年来中国水产科学研究院东海水产研究所等单位在长江口每年放流中华绒螯蟹亲蟹 10 余万只，并取得了显著成效。东海水产研究所项目组研发了简单可靠的双重标志技术和自动化连续放流装置，突破了增殖放流中存在的标志技术和效果评估技术瓶颈，放流成活率显著提高，通过标志放流评估获得多项重要科学发现；率先利用国际上先进的超声波标志跟踪技术与生境适应性评估模型，解决了长江口中华绒螯蟹洄游路线、洄游速度、产卵场范围难以量化确定的问题，为科学放流和种质资源保护奠定基础；通过综合修复的技术措施，修复了长江口中华绒螯蟹天然产卵场功能，近年来蟹苗资源从濒临消亡已经恢复到年均 30～70t 的历史最好水平，为我国开展水生生物增殖放流提供了科学借鉴和理论参考。

二、主要做法

1. 首次提出放流亲蟹以增殖繁育群体的新思路

长江口是中华绒螯蟹亲蟹生殖洄游的关键栖息地和产卵场，也是蟹苗的集中发生地。理论上讲，放流亲蟹和苗种都会对自然资源的补充和恢复起到一定作用。2003年以前，长江增殖放流中华绒螯蟹往往以苗种为主，虽然成本较低，但从对比研究和监测结果来看，其缺点也很明显，放流后进入水体中的死亡率较高，导致最终的亲蟹补充数量少，放流效果不佳。

从20世纪开始，东海水产研究所在长江下游至河口12 000km² 水域构建了以48个固定站和4个流动站相结合的中华绒螯蟹资源监测网络。持续对长江中华绒螯蟹资源，以及相关的水文、理化和浮游、底栖生物等30余个资源环境因子进行了长期系统监测，建立长江中华绒螯蟹资源及生境监测数据库11个，掌握了长江中华绒螯蟹资源及生境变动规律。基于连续监测数据和历史文献资料，建立了长江中华绒螯蟹亲体与补充量关系模型和动态综合模型。模型评估表明，20世纪70年代中期至80年代中期的高强度捕捞，平均捕捞量（65.76t）超出资源利用平衡临界点0.52倍，补充型过度捕捞导致繁育群体不足，使资源种群数量减少，总体繁殖能力下降，从而造成补充量不足，这是导致长江河蟹资源衰退的主要成因之一。

因此，结合增殖放流实践，项目组提出放流亲蟹以增殖繁育群体的新思路，在长江口水域直接放流中华绒螯蟹亲蟹（图 12-15），此时亲蟹性腺发育到Ⅳ期左右，已完成最后一次蜕壳，虽然放流亲蟹会增加放流成本，但因亲蟹具有较强的环境适应性，放流后能保证很高的成活率，而且可较快地抵达产卵场，抱卵繁育，成活率较高，可以通过直接增加繁育群体来提升繁殖能力。因此，2004年以后，项目组每年直接放流中华绒螯蟹亲蟹。

图 12-15　长江口中华绒螯蟹亲蟹标志放流

2. 科学创建中华绒螯蟹亲蟹放流技术体系

通过对比研究表明，作为放流亲蟹的适宜规格为：雌性100g以上，雄性150g以上。亲蟹放流数量主要考虑长江口水域的生态容纳量，并参考历史上亲蟹资源量与生态环境因子变动之间相关性进行确定。2004年起，对长江口水域设置17个调查监测站点，对该水域理化因子、初级生产力、底栖生物、游泳动物等理化生物因子进行了每年 4 次的连续调查监测与研究分析，确定长江口水域每年放流亲蟹 10 万只以上，雌雄比 3：1 为宜，可有效增加自然种群数量。在运输亲蟹时，将雌、雄蟹分别放入干净的潮湿网袋中，每只蟹都背部朝上，腹部向下。压实后扎紧袋口。运输过程中，应保温、保湿，防止风吹、日晒、雨淋，避免置于密闭容器内，不能叠层过多。

放流亲蟹为长江野生亲蟹繁殖的子一代苗种培育而成，亲蟹培育严格按照制定的《大规格中华绒螯蟹生产操作技术规范》和《长江口中华绒螯蟹亲本质量规范》两部规范，在成蟹养育养殖中使用长江等江河及其附属湖泊中自然长成的中华绒螯蟹的成蟹作为亲蟹来源，或从持有国家发放中华绒螯蟹原种生产许可证的原种场引进性成熟的个体作为亲本，从而保证了放流亲蟹质量。亲蟹种质符合 GB/T 19783—2005 的规定。雌蟹个体 110g 以上，雄蟹个体 130g 以上。背部青绿，腹部灰白。十足齐全，无残肢、外伤、无畸形。体表清洁，无附生物。无寄生虫及其他疾病。体质强壮，肥满度好，活力强。雌雄比为 3：1。质量符合农业部 NY 5070—2001《无公害食品水产品中渔药残留限量》的要求。亲蟹放流前，须经具有资质的水产科研单位或水产种质检测、检验检疫机构进一步进行检测，严把质量关，购置优质的中华绒螯蟹亲蟹作为放流对象。每一次亲蟹检验批随机多点抽样，抽样数量不少于 100 只，采用逐个计数方法，通过形态检验等统计亲本的形态学数据、畸形个体和伤残个体，计算比例。种质检验按 GB/T 19783－2005 的规定。

长江口中华绒螯蟹亲蟹增殖放流时间与地点的选择主要考虑：一是自然群体的洄游习性，包括亲蟹洄游至长江口水域的时间、洄游路径及其栖息地位置等；二是长江口水域环境条件；三是长江口中华绒螯蟹冬蟹捕捞作业时间，以避免增殖放流亲蟹被大量捕捞。通常，中华绒螯蟹每年 11～12 月洄游下迁至长江口水域，沿长江口南支进入产卵场水域（堵南山，1994）。

通过进一步对中华绒螯蟹洄游习性的研究和对长江口主要捕捞作业时间和地点的调查，确定了长江水域中华绒螯蟹增殖放流时间以 12 月中下旬为宜，放流水域水温 24h 内不低于 12℃，亲蟹养殖水温与运输期间温度及放流水域水温相差 2℃ 以内。放流地点宜选择在长江口南支。长江口放流水域条件是最低水位大于 3.0m，方便船只进入放流。远离排污口及水库等进水口，水质条件较好。底质为沙质或泥沙底，敌害生物少、饵料生物丰富。放流天气以晴朗、风力较小的白天为佳，如放流水域风浪过大或两日以内有 5 级以上大风天气，应暂停放流。放流方法是在顺风一侧贴近水面，缓慢将中华绒螯蟹亲蟹分散投放水中。

3. 系统开展亲蟹标志放流效果评估

科学区分放流群体和野生群体是准确评估增殖放流效果的基础，同时也是困扰增殖放流效果评价的主要难题。增殖放流实践经验表明，标志技术创新是解决这一难题的有效手段。为了研究并掌握放流亲蟹的活动规律和洄游习性，评估亲蟹增殖放流效果，试验选取了 4 种标志方式，分别为可视化荧光硅胶标志（标志步足关节与眼窝）、贴牌标志（标志中华绒螯蟹背部）、T-bar 标志（标志中华绒螯蟹腹部）、套环标志（标志中华绒螯蟹螯足），研究了 4 种标志对亲蟹存活及行为的影响，同时统计了各标记物的保持率。研究表明，套环和贴牌标记效果均较佳，且有利于标志蟹的辨别和回捕，在此基础上发明了亲蟹"贴牌+套环"双重标志技术（图 12-16），每只标志蟹均有唯一的 2 组 5 位数编码，双重标志技术为中华绒螯蟹标志放流和效果评估奠定了基础（曹侦等，2013）。放流试验表明，套环标志比贴牌标志保持完整率高，贴牌标志在 5d 内保持较完整，6d 后完整率较低。贴牌标志总保持完整率为 40.38%，套环标志总保持完整率为 98.14%（表 12-1）。

2011～2014 年增殖放流中华绒螯蟹亲蟹 40 余万只，其中利用"贴牌+套环"双重标志技术标志亲蟹 3.5 万只。经调查监测，共回捕标志亲蟹 2017 只（图 12-17），标志回捕率平均为 5.76%。中华绒螯蟹标志回捕率远高于国内外其他水生生物标志放流的回捕率，效果明显，主要是因为：一是与中华绒螯蟹洄

图 12-16　中华绒螯蟹亲蟹双重标志

表 12-1　贴牌和套环标志的完好率

日期（d）	贴牌		套环	
	完好数	完好率（%）	完好数	完好率（%）
1～3	25	78.13	34	100
5	1	100	1	100
6	4	36.36	10	90.91
9	4	40	15	100
10	7	41.18	22	95.65
13	4	100	6	100
21	1	100	1	100
22	5	22.73	30	100
70	12	25.53	63	98.44
79	0	0	24	100
84	0	—	1	100
88	0	—	2	66.67
143	0	—	2	100
合计	63	40.38	211	98.14

图 12-17　长江口中华绒螯蟹标志亲蟹回收

游习性有关，增殖放流亲蟹迁移距离较短，且大量集中在长江口产卵场附近；二是重视标志回捕工作，发动渔民积极参与。亲蟹增殖放流后，一方面有计划地开展标志亲蟹跟踪监测和回捕，另一方面在崇明、长兴、横沙等主要渔港码头散发和张贴有奖回收标志蟹海报，发动渔民积极参与。

4. 率先提出亲蟹资源综合利用和管控措施

洄游习性及资源监测结果表明，长江口冬蟹汛期集中在 11 月下旬至 12 月下旬，捕捞区域主要集中在崇明横沙岛和浦东三甲港水域。基于 Schaefer 剩余产量模型对长江口中华绒螯蟹亲体资源进行了评估，确定最大持续产量为 76.7t（图 12-18），相应捕捞努力量为捕蟹船 87 艘。由此提出捕捞总量控制、捕捞地点和时间限制的"一控二限"综合管控措施，确定长江口中华绒螯蟹亲体捕捞量控制在 77t，禁渔区限制在三甲港水域，禁渔期限制在 12 月中上旬。

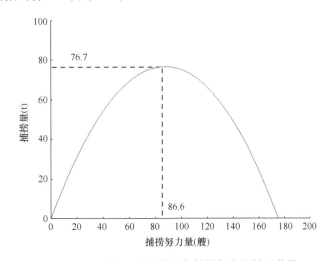

图 12-18　亲蟹平衡渔获量与捕捞努力量关系曲线

通过亲蟹资源评估和捕捞管控，确定了科学的亲蟹捕捞数量。研究成果推动了农业部实行"长江河蟹专项（特许）捕捞"制度，为相关管理制度的实施及捕捞限额、禁渔区及禁渔期的动态调整提供了科学依据，实现了资源的可持续利用。资源监测评估表明，2010～2015 年资源量显著增长，年均达到 100t 以上。

三、取得成效

1. 准确掌握长江口放流亲蟹洄游习性

利用标志亲蟹监测回捕和 GPS 数据，定量计算出中华绒螯蟹亲蟹在长江口水域的平均迁移速度为 3～7km/d（表 12-2），低于其在长江中下游的迁移速度 8～10km/d（堵南山，1994），这可能是因为：一是在长江中下游水流较快，而河口区水流较缓慢；二是进入河口水域后，亲蟹需要时间进行生理调整，适应长江口盐度等环境因子变化。另外，从监测的回捕标志亲蟹数量分布来看，亲蟹在南支主要沿长江口南支南港洄游，其中沿南漕与北漕洄游数量比例为 7:3。

2. 阐明了放流亲蟹生境适应性

中华绒螯蟹亲蟹增殖放流后表现出了良好的生境适应性。通过对放流群体和自然群体血淋巴生化指标的连续对比研究发现，大部分血淋巴生化指标无显著差异（张航利等，2013），亲蟹在放流后 6d 内出现免疫力下降、代谢增强等反应，放流 22d 后亲蟹各项指标逐步恢复，并在 70d 后接近或达到放流前水平

表 12-2　放流标志蟹移动速度

捕获数量（只）	移动时间（d）	移动距离（km）	速度 （km/d）
1	7	39.159	5.59
9	7	45.932	6.56
3	10	45.01	4.50
3	10	43.29	4.33
9	10	44.076	4.41
22	11	44.421	4.04
1	11	48.211	4.38
3	13	38.158	2.94

（曹侦等，2013）。在相同的性腺发育时期内，放流群体和自然群体的性腺指数和肝胰腺指数、性腺总脂含量均无显著性差异，而放流群体性腺和肝胰腺总蛋白水平显著小于自然群体（冯广朋等，2015），可以推断放流群体能量代谢可能高于自然群体，且可能会对放流群体的二次抱卵产生一定的影响。放流群体能够通过环境适应完成交配产卵，其繁殖力与自然群体无显著差异。从研究的结果来看，尽管放流群体与自然群体间在血淋巴生化指标、繁殖力等方面未表现出显著性差异，但在能量储存和代谢方面要略差于自然群体。因此，增殖放流前加强放流亲蟹的营养强化和环境适应性锻炼有助于提高增殖放流效果。

3. 揭示了亲蟹产卵场生境适宜度

采用栖息地适合度模型法研究了长江口中华绒螯蟹抱卵蟹空间分布和水文环境因子的相关性。结果显示：抱卵蟹主要栖息在盐度 9～15、水体流速 1.3～1.5m/s、水深 3～6m、透明度 10～23cm 水域，平均适合度均达 0.6 以上。栖息地适宜度指数（habitat suitability index，HSI）分布显示，长江口 23 个调查站点中，南支北港和九段沙水域 Z6、Z7、Z11、Z22、Z23 的 HSI 较高，均在 0.5 以上。其中 Z6 的 HSI 最大，为 0.6692。初步推测抱卵蟹主要适宜分布范围是横沙以东 20n mile[①]及九段沙下游 5n mile 海域，中华绒螯蟹的繁殖场范围为 121°58′～122°12′E，31°05′～31°22′N（图 12-19）。与历史资料相比，中华绒螯蟹繁殖场水域面积有所减少，同时位置有所偏移，向长江口内缩进约 5.14n mile（蒋金鹏等，2014）。长江口中华绒螯蟹产卵场范围的划定与环境因子需求的研究，为进一步开展中华绒螯蟹资源变动规律与恢复技术研究和自然保护区的建立奠定了基础。

适宜度指数显示中华绒螯蟹主要适合分布于 Z6、Z7、Z11、Z22、Z23 站点的南支北港和九段沙水域。该水域盐度为 10 左右，王洪全和黎志福（1996）得出中华绒螯蟹胚胎发育的最适盐度范围为 10～16，此盐度范围内中华绒螯蟹胚胎的离体孵化率无显著差异。水体流速对中华绒螯蟹能量代谢有一定影响，为减少能量消耗，抱卵蟹选择栖息在低流速的浅水区域。水深达 3m 左右，这与张列士等（1987）调查得出春季亲蟹在完成交配繁殖后陆续集中在 1～4m 浅水区域一致。该水域水质较为混浊，透明度小。

4. 成功恢复了长江口中华绒螯蟹资源

2010 年以来，对长江口水域中华绒螯蟹亲蟹捕捞量进行了连续调查监测和统计，结合标志放流与回捕数据，利用林可指数法计算出长江口中华绒螯蟹亲蟹的资源量在 140～160t 波动，且呈现出逐年递增的趋势。1997～1999 年和 2000～2004 年长江口中华绒螯蟹平均资源量仅为 3.5t 和 30t（俞连福等，1999），相比较而言，近几年长江口中华绒螯蟹亲蟹资源量有了显著提升。从长江口蟹苗的发生量来看，与亲蟹资源量存在着正相关关系。1981 年长江口中华绒螯蟹蟹苗最高产量达 20t，随后产量直线下降，至 21 世纪初长江口蟹苗一度枯竭，年产量在 500kg 以下，基本形不成产量。据调查监测显示，2011～2016 年长

---

① 1n mile=1.852km

江口中华绒螯蟹蟹苗产量为 15～35t，估算其资源量为 30～70t。从对比数量可以看出，近年来长江口中华绒螯蟹亲蟹与蟹苗资源量均具有显著提升，基本恢复到历史的最好水平，这与 2004 年以来长江口水域实施的中华绒螯蟹亲蟹增殖放流具有直接关系。可见，中华绒螯蟹亲蟹增殖放流对于种群恢复具有十分重要的作用，且效果极为显著。

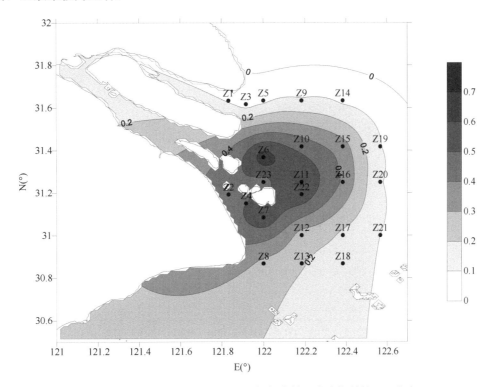

图 12-19　长江口中华绒螯蟹抱卵蟹栖息地适宜度指数的平面分布

2014～2015 年，长江口水域捕捞亲蟹中雌雄个体分别占 27.42%、72.58%；按收售规格划分，200g 以上个体占 4%左右，150～200g 个体占 8%，100～150g 个体约占 18%，小于 100g 的小蟹占最大比例，达 70%左右（图 12-20）。2013 年蟹苗汛期迁移路线模拟图见图 12-21。

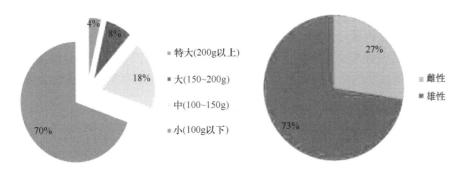

图 12-20　2014～2015 年冬季长江口亲蟹体重分布和性比（彩图请扫封底二维码）

四、经验启示

1. 改变传统思路，注重放流亲本

放流中华绒螯蟹苗种，虽然成本较低，但从监测结果来看，死亡率较高，往往导致放流效果不佳。

在深入研究中华绒螯蟹生殖洄游习性的基础上，结合增殖放流实践，在长江口水域放流中华绒螯蟹亲蟹，此时亲蟹性腺发育到Ⅳ期左右，已完成最后一次蜕壳，具有较强的环境适应性，放流后能保证很高的成活率，而且可较快地抵达产卵场，抱卵繁育。

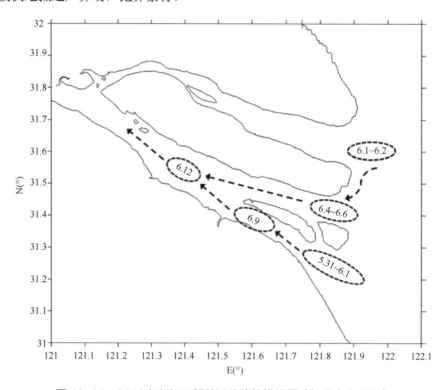

图 12-21　2013 年长江口蟹苗迁移路线模拟图（括号中为日期）

2. 强化技术攻关，研发适宜标志

适宜的标志技术是困扰增殖放流效果评价的主要难题之一。目前应用于海洋生物的标志方法主要有实物标志、分子标志和生物体标志 3 大类型，其中实物标志种类相对较多，且操作方法也相对简便。实物标志是早期增殖放流实践中使用最多的标记手段，传统上多采用体表标志，如挂牌、切鳍、注色法等。近年来，随着现代科学技术的进步，体内标志技术及其他高新标志技术也得到很快的发展，如编码微型金属标、被动整合雷达标、内藏可视标、生物遥测标、卫星跟踪标等也已广泛应用于海洋生物洄游习性和种群判别研究，而且这些标志技术仍在不断改进和完善。东海水产研究所项目组查阅了大量资料，自主研发了适合中华绒螯蟹成蟹的适宜标志，从而保证了效果评估的顺利开展，获取大量的一手数据。

3. 注重宣传工作，营造良好氛围

近年来开展的长江口中华绒螯蟹资源恢复技术研究与示范，起到了良好的效果，促进了自然种群的恢复，亲蟹与蟹苗资源量大幅提升，已达到了历史最好水平。相关工作引起了政府和社会的高度关注，《解放日报》《文汇报》《新闻晚报》《上海科技报》和东方卫视等媒体对此科研活动进行了详细跟踪报道，为国内水生生物增殖放流工作提供了典范。而且项目组在长江口各个码头和众多渔船上分发标志放流宣传单，开展标志有奖回收，使渔民充分掌握亲蟹标志识别方法和信息上报途径。这些工作增加了标志放流的影响力，使相关研究得以成功进行。

4. 坚持系统研究，加强科技投入

针对长江口中华绒螯蟹增殖放流中存在的诸多科学技术问题开展了深入研究：一是深入系统开展长

江口水域生态环境因子调查与监测，加强环境容纳量动态研究与评估；二是优化当前增殖放流技术，尤其是对放流亲蟹的行为特征、生理生态和环境适应力等进行基础研究（冯广朋等，2013），提高质量管理；三是开展放流效果跟踪评估技术研究，建立科学量化评估体系；四是加强长江口中华绒螯蟹产卵场与环境因子需求的调查研究。

5. 注重后期管控，坚持多方受益

从科学管理、切实恢复中华绒螯蟹资源的角度来讲，中华绒螯蟹洄游路径各江段渔业管理与研究部门需要切实实行联动机制，根据中华绒螯蟹洄游习性与发育特征，分别制定增殖放流与资源保护计划，控制捕捞压力。加强渔政管理，严厉打击偷捕船只，规范长江口亲蟹捕捞作业，严格控制捕捞期和捕捞区，取缔插网作业，保障资源合理有序利用；对九段沙上下水道附近的捕捞强度合理控制，保证繁殖群体的数量。

需要建立中华绒螯蟹种质评价标准，加强养殖业特别是育苗业的种质监控力度，防止种质混杂和退化。在亲本种质得到有效保障的前提下，加强河口放流亲蟹力度，可在禁渔期内迅速扩大种群数量。建立"政府+企业+研究所"的联动机制，为企业参与长江增殖放流和生态修复树立了样板。2006 年以来长江口蟹苗资源量快速回升，2011 年以来已恢复至历史最好水平，近年来稳定在 30～70t 资源量，成功修复了我国最大的中华绒螯蟹产卵场，具有重大的科技引领作用，社会与生态效益显著，使渔民受益，渔业增收，共同促进了长江大保护（冯广朋等，2017）。

第四节　中华鲟等珍稀濒危物种保护

中华鲟是起源于白垩纪的古老的鲟形目鱼类，为我国国家一级保护水生野生动物。它拥有独特的生物学特性（寿命长、体形巨大、性成熟晚）和生活史特征（长距离江海洄游），是濒危水生动物的旗舰代表。我国在中华鲟物种保护方面采取了一系列措施，取得了一定的保护成效，在我国濒危水生动物保护方面形成了良好示范。中华鲟作为一种软骨硬鳞鱼类，在研究地球气候变化和鱼类演化等方面具有重要的科学价值，而且作为大型江海洄游性鱼类，承载着海洋与河流信息和物质交流的重要作用，是反映海洋和河流生态状况的重要指示性物种。中华鲟等濒危水生动物的保护不仅是对物种本身的保护，而且更重要的是对水生生物多样性的保护、对水域生态环境的修复和对整个生态系统功能的维持，对我国淡水水生生物资源养护和生态修复都具有十分重要的借鉴意义。

一、发展历程

1. 水生野生动物保护自 20 世纪以来受到国际社会的普遍关注

1933 年，美国野生动物管理的创始人 Leopold 在其著作 *Game Management* 中，把野生动物只是狭义地定义为大型狩猎动物。1984 年，Bailey 把野生动物定义为那些"自由生活在与它们有天然联系的环境中的脊椎动物"。当今，国际上称野生动物为 wildlife。中国学者马建章等认为，凡是生存在天然自由状态下，或来自于天然自由状态的，虽然已经短期驯养但还没有产生进化变异的各种动物，均称为野生动物（国家林业局野生动植物保护司和国家林业局政策法规处，2007）。《中华人民共和国野生动物保护法》第二条第二款规定："保护的野生动物，是指珍贵、濒危的陆生、水生野生动物和有益的或者有重要经济、科学研究价值的陆生野生动物。"《中华人民共和国水生野生动物保护实施条例》第二条规定："水生野生动物是指珍贵、濒危的水生野生动物。"

目前随着人类对水生野生动物利用强度加大，地球上水生野生动物数量锐减，濒危物种不断增加，有些物种甚至已经灭绝。因而，国际社会越来越关注对水生野生动物的养护和管理。1982 年 12 月 10 日在牙买加蒙特哥湾召开的第三次联合国海洋法会议最后会议上通过的《联合国海洋法公约》是人类历史上第一部完整的海洋法公约，并被很多学者公认为一部海洋管理的宪法。1973 年，联合国环境规划署（UNEP）参与制定《濒危野生动植物种国际贸易公约》（CITES），目前有 172 个国家和地区加入该公约。40 多年来，CITES 已对超过 3 万种动植物种实施了不同等级的保护，在一定程度上对野生动植物保护及可持续开发利用起到了相当好的作用。自 1994 年第九届缔约国大会以来，CITES 正越来越多地关注水生物种的保护。目前共有 30 000 多种动植物种列入 CITES 附录，其中水生生物大约有 195 种（类），鱼类主要有鲨、鲟、矛尾鱼、海马等（陈锦辉，2011）。除了 CITES 外，世界自然保护联盟（IUCN）对全球鲟资源保护问题也给予了关注，1996 年成立了鲟专家组。2003 年 3 月世界鲟保护学会（WSCS）在德国成立。这些机构的成立用来指导国际鲟保护和研究工作（危起伟，2003）。

除国际保护组织外，各个国家也出台了相应的野生动物保护法律法规。美国水生野生动物保护法规较为先进发达。自 1900 年《野生动植物保护法》开始，美国陆续制定了各种野生生物保护法，其中 1973 年颁布的《濒危物种法案》是联邦用以保护濒危动植物区系的有力保障，现已成为世界各国制定濒危动植物保护法规的范例。1993 年美国制定了"美国鲟类物种保护和管理框架"，作为美国若干年内鲟保护和管理的纲领性文件。同时，对密苏里铲鲟、海湾鲟、大西洋鲟、湖鲟和短吻鲟等，均先后制定了物种恢复行动计划。新西兰在水生野生动物保护方面经验较为丰富，形成了较为完善的法律体系。目前新西兰有关水生野生动物保护的法规主要有：1953 年《野生动物法》、1980 年《国家公园法》和 1991 年《资源管理法》。日本水生野生动物保护也较为成熟，颁布了一系列相关的法律法规，主要包括：1918 年《野生动物保护和狩猎法》和 1992 年《濒危野生动植物保育法》。其他国家如英国、澳大利亚等也针对水生野生动物保护颁布了相关法规。在欧洲国家中，英国的动物保护立法不仅历史悠久，而且体系相当完备（陈锦辉，2011）。

2. 我国濒危水生动物保护力度日益加强

我国水生生物资源丰富，海洋生物有 3000 多种，经济价值较大的有 150 多种，内陆分布的、具有重要经济价值的淡水鱼类有 50 多种。随着国民经济的飞速发展，受人类活动的影响，我国濒危物种不断增加，在中国濒危动物红皮书鱼类部分，已有 92 种鱼类被列为野生绝迹、濒危、易危、稀有等级（齐景发，2003）。我国颁布的《国家重点保护野生动物名录》中有近 80 种水生野生动物，其中属国家一级保护动物的有白鳍豚、中华鲟、达氏鲟、白鲟、鼋、儒艮、中华白海豚、新疆大头鱼、红珊瑚等；属国家二级保护动物的有金线鲃、大理裂腹鱼、文昌鱼、佛耳丽蚌、花鳗鲡、胭脂鱼、唐鱼、大鲵、玳瑁、山瑞鳖、三线闭壳龟、绿海龟等；此外，还有许多珍稀水生野生动物被列入《地方重点保护野生动物名录》，如东北雅罗鱼和龟类等（黄芳洁，2010）。

新中国成立后，特别是近十多年来我国较为重视水生野生动物保护立法，从而使水生野生动物管理工作做到有法可依、有章可循。目前，我国关于水生野生动物保护的法律规定，除散见于宪法、刑法、环境保护法中外，还存在于陆续颁布的单行法律、法规、规章之中（陈锦辉，2011）。《中华人民共和国宪法》（简称《宪法》）是国家的根本大法。我国宪法对生物资源保护作了规定。1982 年《宪法》第 9 条规定："国家保障自然资源的合理利用，保护珍贵的动物和植物。禁止任何组织或者个人用任何手段侵占或者破坏自然资源。"1986 年第六届全国人民代表大会常务委员会第十四次会议通过《中华人民共和国渔业法》，是调整人们在中国水域开发、利用、保护、增殖渔业资源过程中所产生的各种社会关系的基本法律。1998 年《中华人民共和国野生动物保护法》颁布后，国家又相继制定颁布了《水生野生动物保护实施条例》《自然保护区条例》等行政法规，农业部制定了《水生野生动物利用特许办法》《水生动植物自然保护区管理办法》等规章及其他规范性文件。2006 年国务院颁布了《中国水生生物资源养护行动纲要》，为全面贯彻落实科学发展观，切实加强国家生态文明建设，依法保护和合理利用水生生物资源，实施可持续发展战略提供了指导方针。

3. 科学研究推动了中华鲟等濒危水生动物保护措施的不断完善

中华鲟（*Acipenser sinensis* Gray 1835）是一种大型溯河产卵洄游性鱼类，主要分布于东南沿海大陆架水域和长江中下游干流。其个体硕大，体长可达 4m，体重超 700kg，寿命 40 龄以上，在长江中的洄游距离达 2800km 以上。20 世纪后期，由于过度捕捞和环境退化（筑坝、水污染等）等人类活动的影响，中华鲟自然种群规模急剧缩小（危起伟，2003）。1988 年中华鲟被列为国家一级重点保护野生动物，1997 被列入《濒危野生动植物种国际贸易公约》（CITES）附录 II 保护物种，2010 年被世界自然保护联盟（IUCN）升级为极危级（CR）保护物种。中华鲟等珍稀濒危物种的保护措施随着科学研究的深入不断得到完善和加强，主要的研究和保护历程如下。

（1）中华鲟自然资源保护受到重视

我国在 20 世纪 70 年代才开始进行中华鲟自然种群生物学特性的系统研究。1971 年以前进行了一些形态、分类、分布和生活习性的零星记载，没有进行过系统研究。在此期间，中华鲟和达氏鲟的种名问题仍较为混乱。例如，伍献文等（1963）在《中国经济动物志·淡水鱼类》中将分布在长江的大个体溯河产卵洄游种类（大腊子）命名为中华鲟，将分布在长江上游的小个体鲟（沙腊子）定名为达氏鲟，而在朱元鼎（1963）所著《东海鱼类志》中，把大个体的溯河产卵洄游种描述为达氏鲟（*Acipenser dabryanus*）。Gray 于 1834 年原定名的中华鲟（*Acipenser sinensis* Gray 1835）采集模式标本（体长 32cm）可能来自珠江水系（四川省长江水产资源调查组，1988）。1971～1980 年对长江中华鲟自然种群特征、资源量和栖息地进行了系统研究和调查工作。1983 年起，国家对中华鲟开始全面禁止商业捕捞。之后，国家颁布了《中华人民共和国野生动物保护法》（1988）和《国家重点保护野生动物名录》（1989），中华鲟被列为重点保护对象。2008 年之后所有中华鲟捕捞活动停止，科研捕捞活动也被严格禁止。

（2）中华鲟自然繁殖栖息地得到保护

1981～1986 年，围绕葛洲坝水利工程建设，开展了中华鲟拯救问题的系统研究，发现了葛洲坝下新形成的中华鲟自然产卵场（余志堂等，1986），长江宜昌段中华鲟自然保护区（省级）于 1996 年被批准建设；长江口中华鲟幼鱼自然保护区于 2003 年被批准建设（省级）。自 20 世纪末，借鉴国际先进研究手段，采用超声波跟踪、水声学等技术对中华鲟的自然繁殖生态、栖息分布和洄游行为等进行了深入系统的研究（Kynard，1995；危起伟等，1998；Yang et al.，2006）。为中华鲟自然产卵场保护及保护区建设和管理提供了重要支撑。

（3）中华鲟人工保种成功实现

早在 20 世纪 70 年代，就利用捕捞产卵期成熟野生亲体实现了人工催产，取得了人工繁殖初步成功（四川省长江水产资源调查组，1988）。但一直没有开展人工保种。1997 年之后才突破中华鲟大规格苗种规模化培育问题（肖慧等，1998；危起伟等，1998）。自 1997 年起逐渐进行人工群体建设，至 2009 年，初次实现全人工繁殖的成功，至 2012 年，中华鲟全人工繁殖规模实现突破，2016 年中华鲟养殖群体批量成熟，全人工繁殖技术基本成熟。

（4）中华鲟资源养护力度不断加强

1983 年在葛洲坝下取得人工繁殖成功并开始进行增殖放流（傅朝君等，1985）。1996 年开始尝试利用化学标记、物理标记和遗传标记等多种技术手段进行人工放流效果评价（常剑波，1999），随着 1997 年大规格苗种培育技术的突破，放流规格和放流数量逐渐加大。2012 年中华鲟全人工繁殖实现一定规模，开始进行子二代的增殖放流。

（5）中华鲟等濒危物种保护技术体系的完善与应用

"中华鲟物种保护技术"系统研究成果获 2007 年度国家科技进步奖二等奖，标志着我国珍稀濒危水生动物保护的理论和技术体系的初步形成。相关成果应用于白鲟、达氏鲟、胭脂鱼、川陕哲罗鲑、秦岭细鳞鲑等珍稀濒危水生动物保护中，取得了很好的保护成效。如实现了以长江白鲟、达氏鲟和胭脂鱼及长江上游特有鱼类为主要保护对象的长江上游珍稀特有鱼类国家级自然保护区的论证、规划与建设；为江豚、大鲵、秦岭细鳞鲑等水生生物自然保护区的管理决策提供了技术支撑；实现了达氏鲟、川陕哲罗鲑的人工保种成功；开展了大量珍稀濒危水生动物的增殖放流和资源养护；实现了大鲵、胭脂鱼的规模化繁育及利用等。进一步完善了濒危水生动物就地保护、迁地保护和资源养护为一体的濒危物种保护体系。

二、主要做法

针对濒危水生动物保护，我国政府采取了制定政策法规、自然保护区建设、加强科学研究、实施人工保种和资源增殖放流等多方面的综合措施。现以中华鲟为例，介绍其具体保护措施的主要做法。

1. 政策法规制定为濒危水生动物保护提供了法律依据和行动纲领

政策法规方面，20 世纪 80 年代以来，将中华鲟、白鲟等长江珍稀鱼类列入国家级重点保护野生动物名录，从法律层面进行严格保护；2003 年以来，农业部实施了长江春季禁渔制度，对长江渔业资源的恢复与珍稀鱼类的保护起到了积极的作用，2016 年农业部调整长江流域禁渔制度，扩大了禁渔范围，延长了禁渔时间，在规定的禁渔区和禁渔期内，所有捕捞作业都被禁止；2006 年，国务院颁布了《中国水生生物资源养护行动纲要》，已制定的相关资源养护工程正在实施。2015 年 9 月，针对中华鲟产卵频率降低、洄游种群数量持续减少、自然种群急剧衰退的现状，农业部组织发布了《中华鲟拯救行动计划（2015～2030 年）》，就 2015～2030 年中华鲟保护的指导思想、基本原则、行动目标提出了意见，制定了具体的保护行动措施。2016 年 6 月，农业部办公厅发出关于征求《国务院办公厅关于加强长江水生生物保护工作的意见（代拟稿征求意见稿）》意见的函，对切实做好长江水生生物保护工作，特别是珍稀濒危物种保护工作，保护和修复长江水域生态环境提出了新的更高要求，这些都为中华鲟的保护工作奠定了好的基础。

2. 自然保护区建设和管理实现了对自然资源和栖息地的保护

自然保护区的建设和管理有效减少和规避了涉水工程建设等人类活动对中华鲟资源和关键栖息地的不利影响。1996 年，湖北省建立了以保护中华鲟及其产卵场为主要目标的长江湖北宜昌中华鲟自然保护区，保护区位于宜昌市境内的葛洲坝下至芦家河浅滩江段，该区段是中华鲟上溯繁衍栖息的理想生境，保护区的建设有利于将占有相当比例的中华鲟洄游亲体有效地保护起来，减少人为的伤害，减缓中华鲟种群数量进一步下降的趋势，使中华鲟繁殖栖息地的环境得到有效的保护和改善。2002 年上海市批准建立了长江口中华鲟幼鱼自然保护区，保护区位于长江入海口，地理位置十分独特，为典型的河口海岸湿地，在物种保护、水域生态保护、生物多样性保护、环境修复、科学研究等方面具有不可替代的重要作用，具有物种珍稀濒危性和特有性、长江口水域生态典型性和敏感性、生境重要性和唯一性、河口生态环境特殊性和多样性及生态环境修复可行性。据悉，2016 年 3 月，农业部已正式商请湖北省和上海市，建议将两个保护区晋升为国家级自然保护区，目前有关部门正在积极推进此项工作。保护区晋升成功后，保护区保护中华鲟产卵场和索饵场的作用将进一步得到加强。

3. 科学研究提升就地保护水平

中华鲟是典型的溯河洄游型鱼类。早期对其生活史的研究主要依靠渔民误捕或者捕捞，提供中华鲟在整个长江的洄游特性的一般信息。在大海中长大即将性成熟的中华鲟，每年6～8月进入长江口后开始溯河而上到达产卵场进行繁殖，在这期间，停止摄食，依靠体内脂肪提供能量并完成性腺的最后成熟。1981年葛洲坝水利工程截流阻断了中华鲟的洄游通道，其原来分布在金沙江下游和长江上游600多km江段16处以上的产卵场都无法被中华鲟所利用。虽然后来证实中华鲟能够在葛洲坝坝下完成自然繁殖活动，但已证实的产卵位置仅局限在葛洲坝坝下至古老背长约30km的江段（四川省长江水产资源调查组，1988；危起伟，2003）。自葛洲坝截流以来，中国水产科学研究院长江水产研究所、中国科学院水生生物研究所等单位一直坚持对中华鲟自然繁殖情况进行监测。主要研究包括观察了繁殖期中华鲟在产卵场的短期分布和运动情况；观察了中华鲟产卵在产卵场的分布和数量大小；观测了中华鲟产卵场的物理环境特征，如水深、地形、流速和底质特征；确定中华鲟溯河生殖洄游的时间及在不同江段栖息时长等（危起伟，2003；Yang et al.，2006；张辉，2009；Du et al.，2011；王成友，2012）。中华鲟性成熟晚、繁殖周期长，这是恢复种群的不利条件；但是雌性成熟个体的怀卵量大，一定程度上弥补了这种劣势。而这些特点充分说明了保护进行繁殖的中华鲟至关重要。在掌握中华鲟生殖洄游、产前栖息地分布及栖息地适合度的基础上，分析和讨论了人类活动尤其是水利工程建设对中华鲟的洄游和栖息地选择产生的影响。基于这些研究结果，提供了中华鲟就地保护的技术框架，提出了中华鲟就地保护的针对性对策措施，如探索中华鲟洄游机制、完善中华鲟栖息地研究、探寻中华鲟现有栖息地的生境条件、改良或修复中华鲟潜在产卵场和产前栖息地、评估人类活动对中华鲟种群的影响及更新中华鲟就地保护和管理建议等。

4. 通过迁地保护提高保护成效

（1）应激救护体系建立，减少资源损伤

为减少因误捕、航运和其他事件导致中华鲟致伤、致死事件发生，目前中华鲟应急救护设施和康复驯养体系已经建立。该体系包括沿江渔政与渔民的快速信息反馈网络，快速救护专业团队，配备有维生系统和适合大型鱼类运输的车辆、船舶，配备有应急救护的担架、护套和帆布水箱及进行应急救护的护理药品。在中华鲟应急救护中心（湖北荆州，农业部中华鲟保育与增殖放流中心）建设有适合大规格中华鲟进行康复驯养的养殖池，可以实现水环境的人工调控，为中华鲟救护和康复搭建了好的平台。过去20余年间，中国水产科学研究院长江水产研究所已成功救治中华鲟亲体10余尾，其中2014年在武汉新洲长江阳逻段双柳街附近江段，一尾巨型野生中华鲟（后命名为"后福"）被渔民误捕，全身尤其是头部受伤严重，且处于侧翻失衡状态。长江水产研究所濒危鱼类保护学科组接到电话后，立即派出救护人员赶往现场，请示相关部门主管领导后，将"后福"运至太湖试验场进行救治。经过药物、潜水护游、人工造流、液氧增氧、鳃动频率监控等一系列的精心护理救助措施，最终使其实现了康复。长江水产研究所已成功将经救治康复的中华鲟亲体5尾再次放归长江，实现了资源再次回归。

（2）人工群体已形成梯队，全人工繁育已实现

自1976年实现了野生中华鲟人工繁殖的成功以来，在全人工环境下开展驯养中华鲟工作已有40余年。2008年以前，用于人工繁殖的中华鲟亲本主要通过在宜昌葛洲坝坝下中华鲟自然产卵场捕捞获得。2009年后，中华鲟亲体特许捕捞被停止后，繁殖亲本主要来源于人工蓄养的中华鲟子一代。驯养地点包括湖北、浙江、广东、福建、北京、上海和香港等地区。长江水产研究所经过近20年对中华鲟子一代人工种群的蓄养，使中华鲟子一代人工养殖后备亲鱼群体种群初具规模，12龄以上亲鲟梯队达300尾左右。中华鲟的养殖及全人工繁殖技术已突破，在人工养殖环境下，实现中华鲟的物种保存已无大的技术瓶颈。围绕中华鲟人工驯养繁殖开展了一系列的技术研究，包括亲鱼培育、人工催产与授精、精液冷冻保存、

亲鱼产后护理和康复、仔稚鱼培育、营养需求、疾病诊断和预防、促性腺发育养殖条件及家系的遗传管理等（危起伟和杜浩，2013）。此外，近期还发展了生殖细胞冷冻保存、生殖细胞移植、生长生殖调控技术等新技术，为中华鲟人工种群的维持和增殖提供技术支撑。

（3）中华鲟产后亲体的康复驯养和资源再利用

中华鲟亲体个体巨大，操作困难，在繁殖后往往导致死亡。自 2005 年起，长江水产研究所进行了产后亲鲟康复技术攻关，成功解决了产后亲鱼再摄食难题，实现亲体的再次发育成熟，为亲鲟实现再次人工繁育、提高繁殖贡献提供了可能。

（4）新的迁地保护模式正在探索

除人工圈养外，近期还在积极筹备自然水体圈养和海水养殖等多种迁地保护行动。历史上，长江中游江段是中华鲟繁殖群体产卵前的重要越冬场之一，部分中华鲟在该江段越冬并完成性腺从Ⅲ期发育至Ⅳ期的关键低温过程。长江上游水电开发对葛洲坝下游江段造成的滞温效应随着沿程的增加而逐渐降低，因此，可在三峡库区、长江中游寻找合适的夹江位置，确保该江段受滞温效应影响小、与长江连通，并具有一定的流速条件。通过将中华鲟人工群体和捕捞繁殖后野生群体迁入这些近自然的夹江水域，可望实现人工种群的性成熟和野生群体性腺的再成熟。此外，长江中游亦存在适合开展中华鲟野化训练的其他江段。中华鲟在淡水中繁殖，在河口经历一段时间的适应期后，再进入海水中生长，即生活史的大部分时间在海水中。通过海水养殖可以了解中华鲟自然生活史过程，还可以进一步扩大中华鲟的人工群体规模。

5. 中华鲟增殖放流力度不断加强

1982 年，党中央、国务院采纳鱼类专家的建议，指定国家有关部门审批成立了救护中华鲟的专业机构——葛洲坝中华鲟研究所。1983 年，长江水产研究所、湖北省水产局、宜昌市水产研究所等单位组成的中华鲟人工繁殖协作组取得了葛洲坝下中华鲟人工孵化的成功，此后不久便开始向长江增殖放流中华鲟苗和幼苗。自 1983 年至今，我国已经累计向长江、珠江等水域放流中华鲟 700 余万尾。其中，1997 年以前，由于苗种驯养技术尚未突破，增殖放流的中华鲟大部分仅为仔鱼。1997 年突破中华鲟大规格苗种培育技术后，使得中华鲟大规格培育成活率显著提高，达到 80%以上，之后放流中华鲟的规格均在 10 cm 以上（危起伟和杜浩，2013）。目前，中华鲟全人工繁殖技术已获得突破，通过子二代中华鲟的增殖放流，可在不利用野生资源条件下扩大增殖放流的规模，从而改善放流效果。

6. 联合行动推进保护成效

在目前我国开展生态文明建设的大环境下，以中华鲟为代表的濒危水生动物保护和生态环境保护得到社会各界的共识。2015 年农业部发布的《中华鲟拯救行动计划（2015～2030）》所提出的就地保护行动、迁地保护行动、遗传资源保护行动和支撑保障行动等内容为今后中华鲟乃至全长江生态环境的保护提供了纲领。该拯救行动计划强调了将与长江有关的水电、航运、水利和环保等部门联合起来开展生态联合整治；强调要提高公众保护意识和社会共同参与中华鲟保护行动。在农业部长江流域渔政监督管理办公室的协调下，2016 年 5 月 21 日，由中国水生野生动物保护分会牵头的中华鲟保护救助联盟在上海成立。中国水产科学研究院及其院属研究所、中国科学院水生生物研究所等多家科研院所、大型水族馆、中华鲟养殖企业及 NGO 组织等作为成员单位加入该联盟。联盟的成立将充分利用与中华鲟保护相关的社会资源，制定针对联盟的详细保护计划和任务，通过多方力量共同参与，为中华鲟拯救行动提供强有力的支撑保障。联盟的成立，搭建了中华鲟监测和救护联合行动平台，在中华鲟的误捕救护、陆海接力中华鲟资源监测与驯养、全流域内环境调查与监测等方面谱写了新的篇章。

三、取得成效

我国历来十分重视中华鲟的保护工作，先后通过物种及其关键栖息地立法保护，长期进行大规模人工增殖放流，人工群体保育，以及大量科学研究等，开展专门针对中华鲟的保护工作，取得了一定成效。

1. 物种及其关键栖息地获得立法保护

1983 年，我国全面禁止中华鲟的商业捕捞利用，1989 年，中华鲟被列入国家一级重点保护野生动物名录。为保护葛洲坝坝下目前唯一已知的中华鲟产卵场及其繁殖群体，1996 年，设立长江湖北宜昌中华鲟省级自然保护区。为保护长江口中华鲟幼鱼群体及其索饵场，2002 年，设立上海市长江口中华鲟自然保护区。此外，2003 年开始实施的长江禁渔制度，以及长江中下游的其他一些保护区，如长江湖北新螺段白鱀豚国家级自然保护区等，也对中华鲟物种及其洄游通道的保护起到了良好作用。

2. 人工增殖放流活动持续开展 30 余年，放流数量累计达 700 万尾以上

1982 年国家有关部门组建了专门的机构——中华鲟研究所，开展中华鲟人工增殖放流方面的工作，以弥补葛洲坝建设对中华鲟自然繁殖所造成的不利影响。长江水产研究所也陆续开展了 30 多年的中华鲟人工增殖放流工作。此外，宜昌和上海两个中华鲟保护区及有关企业和科研单位等，也放流了部分中华鲟。截至目前，相关单位在长江中游、长江口、珠江和闽江等水域共放流各种不同规格的中华鲟 700 万尾以上，对补充中华鲟自然资源起到了一定作用。特别是自 1997 年突破苗种培育技术之后，放流苗种都为 10cm 以上规格稚幼鱼、亚成体和成体等。

3. 建立人工群体梯队，突破规模化全人工繁殖

在长期的增殖放流实践和误捕误伤个体救护等工作中，有关科研机构和企业蓄养有一批不同年龄的中华鲟群体，接近性成熟个体（8 龄）达 1000 尾以上，实现了中华鲟在人工条件下的有效保种。自 2009 年起，中华鲟研究所和长江水产研究所相继取得了中华鲟全人工繁殖技术的突破，实现了淡水人工环境下中华鲟种群的自我维持，这为中华鲟人工种群的扩增和自然种群的保护奠定了物质基础。

4. 科学研究为中华鲟物种保护贡献力量

自 20 世纪 70 年代以来，通过近 50 年的研究，比较清楚地掌握了中华鲟的洄游特性和生活史过程，在繁殖群体时空动态及自然繁殖活动监测、产卵场环境需求、人工繁殖和苗种培育、营养与病害防治等方面均进行了比较深入的研究。此外，在生殖细胞保存和移植等生物工程技术领域也取得了明显进展。其中"中华鲟物种保护技术研究"成果还获得了 2007 年度国家科技进步二等奖。这些研究成果为中华鲟的物种保护提供了较好的理论基础和技术支撑。

5. 中华鲟物种保护技术成果在淡水生物资源养护中得到广泛应用

中华鲟物种保护相关技术成果借助于科技支撑项目、公益性行业科研专项、农业部财政专项等项目平台在淡水生物资源养护中得到推广应用。如有关中华鲟自然繁殖场的环境水力学、地形学、河床质评估等水声学探测技术和资源评估技术，在长江流域、黑龙江流域、珠江流域及其他流域珍稀濒危鱼类，如白鲟、达氏鲟和重要经济鱼类四大家鱼的资源监测和栖息地生境评估中得到应用。首先在中华鲟物种保护中引进的生物遥测技术，在四大家鱼、哲罗鲑、秦岭细鳞鲑等物种保护中得到应用。中华鲟增殖放流所使用的 PIT 标记、CWT 标记、VIE 标记等标志放流技术在我国内陆流域的增殖放流中得到应用，有效提升了濒危水生动物的研究水平，从而提高了资源养护的成效。

四、经验启示

1. 国家宏观政策为濒危水生动物资源养护带来契机

1）党中央、国务院高度重视生态环境保护工作。党的十六届三中全会提出了坚持以人为本，树立全面、协调、可持续的发展观，明确了科学发展观的战略思想；党的十七大将生态文明建设确定为全面建设小康社会的新要求；党的十八大进一步将生态文明建设纳入中国特色社会主义事业总布局，放在突出地位。中华鲟保护研究以物种保护为出发点，带动了长江水生生物多样性及长江水域生态环境的保护，并且得到了国家领导人的高度重视。中共中央总书记习近平于 2016 年 1 月在重庆召开推动长江经济带发展座谈会中指出"当前和今后相当长一个时期，要把修复长江生态环境摆在压倒性位置，共抓大保护，不搞大开发"。中央和农业部颁布了一系列政策措施，如长江休渔规划和长江大保护等。

2）以中华鲟为主体，开展长江水生生物资源养护及生物多样性保护行动，是深入贯彻落实党的十八大以来国家推进生态文明建设的战略部署和国家长江经济带建设中"江湖和谐、生态文明"的有关要求，是以《中国水生生物资源养护行动纲要》《中国生物多样性保护战略与行动计划》（2011～2030 年）为指导的行动，通过完善管理制度、强化保护措施、改善水域生态环境、提高公众参与等措施，实现中华鲟物种延续和恢复，进而维护长江水生生物多样性，促进人与自然和谐。

3）长江中华鲟的保护为"渔业"范畴的渔业资源保护，上升到了国家水域生态安全和生态文明建设的高度，使得渔业有了很大的拓展空间。放弃以商业捕捞为目标的捕捞渔业，设定新目标为水产种质资源保护、珍稀物种保护、生物多样性保护、提供休闲游钓渔业及水域生物完整性和生态基础服务功能的保护。

4）大力推动科技进步的同时，合理开发利用，根据资源与渔业经济协调发展的要求，制定切合实际的水生珍稀动物产业的长远规划。新修订的《中华人民共和国野生动物保护法》于 2017 年 1 月 1 日实施，对野生动物采取了更为严格的保护措施，禁止利用（特别是吃）野生动物，提出了栖息地保护相关条款，而对于人工繁育成功的野生动物，经过科学论证后，列入"人工繁育目录"，以区别于野生种群，可以进行合理开发利用，这对于繁殖力大的鱼类而言意义重大，将是今后我国水生野生动物保护与发展的重要任务和方向。

2. 科学研究为资源养护和生态修复保驾护航

中华鲟等濒危物种保护实践表明，深入系统的研究是保护取得成效的前提。围绕中华鲟自然种群的生物特性、洄游习性、繁殖行为和资源动态监测等方面的研究，为中华鲟自然产卵场保护、保护区的规划、建设与管理提供了基础支撑；对中华鲟驯养和人工繁殖技术的突破，为中华鲟增殖放流和资源养护提供了前提；相关救护技术、康复技术的突破为迁地保护提供了保障。目前，在鱼类栖息地保护、河流生态修复和资源养护等方面的科研还比较薄弱，尚需进一步加强相关研究，为生态保护护航。

3. 社会的广泛联动是淡水生物资源养护和生态修复的保障

根据内陆水域生态保护工作的需要，切实加强渔政执法队伍建设。健全行政执法与刑事司法衔接机制，加大对违法违规行为的打击惩治力度。逐步完善部门协作、流域联动、交叉检查等形式的执法合作和联合执法，提高流域性重点水域和交界水域管理效果。积极开展水生生物保护宣传工作，突出公益属性，全面宣传生物多样性保护的重要意义，重点宣传中华鲟拯救行动计划和长江江豚保护行动计划，以及各流域不同区域珍稀特有水生生物的保护政策和相关措施，提高社会公众知晓率和参与度，营造全社会参与大保护的良好氛围。探索建立多渠道的保护机制，鼓励全社会广泛参与水域生态保护工作。拓宽保护工作资金筹措渠道，鼓励社会支持和资助水域生态保护事业，着手设立珍稀濒危物种保护公益基金。

参 考 文 献

曹侦, 冯广朋, 庄平, 等. 2013. 长江口中华绒螯蟹放流亲蟹对环境的生理适应. 水生生物学报, 37(1): 34-41.

常剑波. 1999. 长江中华鲟产卵群体结构和资源变动. 中国科学院水生生物研究所博士学位论文.

陈锦辉. 2011. 上海市长江口中华鲟自然保护区地方性法规立法研究. 上海海洋大学博士学位论文.

董哲仁. 2005. 莱茵河: 治理保护与国际合作. 郑州: 黄河水利出版社.

堵南山. 1994. 中华绒螯蟹的洄游. 水产科技情报, 31(2): 56-57, 94.

冯广朋, 卢俊, 庄平, 等. 2013. 盐度对中华绒螯蟹雌性亲蟹渗透压调节和酶活性的影响. 海洋渔业, 35(4): 468-473.

冯广朋, 张航利, 庄平. 2015. 长江口中华绒螯蟹雌性亲蟹放流群体与自然群体能量代谢比较. 海洋渔业, 37(2): 128-134.

冯广朋, 庄平, 张涛, 等. 2017. 长江口中华绒螯蟹资源增殖技术. 北京: 科学出版社.

傅朝君, 刘宪亭, 鲁大椿, 等. 1985. 葛洲坝下中华鲟人工繁殖. 淡水渔业, (1): 1-5.

高吉喜. 2016. 划定生态保护红线, 推进长江经济带大保护. 环境保护, 44(15): 21-24.

谷孝鸿, 赵福顺. 2001. 长江中华绒螯蟹的资源与养殖现状及其种质保护. 湖泊科学, 13(3): 267-271.

国家林业局野生动植物保护司, 国家林业局政策法规处. 2007. 中国自然保护区立法研究. 北京: 中国农业出版社.

黄芳洁. 2010. 我国水生野生动物保护存在的问题及对策研究. 现代农业科技, (10): 305-308.

姜彤. 2002. 莱茵河流域水环境管理的经验对长江中下游综合治理的启示. 水资源保护, (3): 45-50.

蒋金鹏, 冯广朋, 章龙珍, 等. 2014. 长江口中华绒螯蟹抱卵蟹生境适宜度初步评估. 海洋渔业, 36(3): 232-238.

刘健. 1999. 美国切萨比克湾的综合治理. 世界农业, 239: 8-10.

刘凯, 段金荣, 徐东坡, 等. 2007. 长江口中华绒螯蟹亲体捕捞现状及波动原因. 湖泊科学, 19(2): 212-217.

陆雯, 薛晓晨. 2014. 政府间协作治理: 美国切萨比克湾综合治理体系的构建. 国际城市蓝皮书 国际城市发展报告: 281-290.

罗小勇, 李斐, 张季, 等. 2011. 长江流域水生态环境现状及保护修复对策. 人民长江, 42(2): 45-47.

齐景发. 2003-06-30. 加大水生野生动物保护力度. 中国渔业报.

四川省长江水产资源调查组. 1988. 长江鲟鱼类生物学及人工繁殖研究. 成都: 四川科学出版社: 1-284.

王成友. 2012. 长江中华鲟生殖洄游和栖息地选择. 华中农业大学博士学位论文: 1-148.

王洪全, 黎志福. 1996. 水温、盐度双因子交互作用对河蟹胚胎发育的影响. 湖南师范大学自然科学学报, 19(3): 63-66.

危起伟. 2003. 中华鲟繁殖行为生态学与资源评估. 中国科学院水生生物研究所博士学位论文: 1-121.

危起伟, 杜浩. 2013. 长江珍稀鱼类增殖放流技术手册. 北京: 科学出版社: 1-119.

危起伟, 杨德国, 柯福恩. 1998. 长江鲟鱼类的保护对策//黄真理, 傅伯杰, 杨志峰. 21 世纪长江大型水利工程中的生态与环境保护. 北京: 中国环境科学出版社: 208-216.

伍献文, 杨干荣, 乐佩琦, 等. 1963. 中国经济动物志·淡水鱼类. 北京: 科学技术出版社: 12-16.

肖慧. 1998. 葛洲坝水利枢纽与珍稀鱼类保护的实践//黄真理, 傅伯杰, 杨志峰. 21 世纪长江大型水利工程中的生态与环境保护. 北京: 中国环境科学出版社: 199-207.

杨正波. 2008. 莱茵河保护的国际合作机制. 水利水电快报, 29(1): 5-7.

余志堂, 许蕴玕, 邓中粦, 等. 1986. 葛洲坝水利枢纽下中华鲟繁殖生态的研究, 鱼类学论文集(第五集). 北京: 科学出版社: 1-14.

俞连福, 李长松, 陈卫忠, 等. 1999. 长江口中华绒螯蟹蟹苗数量分布及其资源保护对策. 水产学报, (S1): 34-38.

张航利, 冯广朋, 庄平, 等. 2013. 长江口中华绒螯蟹雌性亲蟹自然群体与放流群体血淋巴生化指标的比较. 海洋渔业, 35(1): 47-53.

张辉. 2009. 中华鲟自然繁殖的非生物环境. 华中农业大学博士学位论文: 1-173.

张列士, 朱传龙, 杨杰, 等. 1989. 长江口中华绒螯蟹及蟹苗资源变动的研究. 上海市水产研究所报告, (3): 1-14.

朱元鼎. 1963. 东海鱼类志. 北京: 科学出版社: 12-16.

Aarts B G W, Nienhuis P H. 2003. Fish zonations and guilds as the basis for assessment of ecological integrity of large rivers. Hydrobiologia, 500 (1): 157-178.

Bartley D M, Bell J D. 2008. Restocking stock enhancement and sea ranching: arenas of progress. Rev Fish Sci, 16(1-3): 357-365.

Carpenter S R, Kitchell J F. 1988. Consumer control of lake productivity. BioScience, 38(11): 764-769.

Chesapeake Bay Program. 2000. Chesapeake 2000 (C2K). http://www.chesapeakebay.net/agreement.htm.

Chesapeake Bay Program. 2004. Restoring migratory fish passage in the Chesapeake Bay watershed. 2004. http://www. chesapeakebay.net/fishpass.htm.

Chesapeake Bay Program. 2015. Health and restoration in the Chesapeake Bay watershed 2014-2015. http://www.chesapeakebay. net/publications.

Christopher T, Sarah H, Justin R, et al. 2010. Evaluating a large-scale eelgrass restoration project in the Chesapeake Bay. Restoration Ecology, 18(4): 538-548.

Cooke G D, Welch E B, Peterson S A, et al. 1993. Restoration and management of lakes and reservoirs. Boca Raton, FL: Lewis Publishers.

Doyle M, Drew C A. 2008. Large-scale ecosystem restoration: five case studies from the United States. Washington, DC: Island Press.

Du H, Wei Q W, Zhang H, et al. 2011. Bottom substrate attributes relative to bedform morphology of spawning site of Chinese sturgeon *Acipenser sinensis* below the Gezhouba dam. J Appl Ichthyol, 27: 257-262.

Gorman O T, Karr J R. 1978. Habitat structure and stream fish communities. Ecology, 59(3): 507-515.

Gulati R D, Van Donk E. 2002. Lakes in the Netherlands, their origin, eutrophication and restoration: state-of-the-art review. Hydrobiologia, 478(1-3): 73-106.

Hardaway C S, Varnell L M, Milligan D A, et al. 2002. An integrated habitat enhancement approach to shoreline stabilization for a Chesapeake Bay island community. Wetlands Ecology and Management, 10(4): 289-302.

Hengst A M. 2007. Restoration ecology of *Potamogeton perfoliatus* in mesohaline Chesapeake Bay: the nursery bed effect. Dissertations & Theses – Gradworks.

Hines A H, Johnson E G, Young A C, et al. 2008. Release strategies for estuarine species with complex migratory life cycles: stock enhancement of Chesapeake blue crabs (*Callinectes sapidus*). Reviews in Fisheries Science, 16(1): 175-185.

ICPR. 1999. Convention on the Protection of the Rhine. Bern, April 12th, 1999.

ICPR. 2004. Rhine & Salmon 2020—A Programme for Migratory Fish in the Rhine System 2004, Koblenz, ISBN 3-935324- 51-0.

ICPR. 2007. Report on the Coordination of Surveillance Monitoring Programmes in the Rhine River District.

ICPR. 2009. Master Plan Migratory Fish Rhine. Technical report no. 179, Koblenz, ISBN 978-3-941994-09-6.

ICPR. 2010. Strategy for Micro-Pollutants—Strategy for Municipal and Industrial Wastewater. Technical report no.181, Koblenz, ISBN 3-941994-17-4.

ICPR. 2014. List of Rhine Substances. Technical report no.215, Koblenz, ISBN 3-941994-63-8.

ICPR. 2015. The Biology of the Rhine–Summary Report on the Rhine Measurement Programme Biology 2012/2013 and National Assessments According to the WFD. Technical report no.232, Koblenz, ISBN 978-3-941994-74-4.

ICPR. 2016. Organigram and Mandates (2016-2021).

Ingle R W, Andrews M J. 1976. Chinese crab reappears in Britain. Nature, 263: 638.

Johnson E G, Hines A H, Kramer M A, et al. 2008. Importance of season and size of release to stocking success for the blue crab in Chesapeake Bay. Reviews in Fisheries Science, 16(1): 243-253.

Jones C M. 2014. Can we predict the future: juvenile finfish and their seagrass nurseries in the Chesapeake Bay. ICES Journal of Marine Science, 71(3): 681-688.

Kiss A. 1985. The protection of the Rhine against pollution. Natural Resources Journal, 25(3): 613-637.

Kynard B, 危起伟, 柯福恩. 1995. 应用超声波遥测技术定位中华鲟产卵区. 科学通报, 40(2): 172-174.

Lelek A. 1989. The Rhine river and some of its tributaries under human impact in the last two centuries. Canadian special publication of fisheries and aquatic sciences, 106: 469-487.

Lelek A, Köhler C. 1990. Restoration of fish communities of the Rhine river two years after a heavy pollution wave. Regulated Rivers Research & Management, 5(1): 57-66.

Phelps H L. 1994. The asiatic clam (*Corbicula fluminea*) invasion and system-level ecological change in the Potomac River Estuary near Washington, DC. Estuaries, 17: 614-621.

Plum N, Schulte-Wülwer-Leidig A. 2014. From a sewer into a living river: the Rhine between Sandoz and Salmon. Hydrobiologia, 729 (1): 95-106.

Seaman W. 2007. Artificial habitats and the restoration of degraded marine ecosystems and fisheries. Hydrobiologia, 580(1): 143-155.

Seitz R D, Lipcius R N, Knick K E, et al. 2008. Stock enhancement and carrying capacity of blue crab nursery habitats in Chesapeake Bay. Reviews in Fisheries Science, 16(1): 329-337.

Uehlinger U, Wantzen K M, Leuven R S E W, et al. 2009. River Rhine basin// Tockner K, Uehlinger U, Robinson C. The Rivers of Europe. London: Academic Press, Elsevier: 199-245.

Van der Velde G, Van den Brink F. 1994. Does the Rhine still have characteristics of a river ecosystem? The longitudinal distribution of macroinvertebrates. Waterence & Technology, 29(3): 1-8.

Van Dijk G M, Marteijn E C L. 1995. Ecological rehabilitation of the River Rhine: Plans, progress and perspectives. Regulated Rivers-Research & Management, 11(3-4): 377-388.

Ward J V, Tockner K, Arscott D B, et al. 2002. Riverine landscape diversity. Freshwater Biology, 47(4): 517-539.

Yang D G, Kynard B, Wei Q W, et al. 2006. Distribution and movement of Chinese sturgeon, *Acipenser sinensis*, on the spawning ground located below the Gezhouba Dam during spawning seasons. J Appl Ichthyol, 22: 145-151.

Zohar Y, Hines A H, Zmora O, et al. 2008. The Chesapeake Bay blue crab (*Callinectes sapidus*): a multidisciplinary approach to responsible stock replenishment. Reviews in Fisheries Science, 16(1): 24-34.

第十三章 淡水生物种业典型案例[*]

第一节 转基因鱼研制与产业化

一、发展历程

1. 转基因技术的诞生与发展

转基因技术诞生于 20 世纪 80 年代。1981 年，Gordon 和 Ruddle 将基因组中导入了外源基因的小鼠命名为"transgenic"小鼠，从而产生了"转基因"这一术语。1982 年，Palmiter 等（1982）将重组大鼠生长激素基因导入小鼠的受精卵后，获得了体重是对照小鼠 2 倍的转基因"超级鼠"，不仅被誉为分子生物学发展的里程碑，而且转基因技术展现了潜在的、巨大的应用价值。1983 年，世界首例转基因植物——转基因烟草研制成功。1985 年，中国科学院水生生物研究所培育出世界首批转基因鱼，这是世界上首次成功进行农艺性状的转基因研究（Zhu et al., 1985）。1994 年，转基因延熟保鲜番茄在美国上市，成为第一个获许进行销售的转基因食品。1996 年，转基因作物开始大规模商业化种植。此后，转基因作物的产业化应用得到了迅猛发展，许多具有抗虫、抗病、耐除草剂等性状的转基因作物大面积推广。近年来，品质改良、养分高效利用、抗旱耐盐碱等转基因作物也纷纷面世。2016 年，全世界转基因作物的种植面积达到 1.851 亿 hm^2，种植面积 20 年增加了 110 倍，有 19 个发展中国家和 7 个发达国家种植转基因作物，占全球人口的 60%以上，约 40 亿人。其中美国种植的转基因作物面积最大、增长最快，占全球种植面积的40%。不仅如此，美国还种植了世界上最多的转基因作物种类，其大豆、玉米和棉花三大作物中，转基因品种的种植面积分别为 94%、92%和 93%。

时至今日，转基因技术已广泛应用于农业、医药、环保、能源等领域，转基因技术被列为影响未来全球经济的第三大技术。

2. 转基因鱼的诞生与产业化

鱼类品种的遗传改良最早的尝试可以追溯到 20 世纪 60 年代开始的鱼类细胞核移植研究。1963 年，旨在研究细胞核和细胞质在发育、分化和遗传中的功能及其相互作用，同时探索鱼类品种的遗传改良等基础理论和应用问题，童第周先生创立了鱼类细胞核移植研究。随后，童第周及其合作者通过异种间的细胞核移植获得了鲤鲫核质杂交鱼，将核质杂交鱼与传统的有性杂交育种技术结合，进一步改良遗传性状，获得明显的杂交优势。但是，鱼类细胞核移植，尤其是异种间的细胞核移植技术难度非常大，获得可育的移核鱼的成功率非常低（胡炜等，2008）。20 世纪 70 年代，基因工程在世界范围内悄然兴起，童第周先生的团队成员朱作言敏锐地意识到这一前沿研究所蕴藏的重要科学意义和巨大应用前景，他开始构思和探索鱼类基因工程育种。20 世纪 70 年代中期，朱作言曾尝试将耐寒雅罗鱼的总 DNA 转移到土鲮受精卵中，以期提高土鲮鱼的耐寒特性。在当时的历史背景下，这项朴素的研究可称是鱼类基因工程研究的可贵探索。那时，仅限于欧美等极少数实验室有能力克隆基因。1985 年，朱作言将重组人生长激素

* 编写：胡炜，王炳谦，刘汉勤，顾志敏，户国

基因导入鲤、鲫和泥鳅，成功研制出世界首批转基因鱼，提出了转基因鱼形成的模型理论，从而开创鱼类基因工程育种新领域（Zhu et al.，1985）。1990 年，美国《纽约时报》在长篇述评中指出，中国研究组关于鱼类基因工程的研究成果领先美国 3 年。1991 年，世界首批克隆鱼和世界首例转基因鱼的相关成果作为现代中国科技领域的两大重要科学技术成就被载入 *The Timetable of Science*（《世界科学年史》）（Hellemans and Bunch，1991）。

转基因鱼育种巨大的应用前景引起了广泛的关注，中国及欧美等国诸多实验室开始了转基因鱼育种探索。时至今日，以提供优质食品蛋白来源为目的，世界范围内已成功研制了 30 多种转基因鱼，这些转基因鱼包括世界水产养殖的许多重要品种，如鲤、草鱼、罗非鱼、鲇类及鲑鳟类等。这些转基因鱼或促进生长提高产量，或提高抗病力，或增强抗逆能力，或提高饲料转化效率，或改善品质，等等，其中 5 种转"全鱼"生长激素（growth hormone）基因（*gh*）的鱼建立了稳定遗传的家系（Maclean and Laight，2000；Hu and Zhu，2010；叶星等，2011；汪亚平和何利波，2016）。2015 年 11 月 19 日，经过了长达 20 年的严格审核，美国食品药品监督管理局（Food and Drug Administration，FDA）批准了转"全鱼"生长激素基因大西洋鲑（即水优三文鱼）为第一种可供食用的转基因动物产品（Ledford，2015）。2017 年 8 月 4 日，水优三文鱼在加拿大售出 10 000lb（Waltz，2017），首个获批供食用的转基因动物产品终于被端上人类餐桌，从而取得世界转基因动物育种研究与产业化应用的历史性突破。

二、主要做法

1. 转基因鱼的研制技术

转基因鱼育种是指将鱼类与生长、品质、抗病、抗逆等重要经济性状相关的基因分离出来，再把这些具有特定功能的目标基因精心设计加工后，重新转移到拟进行遗传改良的受体鱼染色体组内，使之稳定整合、正确发挥功能并遗传给后代，从而培育出具有优质、高产、抗病和抗逆等性状的鱼类优良品种。与传统的杂交选育技术比较，转基因育种技术是一种快速、定向和主动的分子设计与应用，不仅突破了鱼类不同物种间的生殖隔离，可以充分利用鱼类物种多、遗传资源丰富的特点，面向生产充分发掘自然种质资源，还通过种间经济性状相关基因的优化组合，对受体鱼进行遗传改良操作，创制出新的优良性状。转基因鱼研制及其品种培育主要包括鱼类经济性状相关功能基因克隆，有效的基因转移技术，以及转基因鱼的生物安全评价。

20 世纪 80 年代，由于缺乏鱼类经济性状相关的功能基因，进行转基因鱼育种使用的重组基因元件来源于人类和小鼠。出于食品安全和伦理等考虑，朱作言提出了以"全鱼"基因构建体进行转基因鱼育种的构想。所谓"全鱼"基因，是指重组基因元件全部来自于鱼类自身，不含其他任何非鱼源的基因元件。1992 年，朱作言成功构建世界首批"全鱼"基因构建体，由鲤肌动蛋白基因启动子和草鱼生长激素基因元件组成的"全鱼"生长激素基因（Zhu，1992），并利用此"全鱼"基因，选择我国的四大淡水名鱼之一黄河鲤进行转基因鱼育种。目前，以提供优质食品蛋白源为目的的转基因鱼育种研究均采用"全鱼"重组基因。近年来，随着人类及模式动植物全基因组测序与组装等技术取得的突破，我国学者先后完成了半滑舌鳎、鲤、大黄鱼、草鱼、鲫、牙鲆等重要养殖鱼类的全基因组测序和精细图谱绘制，为发掘鱼类重要经济性状相关功能基因，并应用于鱼类基因工程育种奠定了基础（桂建芳和朱作言，2012；桂建芳，2015）。

高效的基因转移技术是研制转基因鱼的关键之一。鱼类基因转移通常采用胚胎显微注射技术、精子载体介导基因转移技术、电脉冲基因转移技术及结合电脉冲处理的精子载体介导基因转移技术。其中，显微注射技术是直接对基因进行转移操作，可大量、准确地将外源基因导入鱼类受精卵内，因此，受精卵期胚胎的显微注射法是制备转基因鱼最经典、最常用，也是最有效的基因转移方法。转基因鱼模型理论指出，外源基因的整合是一个渐进的过程，开始于鱼类胚胎发育的原肠早期，以随机方式整合到受体鱼基因组中，转基因在不同组织细胞中的整合呈非均一性，转基因鱼是转基因的嵌合体（朱作言等，1989）。进一步的研究发现，外源基因导入鱼受精卵后，主要通过非同源末端连接（non-homologous end-join，NHEJ）修复机制对双链断裂端（double-strand break，DSB）的修复，分两步整合进宿主基因组中。只有转基因整合的拷贝数较少的转基因鱼，外源基因表达效率才呈现较高水平，并能建立稳定遗传的转基因鱼家系（Hu and Zhu，2010）；同时由于外源基因的"有效整合"是一个小概率事件（朱作言等，1989），因此，充分利用鱼类怀卵量大的特点，进行基因转移大样本操作，是获得外源基因有效整合且能稳定遗传的转基因鱼个体的重要保证（Hu and Zhu，2010）。

传统的质粒载体介导的基因转移中，随机整合导致外源基因的有效整合效率非常低，极大地限制了转基因技术的应用，提高外源基因的有效整合效率对于转基因鱼育种研究具有非常重要的意义。Tol2 和 Tgf2 分别是在青鳉和金鱼中发现的天然具有活性的脊椎动物转座子，属于 hAT 转座子家族（叶星等，2011）。通过转座子元件构建重组基因，利用"剪切-粘贴"的转座特性，可显著提高外源基因在 P_0 代转基因鱼基因组中的有效整合效率。但是，外源基因的整合仍然为随机整合，转基因在受体鱼基因组中的整合位点仍然不能精确设定。所幸的是，利用近年来迅猛发展的基因组编辑技术，已经在模式动物斑马鱼中成功进行了外源基因的定点插入，为在经济鱼类中转基因的定点整合及可控表达奠定了基础。

2. 转基因鱼的生物安全评价

转基因鱼的生物安全性包括食品安全性和生态安全性。考察转基因鱼的生物安全必须遵循个案评估的原则，即进行转基因鱼的安全评价时，必须从实施基因操作的供体与受体鱼的安全性，所转移的目的基因、整合状态、表达效果和产物功能等着手，实事求是地进行个性化分析与评估（朱作言等，2001）。

包括转基因鱼在内的所有转基因生物的食用安全性评价依据是国际食品法典委员会制定的一系列转基因食品安全评价指南，按照实质等同性原则进行。实质等同性原则是指转基因食品及食品成分是否与目前市场上销售的传统食品具有实质等同性，是对转基因食品与传统食品相对的安全性进行比较，评价内容涵盖营养学、毒理学、致敏性及结合其他资料进行的综合评价。

种群适合度（fitness）综合反映了鱼类的生存力及繁殖特性，是客观评价转基因鱼是否具有潜在生态风险的基础（胡炜等，2007）。通过全面系统地研究转基因鱼种群适合度，一方面评价转基因鱼是否具有较强的生存力和竞争力，一旦释放或逃逸到自然水体后，转基因鱼是否在自然生态系统中形成优势种群而影响鱼类群落结构；另一方面，评价转基因鱼是否可能与自然生态系统中的近缘物种通过有性交配发生杂交而导致转基因漂移（胡炜等，2007）。

我们认为，转基因鱼生态风险评价及生态风险防范对策研究均是转基因鱼育种体系中不可或缺的重要组成，有效的生态风险防范对策是顺利进行转基因鱼育种研究和控制转基因鱼生态风险的重要保证，必须与转基因鱼育种同步进行。转基因鱼潜在生态风险的实质与其生殖特性密切相关，研制不育的转基因鱼可以从根本上解决人们对其潜在生态风险的担忧（Hu and Zhu，2010；胡炜等，2007）。

三、取得成效

1. 快速生长冠鲤的研制及其生物安全性研究

中国科学院水生生物研究所将草鱼生长激素基因与鲤肌动蛋白基因启动子重组，构建了转基因元件全部来自于鱼类自身的重组"全鱼"生长激素基因（Zhu，1992）。采用显微操作技术导入黄河鲤受精卵，经多代选育出具有完全自主知识产权、养殖性状优良的转草鱼生长激素基因黄河鲤——冠鲤（Wang et al.，2001；Zhong et al.，2012）。与对照鲤比较，在同等养殖条件下，冠鲤不同家系的生长速度提高 42%～

114.92%；当年可达到上市规格，养殖周期缩短一半，减少养殖成本和人力投入，降低养殖风险。

就冠鲤的食品安全性而言，转基因为鲤鱼肌动蛋白基因的启动子和草鱼生长激素基因重组而成，没有任何其他物种的基因元件。与传统养殖的鲤比较，冠鲤携带有草鱼生长激素基因，周年追踪研究表明，冠鲤血清中生长激素的平均含量为 8.06ng/ml，约为对照鲤的 2.2 倍（Cao et al.，2014）。鱼类的生长激素是一种蛋白质，而不是令人们闻"激素"而色变的类固醇类激素，生长激素被分解为氨基酸就不具有激素的生理功能。安全食用鲤和草鱼的历史长达几千年，从理论上分析冠鲤具有食用安全性。此外，武汉大学基础医学院、中国疾病控制中心营养与食品安全所按照全球公认的实质等同性原则和国家Ⅰ类新药的毒理学实验规范，分别独立地进行了冠鲤的营养学、毒理学和致敏性研究，系统评价并证实冠鲤与对照鲤具有实质等同性，即冠鲤与对照鲤具有一样的食用安全性（Liu et al.，2011；Yong et al.，2012；刘玉梅等，2010；张甫英等，2000）。

针对冠鲤的生态安全性，Duan M 等人系统研究了冠鲤的种群适合度。摄食特征是与鱼类获得营养、种群生存与繁殖扩群密切相关的适合度。Duan M 等人发现冠鲤比对照鲤的摄食动机强、社会地位高，具有竞争食物资源的优势（Duan et al.，2009，2011，2013）；进一步研究冠鲤体内生长激素与中枢神经系统摄食中心相关信号分子的相互作用，发现了生长激素（GH）作用于下丘脑的信号分子 AgRPⅠ调节食欲和摄食行为的机制（Zhong et al.，2013）。但是，冠鲤的重要摄食器官咽骨的长、宽和重量显著小于同等大小的对照鲤，其咽骨钙含量显著低于对照鲤，表明冠鲤的快速生长使其付出了咽骨延缓发育的代价（Zhu et al.，2013）。捕食作用是影响鱼类种群形成和发展的关键因子之一，捕食避险能力直接反映鱼类的生存力。Zhang L 等人发现冠鲤被捕食的死亡率显著高于对照鱼（Zhang et al.，2014），说明在快速生长与死亡之间存在权衡，冠鲤被释放到自然水体后，可能会经历一个较低的适应期。鱼类通过游泳躲避捕食者的攻击。冠鲤的形态度量特征、应答疲劳运动的血液生理生化特征发生了改变，导致冠鲤的临界游泳速度比对照鱼低（李德亮等，2007），这可能是冠鲤难以逃避捕食者攻击的重要原因。鱼类的代谢特性决定其低氧耐受力和有氧运动能力，是鱼类生存力重要的适应性，与对照鲤比较，冠鲤的标准代谢没有改变，但摄食代谢率显著高于对照鲤。此外，冠鲤对养殖水环境中的主要胁迫因子氨氮的耐受能力比对照鲤差。首次性成熟年龄与繁殖力是决定鱼类释放或逃逸到自然环境后影响种群扩群能力的重要参数。Gao G A E 等人发现快速生长的冠鲤青春期启动较对照鲤显著滞后，鲤垂体促黄体激素（luteinizing-stimulating hormone，LH）的分泌细胞与 GH 受体细胞共定位，GH 通过其受体抑制垂体 LH 的表达和分泌（Cao et al.，2014）。但是，冠鲤性成熟后，人工授精条件下的受精率和子代孵化率与对照鲤没有显著差异（Zhong et al.，2012）。在隔离的自然水体中，通过亲子鉴定等方法，分析性成熟后的冠鲤对照鲤的繁殖行为及其子代群体结构，评价了两者的繁殖力及其子代幼鱼的存活力。发现冠鲤相对于对照鲤具有相同的繁殖竞争力，但其子代幼鱼存活力低下（Lian et al.，2013）。因此，冠鲤逃逸或释放到自然水体中，不可能对鲤自然种群的卵资源产生毁灭性掠夺，影响自然水域鲤种群；此外，由于冠鲤的子代存活力低下，也不可能形成优势种群（Lian et al.，2013）。胡炜等人不仅进行了冠鲤生物学特性和种群适合度参数的全面细致分析，而且提出了构建人工模拟湖泊评价其生态安全的新策略。胡炜等人设计和构建了一个面积约为 6.7hm²，具有防洪、防逃、防盗等安全设施齐备的人工模拟湖泊。该模拟湖泊不进行任何的人工投喂，设计放养了 12 个科的 23 种鱼，其中 65.2%为鲤科鱼，鱼类区系组成具有中国长江中下游湖泊的代表性（胡炜等，2007）。从分子、个体、种群和群落等不同水平，全面系统评价了冠鲤投放到该人工湖泊后对生态环境的可能影响，发现在鲤自然分布的水域，冠鲤对生态系统的压力远远低于对照鲤。

转基因鱼的生态安全性与其生殖特性密切相关，研制不育的转基因鱼，不仅可以控制转基因鱼通过有性交配导致转基因漂移，而且，转基因鱼即使逃逸到自然水体后，也无法形成优势种群，因此，可以从根本上解决人们对其是否具有潜在生态风险的担忧。欧美等国采用人工诱导三倍体鱼策略培育不育的转基因鱼，但是，人工诱导三倍体鱼的效率难以达到 100%，美国的转基因大西洋鲑的三倍化率最高为

99.8%（Fox，2010）。因此人工诱导方法难以满足转基因鱼大规模商品化生产的需求。中国科学院水生生物研究所与湖南师范大学合作，通过倍间杂交的方法研制出了三倍体吉鲤（于凡等，2010）。从科学角度而言，养殖性状优良、食用安全、生态安全、具有完全自主知识产权的吉鲤产业化应用的条件已经成熟。

2. 高产、优质、抗病、抗逆及生殖控制的转基因鱼

冠鲤的研制及对其食品安全、生态安全和对策的探索引领了中国转基因鱼育种研究的发展。不仅如此，围绕鱼类的高产、优质、抗病、抗逆及生殖控制，中国科学院、农业部及高校等科研人员在鲤、鲫、草鱼、黄颡鱼、罗非鱼等重要养殖鱼类的转基因育种、转基因鱼育种模型创制等方面取得了一系列重要突破。

在高产转基因鱼育种研究方面，中国科学院水生生物研究所利用"分子设计"理念，将 Jun 拉链结构置于生长激素受体（grow hormone receptor，GHR）的胞外结构域，使 GHR 持续激活，从而研制出激活型生长激素受体基因的转基因斑马鱼，该转基因鱼生长速度快，而且不依赖于生长激素水平（Ishtiaq et al.，2011）。将该策略也有效应用于高产黄河鲤的育种。中国水产科学研究院黑龙江水产所将鲤金属硫蛋白启动子与大麻哈鱼生长激素基因重组，研制转生长激素基因北方鲤（梁利群等，1999；孙效文等，2002），获得了生长速度比对照鲤快 40%～70%的两个转基因鲤家系；制备了全雌转基因鲤鲫杂交鱼（闫学春等，2015），为进一步研制生态安全的转基因北方鲤积累了育种材料。此外，中山大学、湖南师范大学、中国科学院海洋研究所、南京大学、中国水产科学研究院淡水渔业中心等单位研制了转生长激素基因的蓝太阳鱼、日本白鲫、鲫、异源四倍体鲤鲫、真鲷、牙鲆、团头鲂和黄颡鱼，分析了转基因的整合、表达及其促生长性状等，获得了培育高产转基因鱼的育种材料（吴婷婷等，1994；曹运长等，2005；冯浩等，2011a，2011b；葛家春等，2013）。

在优质转基因鱼育种方面，中国科学院水生生物研究所利用"合成生物学"途径，利用合成 n-3 高不饱和脂肪酸（HUFA）路径中的关键基因的双转基因，研制高 ω-3 不饱和脂肪酸含量的转基因鱼，使得受体鱼首次获得从亚油酸（18：2n-6）甚至是油酸（18：1n-9）直接合成 n-3 HUFA 的能力，从而建立了高 ω-3 不饱和脂肪酸含量的转基因鱼模型（Pang et al.，2014），并有效应用于优质黄河鲤的研制。中国水产科学研究院黑龙江水产所将对虾的总 DNA 转移到鲤基因组中，发现鲤的蛋白质含量、氨基酸总量及天冬氨酸、谷氨酸、甘氨酸、丙氨酸等 4 种鲜味氨基酸含量显著提高。

在抗病转基因鱼育种方面，草鱼是我国水产养殖产量最高的对象，但是草鱼呼肠孤病毒（grass carp reovirus，GCRV）引发的传染性出血病造成巨大的经济损失。中国科学院水生生物研究所选择以对草鱼 GCRV 敏感的稀有鮈鲫为模型，通过小发卡 RNA 表达构建体（shRNA）抑制草鱼出血病病毒的 *VP7* 基因，以及转植 *mx* 基因，都获得了抗 GCRV 的转基因稀有鮈鲫（廖莎等，2010；Su et al.，2009）；采用电脉冲结合精子介导，将人乳铁蛋白基因转入草鱼受精卵，获得了抗 GCRV 能力显著提高的转 *pCAhLFc* 基因草鱼（钟家玉和朱作言，2001）。湖南农业大学制备了转鲫 *mx* 基因的草鱼，在 P_0 代群体中发现了抗 GCRV 能力增强的转基因草鱼。溶菌酶在鱼类非特异性免疫系统中扮演非常重要的角色，是一种广谱性的抗菌因子，是抗病转基因鱼育种的重要靶基因。中国科学院海洋研究所将大西洋条鳕抗冻蛋白基因启动子与牙鲆 C 型溶菌酶基因重组，构建了全鱼溶菌酶基因元件 opAFP-ly，采用电脉冲精子介导法导入到大菱鲆受精卵，获得了原代转基因大菱鲆（纪伟和张培军，2004）。针对近年来罗非鱼养殖中出现的严重病害，中国水产科学研究院珠江水产所证实罗非鱼溶菌酶（Lysozyme-C3）对无乳链球菌具有较强的溶菌作用（瞿兰等，2012），研制了转罗非鱼溶菌酶 *C3* 基因斑马鱼，发现转基因斑马鱼对无乳链球菌具有较强的抗病力（Sun et al.，2015），在此基础上培育出具有抗无乳链球菌的转全鱼 *C3* 溶菌酶基因罗非鱼。

溶氧和温度是鱼类养殖非常重要的因素，低溶氧和低温胁迫影响鱼类生长、繁殖等，甚至造成爆发性死亡，研制低氧和低温耐受的抗逆品种一直是鱼类育种研究的重点。中国科学院水生生物研究所和北京大学合作，发现转透明颤菌血红蛋白基因后，提高了鱼体内氧和能量的供给，缓解了低氧胁迫下转基因鱼的氧化应激水平，削弱了氧化损伤，从而增强了转基因鱼在低氧胁迫条件下的生存力（Guan et al.，2011）。中国水产科学研究院珠江水产所将绵鳚的抗冻蛋白基因转入鲮，改良其不耐寒的特性（朱新平和夏仕玲，1997）。近年来，中国科学院海洋研究所研制了转鲤肌氨酸激酶基因（*M3-CK*）斑马鱼，发现*M3-CK* 的转植提高了转基因鱼耐受低温胁迫的能力，进一步通过能量、代谢、转录组比较等，发现转基因鱼与节律、能量代谢、脂类运输及代谢相关的生物学过程显著上调，为理解鱼类低温适应的机制、研制抗冻转基因鱼提供了新的思路（Wang et al.，2014）。

鱼类的生长速度、肉质等经济性状与其生殖特性密切相关，控制鱼类的生殖不仅可以培育优良养殖品种，而且可以从根本上解决人们对转基因鱼产业化和鱼类引种可能具有的潜在生态风险的担忧。中国科学院水生生物研究所通过反义转基因技术，抑制黄河鲤下丘脑-垂体-性腺轴（hypothalamic-pituitary-gonad，HPG）促性腺激素释放激素（gonadotropin-releasing hormone，GnRH）的表达，成功研制性腺败育的转基因鱼（Hu et al.，2007）。在此基础上，进一步提出了"两系亲本可育，杂交子代诱导不育"的鱼类生殖操育种新思路，将目的性状通过两个家系分别保存与稳定遗传给子代，不育性状则通过两个家系的有性杂交实现，在杂交子代中控制鱼类的生殖，巧妙地解决了将亲本的"不育"性状遗传给子代的难题，从而创建了鱼类育性可控的生殖开关新策略（Zhang et al.，2015）。西南大学通过显微注射技术，在雄性罗非鱼性腺中过量表达 *Foxl2*，诱导 *Cyp19a* 基因的表达，提高转基因鱼血清雌激素水平，获得了由雄性向雌性性反转的罗非鱼；而在雌鱼性腺过量表达 *Foxl2* 的显负性突变体干扰内源性 *Foxl2* 的功能，则能抑制转基因性腺的 *Cyp19a* 基因的表达，降低转基因鱼血清雌激素水平，获得了由雌性向雄性性反转的罗非鱼（Wang et al.，2007，2010）。近年来，西南大学、中国科学院水生生物研究所、中国水产科学研究院黄海水产所等采用 TALEN 和 CRISPR/Cas9 基因编辑技术，在罗非鱼、半滑舌鳎和黄鳝等重要养殖鱼类中敲除鱼类雌雄性别决定通路的关键基因，建立了新的鱼类性别控制育种技术平台（Cui et al.，2017；Feng et al.，2017；Li et al.，2015）。

3. 美国转基因三文鱼的产业化

在获得美国 FDA 批准产业化前，转 *gh* 大西洋鲑的产业化经历了长达 20 年的严格审核。大西洋鲑是世界上最主要的养殖鱼类之一，具有很高的经济价值与营养价值。但是，大西洋鲑在饲养过程中常因低温胁迫死亡，因此在 3 年的生长周期中存在较大的养殖风险。1989 年，加拿大学者 Hew 和 Garth 等将绵鳚（ocean pout）的抗冻蛋白基因（antifreeze protein gene，AFP）的启动子和终止子与大鳞大麻哈鱼（chinook salmon）的生长激素基因 cDNA 重组，构成了基因元件全部来自于鱼类自身的全鱼生长激素基因，导入大西洋鲑（Atlantic salmon）受精卵后，研制出转全鱼 *gh* 大西洋鲑。转 *gh* 大西洋鲑的生长速度较普通大西洋鲑快 2~6 倍，最大个体的体重甚至可以达到对照鱼的 13 倍（Du et al.，1992）。养殖转 *gh* 大西洋鲑只需 18 个月就能达到商品规格，生长期的缩短明显降低了因寒冷低温而造成的养殖风险，转 *gh* 大西洋鲑显现出很高的商业化应用价值。随后，Hew 和 Garth 等研发人员与产业界合作成立了水丰技术公司（AquaBounty Technologies），并将转 *gh* 大西洋鲑命名为水优三文鱼（AquAdvantage Salmon）。从此，在水丰技术公司的主导下，开始了水优三文鱼漫长的产业化历程。

虽然美国 FDA 在 1994 年就批准了世界上第一例商业化的转基因食品——转基因延熟保鲜番茄进入市场销售，但是，当水丰技术公司向 FDA 申请水优三文鱼的产业化时，对于转基因动物的产业化如何进行安全评估，世界范围内并没有可参照的管理程序与法规条例，更无转基因动物产业化的先例可循。为此，美国 FDA 与水丰技术公司针对技术磋商、规则制定、开放公众评议等科学评估和法律程序，进行了长达 20 年的审慎评估与沟通。1995 年，水丰技术公司首次尝试以新药的动物试验向 FDA 申请水优三文鱼的产业化。2003 年，按 FDA 的规则，水丰技术公司提交了水优三文鱼的监管研究报告。值得注意的是，2006 年，水丰技术公司在伦敦证券交易所另类投资市场（London Stock Exchange Alternative Investment

Market，又称高增长市场）上市，获得了 3000 万美元的风险投资，研究转基因在水优三文鱼基因组中整合的分子特征、促生长性状在不同世代中的遗传稳定性，评价水优三文鱼的食用安全性、对水生态环境的可能影响，同时开展水优三文鱼对生态环境影响的对策研究，以促进水优三文鱼的产业化进程。2009年，FDA 确定了转基因动物食用安全性评价标准，即转基因动物在进入市场之前，其食用安全性将按照普通药物的评价标准进行。同年，水丰技术公司根据这一评价标准，完成了对水优三文鱼的食品安全性评价。2010 年，FDA 认为水优三文鱼与普通大西洋鲑具有同等安全性，可以放心食用，并发布了水优三文鱼的食品安全评估报告草案供公众评议。2010 年，快速生长转 gh 大西洋鲑的创制被时代杂志（*TIME*）评为年度 50 大发明之一。水优三文鱼的产业化历程漫长而曲折。2011 年 6 月 15 日，美国众议院通过了一项农业支出法案的修正案，该修正案禁止美国 FDA 在 2012 年有费用用于开展水优三文鱼能否产业化的审查活动。在阿拉斯加州的经济和社会构成中，渔业具有举足轻重的地位，美国大部分的鲑来自于阿拉斯加，因此来自于阿拉斯加州的议员提出该修正案的原因不言而喻。6 月 16 日，水丰技术公司发表声明，指出 FDA 对水优三文鱼的食用安全性和环境安全性进行了严格的科学评价，水优三文鱼的安全性毋庸置疑。美国的国民健康和安全监管政策建立在科学研究的基础上，少数议员无视客观研究结果的蛮横行为是完全错误的。2012 年 5 月，FDA 完成了水优三文鱼对生态环境影响的评估草案。早在 1994 年，美国 FDA 就批准了世界上第一个可供人类食用的转基因食品——转基因延熟保鲜番茄。随后，美国种植了世界上最多的转基因作物种类。美国市场上含有转基因成分的加工食品占 75%~80%，转基因作物及其加工产品已成为美国人日常生活中不可或缺的食品。因此，2012 年 12 月，当 FDA 按照转基因动物食品的管理法规，将拟批准水优三文鱼可供安全食用的相关文件进行为期 3 个月的网络公示，收集社会各界的意见时，美国公众已经安全食用转基因食品长达 18 年，美国公众主要是担心水优三文鱼是否对水生态环境具有潜在的影响。FDA 主要是收集公众关于水优三文鱼对生态环境影响的反应。但是，在收集公众意见的 3 个月网络公示截止后，长达 3 年的时间里，美国 FDA 没有关于水优三文鱼产业化的进一步信息，原因在于拟批准水优三文鱼产业化的评估文件公布后，美国 FDA 面临着强大的社会压力。联署反对水优三文鱼产业化的包括上百万公众及 300 个环保组织，还有 40 位国会议员口头表示反对食用水优三文鱼（王大元，2016）。2014 年，加拿大环保部批准水丰公司可以生产水优三文鱼卵用于商业化销售。FDA 仔细分析了收集到的反对意见，认为转 gh 大西洋鲑的安全评估不仅早已涵盖环保组织和消费者所担心的问题，而且未雨绸缪地解决了这些问题。例如，针对人们对转基因三文鱼可能对水生态环境有影响的担忧，水丰公司一方面建立了完善的养殖、安全防护、逃逸预警、废水管理等设施，通过物理方法隔离养殖水优三文鱼，防止其逃逸；另一方面，利用三倍体鱼性腺败育的特性，水丰公司采用物理、化学和生物等多种方法培育出全雌的三倍体转基因三文鱼，养殖全雌的三倍体水优三文鱼能确保对生态环境没有影响。FDA 认为转 gh 大西洋鲑的食品安全性和生态安全性应以客观的科学评价结果为准则，虽然面临着强大的社会和舆论压力，但是 2015 年 11 月 19 日，美国 FDA 仍然发表公告宣布转全鱼 gh 大西洋鲑"AquAdvantage Salmon"和普通大西洋鲑一样可供人类安全食用。至此，继世界上第一例转基因植物产品在美国被批准上市 21 年后，第一例转基因动物的产业化准入同样在美国取得历史性的突破。2016 年 5 月 19 日，加拿大健康部（Health Canada）和食品检验检疫局（Canadian Food Inspection）也正式批准水优三文鱼进入市场销售。2017 年 8 月 4 日，水丰技术公司宣布在加拿大售出 10 000lb 水优三文鱼，这是世界转基因动物育种研发和产业化应用的里程碑，将成为转基因动物产业化的典范，对今后转基因动物的研发产生深远的影响。

四、经验启示

中国是世界转基因鱼育种的发源地，相关研究一直走在世界前列。冠鲤的食品安全性和生态安全性评价不仅完全符合美国 FDA、世界卫生组织与联合国粮食及农业组织审批转基因动物的法规要求，而且生态安全评价远比美国批准上市的水优三文鱼的相关研究翔实和完整。近年来，中国科学院、农业部所属研究所及高校的一大批科研人员，相继在草鱼、鲤、半滑舌鳎和牙鲆等重要养殖鱼类基因组解析和功能基因组分析（Chen et al.，2014；Xu et al.，2014；Wang et al.，2015；Shao et al.，2016），重要经济性状相关基因发掘、内源基因精细编辑和外源基因高效导入，以及高产、优质、抗病、抗逆的多种转基因经济鱼类新品种培育等方面，均取得了一系列重要进展和突破。但遗憾的是，中国学者在世界上率先培育出的转基因鱼产业化仍然举步维艰，包括转基因鱼在内的转基因生物产品甚至被妖魔化。美国转基因大西洋鲑的产业化给我国相关决策机构、研发机构与研发人员、产业界及公众诸多启示（胡炜和朱作言，2016）。

1. 尊重科学，以科学为依据对包括转基因鱼在内的创新产业进行决策

经过了长达 20 年锲而不舍的坚持和安全性科学评估，转 gh 大西洋鲑获准产业化，这一漫长、艰难而又富有创新的产业化历程，充分体现了管理决策对科学的尊重与维护。美国 FDA 在批准水优三文鱼产业化上有严格的程序，做出的决策非常慎重。不可否认，即使美国公众已经安全食用转基因食品 20 年，美国转基因作物的种植种类最多、种植面积最广（占全球种植面积的 40%），美国也存在对转基因的争议，有经济、社会、文化、宗教信仰因素，甚至还有政治等因素反对转基因，美国 FDA 面临着巨大的压力。美国 FDA 充分考虑并分析了民意中的不同意见，但是没有迎合和迁就其中非科学、非理性的反对意见，而是以科学为依据，对包括转基因鱼在内的创新产业进行科学决策。世界首例转基因作物和转基因动物产品均在美国实现产业化突破，充分体现了决策的科学性。

2. 基础研究只是产业创新的因素之一，高新技术的产业化离不开企业的积极参与

水优三文鱼的产业化获准还充分说明基础研究只是产业创新的因素之一，要推动创新产业和高新技术的发展与应用，离不开有战略眼光的企业和产业界的积极参与。加拿大学者研制出转 gh 大西洋鲑后，随后的产业化进程及相关研发工作完全由水丰技术公司主导，在没有转基因动物产业化先例可循的情况下，水丰技术公司一方面与 FDA 进行了长达 20 年的技术磋商、规则制定、开放公众评议等科学评估和法律程序等方面的沟通，建立客观、科学的评价原则和程序；另一方面，水丰技术公司还通过资本市场获得 3000 万美元的风险投资，并先后投入超过 1 亿美元用于水优三文鱼后期的研发。毋庸讳言，如果没有水丰技术公司从社会对三文鱼养殖产业迫切需求良种的前瞻考虑，如果没有其对水优三文鱼产业化坚持不懈，甚至是不计成本的全方位投入，转 gh 大西洋鲑可能仍然只是静静地游动于科学家的实验室中。

3. 科学普及与高新技术研发同等重要，对于转基因的产业化不可或缺

水优三文鱼的产业化还启迪我们，科学普及与高新技术研发同等重要，高水平科学素养的公民有期盼创新的内在驱动力和易于接受创新的秉性。如果公众对转基因技术及其产品缺乏了解，就非常容易被某些耸人听闻的谣言所蛊惑，从而担忧和排斥转基因产品，甚至对转基因产品产生虚幻的恐惧。例如，人们闻"激素"而色变，但人们担忧的是不易分解的固醇类激素，而水优三文鱼和冠鲤所转移的鱼类生长激素是一种蛋白质，经过烹调加工和胃肠消化后，生长激素就分解为氨基酸而作为营养被人体吸收，根本不会有激素的生理功能。但公众和消费者不可能成为每个领域的专家，人们对于新生事物的接受需要一定的时间和了解，因此科研人员不仅要潜心科研，而且需要把科学的道理交给媒体，准确地传播给大众，转基因研发迫切需要政府部门、科研机构、媒体和社会全面客观地宣传和引导。

4. 高屋建瓴地制定我国基因改良农业品种市场准入的条例和操作细则已经刻不容缓

我国自主研发出的诸多转基因动植物优良品种处于产业化突破的前沿，迅猛发展的基因编辑技术更将掀起世界范围内基因改良农业品种的新浪潮。但是，我国基因改良农业品种的产业化管理的相关制度

建设非常滞后于科学研究的发展。就转基因鱼优良品种的产业化而言，根据《农业转基因生物安全管理条例》和《转基因生物安全评价管理办法》，经过严格、科学的生物安全评价，获得农业转基因生物安全证书后，必须进行水产养殖新品种的审定，转基因鱼的产业化进程才能向前推进。但是，现行的《中华人民共和国渔业法》《水产原、良种审定办法》《水产苗种管理办法》和《中华人民共和国水产行业技术标准 水产新品种审定技术规范》等均缺乏可操作的用于指导转基因鱼品种审定的内容。包括转基因鱼在内的基因改良农业新品种如何进入市场，面临着无标准可循、无办法可依的窘境。因此，高屋建瓴地制定我国基因改良农业品种市场准入的条例和操作细则已经刻不容缓。

第二节 虹鳟育种技术及其产业发展的经验及启示

虹鳟属鲑形目（Salmoniformes）鲑科（Salmonidae）鲑亚科（Salmoninae）大麻哈鱼属（*Oncorhynchus*），在北太平洋沿岸地区，从亚洲的堪察加半岛到加利福尼亚直至墨西哥北部山区均有分布，是全球性养殖的重要淡水经济鱼类之一（户国等，2012），为典型的冷水性鱼类，是世界性重要经济养殖鱼类之一和水产遗传育种领域的重要研究对象，也是我国养殖产量最高的鲑鳟种类。

一、发展历程

1. 虹鳟种业的形成和发展

早在 19 世纪后期，美国渔业工作者就研发出了虹鳟人工授精及人工孵化技术，认识到虹鳟发眼卵可以被很方便地保存和远距离运输，实现了全人工繁殖。1879 年，在美国加利福尼亚州的麦克劳德（McCloud）河谷地区建立了世界上最早的虹鳟孵化场。该孵化场存续了大约 10 年，累计生产了约 200 万粒发眼卵（Gall and Crandell，1992）。在美国联邦鱼类与渔业委员会的支持下，将虹鳟发眼卵在美国各地推广。据现今可以查阅到的技术资料显示，最早的虹鳟发眼卵国际贸易是 1877 年自美国运往日本东京的一批发眼卵，第二次则是 1885 年由美国运往英格兰和苏格兰的发眼卵（Adeli and Baghaei，2013）。此后，发眼卵长途运输技术日臻成熟，国际贸易联系也日益紧密，在 19 世纪末到 20 世纪初，欧洲各国都陆续从美国引种了虹鳟发眼卵。随着虹鳟养殖的普及，欧洲也建立了一些虹鳟孵化场，最古老的欧洲虹鳟鱼孵化场由苏格兰的 Howietoun 渔业公司运营，1892～1893 年该公司引进了虹鳟亲鱼，德国最早的孵化场则创建于 1896 年（Hill，1995）。

最早的虹鳟选育工作可以追溯到 1923 年，美国华盛顿州立大学的道纳尔逊（Donaldson）教授利用溯河洄游的野生虹鳟作为基础群体，经过了近 40 年的群体选育，在 20 世纪 60 年代育成了道纳尔逊超级虹鳟（Donaldson's super rainbow trout），简称道氏虹鳟（范兆廷等，2008）。该品系生长快速，怀卵量大，比当时未选育的养殖品系生长快 10% 以上，迅速在全球推广，1983 年被引入我国。20 世纪 70 年代，虹鳟已成为除了鲤科鱼类以外，养殖范围最广泛、产量最高的国际性淡水鱼类。挪威在 20 世纪 70 年代就开始了大西洋鲑和虹鳟的家系选育工作。在 1980～1990 年，各国陆续开展并熟化了虹鳟全雌二倍体和全雌三倍体制种技术，迅速完成了商业化推广。目前，除南极洲以外，虹鳟养殖遍布所有大陆，有 80 余个国家向 FAO 报告虹鳟年度产量。伴随着养鳟业的快速发展，遍布欧美各地的虹鳟孵化场之间开始出现激烈的市场竞争。20 世纪 70 年代，数量遗传学理论指导的选择育种技术在畜禽和作物育种中都取得了巨大成绩和可观的经济价值（Gjedrem，2005）。在这种示范效应的带动下，1970～1980 年，很多虹鳟苗种生产商陆续开展了针对虹鳟经济性状的遗传改良工作，建立了各自的选育计划。现阶段，全球主要水产动物养殖对象中选育种覆盖率仅为 10% 左右，其余均是未经遗传改良的人工繁育苗种，也有用天然苗种养殖或采捕野生亲鱼繁殖获得苗种养殖。与之形成鲜明对比的是，虹鳟养殖必须使用遗传选育的优良品种已经成为行业共识。目前，在欧洲、北美及智利等主要鲑鳟养殖国家和地区，虹鳟良种覆盖率均已达到90%以上，是水产业中良种覆盖率最高的种类之一（Gjedrem and Baranski，2009），我国的虹鳟良种覆盖率尚不足 70%，还存在较大差距（王炳谦，2015）。

2. 虹鳟育种的技术需求

国际上不同虹鳟产区对育种技术需求存在较大差异，这与不同国家和地区养殖规模和市场消费商品鱼的规格和形式有密切关系。另外，19 世纪虹鳟由美国引种到世界各地，而这些虹鳟种质大多可以追溯到加利福尼亚州麦克劳德河流域的孵化场，种质原始来源高度近似（Busack and Gall，1980；Hershberger，1992）。因此，很多虹鳟养殖品系之间的杂交制种一般配合力和特殊配合力大多不显著，即杂种优势现象不明显（Gjedrem，1992）。这也形成了虹鳟选育的一大特色，即无法像其他经济鱼类那样通过不同地理种群进行简单杂交即可获得生产性能优良的后代，必须采用选择育种或者品系间配套杂交组合来获得生产性能优秀的良种。上述特性使得虹鳟成为最早开始采用数量遗传学理论指导遗传选育的水产动物之一。BLUP 育种值估计和配合力分析等遗传评定方法及家系选育、杂交和配套系育种等技术均在虹鳟育种实践中广泛应用，也取得了巨大的成功（户国等，2014）。不过，尽管杂种优势在水产动物育种中有巨大的应用价值，但是，鲑科鱼类种间杂交研究表明，虹鳟、大西洋鲑、褐鳟及北极红点鲑等多种鲑鳟类的种间杂交后代的生存力与生产性能都不如大西洋鲑本品种优秀。Chevassus（1979）考察了多种鲑鳟的种间杂交后代生产性能，指出大多数情况下，种间杂种后代生长性能介于双亲之间，最好的仅大致与最优亲本持平，其他研究也得到了类似的结果。因此，虹鳟商业生产中较少用到种间杂交技术。

不同消费规格的虹鳟，选育的目标性状不同，采用的育种技术也有所区别。生产 1kg 以下小规格虹鳟，只有生长速度和商品育成率有经济价值，而鱼肉颜色与晚熟性状经济价值不大；生产 3kg 以上规格虹鳟，鱼肉颜色与晚熟性状却具有重要的经济价值，肉品质、生长速度及商品育成率等性状均非常重要。群体选育无法兼顾多个性状，家系选育可以采用指数选择方法兼顾多个性状。因此，大部分以销售发眼卵为主要目的的专业育种公司均采用家系选育的策略，对多个市场关切的性状进行选育。三倍体虹鳟与普通二倍体虹鳟相比，具有生长速度快、个体比较大、群体产量高、无繁殖期死亡等特点，并且进行三倍体虹鳟生产能够避免性腺发育阶段和产卵季节因能量转移和婚姻色出现而导致鱼肉品质下降，另外，由于虹鳟雌鱼生长速度显著快于雄鱼，淡水大规格虹鳟生产普遍使用全雌三倍体苗种。虹鳟种业在全球范围内高速发展始于第二次世界大战结束后，著名的虹鳟育种公司——美国鳟鱼庄（Trout Lodge）成立于二战结束的 1945 年。从 20 世纪 50 年代起虹鳟养殖范围迅速扩大，产量近似指数增长。我国也于 1959 年接受由朝鲜赠送的虹鳟发眼卵，开启了虹鳟养殖的科研与生产工作。据 FAO 统计资料，近年来全球鲑鳟养殖年产量超过 200 万 t，排在鲤科鱼和罗非鱼之后，是世界第三大主要养殖鱼类，鲑鳟养殖产业是水产业中集约化程度最高、采用先进科学技术最多的产业之一（纪锋等，2012）。

二、主要做法

1. 国际虹鳟种业选育方法和育种技术流程

遗传改良与种质创新是虹鳟产业可持续发展的基础和必要条件。美国学者道纳尔逊在 20 世纪 30 年代首先对虹鳟进行数代的群体选育，成功地选育出优质虹鳟道氏品系，至 20 世纪 90 年代芬兰人对虹鳟利用家系选育技术育成 JALO 虹鳟家系，每代生长速度均提高 10%，鱼肉品质也好于现有品种。在育种技术方面，欧美鲑鳟遗传育种研究机构和育种公司均在标准化大规模的选育车间内，以电子标记辅助家系选育技术（图 13-1），以混合线性模型为基础不断发展的遗传评估方法、先进的大数据处理系统，高效地分析分布于多个育种场的海量个体的表型和系谱记录。遗传参数和个体育种值评估更加精确,选择进展更加快速,如 BLUP 育种值估计和指数选择方法已广泛应用于鲑鳟育种中。在先进精确的遗传评估基础上,为满足不同消费市场对不同虹鳟鱼肉品质和鱼体规格的需求,虹鳟选育的策略和方法也是十分灵活的,如近交(inbreeding)、杂交(cross/hybridization breeding)与纯系选择(pure breeding)等育种策略和群体选育、家系选育及 BLUP 育种方法均有应用。

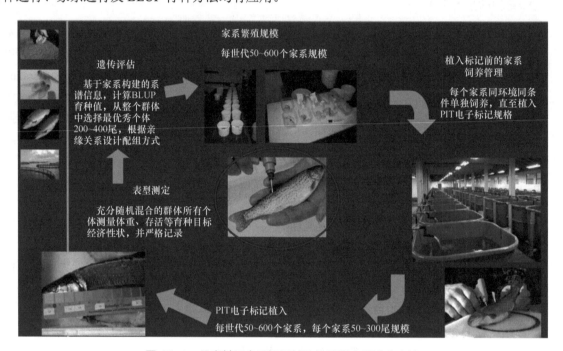

图 13-1　丹麦基于电子标记辅助的虹鳟家系选育方法

　　体形、体色及颜色斑块的模式等性状表型很容易使用近交方法固定,在金鳟日本品系(一种虹鳟白化突变体,Albino rainbow trout)的育成中,虹鳟白化体色表型由常染色体显性纯合基因控制,利用近交技术以维持品系血统的纯正,防止野生型虹鳟控制体色的基因渗入。在这类新突变体产生后,希望固定这个表型,需要利用近交策略,通常是同胞交配,特殊情况下,也可以利用亲子交配的手段。在涉及屠宰和抗病等性能时需要用到同胞选择。间接选择方法最典型的应用是对饲料系数(feed conversion ratio,FCR)和饲料转化效率(feed conversion efficiency,FCE)性状的选育工作。鲑鳟集群生活在水中,无法精确测量个体饲料摄入量、粪便排泄量及饲料落入池底的损失量,如果测定家系的均值需要将各家系分别放置在不同的选育缸或者小池中,这使各个家系的养殖环境不同,影响对生长性能等其他重要经济性状选择的准确性。这类性状几乎无法准确测量,所以无法直接进行遗传选择。但是,饲料成本几乎占整个食用鲑鳟养殖生产成本的 50% 以上,是重要经济性状。Gjøen(1993)发现,虹鳟饲料消费量与生长速度的遗传相关高达 0.78,对虹鳟生长速度进行选择,其饲料转化率就会相应提高。Thodesen 等(2001)也发现,对大西洋鲑的生长速度进行选择可同时提高其饲料利用效率。这也可以理解为,对 FCR 的选择可以转化为获得单位体重耗能最少的个体的选择,这也是一种间接选择。

2. 国内虹鳟育种主要工艺方案

　　国内育种机构根据中国市场虹鳟鱼制品的市场规模和消费特点,收集了国际上生产性能优良的主要商业品系作为育种基础材料,借鉴丹麦、挪威等国家的育种技术流程,设计了一套虹鳟选育的工艺流程(图 13-2)。评价的性状包括生长速度、体脂含量、体表斑点数、体形、性成熟时期,采用经济加权系数评价上述性状的经济价值,群体规模维持在每个品系由 100 个全同胞家系组成。遗传参数和育种值估计是种鱼选择的依据，采用动物模型用 REML 和 BLUP 法进行亲本和后备种鱼性状育种值估计。由于遗传参数与杂交参数是群体特异的，因此在育种过程中，对特定的群体和特定的杂交组合要分别进行估计。采用纯种选育的群体进行加性遗传方差、遗传力、育种目标性状与辅助选择性状的表型相关和遗传相关等参数的估计；就杂交繁育而言，进行杂种优势和遗传互补群体差等参数的估计。首先通过数理统计和遗传分析软件对数据库的个体信息进行统计与分析，其次通过对选育一代的遗传参数和育种值进行估计，依据其结果，选择不同地理种群之间交配组合的生产性能表现好的组合作为下一个世代选择的基础群。

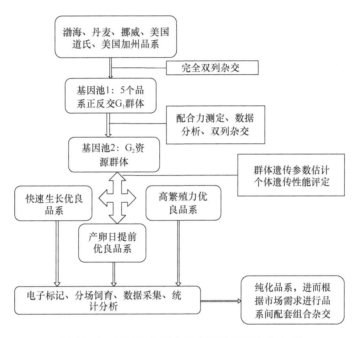

图 13-2　基础群体建立及专门化品系定向选育

1）将原始保种群按适宜的雌雄配比分成若干个家系，记为 1，2，…，n 家系，同时建立系谱数据库及进行分子遗传差异鉴定；继代繁殖下一世代时，1 号家系的雄鱼配 2，3，…，n 家系中任一家系的雌鱼，1 号家系的雌鱼配 2，3，…，n 家系中任一家系的雄鱼，在基础群体内保留最充分的遗传多样性。对所产生的后代用电子标记区分家系和个体，然后将标记的个体混养至一个养殖池中，收获时追踪并建立个体的系谱资料信息，充分利用个体的所有亲缘关系和性能资料进行 BLUP 分析，估计家系和个体育种值，根据育种值高低选留优秀个体进入核心群。

2）对基础群的候选亲本表型数据进行采集，并建立表型值数据库，同时确定亲本二次标记的部位，防止数码芯片的丢失。

3）配组方案确定，通过电子感读器对候选亲本进行扫描，根据系谱信息及其生产性能表现建系 300 个（3 个参与配套组合的品系每个系内 100 个全同胞家系），同时避免近亲繁殖，两个目标性状的加权系数分别设定为体重 0.9，体脂系数 0.1。

4）在选育二代的平均体重达到 50g 时，对其进行电子标记，并建立其表型值和环境因子数据库。

具体在品系内的选育提高采取的方法技术路线如图 13-3 所示。

按照上述工艺，国内一个试验性虹鳟选育程序利用早期引进的美国加州、美国道氏、丹麦、挪威、渤海等 5 个血缘关系较远（不同地理种群）的基础群体，对 5 个地理种群进行了遗传多样性分析，建立了包括 40 个家系选育系、20 个群体选育系及 5 个自群繁育系的 G₁ 代群体，培育出 3 个优良配套组合，生长速度较基础群体自群繁育系均值分别提高了 11.5%、13.0%、22.1%，平均达到 15.53%。每个品系在每个世代保存 75 个全同胞家系，采用单独配对交配设计，每个家系保留约 150 尾的群体，自 2001 年收集材料组建育种基础核心群起，该育种计划目前已执行了 5 个世代，至今仍然能取得理想的遗传进展，取得了较好的选育效果（王炳谦等，2012）。

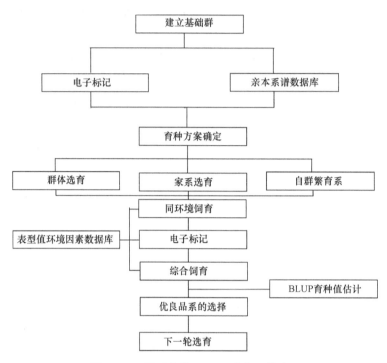

图 13-3　品系内的 BLUP 选育工艺流程

3. 国际虹鳟育种机构的运行方式

根据产业实际情况，虹鳟发眼卵生产商大致分为三种类型：①国有或者公立非营利性科研学术机构管理的育种计划；②大型虹鳟全产业链生产销售公司的育种部门；③专业化育种公司。第一类育种机构主要定位于服务所在国家或地区的渔业生产，得到政府经费补贴的支持，拥有理论扎实和实践经验丰富的专家和良好的育种设施，通过各种渠道与当地政府和养殖业界保持紧密联系。由于政府的经费支持及其在研发中的定位，这类机构专注于遗传基础理论和育种技术研发等产业共性问题，对其他市场参与者的竞争不敏感。例如，1971 年当养殖界对鲑鳟家系选育尚无明确需求时，挪威国家水产遗传育种研究所（AKVAFORSK）就开始了大西洋鲑和虹鳟的大规模家系选育研究工作，这两个育种计划最初完全依靠科研经费补贴支撑，多年后才实现经济效益和社会效益。类似地，积极开展鲑鳟遗传育种研究和技术推广的芬兰国家渔业创新中心及我国的中国水产科学研究院黑龙江水产研究所也属于典型的这种类型的育种机构。第二种类型是在大型养殖公司或渔业专业合作社等综合性水产公司中内部设立的育种部门。例如，欧洲很多大型水产综合性公司都有自己的育种部门。这种公司的育种项目针对本公司或者合作社特定养殖场的需求进行选育，由企业或渔民组织自己控制。因此，这种类型的育种公司生产的发眼卵市场竞争能力不强，以自给自足为主，选育目标性状较少但具体明确，采用的育种技术也多简便易行。第三类育种公司将育种作为核心业务，以各种类型的鱼卵或鱼苗作为公司的核心产品销售。这些公司之间及其与其他类型的苗种生产销售公司之间商业竞争激烈，国际市场上的商品发眼卵主要由这类公司提供。在欧美国家，共有约 10 家此类国际性的大型虹鳟育种公司，均为全球排名靠前的发眼卵供应商。参考家畜和家禽，国际上同一品种的大型育种公司只有 2~3 家的情况，预计这一类别的育种公司数量将随着商业竞争及产业发展进一步降低。

与畜禽类和大西洋鲑相比，虹鳟种业的组织和经营存在显著差异。大西洋鲑只在欧洲西北部的几个国家和北美地区养殖，与畜牧业中鸡、猪种业类似，养殖方式和市场消费形式高度一致，养殖业对种质的需求高度同质化。这虽然非常便于育种公司组织生产和服务客户，但也导致育种公司间存在激烈的市场竞争。目前，整个欧洲还在维护大西洋鲑育种项目的育种公司仅剩 7 家，产业集中度还有进一步提高的趋势。考虑到欧洲大西洋鲑的养殖年产量是虹鳟年产量的 6 倍以上，虹鳟育种公司的数量显得特别多，欧洲知名的全球性或国家区域性虹鳟育种公司就有近 20 家，远多于大西洋鲑。欧洲较大型的 10 余家虹鳟育种公司年发眼卵的生产总规模为 10 亿粒以上，占市场发眼卵总产量的 2/3 左右（Janssen et al., 2015）。全欧洲还存在着大量的中小型育种公司和一些自给自足的小型发眼卵生产商。法国的大中型育种公司较多，其他国家基本上每个国家 1～2 家大型发眼卵生产企业。

产生前述虹鳟育种机构类型的原因很多，主要可以归纳为以下几点。首先，养殖业的分布区域范围不同，欧洲各国均有虹鳟商品鱼养殖，而大西洋鲑商业养殖只分布于欧洲西北部；其次，不同国家市场对虹鳟的消费规格和产品形式不同，受市场需求多样性的影响，虹鳟的养殖技术体系和生产销售策略高度差异化，需要有针对性地采用适宜的遗传种质材料；再次，虹鳟主要经济性状的表型形成存在着强烈的基因与环境相互作用，同一品系在不同环境中生产性能存在极显著差异，因此，很难做到同一品系可以满足多个不同市场的需求；最后，虹鳟定位于中高端消费市场，苗种市场利润较丰厚。这些原因为大量的区域性小型育种公司提供了生存空间。这些公司根据所处主要国家地区和地理位置，根据消费需求设定相应的育种目标，有针对性地服务特定市场。

三、取得成效

1. 技术优势助推国际虹鳟鱼卵市场形成垄断局面

由于技术上压倒性的优势，虹鳟发眼卵的国际贸易主要生产和出口国是美国和欧洲国家，位于美国华盛顿州的鳟鱼庄公司是现阶段国际上虹鳟发眼卵最大的生产商和贸易商，单一公司的年生产能力即达约 5 亿粒商品发眼卵，大量出口至智利、中国和日本等国。欧洲的虹鳟育种公司遍布各国，年产虹鳟发眼卵约 15 亿粒，商品发眼卵主要生产国和出口国为丹麦、法国、意大利和西班牙（Janssen et al., 2015）。欧洲国家主要经由丹麦每年向智利出口约 7000 万粒虹鳟发眼卵。挪威只生产大规格虹鳟，虽然虹鳟商品鱼产量为欧洲第一，但其所需发眼卵并不多，主要由当地育种公司供应，也从丹麦和法国等国进口发眼卵。目前，受制于自然禀赋和技术水平，鲑鳟是我国唯一无法满足国内市场需求的水产品种类，需要每年进口 5 万 t。与此同时，每年引进的虹鳟发眼卵约 5000 万粒，几乎达到国内市场苗种生产量的 70% 以上。国外商品鱼和苗种在国内市场居于绝对主导的支配性地位，如果将用进口苗种生产的商品鱼产量也计入进口量，我国约 80% 以上的虹鳟鱼产量实质上由发达国家的育种公司和养殖公司主导。这些公司在通过地区差异化定价策略从中国市场获取超额垄断利润的同时，也极大地影响了我国鲑鳟养殖业的产业战略安全。

国内主要的鲑鳟苗种生产单位有中国水产科学研究院黑龙江水产研究所渤海冷水性鱼试验站、甘肃省鲑鳟鱼引种育种中心（甘肃省临夏）、北京顺通虹鳟鱼养殖中心、北京卧佛山庄养殖有限公司等。全国有 1400 余家鲑鳟养殖场，主要分布在北京、山东、四川、青海、甘肃、云南、辽宁、河南、新疆等 23 个省（自治区、直辖市）的冷水水域和偏冷水域，养殖方式有流水池塘养殖、水库网箱养殖、大水面放牧式养殖和循环水养殖等，其中以流水池塘养殖和网箱养殖的方式为主，年生产的发眼卵总量不足 2000 万粒，主要供应小规格虹鳟消费，如游钓、农家乐和整鱼消费等。

2. 国内虹鳟育种工作取得长足发展

我国自 1959 年起便开展虹鳟鱼的引种养殖工作并取得成功。同年在黑龙江省海林县横道河子镇建立了中国第一个虹鳟试验站。此后经 4 年的试验养殖，到 1963 年，培育成我国第一代成熟亲鱼，并获得人工繁殖的首次成功。该站于 1965 年又在当时的宁安县渤海镇建设了一处试验场,其为我国第一个综合性的冷水鱼试验站。目前,农业部冷水性鱼类遗传育种中心依托该试验站设置。为了普及虹鳟养殖技术,1984~1988 年先后两次以日本东京水产大学野村稔和隆岛史夫教授为主讲,在黑龙江水产研究所举办了全国性的鳟增养殖技术及育种新技术科学讲座。以此为契机,国内很多单位开启了鲑鳟养殖和育种研究工作。

自 1985 年以来,通过多次参访日本、美国和欧洲虹鳟种业发达国家,国内科研机构已在全雌虹鳟培育、虹鳟染色体组操作及虹鳟群体选育等方面有 20 余年的研究积累,甘肃省水产研究所利用群体选育技术选育的'甘肃金鳟'已通过国家原良种委员会审定,于 2007 年获得新品种证书。'甘肃金鳟'是甘肃省在 20 世纪 90 年代初从虹鳟的变异种中选育而成的一个新品种,其与目前国内外养殖的道氏虹鳟、日本金鳟相比体色更艳丽,具有很好的观赏价值,且性情温顺、生长速度快、抗病力强、耐氧低,是适应我国西北地区的特色冷水养殖品种(王炳谦,2015)。国内研究机构从国外引进电子标记技术后,近十年来又采用电子标记辅助虹鳟家系选育和多性状复合育种技术开展对虹鳟生长、繁殖力、鱼片脂肪含量、抗病等重要经济性状方面的研究,并取得了良好的选育效果,培育出 3 个优良配套组合,生长速度较基础群体自繁系均值分别提高了 11.5%、13.0%、22.1%,平均达到 15.53%(王炳谦等,2012)。我国鲑科鱼类育种中已建立了使用电子标记识别技术的个体识别与近交控制技术体系,自主创新形成了较为完善的虹鳟遗传性能评估和良种选育技术体系,采用基于家系的 BLUP 育种技术已经选育至第五代。根据产业调研数据,目前国内中等规模以上的虹鳟养殖场实现了 70%以上的良种覆盖率。

四、经验启示

1. 借鉴国际先进产业模式,促进国内虹鳟种业发展

多年来,与渔业发达国家不同,我国国内虹鳟发眼卵生产销售以公立科研单位及中小型的养殖企业为主,大型虹鳟养殖企业几乎未涉足种业。在 2010 年以前,国外大型虹鳟养殖和育种公司通常都是采取苗种、饲料及渔业装备贸易的形式,介入中国市场。我们现阶段正在积极吸引国外先进企业进入中国直接投资,同场竞技,学习对方先进的生产技术和管理方法。

近年来,丹麦 Aqueresearch 公司等开始试图在我国直接生产虹鳟发眼卵销售,以更接近中国养殖企业,力图扭转美国鳟鱼庄在中国虹鳟苗种市场的支配性地位。北欧和美国、加拿大等鲑鳟渔业发达国家和地区正在利用我国"十三五"期间大力发展环境友好型的生态养殖的契机,加大在中国市场推广循环水设施等生态养殖渔业装备和技术。总部位于加拿大的艾格莫林公司是最早在中国直接设厂的公司之一,辽宁本溪艾格莫林实业有限公司在中国最早采用罐式半封闭循环水环保养殖设施生产鲑鳟,取得了很好的经济和社会效益。丹麦爱乐饲料、挪威适晋饲料、挪威拜欧玛饲料等国际鲑鳟饲料巨头都在 2010 年前后开始深入调研中国市场,由成品贸易逐步转变为在地加工生产高性能饲料。性能先进的苗种、饲料和养殖装备设施必将对我国的鲑鳟养殖业产能和品质提升起到积极的促进作用。

2. 国内虹鳟种业应加强先进技术的引进及消化吸收

我国的虹鳟育种应加强消化吸收并本土化改良渔业发达国家 20 世纪形成的鲑鳟 BLUP 和配套系育种及全雌三倍体制种的一些关键技术。由于目前国内主要商业养殖的虹鳟品种为 20 世纪 80 年代后引进的虹鳟、金鳟主要商业品系和渤海品系等我国早期引入品系的已经适应的本土养殖品系,这就决定我国虹鳟的育种工作应该采取类似于欧洲国家虹鳟育种的经验策略,采取"引种"和"育种"相结合的方法,充分利用引进品种和国内自主选育品种两类资源,完善我国基于数量遗传学理论指导的虹鳟多性状复合 BLUP 育种体系,培育具有自主知识产权的虹鳟新品种。在此基础上,进一步熟化制种技术,将经选育的优良种质制成全雌二倍体和全雌三倍体,提高生产性能。进一步加大监管力度,提高国内相关机构和企

业生产及销售虹鳟苗种的准入标准，通过引入社会资本，建立大型的专门的虹鳟育种公司，生产销售优质虹鳟发眼卵，将不具备育种核心群体管理能力的机构和企业排除在苗种生产行业之外。

3. 顺应产业形势新变化，组建产业技术创新战略联盟

大型国际化的虹鳟种业公司以长期市场占有率和产品定位中高阶层等明确战略目标为指导，综合动员多种形式媒体舆论，使用多种方式，诱导消费者刻意区分大西洋鲑和虹鳟、大麻哈鱼等太平洋鲑，以大西洋鲑为正宗三文鱼。这在一定程度上已经对虹鳟和其他鲑养殖构成了负面影响。一方面，一些具备条件的虹鳟养殖公司开始逐步转型养殖大西洋鲑，但是由于我国受自然条件的限制，目前无法生产大西洋鲑的苗种，需要全部进口，这在一定程度上为国内的鲑鳟养殖业埋下了隐患，可能会因为各种原因导致无法及时获得种苗，进而造成重大经济损失。另一方面，限于资金实力和公司规模，国内养殖企业在舆论引导和知识传播等软实力方面明显落后于国外大型鲑鳟养殖、育种和饲料等公司。国产大个体虹鳟及其他鲑鳟在市场销售上也处于劣势，不能得到消费者的同等认同。

面对上述严峻形势，国内鲑鳟行业相关生产的企业、科研单位、高校等自发组织起来，与鲟行业的相关单位，共计 54 个单位参考挪威和美国等渔业先进国家经验，于 2011 年自发组成冷水性鱼类产业技术创新战略联盟，针对国内行业主要研发机构、高校及龙头企业，根据鲑鳟产业实际问题，以及行业中特别关心的产业问题开展必要的调研，并研究制定相应的对策和解决方案。考虑到鲑鳟增养殖主产区地处偏远和经济欠发达地域，而主要消费群体均处于一、二线大城市的特殊情况，以及鲑鳟年度总产量较小，社会影响力相对不大的不利因素，业内企业普遍自有资金能力有限，国家及各地科研经费投入长期不足，产业技术体系不健全，良种创制技术落后，全雌三倍体制种技术迟迟不能实现商业化，养殖技术粗放，冷链运输能力欠缺，各类病害频发、饲料营养缺乏有国际水准的技术标准，特别是处于产业链两端的良种创制生产和终端市场销售与国家先进水平存在巨大差距。行业内利益攸关方普遍希望联盟能够发挥产学研综合优势，集成创新鲑鳟类产业化技术，提供产业需求的新技术、新产品、销售的新平台；建立鲑鳟类产业发展技术支撑体系，实现我国鲑鳟产业的健康、稳定和可持续发展。近期，联盟内以中国海洋大学、中国水产科学研究院黑龙江水产研究所为主的研究机构又联合提出利用我国黄海海洋冷水团的冷水资源开发及养殖虹鳟和大西洋鲑等冷水性鱼类，并启动了大量的前期研究和中试实验。这一设想如果能成功实践，将再次引发我国鲑鳟养殖向海洋发展的积极尝试，极有可能带来我国鲑鳟产业的革命性发展。在可以预见的将来，随着资本和科技的深度介入，我国鲑鳟产业可能会实现跨越式的发展。

综上所述，我们应充分吸收国际虹鳟种业近百年发展历程的经验，将国内已经开展的虹鳟的选育工作持续开展下去，不断提高育种技术水平，缩短与国际主流品种生产性能的差距；充分利用农林水产行业的税收优惠政策及国家相关渠道科研经费支持，将国产优良苗种的性价比维持在合理水平，引导国内外种业公司有序竞争；提高国内水产科研机构的研究水平和科普力度，使众多小型养殖业从业者理解种质优劣对养殖业的影响，最大程度降低自繁种质的行为；参考种植业中的良种补贴等政策性工具，使采用良种在经济上有利可图，在技术上能够获得研究机构的专业辅助支撑。根据机构和企业育种能力、生产条件和培育品种的生产性能选择一定数量的机构或企业为重点或者定点育种企业，加大资金投入和技术指导，以期在我国形成以公益性研究机构进行遗传基础理论和育种技术研发，以专业育种公司为市场主体的现代化虹鳟"种-繁-推"技术体系。

第三节　黄颡鱼'全雄 1 号'

黄颡鱼（*Pelteobagrus fulvidraco* Richardson）隶属于鲇形目（Siluriformes）鲿科（Bagridae）黄颡鱼属（*Pelteobagrus*），其肉质细嫩、营养丰富、肌间刺少，深受消费者青睐，已成为重要的淡水养殖对象。

野生黄颡鱼生物学调查结果显示,黄颡鱼雄性的生长速度快于雌性,成鱼雄性的体重是雌性的1~2倍(陈一骏等,2012;刘世平,1997;肖调义等,2003)。如果采用鱼类性别控制育种技术,培育全雄性黄颡鱼苗种,进行单性养殖,将大幅提高其养殖产量和效益。

一、发展历程

黄颡鱼'全雄1号'的发展历程大致可分为"育-繁-推"三个阶段:第一阶段,2000~2010年,新品种培育阶段,建立了"种源可控"的育种技术体系;第二阶段,2010~2013年,新品种苗种繁育技术研发及应用阶段,建立了工厂化繁育技术体系;第三阶段,2013年至今,新品种推广阶段,建立了商业化市场推广模式。

1. 黄颡鱼'全雄1号'性控育种

项目组从2000年开始全雄性黄颡鱼的研究,历时十年,培育出国家水产新品种——黄颡鱼'全雄1号'(品种登记号:GS-04-001-2010)。黄颡鱼'全雄1号'采用超雄鱼培育技术生产,而超雄鱼培育技术综合采用了人工性逆转、细胞工程和分子标记辅助等现代生物育种技术(刘汉勤等,2007;Liu et al.,2013),技术路线见图13-4。2000~2003年,采用激素人工诱导普通XY雄性黄颡鱼性逆转成XY生理雌鱼;2004年,人工诱导XY生理雌鱼雌核发育产生YY超雄鱼;2005~2006年,进行YY超雄鱼测交验证筛选;2007~2008年,将YY超雄鱼以激素人工性逆转雌性化成为YY生理雌鱼,由YY超雄鱼与YY生理雌鱼交配批量生产YY超雄鱼,建立超雄鱼繁育系;2008~2009年,批量生产的YY超雄鱼与普通XX雌鱼交配,实现了规模化生产XY全雄性黄颡鱼;2010年,申报黄颡鱼'全雄1号'新品种并获得审批。

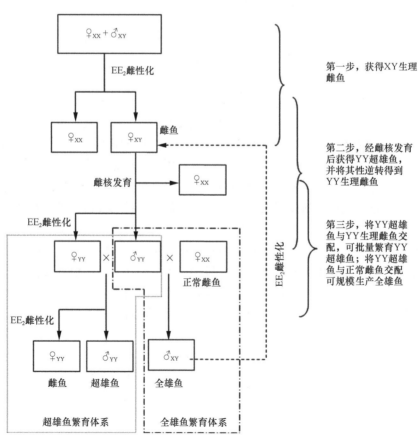

图13-4　超雄鱼及全雄鱼繁育体系构建

这种育种技术不仅实现了 YY 超雄鱼和 XY 全雄鱼的持续生产,而且与国际上罗非鱼 YY 超雄鱼技术(GMT 遗传学技术)相比,可以缩短育种周期两代,提高了育种效率。经中试生产和初步推广,黄颡鱼'全雄1号'具有雄性率高、生长速度快、规格整齐、饵料系数低和种源可控等优点。全雄性黄颡鱼育种技术体系获得授权发明专利 2 项。

在育种过程中,桂建芳院士实验室采用扩增片段长度多态性(AFLP)分子标记技术对黄颡鱼雌雄基因组进行比对,从 256 个 AFLP 引物组合中筛选到 6 个候选性别特异标记;随后在不同群体中对这 6 个候选性别标记进行重复和筛选,发现了 *Pf62* 和 *Pf33* 等位基因性别标记位点。为了使性别特异标记能够更简捷地应用到育种实践和遗传研究中,对 X 染色体和 Y 染色体特异 AFLP 位点旁侧序列进行克隆、测序和 Genome Walking 分析,进一步设计了两个 Y 连锁的 SCAR 标记引物(Pf62-Y 和 Pf33-Y)和两个 X 连锁的 SCAR 标记引物(Pf62-X 和 Pf33-X),在多个群体验证了该 SCAR 标记引物的稳定性,创建了黄颡鱼性染色体基因型 PCR 鉴定方法(Wang et al.,2009)。该遗传性别 PCR 鉴定方法具有高效、准确和稳定的特点,为超雄黄颡鱼繁育系的改良、配套全雌性繁育系的建立及黄颡鱼'全雄 1 号'规模化繁育的检测提供了便利。此方法获得授权发明专利 1 项。

黄颡鱼'全雄 1 号'是在详尽市场调研的基础上,围绕市场需求制定翔实育种方案后研发,新品种的培育切实解决了养殖生产中的关键育种需求。采用的细胞工程与分子标记辅助育种集成技术路线,将我国鱼类性控育种技术提升到国际先进水平;设计的技术路线使新品种实现了种源可控的商业化育种目标;而一系列发明专利既形成了成套自主知识产权,又构建了育种单位的技术壁垒。

2. 黄颡鱼'全雄 1 号'工厂化繁育

2010~2012 年,我们系统整合了工厂化循环水繁育系统设计和黄颡鱼'全雄 1 号'鱼苗工厂化生产工艺流程中关键技术,研制了黄颡鱼气浮式孵化装置、循环水养殖系统鱼苗收集装置、鱼苗孵化用蛋白质分离器,并设计了黄颡鱼集约化鱼苗繁育系统,形成了一套自主知识产权;建立了稳定可靠的黄颡鱼'全雄 1 号'工厂化繁育技术体系,实现了'全雄 1 号'工厂化育苗,为大规模推广黄颡鱼'全雄 1 号'奠定了技术基础。

黄颡鱼'全雄 1 号'苗种工厂化生产具有节水、节地、节能和全天候特点。2010~2013 年,在湖北鄂州、监利,江苏宝应、洪泽,安徽淮南等生产基地建设了 7 个工厂化、标准化繁育车间,取得了令人满意的效果,累计生产苗种 7.35 亿尾,苗种在湖北、江苏、广东、安徽、浙江、湖南、广西、天津、江西等 10 多个主要养殖地区推广,提高了养殖效益。实践证明:建设 868m² 的标准车间,一个生产季节可生产鱼苗 3 亿尾,每平方米生产 35 万尾,每个车间每天出产鱼苗 1000 万尾,对比常规生产,生产场地减少 5/6~6/7,产能提高 3~4 倍,100 万尾鱼苗可节水约 1500t,平均催产率 92.5%、受精率 78.2%、孵化率 77.8%,比常规生产平均提高 10% 以上。由于在室内生产,温度可控,保证了全天候生产。黄颡鱼'全雄 1 号'工厂化繁育技术的建立和推广应用,大幅度提高了苗种生产效率,提高并保障了苗种质量,降低了生产成本,为提高黄颡鱼'全雄 1 号'苗种的市场竞争力奠定了技术基础。

3. 黄颡鱼'全雄 1 号'商业化推广

2011 年开始,我们根据黄颡鱼鱼苗生产特点,运用现代市场营销理念,建立了适合于黄颡鱼'全雄 1 号'商业化推广的"种源可控、分级生产、加盟商管理"的市场推广模式。

鉴于黄颡鱼人工繁殖时必须杀雄鱼剖腹取精集,而 YY 超黄颡鱼不能自行繁育扩群,只能在制种单位完成,所以种源在技术上可控。种源可控的优势在于一方面制种单位能够控制全雄鱼苗种的数量和质量,为养殖户提供品质优良、稳定可靠的苗种,避免了当前水产苗种市场混乱的影响,保证了制种单位和养殖户的各自利益;另一方面,制种单位可将获得的收益回馈育种单位,又进一步促进育种单位开发品质更加优良的新品种,进而实现全雄黄颡鱼的可持续利用。

根据黄颡鱼'全雄 1 号'苗种生产周期、季节性、产品存放时间、运输辐射范围等特点,实现专业分工,分级管理。一级鱼苗厂专业化生产"水花"鱼苗,供应二级鱼种场;二级鱼种场专业化生产夏花鱼种,供应周边养殖户生产商品鱼,二级鱼种场实现连锁加盟管理,并在水产业苗种营销上率先实现订单生产。

2014 年开始,整合行业存量资源率先建立布局全国的黄颡鱼'全雄 1 号'苗种原始装备制造商(original equipment manufacturer,OEM)生产体系和销售网络。目前已建立 5 个 OEM 合作生产基地,遍布华中、华南、华东地区,其生产工艺先进,关键技术成熟,生产标准化,促使苗种产销量迅速增长。2013 年,黄颡鱼'全雄 1 号'的鱼苗生产量为 3.35 亿尾,2014 年增至 11.5 亿尾,2016 年达到了 18.6 亿尾。

结合黄颡鱼鱼苗生物学特点,实行苗种 OEM 生产模式和销售网络的新品种推广模式,能够兼顾育种单位、苗种企业和养殖户的利益,实现利润在各流通环节的合理分配,形成稳定的营销渠道,促进产业良性循环。同时利用这种模式与水产养殖、饲料、药业、流通、水产机械等业界企业合作,建立产业专业联盟,可促进黄颡鱼产业可持续健康发展,为我国现代水产种业的建立和发展提供借鉴。

二、主要做法

(一)建立产学研深度融合机制

我国水产种业起步较晚,规模小,整体自主创新能力不足,以企业为主体的商业化育种体系尚未形成,市场竞争能力不强。要想在国际竞争中占有一席之地,就必须走规模化、产业化的发展道路,即坚持政府引导与市场导向相结合,强化产学研紧密结合,以重点企业为龙头,以品种为突破口,以育、繁、推、营为载体形成产业体系,从而全面提升我国水产种业在国际上的竞争力。

基于上述思路,我们建立了"以企业为主导,科研院所为支撑"的产学研深度融合机制。以企业为主导即企业要发挥好主体作用,企业位于市场前沿,各种信息和市场需求需要企业来汇总和传达;科研院所为支撑即科研单位要成为创新的源泉,成为出成果和出人才的基地。坚持企业主体原则,推进种业企业"育繁推一体化",充分发挥企业在商业化育种、品种转化与应用推广等方面的主导作用。在黄颡鱼'全雄 1 号'育繁推过程中,企业(武汉百瑞生物技术有限公司)负责超雄黄颡鱼繁育、黄颡鱼'全雄 1 号'苗种工厂化繁育及养殖推广;科研院所(水利部中国科学院水工程生态研究所和中国科学院水生生物研究所)作为技术支撑,负责超雄黄颡鱼培育和黄颡鱼性染色体基因型 PCR 鉴定方法等关键技术研发。

(二)构建商业化育种体系

我国是水产养殖大国,水产种业是为水产养殖业提供优良"种子"的基础性产业,也是发展现代水产养殖业的核心产业。近年来,我国水产种业取得了长足进步,但是,目前仍存在种质资源挖掘能力弱、突破性品种少、良种覆盖率低、苗种质量无保障、市场混乱等问题。我国水产原良种覆盖率约为 55%,遗传改良率约为 35%(张振东,2015),还有较大的提升空间。鉴于国外发展经验和我国发展需求,建立种源可控的商业化育种体系将是我国水产业持续健康发展的必由之路,也是现代种业的基础。

商业化育种是以市场需求为导向,与企业发展紧密结合,培育的品种必须是稳产、优质、广适、适宜机械化作业且种源可控的。目前,我国水产育种现状是研发多以科研院所课题组公益性育种为主,以品种审定、发表论文、申报职称为目的,在育种目标、育种方法、育种资源和信息共享等方面各自为政,造成低水平重复和资源浪费,而获得的科研成果与市场实际需求脱轨,一些新品种因为培育单位自身推广能力限制或者品种特异性等因素,获得新品种证书后即被束之高阁,无法发挥生产效应。而大部分水产苗种生产企业规模小，缺乏育种创新能力和研发资金来源。科研单位只管育种，不问市场；种子公司只卖种子，不搞科研；最终导致育种研究、种子繁育、技术推广自成体系，大部分新品种难以商业化运作。所以，当务之急是通过优化投入结构，"引导和积极推进科研院所和高等院校逐步退出商业化育种，促进种子企业逐步成为商业化育种的主体"（国务院《全国现代农作物种业发展规划（2012～2020)》）。

我们构建的黄颡鱼'全雄 1 号'商业化育种体系是"以市场为导向、以企业为主体、以科技为支撑、产学研相结合、育繁推一体化"的，具备如下特征。育：切实解决养殖中的育种需求，采用国际先进的技术路线和种源可控的解决方案，构建以专利为核心的知识产权保护体系和种源可控的技术体系。繁：按工业化生产工艺流程建立标准化规模化繁育的技术体系，通过关键设备研制和工业化生产布局大幅度提高生产效率和产品质量，从而提升制种企业的产品竞争力。推：按现代市场营销理念构建稳定的市场渠道，细分苗种市场，构建制种、繁育、培苗、养殖各环节利益合理分享的商业模式（唐启升，2014）。

（三）建立 OEM 生产体系

OEM 生产方式又称定牌生产和贴牌生产方式，是某些厂家的产品并非由自己的工厂生产，而由其他厂家代为定牌生产。OEM 与现代工业社会有着密切的关系，是社会化大生产、大协作趋势下的一种必由之路，也是资源合理化的有效途径之一。构建 OEM 生产体系须具备三大核心要素：可控的核心产品、工业化的生产工艺、标准化的质量管理；委托方必须具备 5 个基本条件：优秀的产品开发能力、较强的技术控制能力、标准化的生产工艺、健全的质量管理体系、优秀的品牌形象。

截至 2010 年底全国各类水产苗种场约 1.5 万家，其中具有人工繁殖孵化设施的企业 9000 多家，2011 年底全国核发的水产苗种许可证超过 1 万本，根据中国渔业统计年鉴，2015 年全国淡水养殖产量 3290.04 万 t，共生产淡水鱼苗 12 665.31 亿尾（其中市场需求量在 11 000 亿尾左右），淡水鱼种产量 380.89 万 t（农业部渔业渔政管理局，2016）。但是，目前我国淡水苗种生产还存在缺乏标准化、规范化体系；生产分散，产业集中度不够，规模普遍偏小，融资能力不足，管理相对滞后，生产水平不高，成活率不稳定；生产设施化程度低，抵御气候能力差；产品辐射半径有限；市场产品鱼龙混杂，知识产权得不到保护等问题。

是否可以把工业化生产技术和水产苗种生产现状结合起来，将 OEM 生产体系应用到水产苗种生产，解决黄颡鱼'全雄 1 号'苗种规模化、标准化生产问题？

黄颡鱼'全雄 1 号'苗种生产符合 OEM 生产三大核心要素：可控的核心产品——黄颡鱼'全雄 1 号'；工厂化生产工艺——苗种工业化繁育技术体系；标准化的质量管理——苗种工厂化繁育质量管理体系。在此前提下，整合行业存量资源率先建立了布局全国的黄颡鱼'全雄 1 号'苗种 OEM 生产体系和销售网络，OEM 合作生产基地遍布华中、华南、华东，其生产工艺先进，关键技术成熟，企业苗种产销量逐年增长。

（四）建立基于循环水的高效生产模式

随着经济的发展和人民生活水平的提高，人们对名特优水产品的需求量也越来越大，黄颡鱼的市场需求也逐渐增加。目前我国良种扩繁技术处于发展的初始阶段，黄颡鱼苗种生产的现状如下。

1. 亲本培育

为了满足人工养殖对黄颡鱼苗种的大量需求，通过收集黄颡鱼亲鱼在池塘或网箱中培育成熟，人工创造条件使黄颡鱼集中产卵繁殖。繁育场设施设备薄弱，一般只具有简易的厂房、鱼池、充气设备、进排水设施等生产所需的最基本条件，工业化水平低。由于黄颡鱼苗种繁育季节集中，周期短，抵御气候变化的能力差，繁育生产受地理、水文和气象条件的限制和影响，不能持续稳定地供应水产苗种，主要还是靠"天"吃饭。尤其对苗种繁育工厂化、标准化、生产管理、质量监测等的研究较少。

通过开发工厂化循环水繁育系统，实现工厂化亲本培育技术，为苗种场提供及时足量的性成熟亲本，定时定量获取性成熟亲本，以满足不同时间阶段的水产养殖需求，应该是未来水产亲本培育技术的发展趋势。

2. 苗种培育

我国水产育苗行业的突出特点是多样性高、技术含量低、产品品质差。主要表现为：一是设施化生产处于初始阶段，设施系统以流水型水泥池和育种池塘为主，鱼池和相关设施大多陈旧老化，科技含量不足；二是稳定生产的工艺体系还未完全建立，技术更新速度缓慢，培育过程存在的不可预知性较大，受地理、水文和气象条件的限制和影响，"靠天吃饭"；三是生产方式落后，占用大量水土资源，产生大量废排水；四是劳动力成本不断增加，问题日益突出。总之水产苗种培育生产的区域性、季节性和生产过程的难控制性，以及污染物的排放等因素在很大程度上限制了养殖品种的结构调整与优化，制约了产业的可持续发展，导致我国淡水鱼苗产量虽达 12 665.31 亿尾（农业部渔业渔政管理局，2016），但鱼苗存活率低。黄颡鱼苗种生产也存在类似问题：生产设施和方式老旧，生产规模小，大规格苗种缺乏标准生产模式，苗种成活率只有 10%～20%；养殖季节受环境左右，难以做到按需生产；产品质量参差不齐，市场混乱。

为此，研发适合国情和地域特色的工厂化循环水黄颡鱼苗种培育系统，建立基于循环水的现代工业化苗种培育的技术体系，将成为我国未来水产苗种养殖的主要生产方式。

我们已建设"淡水鱼工业化繁育与精准养殖研发平台"，其中第一期面积 1350m^2、拥有 11 套工业化循环水养殖/繁育生产中试系统，包括母本暂养系统 1 套、亲本诱导培育系统 4 套、二期苗种培育系统 2 套、苗种实验系统 4 套，每套系统均具有智能运行、自动控温、远程管理等功能，配套建设有水生动植物饵料培养系统、水化学实验室、生物实验室和外源水处理系统等。建设该平台的目标是建立以黄颡鱼'全雄 1 号'为代表的淡水名优鱼类工厂化循环水繁育、大规格苗种规模化生产和高品质商品鱼精准养殖为一体的现代种业产业示范基地。

通过该平台，我们已初步开展循环水培育亲本和苗种技术研究：黄颡鱼母本最大养殖密度达到 15kg/m^3，实现年产卵 3 次，繁殖期可持续 7 个月；黄颡鱼卵黄苗暂养密度达到 10 万尾/m^2 以上，2cm 规格苗养殖密度达 0.8 万尾/m^2，3cm 夏花密度 0.5 万尾/m^2，成活率为 40%～80%。经中试养殖推广，工厂化循环水规模化培育 1.5cm 规格苗，养殖密度 1.0 万尾/m^2，成活率平均达 80%，下塘养至 3cm 规格苗的成活率可达 70%以上。生产 1 亿尾 3cm 规格苗种水面面积不到 3 亩，与池塘传统培苗 1 亿尾需水面 3000 亩以上相比，可节水 99%，节土 99.9%。

三、取得成效

1. 品种更新换代

近几年，黄颡鱼'全雄 1 号'生产优势显著，受到养殖户欢迎，已养殖推广到湖北、江苏、广东、安徽、浙江、湖南、广西、天津、江西等国内十多个省（自治区、直辖市）主产区，取得了很好的养殖效果。随着黄颡鱼养殖业的快速发展，2015 年全国黄颡鱼养殖产量达到 35.6 万 t（农业部渔业渔政管理局，2016），产值约 114 亿元，2016 年全国生产黄颡鱼鱼苗约 150 亿尾，其中全雄鱼苗 50 亿尾，占市场的 33.3%；黄颡鱼'全雄 1 号'生产量 18.6 亿尾，约占全雄黄颡鱼苗种市场的 35%以上，逐步实现黄颡鱼养殖品种更新换代。

2. 种业格局发展改变

黄颡鱼产业的快速发展加大了对苗种的需求，前几年全国各地相继出现了千家万户、作坊式的苗种生产供应状况，有的形成了区域特色，如四川眉山市尚义镇等地，一家一户池塘繁殖，由经销商收集后转卖给外地养殖户，由于设施和生产技术的落后，不但制约了生产规模，而且导致苗种产量低，质量差，死亡率高，市场竞争力低，不能满足黄颡鱼产业持续发展的需求。

近几年，通过构建商业化导向的水产种业体系，使得黄颡鱼种业格局也在悄然改变：众多分散、生产方式落后、生产规模小的作坊式生产正在逐渐退出种子市场，逐步形成以专业化、规模化水产种业企业为主体、产学研结合、"育繁推一体化"的现代水产种业格局。目前，全国已建成国家级水产原种场 1 个（湖北窑湾黄颡鱼良种场）；国家级种业示范场 4 个，其中湖北 2 个（武汉百瑞生物技术有限公司、监利县天瑞渔业科技发展有限公司）、湖南 1 个（湖南省田家湖渔业科技有限责任公司）、安徽 1 个（池州天源现代农业有限公司）；黄颡鱼水产种质资源场 2 个（监利县天瑞渔业科技发展有限公司、湖南省田家湖渔业科技有限责任公司）。

随着我国现代渔业的建设，通过与水产养殖、饲料、药业、流通、水产机械等领域的企业合作，构建 OEM 黄颡鱼'全雄 1 号'苗种生产体系，在湖北、湖南、广东等黄颡鱼主产区培植水产种业龙头企业，建立黄颡鱼产业专业联盟。黄颡鱼'全雄 1 号'凭借其品种优势，将整合育苗企业资源，统一生产标准，密切协作关系，带动更多规模化种业公司出现，从根本上改变育繁推相互脱节、各自为政、"散小弱乱"局面，打造育繁推一体化产业发展新格局。

四、经验启示

1. 形成以企业为主体的育种创新机制

由于历史原因，我国种业的科技人才、研发资源、先进技术主要集中在大专院校和科研单位，大部分新品种难以商业化运作；种子企业尽管已成为市场和推广的主体，拥有众多管理、资金和市场资源优势，但多数还没有成为研发的主体，没有好的品种，由此而导致水产种业缺乏大公司。

近年来，国家连续出台了一系列激发种子企业育种创新的措施。2012 年，中央一号文件聚焦农业科技创新，进一步提出着力抓好种业科技创新，加快建立以企业为主体的商业化育种新机制；中共中央、国务院印发了《关于加快推进农业科技创新持续增强农产品供给保障能力的若干意见》，其中提到："重大育种科研项目要支持育繁推一体化种子企业，加快建立以企业为主体的商业化育种新机制"；国务院出台了《全国现代农作物种业发展规划（2012～2020）》，明确提出"重点支持具有育种能力、市场占有率较高、经营规模较大的'育繁推一体化'种子企业，鼓励企业兼并重组，吸引社会资本和优秀人才流入企业"。根据我国种业发展规划，种业的发展依托一批"育繁推"一体化大型企业，形成以企业为主导、育繁推一体化的商业化育种模式，已是大势所趋。

目前，种业产业竞争已从传统的生产和营销过渡到企业研发能力、产品更新换代能力、品牌推广能力的竞争。从而逐渐转变为高附加值、高资本投入、高科技含量型的现代种业。为此，应鼓励种业企业强强联合、优势互补，加大财政扶持力度，培育具有自主创新能力和核心竞争力的大型种业企业。

种子企业要制定发展战略规划、设立完善育种创新组织机构、拥有研发与育种队伍。通过理顺研发管理体系、建设育种创新平台、保障经费投入、加强产学研合作、提升育种能力等措施，建立"育繁推一体化"现代种业企业，并具有研发、生产品种的能力和市场推广销售的能力。在行业内整合配置研发力量、人才、资源，以知识产权为纽带，与科研单位合作，开展联合攻关，建立以企业为应用主体的产学研用协同创新机制，为实现自主商业化育种奠定基础。

2. 加强良种的知识产权保护

种业的竞争归根结底在于掌握知识产权，没有持续的创新和知识产权保护，就很难在行业中立于不败之地（唐启升，2014）。近年来，虽然我国出台了《中华人民共和国渔业法》《水产苗种管理办法》《水产原、良种审定办法》等相关法规和办法，但水产种业的法律法规和管理体系尚不完善，水产新品种的知识产权保护基本处于空白状态，知识产权侵权现象依然严重，育成、审定的良种缺少社会认知度和生命力，企业知识产权得不到保护。

为促进我国水产种业科技创新发展，必须加强水产良种的知识产权保护，首先要强化商业化育种的新品种权保护意识，完善技术创新的激励机制，提高育种企业的研发积极性，促进商业化育种的发展；其次要加强司法体系和行政执法体系建设，不断完善相关法律法规，加大执法力度，做到有法可依、有法必依、执法必严、违法必究，强化侵权追究机制；最后要建立全国统一的知识产权交易和技术转让平台，完善知识产权转让许可机制，健全知识产权服务体系，提高知识产权的合理流动和转化的速度，营造有利于公平交易和竞争的环境。

第四节　罗氏沼虾'南太湖 2 号'

一、发展历程

罗氏沼虾［*Macrobrachium rosenbergii*（De Man）1879］为世界上大型淡水虾类之一，具有重要的经济价值，我国在 1976 年由中国农科院从日本引进该种，自 20 世纪 90 年代以来，随着人工育苗技术的改进和养殖技术的发展，其育苗、养殖面积与产量都迅速提升，同时带动了饲料、成品虾加工、出口等环节，据不完全统计，整个苗种、商品虾养殖、饲料、成品虾加工、出口产业链总产值达到 200 亿元以上。罗氏沼虾'南太湖 2 号'是浙江省淡水水产研究所从 2006 年开始通过连续 4 代大规模家系选育、BLUP 法估计遗传参数和育种值，2009 年通过国家水产新品种审定，与普通商品苗种相比，生长速度提高 36.87%，存活率提高 7.76%（罗坤等，2008；陈雪峰等，2011，2012）；之后，浙江省淡水水产研究所在持续选育基础上又研发了种虾无特定病原（SPF）培育技术，有效解决了育苗及养殖中的疫病频发问题，同时，通过技术合作、技术转让、技术咨询等方式，与 8 家水产企业建立了紧密合作关系，每年向技术合作单位提供优质种虾 4 万 kg，年生产苗量达 50 亿尾，占全国育苗量的 1/3，成功构建了罗氏沼虾"育、繁、推"一体化种业模式，取得了巨大的经济与社会效益。

（一）产业发展的瓶颈

近 30 年来在整个产业快速发展过程中，出现了两个非常突出的产业问题：一是种质衰退，种苗生产的亲虾留种大多数为近亲缘、窄地域、代复一代地繁殖，导致罗氏沼虾种质退化现象非常严重；二是病害频发，由于罗氏沼虾为外来引进种，在没有选育良种的情况下，苗企盲目无序引种、地区间调苗、养殖密度和环境不当、药物使用不科学等导致病原交叉感染，疫病时有发生。例如，流行于 2000 年前后我国罗氏沼虾主要养殖省市的"白尾病"，死亡率可高达 60% 以上，严重时可达 100%，成为罗氏沼虾育苗、养殖业的主要威胁（钱冬等，2002）。近几年，在"白尾病"仍时有发生的情况下，又出现"铁虾"，主要表现为虾长不大，严重影响产量与经济效益，至今"铁虾"发生的原因尚未被查清，其原因是 SPF 良种供应不足，选育良种是突破产业瓶颈的有效途径。

（二）'南太湖 2 号'选育

为解决养殖过程中出现的种质衰退问题，浙江省淡水水产研究所从 2002 年开始进行罗氏沼虾育种工作，2002 年开始从缅甸引进野生群体并进行连续 4 代的驯化与群体选择，至 2006 年，又引进了浙江 1976 年引进的群体（日本群体）和广西 1976 年引进的群体（日本群体）的后代，以上述 3 个群体作为基础群体，通过约束极大似然法（REML）方法估计遗传参数，通过 BLUP 方法估计育种值，对生长速度和成活率两个目标性状进行遗传改良（图 13-5），通过同环境的性状测试，进行家系间选择与家系内个体选择（Luan et al.，2012，2014）。为真实地评价罗氏沼虾'南太湖 2 号'良种的生长性能，在前三代选育效果较好的情况下，2009 年构建第四代选育群体时，邀请农业部渔业产品质量监督检验测试中心（南京）于同年 6 月 15 日至 9 月 28 日在湖州市长兴县和平镇石泉村沈建根养殖场，对两个扩繁群体（'南太湖 2 号' A 群体及'南太湖 2 号' B 群体）和一个非选育的商业对照群体开展了生长性能对比测试。试验结果表明：'南太湖 2 号' A 群体和'南太湖 2 号' B 群体的平均个体体重分别比非选育群体提高 38.5%和 35.24%（表 13-1）；'南太湖 2 号' A 群体和'南太湖 2 号' B 群体的相对存活率分别比非选育群体提高 7.97%和 7.55%（表 13-2）；选育扩繁群体'南太湖 2 号'相对于非选育群体，平均个体体重提高了 36.87%，平均相对成活率提高了 7.76%，具有显著的养殖生长优势。浙江省淡水水产研究所现存罗氏沼虾选育系谱 11 代、性状测试数据 13 万余条。该良种自 2011 年以来一直是农业部 12 个渔业主推品种之一，其种质保存、家系选育及规模化育苗等配套技术水平达国内第一、国际领先，通过推广'南太湖 2 号'选育良种及其配套技术，支撑了全国罗氏沼虾产业的健康可持续发展。

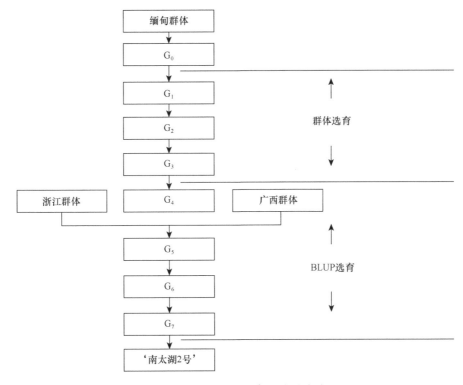

图 13-5　'南太湖 2 号'培育技术流程

表 13-1　'南太湖 2 号'和商品苗种矫正后增重均值及生长优势

苗种来源	抽样个体数量（尾）	106 天增重量（g）	遗传进展（%）
南太湖 2 号	515	20.36	38.50
南太湖 2 号	513	19.88	35.24
商业苗	477	14.70	0.00

表 13-2　'南太湖 2 号'和商品苗种存活率对比

苗种来源	抽样池塘数	抽样数量	相对存活率（%）
南太湖 2 号	3	515	107.97
南太湖 2 号	3	513	107.55
商业苗	3	477	100.00

（三）'南太湖 2 号'良种推广

'南太湖 2 号'新品种育成后，以国家遗传育种中心、国家级良种场为平台，构建了罗氏沼虾"育、繁、推"一体化良种扩繁推广体系，有效解决了产业中的突出问题，取得了良好的社会与经济效益。

1. '南太湖 2 号'虾苗推广

通过国家级良种场扩繁，遗传育种中心将'南太湖 2 号'良种虾苗向罗氏沼虾主要养殖区进行直接推广。2008～2016 年，采用边选育边推广的模式，分别在江、浙、沪等主要罗氏沼虾养殖区进行推广养殖示范与对比。累计扩繁良种虾苗 58.52 亿尾，直接推广养殖面积 10.3 万亩，在产业中良种覆盖率达 10%以上（表 13-3）。多年的良种虾苗推广，合计实现养殖产值 34.8 亿元，养殖利润 15 亿元。

表 13-3　遗传育种中心直接良种扩繁与推广情况

项目	亲本来源	制种模式	一级扩繁		二级扩繁		三级扩繁推广	
			苗种（万尾）	亲虾（万尾）	苗种（万尾）	亲虾（万尾）	苗种（亿尾）	养殖面积（亩）
2008 年推广苗种	2006 年选育家系	混合家系	—	—	600	23	11.5	17 300
2009 年推广苗种	2007 年选育家系	混合家系	—	—	706.6	28.3	12	18 000
2010 年推广苗种	2008 年选育 8 家系亲虾	8 家系配套制种	143.5	1.15	957	16.2	2.0	5 000
2011 年推广苗种	2009 年选育 8 家系亲虾	8 家系配套制种	100	1	500	15	2.6	4 500
2012 年推广苗种	2010 年选育 8 家系亲虾	8 家系配套制种	100	3	500	15	1.8	3 200
2013 年推广苗种	2011 年选育 8 家系亲虾	8 家系配套制种	50	2	200	18.2	5.3	10 000
2014 年推广苗种	2012 年选育 8 家系亲虾	混合家系	—	—	657.4	17.2	6.8	12 000
2015 年推广苗种	2013 年选育 8 家系亲虾	8 家系配套制种	—	—	230	22.5	8.02	16 000
2016 年推广苗种	2014 年选育 8 家系亲虾	8 家系配套制种	—	—	420	20	8.5	17 000
合计			393.5	7.15	4 771	175.4	58.52	103 000

江、浙、沪地区是我国罗氏沼虾养殖面积最大、产量最高的地区，选择江、浙、沪地区作为验证罗氏沼虾'南太湖 2 号'中试推广点最具代表性。在江苏高邮和浙江嘉兴的大塘养殖对比试验表明：采用相同的养殖模式，分别于 3 月、4 月、5 月分批放养苗种，6～10 月分批起捕销售。相对于普通苗种，'南太湖 2 号'苗种出大棚成活率可以达到 60%～80%，比普通苗种提高 10%以上；首批起捕销售时间提早 5～7d；亩产达 350～450kg；亩利润可达 3000～10 000 元。

2. '南太湖 2 号'亲虾推广

由于罗氏沼虾'南太湖 2 号'选育种的生产优势，单纯苗种的推广已经不能满足整个产业对良种量的需求，因此遗传育种中心通过选择育苗生产技术过硬、设施完备的育苗企业进行良种亲本的推广，扩大产业的良种覆盖率。以"8 家系三级配套"良种扩繁方式，在国家罗氏沼虾遗传育种中心内开展良种亲本与良种种苗的培育，由于良种所具备的生产优势，2008～2016 年前来引种的育苗单位累计 40 家，推广良种亲本 52 324kg（每 kg 以 12.5 尾计，共约 65.4 万尾）、种苗 204.5 万尾，为罗氏沼虾产业间接提供扩繁苗 204.5 亿尾，整个苗种可实现经济效益达 10 亿元（表 13-4）。遗传育种中心目前成为众多育苗单位的首选，所生产的种虾成为业内第一品牌，受到广大业内人士的一致认可，通过推广良种亲本，遗传育种中心直接实现利润 1531 万元。

表 13-4　2008～2016 年 '南太湖 2 号' 良种亲本推广情况

年份	引种育苗企业	引种苗数（万尾）	引种亲虾数（kg）	推广虾苗（万尾）
2008	浙江湖州市源泉特种水产有限公司	617		17
2008	浙江湖州和孚荣丰虾苗场	40		3.2
2008	浙江湖州菱湖万丰虾苗场	35	570	2
2008	浙江湖州菱湖钟建根虾苗场	90		4.5
2008	浙江湖州菱湖勤丰虾苗场	80		3
2008	浙江湖州菱湖旺达虾苗场	30		3.2
2008	浙江湖州和孚新胜虾苗场	165		5.5
2008	浙江湖州菱湖银丰虾苗场	175		6
2008	浙江湖州菱湖繁得乐虾苗场	20		3.8
2008	浙江湖州东林镇兴旺罗氏沼虾育苗场	30		3.2
2008	浙江湖州菱湖胜利虾苗场	110		4.2
2008	浙江湖州菱湖华东虾苗场	30		5.5
2008	江苏扬州省级罗氏沼虾良种场（江都）	310		5
2008	浙江嘉兴洪泗虾苗场	20		3.5
2008	江苏盐城建湖永丰虾苗场		812	4
2009	浙江湖州菱湖亿丰虾苗场	58		3
2009	江苏盐城建湖永丰虾苗场	70		2.4
2009	浙江湖州和孚云兴虾苗场	100		2.2
2009	浙江嘉兴海皇水产育苗场		2 500	2.5
2013	江苏富裕达特种水产良种场		2 500	1.5
2013	湖州源生虾苗场		2 500	2.5
2013	嘉兴忠盛虾苗场		1 475	0.5
2013	扬州市永业罗氏沼虾良种繁育有限公司	40		2
2014	江苏富裕达特种水产良种场		2 500	3.6
2014	湖州水产技术推广站	34	500	3.5
2014	湖州壮大虾苗场		813	2
2014	润丰水产专业合作社		1 500	1.5
2014	湖州建强育苗场		1 500	1.5
2014	湖州长超育苗场		3 000	2
2014	湖州源生虾苗场	60		4.5
2014	高邮联盛育苗场		2 000	0.5
2014	扬州市永业罗氏沼虾良种繁育有限公司	40	1 500	4.2
2015	扬州市永业罗氏沼虾良种繁育有限公司	35	1 583	7.5
2015	湖州水产技术推广站	25	159	2.5
2015	湖州源生虾苗场	30	2 054	2
2015	湖州长超育苗场	10		3
2015	江苏富裕达特种水产良种场	20		1.5
2015	嘉兴三建水产专业合作社	10		0.5
2015	广东龙泽水产有限公司	20		2
2015	扬州嘉丰罗氏沼虾良种繁育有限公司	20	2 083.5	7.5

年份	引种育苗企业	引种苗数（万尾）	引种亲虾数（kg）	推广虾苗（万尾）
2015	浙江蓝天生态农业开发有限公司		4 000	8.5
2015	湖州富强育苗场		650	2.5
2015	江苏利洋特种水产养殖有限公司		1 878	0.5
2015	湖州小溪漾罗氏沼虾育苗场		1 000	3
2016	浙江蓝天生态农业开发有限公司	50	1 333	预计 8.5
2016	湖州源生虾苗场		1 729	预计 3.5
2016	高邮海源育苗中心		2 359	预计 5
2016	高邮龙洋虾苗厂	50	2 004	预计 8.5
2016	扬州嘉丰罗氏沼虾良种繁育有限公司	40	2 081.5	预计 8.5
2016	嘉兴凯越生物公司		3 500	预计 7
2016	兴化双洋虾苗厂		2 240	预计 5
2016	苏州毛氏阳澄湖水产发展有限公司	50		预计 4
合计		2 514	52 324	204.5

二、主要做法

（一）"育、繁、推"一体化种业平台搭建

良种选育与推广平台的构建是开展罗氏沼虾"育、繁、推"一体化商业化育种模式的基础。2003 年，浙江省淡水水产研究所控股的浙江南太湖淡水水产种业有限公司承担建设的省级罗氏沼虾良种场通过了浙江省海洋与渔业局的挂牌资格验收。2007 年，由该公司承担的"浙江湖州国家级罗氏沼虾良种场"通过农业部渔业局组织的资格验收。同年 8 月，经农业部批复（农计函[2007]323 号）同意，浙江省淡水水产研究所建设了全国唯一一个国家级罗氏沼虾遗传育种中心，中心建有家系培育、生物饵料、家系扩繁等车间 5000m^2，建有实验室 250m^2，实验仪器设备 25 台（套）。在育种中心内，通过 BLUP 育种技术，成功选育出国内第一个罗氏沼虾新品种'南太湖 2 号'，中心目前保种有育种核心群、育种对照群、缅甸野生群、孟加拉野生群、假雌群等种质资源 5 类。2010 年前后，罗氏沼虾整个育苗产业出现新的暴发病（陈雪峰等，2015b），为保护现有的珍贵种质资源不受病原感染，2010 年下半年，在《中央立项现代农业生产发展资金虾蟹产业提升项目补助资金》项目（浙财农[2010]408 号）的支持下，在长兴县吴山乡南淙村完成了罗氏沼虾遗传育种中心备份保种基地（即种质库）的建设任务，基地占地 210 亩，拥有家系培育车间、扩繁车间、水处理车间共 2700m^2，保种池塘 101 亩。建成后，我所将种质资源经隔离、检疫，安全转移至种质库内。至此，浙江省淡水水产研究所具备国家级遗传育种中心、保种基地、国家级良种场罗氏沼虾"育、繁、推"种业平台。

（二）推进科技成果转化，培育大型种业企业

通过出售优质种虾、技术转让许可、技术咨询服务等方式，在罗氏沼虾育苗主产区，将罗氏沼虾相关的科技成果进行转化。据不完全统计，仅 2017 年，应用浙江省淡水水产研究所罗氏沼虾科技成果的浙江南太湖淡水水产种业有限公司、浙江蓝天生态农业发展有限公司、浙江凯越生物科技有限公司、湖州吴兴源生特种水产育苗场、江苏双洋虾苗厂、苏州毛氏阳澄湖水产发展有限公司等合作单位共生产虾苗超过 50 亿尾，占整个产业的 30%左右，较大程度上提高了整个产业的良种覆盖率。由于'南太湖 2 号'

的生产优势,其市场竞争力强,引种种业企业取得了较好的经济与社会效益,其中浙江南太湖淡水水产种业有限公司、浙江蓝天生态农业发展有限公司、浙江凯越生物科技有限公司等 3 家企业年产值与利润超千万。以平均每亩放苗 4 万尾计算,仅利润超千万的育苗企业良种苗推广辐射面积就达 10 万亩。

(三)品牌保护

罗氏沼虾'南太湖 2 号'经产业大规模检验,具有明显的生产优势,其产业化推广取得了显著的经济与社会效益。随着产业的发展,如何保护与利用好该良种品牌又成为一个新的较为迫切的问题。保护品牌就是保护广大养殖户利益,保护行业的健康有序发展。

维护品牌最有效的手段就是进一步做大做强'南太湖 2 号'品牌,创新'南太湖 2 号'种业推广模式,形成"产学研"种业推广联盟。为此,2016 年经产业调研,浙江省淡水水产研究所选择 8 家软硬件设施完备的育苗企业作为其技术合作单位,为合作单位挂牌"浙江省淡水水产研究所科技成果转化示范基地",浙江省淡水水产研究所仅对合作单位供应'南太湖 2 号'良种亲本与良种种苗,对合作单位进行育苗技术指导,'南太湖 2 号'种质资源仅允许在各合作单位之间买卖,各合作单位的虾苗销售价格统一,不能损害养殖户利益。此外,以组织召开现场会、发放宣传册及媒体宣传等方式向养殖户告知哪些育苗企业的种虾用的是'南太湖 2 号',避免养殖户上当受骗。品牌保护将为罗氏沼虾'南太湖 2 号'的进一步推广、保护养殖户利益、维护行业稳定创造良好环境。

三、取得成效

(一)建成 SPF 罗氏沼虾活体种质库,保种水平国际领先

罗氏沼虾非我国土著种,因此对其种质资源的保存非常重要,是育种的关键。浙江省淡水水产研究所从 2006 年开始进行罗氏沼虾育种工作,2009 年,获得第一个淡水虾类国家新品种——罗氏沼虾'南太湖 2 号',之后又进行了持续 7 年的选育和 SPF 育苗技术的研发与推广,至今核心育种家系传至第 11 代,系谱之全,世界上绝无仅有。在育种过程中,以罗氏沼虾育苗、养殖过程中出现的重大疫病病原,包括双顺反子病毒、诺蒂病毒、诺达病毒及阴沟肠杆菌、产气肠杆菌、弗氏柠檬酸杆菌为筛查目标,建立了病原分子检测技术。每年育种、保种工作中,定期对各个病原进行 PCR 检测,严格淘汰病原阳性家系或群体;对进入育种车间的水源、饵料进行检测,检测无病原后才使用。通过定期跟踪检测,保障了育种基地内核心育种家系、缅甸野生群、孟加拉野生群、性转化假雌群体等各类种质资源整个生活史的 SPF 状态,建成国内无特定病原、种质资源丰富的罗氏沼虾种质库。

(二)完善"育-繁-推"运作模式,提高了良种覆盖率

近 5 年来,在国家罗氏沼虾遗传育种中心内进行良种选育的同时,开始进行良种扩繁和向产业推广良种,完善"育-繁-推"运作模式。由于选育良种的生产优势,成功培育出苗种市场竞争力强、占有量大的种业企业。浙江省淡水水产研究所累计提供种虾 52 324kg、扩繁苗种约 200 亿尾,良种覆盖率 30% 以上,推广效益超 10 亿元,完全占据了国内种虾供应的顶端,为我国罗氏沼虾产业的持续发展提供了坚实的苗种保障。同时,构建了罗氏沼虾良种选育与推广的"育、繁、推"一体化商业化育种模式,通过技术转移转化、种虾提供、育苗技术服务等途径,总计和全国 8 家育苗企业建立了紧密的技术转移转化关系,签订了技术转化合同,向企业提供种虾与技术咨询服务,取得了良好的经济与社会效益。

四、经验启示

罗氏沼虾虽然不是我国土著种，但值得骄傲的是，目前我国罗氏沼虾的产业链最完整，我国罗氏沼虾产业效益最大，通过推广该品种，尤其是推广选育良种，实现了渔民增收、渔业增效，良种选育与推广工作走在了世界的前列，建立了"育、繁、推"一体化的种业模式，拥有选育世代最长、性状优良的核心育种群，以及先进的育苗、养殖及其配套技术。

（一）育种目标必须始终围绕产业需求

选育优良品种的根本目的是实现优良品种的产业化，让整个产业享受良种带来的经济与社会效益，基于此进行的育种工作，才是接地气、有生命力、可持续的。罗氏沼虾'南太湖2号'的选育计划之初，浙江省淡水水产研究所拟解决的问题为整个产业的种质衰退，通过详尽的产业调研，浙江省淡水水产研究所最终确定以"生长""存活率"为育种指标，事实证明，罗氏沼虾在改良这两个性状指标后，育成的'南太湖2号'一经推广，便受到了整个产业的一致认可。随后，在产业暴发新病害时，浙江省淡水水产研究所及时调整育种思路，研发了SPF良种培育技术，有效避免了我所推广的良种出现暴发性病害。

（二）良种需良法配套，发挥良种最佳生产优势

判断育成品种是否能真正意义上称为良种的唯一方法就是检验育成品种的生产性能是否表现出来，良种如没有相应的良法进行配套，将无法体现良种的最佳生产优势，阻碍良种的产业化应用。'南太湖2号'在选育与推广的过程中，浙江省淡水水产研究所一直注重良种良法的配套研究，形成了'南太湖2号'的育苗、养殖、病害防控、运输等一系列配套技术，使'南太湖2号'良种的最佳生产优势得以体现，推动了'南太湖2号'的大面积产业化应用。

在已有良种'南太湖2号'的基础上，育种应继续以市场需求为导向，调整、拓宽选育目标性状，如高饲料转化、营养品质等；加大育成品种的推广力度，提高良种的覆盖率，完善以良种为源头的育、繁、推一体化种业模式，助推全产业链健康发展。

（三）必须加强良种品牌保护

'南太湖2号'生产优势明显，品牌效应逐渐深入人心，造成相当数量的育苗企业在高利益驱动下，乱打"旗号"，严重侵害了'南太湖2号'的品牌，也损害了养殖户利益。在'南太湖2号'推广过程中，浙江省淡水水产研究所通过在合作企业挂牌成果转化示范基地，组织召开现场会、发放宣传册及媒体宣传等方式，向养殖户告知哪些育苗企业的种虾是'南太湖2号'，避免养殖户上当受骗。品牌保护将为罗氏沼虾'南太湖2号'的进一步推广、保护养殖户利益、维护行业稳定创造良好环境。

参 考 文 献

曹运长, 李文笙, 叶卫, 等. 2005. 外源生长激素基因在蓝太阳鱼中的整合、表达和遗传. 动物学报, 51(2): 299-307.
陈雪峰, 杨国梁, 高强, 等. 2015a. 罗氏沼虾幼体病原肠杆菌PCR检测技术的建立与应用. 渔业科学进展, 36(4): 99-104.
陈雪峰, 杨国梁, 高强, 等. 2015b. 罗氏沼虾幼体新暴发病病原阴沟肠杆菌的分离鉴定. 海洋与湖州, 46(6): 1467-1477.
陈雪峰, 杨国梁, 孔杰, 等. 2012. 人工养殖与选育对罗氏沼虾遗传多样性的影响. 水生生物学报, 36(5): 866-873.

陈雪峰, 杨国梁, 王军毅, 等. 2011. 罗氏沼虾缅甸野生原种 rDNA-ITS 区序列特征. 动物学杂志, 46(3): 19-27.

陈一骏, 雷传松, 熊友娥, 等. 2012. 长湖黄颡鱼生物学的初步研究. 养殖与饲料, (9): 54-58.

范兆廷, 姜作发, 韩英. 2008. 冷水性鱼类养殖学. 北京: 中国农业出版社.

冯浩, 傅永明, 骆剑, 等. 2011a. 转青鱼生长激素基因异源四倍体鲫鲤. 中国科学: 生命科学, 41: 202-209.

冯浩, 傅永明, 吴慧, 等. 2011b. 转青鱼生长激素基因日本白鲫原代的研制. 生命科学研究, 15(2): 158-164.

葛家春, 宋伟, 董张及, 等. 2013. "全鱼"转生长激素基因黄颡鱼首建者的建立. 南京大学学报, 自然科学, 49(1): 123-131.

桂建芳, 朱作言. 2012. 水产动物重要经济性状的分子基础及其遗传改良. 科学通报, 57(19): 1719-1729.

桂建芳. 2015. 水生生物学科学前沿及热点问题. 科学通报, 60(22): 2051-2057.

胡炜, 汪亚平, 孙永华, 等. 2008. 种间细胞核质相互作用和核质杂交研究//李宁, 朱作言, 等. 动物遗传育种与克隆的分子生物学基础研究. 北京: 科学出版社.

胡炜, 汪亚平, 朱作言. 2007. 转基因鱼生态风险评价及其对策研究进展. 中国科学 C 辑: 生命科学, 37: 377-381.

胡炜, 朱作言. 2016. 美国转基因大西洋鲑产业化对我国的启示. 中国工程科学, 18(3): 105-109.

户国, 谷伟, 白庆利, 等. 2012. 主要养殖鲑科鱼类遗传育种的研究进展. 水产学杂志, 25(3): 58-62.

户国, 谷伟, 白庆利, 等. 2014. 鲑鳟鱼类育种中常用策略、方法及其应用概述. 水产学杂志, 27(6): 66-72.

纪锋, 王炳谦, 孙大江, 等. 2012. 我国冷水性鱼类产业现状及发展趋势探讨. 水产学杂志, 25(3): 63-68.

纪伟, 张培军. 2004. 转全鱼溶菌酶基因大菱鲆的研究. 海洋科学, 28: 8-14.

李德亮, 傅萃长, 胡炜, 等. 2007. 快速生长导致转"全鱼"生长激素基因鲤鱼临界游泳速度的降低. 科学通报, 52(8): 923-926.

梁利群, 孙效文, 沈俊宝, 等. 1999. 转基因"超级鲤"的构建. 高技术通讯, 4: 52-54.

廖莎, 陈芸, 杜富宽, 等. 2010. 抗草鱼出血病病毒转基因稀有鮈鲫的初步研究. 水生生物学报, 34(4): 837-842.

刘汉勤, 崔书勤, 侯晨春, 等. 2007. 从 XY 雌鱼雌核发育产生 YY 超雄黄颡鱼. 水生生物学报, (5): 718-725.

刘世平. 1997. 鄱阳湖黄颡鱼生物学研究. 动物学杂志, (4): 11-17.

刘玉梅, 张文众, 雍凌, 等. 2010. 转生长激素基因鲤鱼的雌激素样作用研究. 中国食品卫生杂志, 22: 385-389.

罗坤, 杨国梁, 孔杰, 等. 2008. 罗氏沼虾不同群体杂交效果分析. 海洋水产研究, 29(3): 67-73.

农业部渔业渔政管理局. 2016. 2016 中国渔业统计年鉴. 北京: 中国农业出版社: 23-37.

钱冬, 杨国梁, 刘问, 等. 2002. 罗氏沼虾苗肌肉白浊病病原的初步研究. 水生生物学报, 26(5): 472-476.

瞿兰, 叶星, 田园园, 等. 2012. 罗非鱼 3 种 C 型溶菌酶重组蛋白的制备及与几种鱼虾溶菌酶溶菌谱的比较. 生物技术通报, 11: 161-166.

孙效文, 梁利群, 闫学春, 等. 2002. 转生长激素基因鲤的快速生长效应及传代. 水产学报, 26(5): 391-395.

唐启升. 2014. 中国水产种业创新驱动发展战略研究报告. 北京: 科学出版社: 28-69.

汪亚平, 何利波. 2016. 我国转基因鱼研制的历史回顾与展望. 生物工程学报, 32(7): 851-860.

王炳谦. 2015. 中国鲑鳟鱼养殖. 北京: 中国农业出版社: 218-253.

王炳谦, 户国, 束永俊. 2012. 虹鳟育种技术研究. 哈尔滨: 东北林业大学出版社.

王大元. 2016. 美国转基因三文鱼商业化的启示. 科学通报, 61: 289-295.

吴婷婷, 杨弘, 董在杰, 等. 1994. 人生长激素基因在团头鲂和鲤中的整合和表达. 水产学报, 18: 284-289.

肖调义, 章怀云, 王晓清, 等. 2003. 洞庭湖黄颡鱼生物学特性. 动物学杂志, (5): 83-88.

闫学春, 栾培贤, 梁利群. 2015. 3 种鲤鲫杂交回交后代染色体核型分析. 水产学杂志, 28(6): 6-8.

杨国梁, 陈雪峰, 王军毅, 等. 2011. 罗氏沼虾产业在中国持续增长的经济与社会原因分析. 浙江海洋学院学报(自然科学版), 30(5): 450-457.

杨国梁, 罗坤, 孔杰, 等. 2008. 罗氏沼虾不同养殖条件下的生长和存活率相关分析. 海洋水产研究, 29(3): 74-79.

杨国梁, 王军毅, 孔杰, 等. 2008. 罗氏沼虾大规模家系构建与培育技术研究. 海洋水产研究, 29(3): 62-66.

叶星, 田园园, 高风英. 2011. 转基因鱼的研究进展与商业化前景. 遗传, 33(5): 494-503.

于凡, 肖俊, 梁向阳, 等. 2010. 转生长激素基因三倍体鲤鱼的快速生长与不育特性. 科学通报, 55(20): 1987-1992.

张甫英, 汪亚平, 胡炜, 等. 2000. 摄食转"全鱼"基因黄河鲤小鼠的生理和病理分析. 高技术通讯, 7: 17-19.

张振东. 2015. 我国水产新品种研发基本情况与展望. 中国水产, (10): 39-42.

钟家玉, 朱作言. 2001. 转人乳铁蛋白基因草鱼抗 GCHV 的初步研究. 水生生物学报, 25(5): 528-530.

朱新平, 夏仕玲. 1997. 转抗冻蛋白基因鲮鱼的初步研究. 中国水产科学, 4: 79-80.

朱作言, 胡炜, 汪亚平. 2001. 转基因安全与对策建议//中国科学院. 高技术发展报告. 北京: 科学出版社.

朱作言, 许克圣, 谢岳峰, 等. 1989. 转基因鱼模型的建立. 中国科学, B(2): 147-155.

Adeli A, Baghaei F. 2013. Production and supply of rainbow trout in Iran and the world. World Journal of Fish and Marine Sciences, 5(3): 335-341.

Ahmed A S I, Xiong F, Pang SC, et al. 2011. Activation of GH signaling and GH-independent stimulation of growth in zebrafish by introduction of a constitutively activated GHR construct. Transgenic Res, 20(3): 557-567.

Bentsen H B, Olesen I. 2002. Designing aquaculture mass selection programs to avoid high inbreeding rates. Aquaculture, 204(3-4): 349-359.

Busack C A, Gall G A E. 1980. Ancestry of artificially propagated California rainbow trout strains. Calif Fish Game, 66: 17-24.

Cao M X, Chen J, Peng W, et al. 2014. Effects of growth hormone over-expression on reproduction in the common carp *Cyprinus carpio* L. General and Comparative Endocrinology, 195: 47-57.

Chen S, Zhang G, Shao C, et al. 2014. Whole-genome sequence of a flatfish provides insights into ZW sex chromosome evolution and adaptation to a benthic lifestyle. Nature Genetics, 46(3): 253-260.

Chevassus B. 1979. Hybridization in salmonids: Results and perspectives. Aquaculture, 17: 113-128.

Cui Z, Liu Y, Wang W, et al. 2017. Genome editing reveals *dmrt1* as an essential male sex-determining gene in Chinese tongue sole (*Cynoglossus semilaevis*). Sci Rep, 7: 42213.

Du S J, Gong Z, Fletcher G L, et al. 1992. Growth enhancement in transgenic atlantic salmon by the use of an all fish chimeric growth-hormone gene construct. Bio-Technology, 10(2): 176-181.

Duan M, Zhang T, Hu W, et al. 2009. Elevated ability to compete for limited food resources by 'all fish' growth hormone transgenic common carp (*Cyprinus carpio* L.). Journal of Fish Biology, 75: 1459-1472.

Duan M, Zhang T L, Hu W, et al. 2011. Behavioral alterations in GH transgenic common carp may explain enhanced competitive feeding ability. Aquaculture, 317: 175-181.

Duan M, Zhang T, Hu W, et al. 2013. Risk-taking behaviour may explain high predation mortality of GH-transgenic common carp *Cyprinus carpio*. Journal of Fish Biology, 83(5): 1183-1196.

Feng K, Luo H R, Li Y M, et al. 2017. High efficient gene targeting in rice field eel *Monopterus albus* by transcription activator-like effector nucleases. Science Bulletin, 62: 162-164.

Fox J L. 2010. Transgenic salmon inches toward finish line. Nature biotechnology, 28: 1141-1142.

Gall G A E, Crandell P A. 1992. The rainbow trout. Aquaculture, 100: 1-10.

Gjedrem T. 1992. Breeding plans for rainbow trout. Aquaculture, 100: 73-83.

Gjedrem T. 2005. Selection and Breeding Programs in Aquaculture. Berlin: Springer.

Gjedrem T, Baranski M. 2009. Selective breeding in aquaculture: an introduction. Berlin: Springer.

Gjøen H M, Storebakken T, Austreng E, et al. 1993. Genotypes and nutrient utilization. Paris: INRA: 19-26.

Guan B, Ma H, Wang YP, et al. 2011. Vitreoscilla hemoglobin (*Vhb*) overexpression increases hypoxia tolerance in Zebrafish (*Danio rerio*). Mar Biotechnol, 13(2): 336-344.

Hellemans A, Bunch B. 1991. The Timetable of Science. A Chronology of the Most Important People and Events in the History of Science. New York: Simon & Schuster, USA.

Hershberger W K. 1992. Genetic variability in rainbow trout populations. Aquaculture, 100: 51-71.

Hill S A. 1995. Sir James Maitland and the Howietoun Fishery. Stirling: University of Stirling: 437.

Hu W, Li S F, Tang B, et al. 2007. Antisense for gonadotropin-releasing hormone reduces gonadotropin synthesis and gonadal development in transgenic common carp (*Cyprinus carpio*). Aquaculture, 271: 498-506.

Hu W, Zhu Z Y. 2010. Integration mechanisms of transgenes and population fitness of GH transgenic fish. Science in China Ser C-Life Sci, 53: 401-408.

Janssen K, Chavanne H, Berentsen P, et al. 2015. Rainbow trout (*Oncorhynchus mykiss*) – current status of selective breeding in Europe. Fishboost-the next level of aquaculture breeding. Wageningen: Wageningen University.

Ledford H. 2015. Salmon approval heralds rethink of transgenic animals. Nature, 527(7579): 417-418.

Li M H, Sun Y L, Zhao J E, et al. 2015. A tandem duplicate of anti-Müllerian hormone with a missense SNP on the Y chromosome is essential for male sex determination in Nile tilapia, *Oreochromis niloticus*. PLoS Genetics, 11(11): e1005678.

Lian H, Hu W, Huang R, et al. 2013. Transgenic common carp do not have the ability to expand populations. PLoS one, 8(6): e65506.

Liu H Q, Guan B, Xu J, et al. 2013. Genetic manipulation of sex ratio for the large-scale breeding of YY super-male and XY all-male yellow catfish (*Pelteobagrusfulvidraco* (Richardson)). Marine biotechnology, 15(3): 321-328.

Liu Y, Zhang W, Yong L, et al. 2011. An assessment of androgenic/antiandrogenic effects of GH transgenic carp by hershberger assay. Biomed Environ Sci, 24(4): 445-449.

Luan S, Yang G L, Wang J Y, et al. 2012. Genetic parameters and response to selection for harvest body weight of the giant freshwater prawn *Macrobrachium rosenbergii*. Aquaculture, 362-363: 88-96.

Luan S, Yang G L, Wang J Y, et al. 2014. Selection responses in survival of *Macrobrachium rosenbergii* after performing five generations of multitrait selection for growth and survival. Aquacult Int, 22: 993-1007.

Maclean N, Laight R J. 2000. Transgenic fish: an evaluation of benefits and risks. Fish Fisheries, 1(2): 146-172.

Palmiter R D, Brinster R L, Hammer R E, et al. 1982. Dramatic growth of mice that develop from eggs microinjected with metallothionein-growth hormone fusion genes. Nature, 300(5893): 611-615.

Pang S C, Wang H P, Li K Y, et al. 2014. Double transgenesis of humanized *fat1* and *fat2* genes promotes omega-3 polyunsaturated fatty acids synthesis in a zebrafish model. Mar Biotechnol, 16(5): 580-593.

Shao C W, Bao B L, Xie Z Y, et al. 2016. The genome and transcriptome of Japanese flounder provide insights into flatfish asymmetry. Nature Genetics, 49: 119-124.

Su J G, Yang C R, Zhu Z Y, et al. 2009. Enhanced grass carp reovirus resistance of Mx-transgenic rare minnow (*Gobiocypris rarus*). Fish Shellfish Immunol, 26(6): 828-835.

Sun C F, Qu L, Ye X, et al. 2015. Establishing a zebrafish transgenic line expressing tilapia lysozyme with enhanced antibacterial activity. Aquaculture Research, 48(3): 760-766.

Thodesen J, Gjerde B, Grisdale-Helland B, et al. 2001. Genetic variation in feed intake, growth and feed utilization in Atlantic salmon (*Salmo salar*). Aquaculture, 194: 273-281.

Waltz E. 2017. First genetically engineered salmon sold in Canada. Nature, 548: 148.

Wang D, Mao H L, Chen H X, et al. 2009. Isolation of Y- and X-linked SCAR markers in yellow catfish and application in the production of all-male populations. Animal Genetics, 40(6): 978-981.

Wang D S, Kobayashi T, Zhou L Y, et al. 2007. Foxl2 up-regulates aromatase gene transcription in a female-specific manner by binding to the promoter as well as interacting with SF-1. Mol Endocrinol, 21: 712-725.

Wang D S, Zhou L Y, Kobayashi T, et al. 2010. Doublesex-1 and mab-3-related transcription factor-1 repression of aromatase transcription, a possible mechanism favoring the male pathway in tilapia. Endocrinology, 151: 1331-1340.

Wang Q, Tan X, Jiao S, et al. 2014. Analyzing cold tolerance mechanism in transgenic zebrafish (*Danio rerio*). PLoS one, 9(7): e102492. doi: 10.1371/journal.pone.0102492.

Wang Y, Hu W, Wu G, et al. 2001. Genetic analysis of 'all-fish' growth hormone gene transferred carp (*Cyprinus carpio*L.) and its F1 generation. Chinese Sci Bull, 46: 1174-1177.

Wang Y P, Lu Y, Zhang Y, et al. 2015. The draft genome of the grass carp (*Ctenopharyngodonidellus*) provides genomic insights into its evolution and vegetarian diet adaptation. Nature Genetics, 47: 625-631.

Xu P, Zhang X, Wang X, et al. 2014. Genome sequence and genetic diversity of the common carp, *Cyprinuscarpio*. Nature Genetics, 46(11): 1212-1219.

Yang G L, Finsko M, Chen X F, et al. 2012. Current status of the giant freshwater prawn (*Macrobrachium rosenbergii*) industry in China, with special reference to live transporation. Aquaculture Research, 43: 1049-1055.

Yong L, Liu Y, Jia X, et al. 2012. Subchronic toxicity study of GH transgenic carp. Food and Chemical Toxicology, 50: 3920-3926.

Zhang L, Gozlan R, Li Z, et al. 2014. Rapid growth increases intrinsic predation risk in genetically modified *Cyprinus carpio*: Implications for environmental risk. Journal of Fish Biology, 84(5): 1527-1538.

Zhang Y S, Chen J, Cui X J, et al. 2015. A controllable on-off strategy for the reproductive containment of fish. Scientific Reports, 5, 7614; DOI: 10.1038/srep07614.

Zhong C, Song Y, Wang Y, et al. 2013. Increased food intake in growth hormone-transgenic common carp (*Cyprinus carpio* L.) may be mediated by upregulating Agouti-related protein (*AgRP*). General and Comparative Endocrinology, 192: 81-88.

Zhong C R, Song Y L, Wang Y P, et al. 2012. Growth hormone transgene effects on growth performance are inconsistent among offspring derived from different homozygous transgenic common carp (*Cyprinus carpio* L.). Aquaculture, 356-357: 404-411.

Zhu T, Zhang T, Wang Y, et al. 2013. Effects of growth hormone transgene and nutrition on growth and bone development in common carp. Journal of Experimental Zoology, 319A: 451-460.

Zhu Z Y. 1992. Generation of fast growing transgenic fish: methods and mechanisms // Hew C L, Fletcher G L. Transgenic fish. Singapore: Word Scientific Publishing: 92-119.

Zhu Z Y, Li G H, He L, et al. 1985. Novel gene transfer into the fertilized eggs of gold fish (*Carassius auratus*). J Appl Ichthyol, 1: 31-34.

第十四章　淡水健康养殖典型案例^{*}

第一节　生物絮团技术养殖

一、发展历程

生物絮团技术（biofloc technology，BFT）是借鉴城市污水处理中的活性污泥技术，通过人为向养殖水体中添加有机碳物质（如糖蜜、葡萄糖等），调节水体中的碳氮比（C/N），提高水体中异养细菌的数量，利用微生物同化无机氮，将水体中的氨氮等含氮化合物转化成菌体蛋白，形成可被滤食性养殖对象直接摄食的生物絮凝体，能够解决养殖水体中腐屑和饲料滞留问题，实现饲料的再利用，起到净化水质、减少换水量、节省饲料、提高养殖对象存活率及增加产量等作用的一项技术。

生物絮团技术的发展经历如下阶段。

（一）初创阶段

生物絮团技术是当前比较先进的水产养殖技术之一，该技术创立于 20 世纪 90 年代中期。由以色列科学家 Avnimelech 教授团队、美国科学家 Hopkins 团队分别提出（Avnimelech，1993；Avnimelech et al.，1994；Chamberlain and Hopkins，1994；Hopkins et al.，1993）。

（二）技术形成阶段

此后，科学家又针对 BFT，利用同位素技术标记鱼虾饵料中的碳元素和氮元素，证明生物絮团技术可以降低水中的氨氮、亚硝酸盐，并且形成菌体蛋白，同时对虾、罗非鱼还能够利用这种菌体蛋白。

但是该技术在发明后的 10 年内难以推进，因为水产养殖从业者认为养殖水体要尽量保持清澈，而生物絮团水体表观特征与常识相反，因此较少被养殖从业者接受。

（三）蓬勃发展阶段

进入 21 世纪初，由于水产养殖污水排放限制，BFT 被人们广泛接受。一方面，养殖用水价格逐渐增加；另一方面，养殖废水污染排放在许多地区被限制，再加上对虾病毒性疾病在全球范围内的暴发，三重因素叠加，促进了 BFT 技术的迅猛推广。BFT 在以色列、美国、泰国、印度及巴西等国家的对虾及罗非鱼养殖上取得较大成功。此外，有研究进一步发现（Crab et al.，2010），BFT 具有生物防治作用，可明显增强养殖对象的抗病能力，并提高其存活率，该技术也很快被引入中国的对虾和罗非鱼养殖。

---

* 编写：谢骏，刘兴国，朱健，黄志斌

二、主要做法

BFT 应用于对虾养殖取得了巨大成功。主要采取以下三种方式进行。

（一）地膜 BFT

位于中美洲的比利兹水产养殖场（Belize Aquaculture Farm）可能是当时生物絮团技术商业化应用得最为成功的案例，其采用 1.6hm² 的铺膜池塘获得了 11～26t 对虾产量（Browdy et al.，2001）。随后在全世界范围内，成规模的对虾池塘养殖所采用的生物絮团技术基本上都来自于比利兹水产养殖场的相关经验。

1. 对虾养殖的生物絮团量的控制

在生物絮团养殖系统，允许在水体中存在废物颗粒，甚至在充分曝气的条件下通过有机碳源来促进有机颗粒物和生物絮团的积累（Browdy et al.，2012）。在水体混合充分的状态下，生物絮团和有机颗粒会达到很高的水平。在铺膜的生物絮团养殖池中，生物絮团沉降体积为 10～15ml/L 对养殖对虾是比较合适的。

2. 养虾池的投入 C/N 值平衡控制

在生物絮团系统构建过程中，投入的 C/N 值是控制氨氮浓度的主要因素（Ebeling et al.，2006；Hargreaves，2006）。一般，含 30%～35%粗蛋白的饲料含有较低的 C/N，为 9～10。将其提高至 12～15，将会有利于异养菌同化氨氮过程。

在养殖系统中提高 C/N 值的方法主要有两种：一是往养殖水体中添加有机碳源，二是使用低蛋白含量的配合饲料。补充有机碳源后，异养菌可以迅速地同化吸收氨氮，而且这一过程较微藻的光合吸收过程更稳定可靠。

在生物絮团养殖系统构建之初，一般需要快速反应，因此最好使用简单的糖类。必须注意的是，要想通过异养菌同化过程来实现氨氮的完全控制，必须持续不断地添加大量的外源有机碳源，尤其是在饲料蛋白含量越高的条件下，添加量越大。一般，对于 1kg 的 30%～38%蛋白质饲料，对应地需要添加 0.5～0.8kg 的糖。

3. 水体碱度调节

水体碱度对维持生物絮团系统功能也很重要。碱度反映了水体的缓冲能力，表现在外源添加酸或碱时 pH 的波动幅度。生物絮团系统需要保持足够的碱度，一方面养殖动物和微生物呼吸产生大量的二氧化碳融入水体中会中和一部分碱度，另一方面微生物过程尤其是硝化作用会消耗大量的碱度。一旦碱度降到很低，pH 会紧随着急剧下降，不但影响养殖虾的生长存活，也会抑制细菌微生态功能的发挥。微生物生态功能的失衡会导致氨氮、亚硝酸盐氮的积累，并引起水质的恶化，进而严重影响养殖鱼虾的摄食、生长和存活。碱度可以通过定期地添加碳酸氢钠来保持在合适的水平范围，即 100～150mg/L，其他的碱性化合物也可以被使用，如碳酸钠、氢氧化钙。在集约化的自养菌主导的生物絮团养殖系统中，每投喂 1kg 的饲料大约需要添加 0.25kg 的碳酸氢钠。当然，在实际养殖操作过程中，至少每周定期地进行碱度监测，并依据需要来确定添加量。

4. 对虾池生物絮团颗粒大小控制

需要根据养殖对虾的需要确定生物絮凝体的大小，进而确定适宜的水体混合强度和搅拌速度。养殖池内 0.5～5.0mm 的有机悬浮物，可以使对虾增长提高 53%，而大于 5.0mm，仅使其增长 36%，而小于

0.5μm 的有机颗粒，包括溶解态的有机物，并不对对虾生长起作用（Avnimelech，2012）。

5. 对虾池生物絮团充气

生物絮团系统中主要的功能单位是生物絮团，生物絮团中大量的异养细菌需要消耗大量的氧气，此外养殖动物也需要消耗一定氧气，所以在应用生物絮团技术的过程中需要有充足的氧气。生物絮团是由大量的异养细菌聚合而成的，充分的曝气有利于异养细菌的聚集，加速生物絮团的形成，而持续的曝气使絮团悬浮于水体中，这样有利于减缓絮团的堕化，一旦曝气停止，絮团会很快沉积在池底，长时间的沉积最终导致絮团的死亡，使水质恶化，因此，持续的曝气是极其重要的，尽可能保证养殖水体溶解氧大于 3.5mg/L。

（二）封闭 BFT

美国的沃德尔海水养殖中心（Waddell Mariculture Center）也开展了生物絮团技术在凡纳滨对虾封闭式集约化养殖中的应用（Browdy et al.，2001；Avnimelech，2009）。

如今，生物絮团技术已经在亚洲、拉丁美洲和中美洲的许多大型对虾养殖场得到了成功应用，并且在美国、韩国、巴西、意大利、中国等国家的小型温室养殖模式中也开展了研究应用推广（Emerenciano et al.，2013）。

三、取得成效

1. BFT 生态效益大幅提升

从水体水交换来看，与传统的养殖系统相比，生物絮团为基础的系统，可以在生态效益方面具有明显的优势。体现在两个方面：一方面，养殖废水排放显著减少，最高可以达到零排放的结果，大部分模式的养殖污染有 50%以上的减少；另一方面，污染物质再度循环利用，氨氮和亚硝酸转化为菌体蛋白，菌体蛋白又变成鱼虾的饵料再次利用，可以降低饵料系数 10%以上。两方面的乘数效应使得 BFT 养殖的生态效益大幅提升。

2. BFT 大幅减少资源占有

首先，由于 BFT 养殖系统的废物能够及时处理，养殖水环境处于适宜水产动物生长的环境，养殖容量提高，单位体积产量显著提高，几乎可达工厂化循环水养殖系统密度，比池塘养殖产量有 10 倍的提升，换言之，就是可以节约 10 倍的养殖水面和土地。其次，养殖用水的循环利用也大量减少了对外来水源的过度依赖，水资源的占有显著降低。最后，饲料配方的修改降低了饲料成本和饲料原来的使用量，同时通过生物絮团利用天然生产力，对饲料资源的节约在 20%以上。

3. BFT 显著减少对外界环境相互影响

在大多数对虾养殖系统中，管理策略优先减少细菌、病毒等带来的损失。生物絮团系统水交换减少、微生物多样性增加，且减少有害微生物成为优势种群的机会，从而总体上使系统更为稳定。依赖外源水减少，病原入侵大幅减少。同时，由于排放减少，对外界水域的负面影响大幅减少。

四、经验启示

1. BFT 提供了新的养殖减排新思路技术

从循环生态和资源高效利用出发，BFT 提供了解决水产养殖污染的新思路。过去是通过大量换水带走养殖污染，但是这种方式对水域环境污染严重。工厂化循环养殖主要依赖机械设备的过滤和移除来解决养殖废物，同样要消耗大量能源，其实也有新增的环境压力。而 BFT 的生物絮团最大化地提高饲料转化为鱼或虾肉的效率，同时最大限度地减少废物产生，将需要被作为污染物的物质重新转化为鱼虾可以利用的菌体蛋白，既增加了饵料的利用，又减少了养殖污染，一举两得。

2. BFT 实现了水产养殖的精准控制技术体系

随着 BFT 对研究的深入，明确了生物絮团调控氨氮和亚硝酸的方程式，能够精准确定需要添加的外源碳的最适补充量，同时对养殖环境的理化因子的最适量也有明确技术参数，并且该系列参数是可以按照最节约的成本进行调控的，实现了水产养殖环境调控的精准控制理论系统和操作技术标准，是水产养殖的一次技术飞跃。

3. BFT 启示人们从微生物群落观念来控制养殖水环境

过去对于养殖水环境中微生物的认知和应用往往基于单一微生物，而实际环境中的微生物却是成千上万地以群体形式生活在自然界的各处，单一的微生物几乎难以发挥任何作用，因此从群落层面认知显得十分必要。BFT 就是基于群落微生物特征理念创造出的新技术。也许 BFT 最重要的启示是突破了对生物絮团的复杂微生物群落的认识，并开发了管理技术，以指导和优化生物絮团的形成、稳定性和结构及活力控制。这与围绕该系统中的水使用、水再利用的潜力和生产单元内部之间的问题密切相关。世界上许多地方生物絮团技术原理的扩展应用加强了这种类型系统的固有潜力，同时提出了更多的解决此类问题的方法。

总之，继续采用和扩大基于生物絮团的生产技术具有光明的未来前景，代表着同时推进环境可持续性的重要机会，并且为降低生产成本和提高可持续性及盈利能力开辟了新的选择。

第二节 国外池塘分区水产养殖系统

水产养殖业作为人类重要的蛋白质和必需营养素来源，在解决全球粮食问题中发挥着越来越重要的作用，在过去的 50 多年里，水产养殖业的发展速度已超过全球人口增速，传统水产养殖业所带来的问题，诸如废水和废物排放问题、病害问题和渔药滥用等也已引起国际社会的普遍关注。因此，联合国粮食及农业组织提出了"蓝色增长"的概念。池塘分区水产养殖系统（PAS）是高效集约式水产养殖模式，已成为国际水产养殖研究的热点领域；为解决养殖动物福利和提高养殖系统资源利用率等科学技术问题，国外的水产养殖业正朝着标准化、设施化、机械化、智能化和精细化的生态高效养殖方向发展。

一、发展历程

从 1989 年开始，Clemson 大学的科学家和工程师启动 PAS 研究项目，将鱼类水道所需的废水处理与原来用于生活污水处理的高效藻类池塘系统耦合，为鱼类高密度水道养殖提供优势（Drapcho and Brune，1989；Brune and Wang，1998）。PAS 构成的发展试图将各种物理、化学和生物池塘集约化技术组合成一个单一的综合系统，该系统技术成功的核心是使用能源高效手段使大水体在整个池塘低速度均匀运动（Brune et al.，1997）。

（一）基础理论研究方面

发达国家虽然池塘养殖较少，但重视池塘养殖的基础理论研究，例如，1980～1982 年，美国俄勒冈州立大学组织开展了池塘养殖动力学（CRSP）研究，通过研究建立了提高池塘生产效率的技术方案和经济性生产方式。1992年美国的Hillary S. Egna 和Claude E. Boyd合作出版了*Dynamica of Pond Aquaculture*，系统总结了池塘养殖动力学原理，为池塘生态工程化养殖奠定了基础。在池塘模式方面，Scott（2001）研究提出了水产养殖生态工程化系统设计原则，为池塘养殖提供了设计基础。Costa-Pierce（1998）将水产养殖与湿地系统相结合，建立了基于湿地净化养殖排放水的养殖系统，有效降低了养殖污染排放。Steven等（1999）研究表明，人工湿地对于养殖排放水体中总悬浮物（total suspended solid，TSS）、三态氮（氨氮、亚硝酸盐、硝酸盐）有较高的去除效果。

（二）理论技术研究

理论技术研究方面，台湾的 Lin 等（2002）研究了基于表面流和潜流湿地的循环水养殖系统，并应用于对虾养殖。David 等（2002）将湿地作为生物滤器，用于高密度养虾系统对鱼池中总悬浮颗粒、总氮、总磷的去除率分别达到了88%、72%和86%。此外，还有美国鮰（cat fish）BMP 养殖管理技术体系等。Wang（2003）研究建立了基于微藻（*Chactoceros muelleri*）的南美白对虾（*Litopenaeus vannamei*）生态工程循环水养殖系统，有效提高了饲料利用率，减少了养殖污染。以色列 Morais（2006）研究构建的"虾（*L. vannamei*）-藻（*Navicula lenzii*）-轮虫（rotifer）"复合养殖系统，大大提高了系统对营养物质的转化效率。此外，Boyd（1990）、Jones 等（2002）、Scheffer（2004）等都对池塘养殖生态特征进行了研究，并提出了综合处理的方法。在池塘养殖模式方面，比较有代表性的研究如美国奥尔本大学提出的 80∶20 池塘养殖模式，2000 年由亚太水产养殖中心网络（NACA）提出的水产养殖最佳管理经验（Better Management Practices，BMP）等，为促进亚太地区的小规模水产养殖可持续发展和确保其水产品能够打入国际市场提供了有效的管理手段。

二、主要做法

水产养殖作为人类重要的蛋白质来源，在解决全球粮食短缺问题中发挥着重要的作用。但传统池塘养殖具有污染排放、病害和渔药滥用等问题，为解决以上问题，联合国粮食及农业组织提出了"蓝色增长"的概念，其中基于分区水产养殖方式成为国际水产养殖的主要发展方向。国外的分区式水产养殖系统的主要进展如下。

（一）池塘分区水产养殖系统

自 1989 年以来，Clemson 大学的科学家就尝试建立具有高密度水道养殖优势的系统，同时引入此前用于处理生活废水的高效藻类系统。在池塘中以均匀低速流通大体积水体是一种高效能的手段，也是 PAS 系统经济价值的核心。使用低转速（1～3r/min）的叶轮即可获得均匀的流速（张拥军，2013）。这种耦合藻类培养池（或高藻类池塘）与高密度养鱼水道由叶轮推动水流的技术被称为分区水产养殖系统（PAS）（图 14-1）。该系统将池鱼养殖分割成一系列由均匀、可控水流连接的物理、化学及生物过程。

由于池塘养殖的效果与池塘中的氧气循环和藻类光合作用有关，池塘持续富营养会加速光合作用，但是传统池塘中未经选择的藻类种群一般只有 2～3g/（m²·d）的固碳量。Oswald（1988）和其他人（Benemann et al.，1980；Benemann，1990）已经证明，低能量叶轮增氧机混合的池塘使用低能耗的叶轮混合水体（一般用于高藻类池塘）可将藻类固碳量提升至 10～12g/（m²·d），增加的光合作用同时提高池水的脱毒率（氨氮移除）和以太阳能为动力的制氧效率。池塘分区水产养殖系统通过在池塘中叠加流场，将其分割成在鱼类养殖、气体交换、藻类生长及废水处理等方面独立、可控的区块。高效的光合作用可以保证以太阳能为动力的生物废水处理能力（与矿物燃料系统不同）。池塘分区水产养殖系统还能利用藻类生长，形成可持续、低冲击、高产量及更加可控的鱼类生产过程。

图 14-1　分区水产养殖系统

　　藻类生物合成是水产养殖池塘的主要废弃物处理过程。藻类生产的主要缺点是在池塘内部引发氧气和氨循环的昼夜变化。除了日周期变化外，池塘管理人员还必须准备应对藻类密度崩溃的后果。许多传统池塘养殖管理问题与氧气生产的日常昼夜循环和长期藻类种群消长导致池塘藻类光合作用不受控制有关。池塘连续的养分富集驱动池塘光合作用，然而，传统的池塘非管理的藻类种群产量通常每天固碳只有 $2 \sim 3 g/m^2$。而低能量叶轮增氧机混合的池塘（通常称作"高效鱼塘"）可使藻类固碳量达到 $10 \sim 12 g/(m^2 \cdot d)$。这种藻类光合作用提高 3～4 倍的能力提供了一种潜力，即在增加池塘水的解毒（去除氨氮）速率的同时，提供了一个太阳能驱动的氧气生产系统。通过施加在池塘里的水速度场就有可能利用速度和水力停留时间作为将池塘水生生态系统重新设计成一系列的生态工程化的控制策略。高效光合系统为集约化池塘养殖提供了最大潜力。Torrans（1984）认为通过使用叶轮增氧机增强水的运动可以提高池塘产量。该系统具有开放池塘的低成本，同时提供太阳能驱动生物废物处理的优势。相对于能源密集型系统（化石燃料驱动），基于太阳能废物处理提供了长期的资源和能源可持续发展的潜力。Oswald 和 Golueke（1960）提出藻类光合作用可以作为一种用于发电和废弃物处理的可持续过程。分区水产养殖系统（PAS）结合了过程控制的再循环水池/水道水产养殖与成本较低的土池养殖的优点。PAS 是采用高效微藻生产的原理重新设计常规池塘养殖，形成的一种更可持续、低影响、高产量和更可控的鱼类生产。

　　池塘分区式水产养殖系统以低速叶轮推动水流通过藻类培养池及养鱼水道，工人可以控制水中的氧气和二氧化碳浓度。均匀水流流场能够将营养物质混合和分散到整个水体中，快速将藻类运送到光区，确保藻类高速生长，控制水道中的水质。在养鱼水道末端设置沉淀池，用以移除固体杂质及藻类絮凝物。设置较浅（0.5m）的藻类培养池即可增强光合作用及作为废水处理场地，将鱼类年产量提高至 750～1800kg/hm²。通过滤食性鱼类、贝类或腐食性动物的共养，池塘分区式水产养殖系统技术可获得最高的收益。这些品种持续地摄取藻类，由此控制藻龄、总量、呼吸率及产氧率（Smith，1985）。滤食性动物共养，一方面持续、环保地清除营养物质，另一方面形成次级产量，可持续实现养分的回收（Edwards et al.，1981）。

（二）分塘养殖系统

分塘养殖系统（split-pond aquaculture system，SPS）源于 PAS，与 PAS 有相似的养殖策略和设施单元。SPS 是由美国密西西比州的萨迪柯克伦热水养殖中心（NWAC）的科学家研发的。SPS 是将池塘分为增氧生产区和废物处理区。SPS 利用低速水车将两个区域的水体循环起来，在白天，减少池塘水的热、化学分层、悬浮藻类和水体营养物质，增加光合作用及总氮的同化。SPS 设计 20%的区域为养殖区域，而 80%的面积用于藻类产氧和氨同化（图 14-2）。

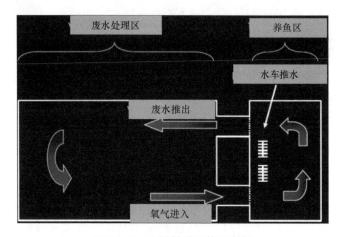

图 14-2　分塘养殖系统示意图

分塘养殖系统采用 PAS 概念，商业化运作简单，与 PAS 相比有以下特点：①利用现有池塘简单改造；②不需要新的工程建设；③不需要混养其他品种鱼类；④聚焦在养殖水槽和氧气管理；⑤仍然能够最大程度利用免费的光合作用产氧气。分塘养殖系统与分区养殖系统相比，具有设施、设备相对简单，饲料投喂简单，饵料系数低，易捕捞，生产效率高等优点，但是也存在一些风险，如高密度养殖需要备用电源、要求高质量的饲料、整体风险增高等。

（三）池塘跑道式系统

池塘跑道式系统（in-pond raceway system，IPRS）源于 PAS，商业规模的 IPRS 初创于 2007～2008年的阿拉巴马西部养殖场（Brown et al., 2011）。阿拉巴马池塘跑道式系统是在一个面积为 2.4hm^2、平均深度为 1.7m 的池塘内建 6 个 4.9×11.6m^2 钢筋结构的水泥水槽（图 14-3，图 14-4）。

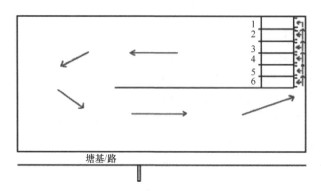

图 14-3　池塘 IPRS 示意图，箭头表示水流方向

图 14-4　阿拉巴马池塘跑道式系统

6 个水泥水槽并排且共墙。每个水槽配备 0.38kW 的水车 1 个，且保持尾水流速 0.7～1.5r/min，确保跑道内 1～2min 有一次水交换（Brown et al.，2010）。辅助配备 1 个 1.1kW 的鼓风机。水槽两端用不锈钢网封口，水槽安装自动定时投喂机。在水槽尾端外面设置了 1 个 V 形的粪便收集区，该处允许粪便和残饵在此沉淀，V 形的粪便收集区的宽度正好是水槽合计的宽度。也有不同类型的推水方式，有的改水车为鼓风机推水，只要保证同样的水流速度就可达到目的。

三、取得成效

传统水产养殖方式存在资源消耗大、养殖污染重、产品质量低及生产效率不高等问题，世界范围内的水产养殖正向着标准化、设施化、机械化、智能化、多营养层级复合的精细化生态高效养殖方向发展（丁建乐等，2011；金武等，2015）。池塘分区水产养殖系统经过十几年的发展，得到了广泛的认可，取得了明显的成效，为推动世界池塘养殖发展提供了新途径（徐皓等，2007，2009）。

1. 改变了传统池塘养殖的结构形式，提高了池塘养殖功能

池塘分区水产养殖系统集成了生态学、养殖学、工程学等的原理方法，具有生态、健康、高效的特点。与传统池塘养殖相比，可大幅提高水资源利用效率，大面积减少土地占用，具有明显的经济、生态效果（刘兴国等，2010）。池塘分区水产养殖系统的引入对于改变传统池塘养殖方式起到了很好的推动作用。

2. 池塘分区水产养殖系统提高了水产养殖产量

池塘分区水产养殖系统有很高的系统性，其配套设施与装备的设施化、机械化、信息化等技术可以人幅提高池塘养殖现代化水平，提高养殖产量。池塘分区水产养殖系统提供了比常规水产养殖技术单位面积鱼类产量增加 3～5 倍的潜力。未来水产养殖的发展将受到水的供应和潜在的不利环境影响的严重限制。池塘分区水产养殖系统展示了一种常规水产养殖池塘养殖技术的重新设计，提供一系列的应用范围，从适度产量的"工程生态系统"到高产的受控"生产过程"。该系统生产每立方米鱼减少用水 90%。池塘分区水产养殖系统的模块化性质，以及每单位面积生产力提高和用水量的减少，为在目前不适合于常规水产养殖生产的地方建立鱼类养殖系统提供潜力。

3. 池塘分区水产养殖系统改变了池塘养殖方式，提高了系统的生态效益

池塘分区水产养殖系统（Brune et al.，2001）结合了过程控制的再循环水池/水道水产养殖与成本较低的土池养殖的优点。池塘分区水产养殖系统是使用高效微藻生产的原理重新设计常规池塘养殖，形成一种更可持续、低影响、高产量和更可控的鱼类生产过程。池塘分区水产养殖系统最高产量取决于混养的滤食性鱼类、贝类或碎屑食性鱼类。对微藻群落的这种连续收获提供了对藻类细胞年龄的控制，因此实现对藻类现存量、藻类呼吸速度和氧气生产速度的控制（Smith，1985）。混养滤食性鱼类除了产生有价值的副产品鱼类生物量外，还促进更环境友好、可持续的养分回收（Edwards et al.，1981）。池塘分区水产养殖系统选择尼罗罗非鱼（*Oreochromis niloticus*）作为混养鱼类的生长试验，主要是因为罗非鱼能够摄食微藻生物量（Edwards et al.，1981），藻类生物量的生产代表着"需氧量存储"和"氨氮的存储"，因此，如果这些需氧量能够直接以藻类生物量或间接以滤食性生物量从系统中收获，那么，藻类的生物合成就变成一个净产氧系统和净氨氮的汇，从而减少了外部供氧的需要及额外的氮同化能力。

四、经验启示

虽然池塘分区水产养殖系统有明显的经济生态优势，但在我国由于起步较晚，其应用还存在一些问题和矛盾，需要进一步开展研究优化，不断完善。

（一）根据养殖品种的特点建设池塘分区水产养殖系统

国外的池塘分区水产养殖系统是根据斑点叉尾鲴、南美白对虾等的行为特点和养殖场地特征等构建而成的。其池型结构、水流方式等符合相关鱼类的生态生理特征。在我国，由于缺少对池塘分区水产养殖系统的研究，存在着盲目效法的现象，如在高流速水体中养殖草鱼、鲫等鱼类，不仅不会提高养殖效果，还会大大增加养殖成本。为此，必须结合养殖学、工程学、生态学等技术原理，进一步优化系统，根据养殖鱼类生态生理习性，构建养殖系统，充分发挥池塘的生态效益，对于降低生产成本、推动产业健康发展具有重要的意义。

（二）优化结构工艺，减少运行成本

池塘分区水产养殖系统适合在有较大水面的水体中使用，其养殖废弃物直接排放到外部水体中，利用外界水域净化分解养殖富营养物质，是一种利用大水面的设施化养殖方式。在我国，由于土地资源紧张，大水面保护严格，无法像国外一样构建池塘分区水产养殖系统。目前池塘工程化养殖系统存在着集污、排污难和废物再利用难等问题，虽然配套了一些吸污、污物处理装置和系统，但由于池塘分区水产养殖系统自身的结构特点，尚无法有效解决养殖污染问题，并随着密度的提高，加剧了污物排放。为此，需要从系统结构角度研究解决池塘工程化养殖系统的集污排污和废物再利用问题，从生态工程角度，充分发挥池塘生态功能，提高资源利用效率。

（三）需加强配套设施设备研发，构建具有引领作用的新模式

虽然池塘分区水产养殖系统的设施化、机械化、信息化集成性很高，但仍缺少投饲、捕捞、增氧等的设施设备和自动化管理系统等，养殖过程风险很大。为此，需要根据养殖鱼类特点完善养殖系统结构，研发适合该品种养殖的投饲、捕捞、增氧等的设施设备和自动化管理系统，通过试验优化，形成生态高效的池塘养殖新模式，带动产业健康可持续发展。

第三节　池塘生态工程循环水养殖模式

　　池塘生态工程循环水养殖是按照池塘养殖生态系统结构与功能协调原则，结合物质循环与能量流动优化方法构建的可促进物质分层多级利用的池塘生态高效养殖方式。

　　池塘生态工程循环水养殖建立在生物工艺、物理工艺及化学工艺基础之上，它依据自然生态系统中物质能量转换原理，并运用系统工程技术去分析、设计、规划和调整养殖生态系统的结构要素、工艺流程、信息反馈关系及控制机构，以获得尽可能大的经济效益和生态效益，是符合"创新、协调、绿色、开放、共享"发展理念和水产养殖调结构、转方式，"提质增效，减量增收，绿色发展"的生态高效养殖方式。

一、发展历程

（一）我国池塘生态养殖历史

　　我国是世界上最早开展池塘生态养殖的国家。据记载，早在 3100 多年前的殷代就有"贞其雨，在圃渔"的记录（乐佩琦和梁秩燊，1955）。自从有了池塘养殖以后，一直重视池塘养殖环境的改良，在距今 2400 多年前范蠡的《养鱼经》中详细地介绍了鲤鱼养殖的池塘条件，提出"以六亩地为池，池中有九洲"，"池中九洲八谷，谷上立水二尺，又谷中立水六尺"，为鱼类生长创造良好条件（乐佩琦和梁秩燊，1955；游修龄，2003）。汉代的《玉壶冰》中介绍了池塘养鱼要"池边有高堤，种竹及长楸，芙蓉缘岸，菱芡覆水"，记录了汉代人在池塘边种植水生植物改善池塘养殖环境的方法（刘健康和何碧梧，1992）。在唐代，开始了池塘混养方式，并对养殖池塘进行了描述，提出了"谷深六尺"和"以六亩为池"等（游修龄，2003）养殖设施建设技术。唐代的《岭表录异》中描述了开塘、种草、养鱼的时间和方法。宋代江浙一带的池塘养殖兴旺，周密所著的《癸辛杂识》对鱼池大小、环境、生物饵料培养等进行了介绍。明代以后我国的池塘养殖业有了很大的发展，对池塘养殖环境要求也有了更高的认识，期间有代表性的著作当属徐光启的《农政全书》和黄省曾的《养鱼经》。徐光启在《农政全书》中详细介绍了池塘养殖各个环节的技术要求，提出了鱼池环境"深则水寒而难，池之正北浚宜特深"等特点；在"牧养"一节中还提到了养殖环境改良和生态养殖的方法，如"池中先栽荇草，放水长草以养新鱼""作羊圈于塘岸上，安羊，每早扫其粪于塘中，以饲草鱼"；在池塘构造方面，提出"塘内有九洲八谷，如同江湖，纳暇鳖螺虫系为神守，使鱼相忘相若"；等等。明代黄省曾所著的《养鱼经》较为全面地介绍了当时的鱼种和渔法，在渔法部分，提出"鱼之行游，昼夜不息，有洲岛环转则易长""池之正北浚宜特深，鱼必聚焉，则三面有日而易长"等养殖环境要求。著名农学家贾思勰著的《作鱼池法》也对池塘的深浅、形状、池底结构及鱼池布局等有详细介绍（刘健康和何碧梧，1992）。到了清代，江浙、湖广一代的"桑基渔业""蔗基渔业""畜基渔业""果基渔业"等已经非常发达，池塘生态养殖达到了很高的水平。

　　20 世纪 50 年代以来，我国的池塘养殖业进入了快速发展的阶段，在总结池塘养殖的经验基础上提出了"水、种、饵、肥、密、保、管、轮"的"八字精养法"，其中对水质、密度、管理等提出了明确的要求（李德尚，1993）。70 年代后，全国各地开展了大规模的池塘改造建设，先后形成了如浙江杭嘉湖地区 4 万亩连片池塘、江苏太湖地区 1.2 万亩连片池塘养殖等典范，极大地改善了我国池塘基础设施，提高了养殖产量，带动了池塘养殖业的发展（雷慧僧，1981）。在此期间，雷慧僧（1981）、刘健康和何碧梧（1992）、李德尚（1993）、王武（2001）等水产专家在相关著作中都对池塘生态进行了描述。例如，刘健康和何碧梧（1992）认为长方形的池塘可以更多地接受阳光照射，提高池塘浮游生物的光合作用；夏季多东南风和西南风，有利于水面起波浪增氧、河水流动。雷慧僧（1981）将我国的生态渔业模式划分为"渔-农复合模式""渔-牧复合模式""渔-农-牧复合模式"等，并在这三大模式下又分成若干类型，还将珠江三角洲的"桑基鱼塘"和"蔗基鱼塘"分别划分为三种类型。

（二）池塘生态工程发展过程

我国池塘生态工程养殖遵循"整体、协调、再生、循环"生态工程原理（马世骏，1985），充分运用生态平衡、物种共生、生态位、多层分级利用、整体效应等生态学原理，通过控制养殖生态系统的结构和功能，采取一靠太阳能、二靠水体生产力、三靠复合农牧渔的原则，形成了具有立体养殖、渔农牧副工结合、强化水体生物过程特点，并以"八字精养法"为核心的池塘生态高效养殖模式。经过多年的实践和发展，已经从单一的水产养殖形式，发展为生态高效的复合型养殖模式。

生态工程（ecological engineering）是 1962 年美国 H. T. Odum 首先提出的，并被定义为"为了控制生态系统，人类应用来自自然的能源作为辅助能对环境的控制"。20 世纪 80 年代后，生态工程在欧美等国发展迅速，出现了多种认识与解释，并提出了生态工程技术。我国的"生态工程"最早由生态学家马世骏先生于 1979 年提出，并将生态工程定义为："应用生态系统中物种共生与物质循环再生原理，结构与功能协调原则，结合系统分析的最优化方法，设计的促进分层多级利用物质的生产工艺系统"。

养殖水体不仅是鱼类生活的场所，也是天然饵料的培育基地，同时还是有机物氧化分解的场所。由于内陆池塘养殖的普遍性和粗放性，多年来人们并未重视池塘养殖环境的修复和生态高效养殖模式研究，池塘养殖一直处于粗放状态。20 世纪 90 年代中期以来，随着池塘养殖病害的不断暴发，人们开始研究池塘的环境修复与系统构建等技术，取得了一定的成果，形成了池塘生态工程化养殖的雏形。期间，如李德尚（1993）、董双林等（1994）对虾池封闭式综合养殖的研究，对虾-缢蛏-罗非鱼三元混养系统将养殖总产量（以等价对虾计）提高了 25.7%，投入氮的有效利用率提高了 85.3%。黄国强等（2001）设计了一种多池循环水对虾养殖系统，在该系统中，每个池塘既是综合养殖池又是水处理池，通过池塘间的调控维持了养虾池塘的水环境稳定。冯敏毅等（2006）分别用微生态制剂（MP）、菲律宾蛤仔（*Ruditapes philippinarum*）、江蓠（*Gracilaria tenuistip*）进行池塘生态修复和构建健康养殖系统，发现单独采用任何一种生物的修复都有不完善的地方，只有采用综合的调控方法才可能实现池塘环境修复。申玉春（2003）研究了对虾高位池生态环境特征及其生物调控技术。杨勇（2004）研究了"渔-稻共作"的生态环境特点问题。李谷（2005）研究设计了一种复合人工湿地-池塘养殖生态系统，并研究了复合垂直流湿地-池塘养殖系统的生态特征。刘兴国（2010）构建了池塘生态工程循环水养殖系统等，以上研究取得了良好的效果，为我国池塘生态工程循环水养殖奠定了基础。

在国外，虽然池塘养殖不是主要养殖方式，但国外水产科研人员对池塘养殖的基础研究深入。如 Scott（2001）研究提出了水产养殖生态工程化系统设计原则。Boyd（1990）对池塘养殖水质、底质特征及其调控方法进行了系统的研究，为池塘养殖环境调控奠定了基础。Costa-Pierce（1998）等将水产养殖与湿地系统相结合，建立了基于湿地净化养殖排放水的养殖系统。Jones 等（2002）在半封闭的池塘养殖系统中建立了物理沉积、贝、藻混合处理系统。国内外的相关研究较好地解决了池塘养殖的节水、排放等问题，提高了池塘养殖效果，也推动了池塘养殖设施化的发展，但与池塘养殖精准化的要求还有较大的差距。近年来，又出现了一些具有高生态效率的设施化池塘养殖系统，如 Brune 等（2004）研发的分隔式池塘养殖系统，佛罗里达州立大学 Andrew 等（1997）研究构建的跑道式池塘养殖系统，奥本大学 Chappell

等研发的流水槽式养殖系统等，为池塘养殖方式提供了新思路。2010 年以后，随着生态文明建设和水产养殖调结构、转方式的需求，池塘生态工程化养殖在全国快速发展，出现了一大批生态高效的模式，带动了我国水产养殖的健康可持续发展。

二、主要做法

我国幅员辽阔，地域气候条件差异大，养殖种类多，不同养殖品种对环境要求不同。开展生态工程化养殖应坚持因地制宜，增加物质、能量、信息输入，交叉综合的原则，达到既高效产出，又促进系统内各组分互补、互利、协调发展。目前我国的池塘生态工程循环水养殖模式主要有复合湿地池塘循环水养殖系统、池塘生态位分隔立体混养系统、池塘序批式生态工程养殖系统、南美白对虾多批次养殖系统等典型系统，并在全国形成了一批区域示范模式。

（一）典型系统

1. 复合湿地池塘循环水养殖系统

复合湿地池塘循环水养殖系统是将人工湿地与池塘养殖相结合构建的生态工程化养殖系统，是一种生态高效的养殖方式，也是近年来国内推广应用最多的一种池塘生态工程养殖模式。

（1）构建方法

复合湿地池塘循环水养殖系统一般由生态沟渠、生态塘、潜流湿地和若干养殖池塘组成。养殖池塘经过水设施串联沟通，池塘排放水通过水位控制管溢流到生态沟渠，在生态沟渠初步净化处理后通过水泵将水提升到生态塘，在生态塘内进一步沉淀与净化后自流到潜流湿地，潜流湿地出水经过复氧池后自流到第一个养殖池塘，形成循环水养殖系统（图 14-5）。

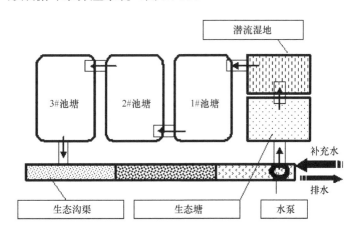

图 14-5　复合湿地池塘循环水养殖系统示意图

以 2hm² 的大宗淡水鱼养殖池塘复合湿地循环水养殖系统构建为例，进水排水渠道在池塘两侧，生态塘和潜流湿地区在池塘的一端，生态沟渠的进水端与外河水源相接，可以提取外河水作为补充水，同时外河水源在进入池塘前也得到处理。池塘养殖品种主要是草鱼和团头鲂，另外还搭配养殖鲢、鳙、鲫等，养殖周期内设计载鱼负荷量 1.0kg/m³。湿地种植植物为大漂、蕹菜、水花生、茭白、鸢尾、美人蕉、再力花、芦苇等（表 14-1）。

表 14-1　生态工程化养殖系统设计参数

内容	参数
生态工程化系统组成	生态沟渠+生态塘+潜流湿地+养殖池塘
潜流湿地面积	1 500m²
生态塘（表流）面积	2 500m²
生态沟渠面积	500m²
池塘面积	15 000m²
水交换量	1 500m³/d
池塘水交换率	10%
池塘载鱼密度	1.0kg/m³
补充水量	<10%

（2）养殖效果

复合湿地池塘生态工程循环水养殖相较于传统池塘养殖，不仅有明显的节水减排效果，还可以增产增效（表 14-2）。从表 14-2 中可看出，池塘生态工程化节水减排模式系统内的总氮、总磷等始终保持在较低水平和稳定状态，池塘藻类结构明显优化，藻相适合养殖要求，整个养殖过程可节水 60% 以上，减排 80% 以上，养殖增产 15% 以上。复合湿地池塘生态工程循环水养殖系统具有"生态、安全、高效"的特点，是改变传统养殖方式、提高养殖效果的有效途径。目前复合湿地池塘生态工程循环水养殖系统已在长三角、珠三角等水质性缺水和西北干旱地区应用超过 50 万亩，取得了巨大的社会、经济、生态效益。

表 14-2　复合湿地池塘生态工程循环水养殖系统的节水减排情况

内容	补充水（m³/kg）		总氮（g/kg）	总磷（g/m³）	COD（g/m³）
	蒸发量	排水量			
传统池塘养殖	0.18	4.0～6.7	16.8～28.1	6.4～10.8	49.2～82.4
生态工程系统	0.18	1.3～2.6	1.7～3.5	0.4～0.7	7.9～15.9
平均减少率（%）		63.6	88.4	93.6	81.9

注：总氮排放（单位产量的总氮排放量）=排放水体中总氮含量×单位产品排水量；总磷排放与化学需氧量（COD）排放计算方法同总氮排放

2. 池塘生态位分隔立体混养系统

在池塘高密度混养池塘中，由于养殖生物相互影响，存在着生态效率低、生产操作不便等问题。将养殖池塘分隔为若干个养殖区域，使不同生态位或规格的养殖品种在不同区域内养殖，通过设置集污、导流等设施设备，使水体在各养殖区域间循环流动，实现养殖富营养物的循环利用和净化处理，达到提高养殖生态效率、改善养殖环境、节水减排的目的。

（1）构建方法

一般选择长宽比不低于 2∶1 的长方形养殖池塘，沿长度方向设置"T"字形的隔水墙，沿池塘宽向的隔水墙分别与两侧塘埂相连，将养殖池塘分割为 15%～30% 和 70%～85% 两个养殖区。在 70%～85% 养殖区的中间建设隔水墙，该隔水墙的末端至池埂安装 5m 左右的隔网。在沿池塘宽向的隔水墙上，分别建设上溢水闸板门和底进水闸板门，并同时在两侧安装插槽，作为捕鱼网箱固定装置。闸板门安装活动木板和拦鱼网，拦鱼网目大小可根据养殖品种规格调换。在 70%～85% 养殖区靠近溢水闸门侧建设 1 个面积约为该区面积 10% 左右的集污坑。在溢水闸门两侧设置可安装捕鱼网箱的插槽，捕鱼时将活动网箱插入插槽，张开网箱，通过电赶或人工拉网将鱼赶入网箱（图 14-6）。

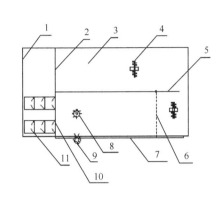

图 14-6　池塘生态位分隔立体养殖系统结构简图

1. 15%～30%养殖区；2. "T"形隔墙；3. 70%～85%养殖区；4. 水车增氧机；5. 隔网；6. 电赶捕捞网；
7. 导轨；8. 涌浪集污机；9. 投饲机；10. 闸门；11. 网箱

（2）养殖管理

池塘生态位分隔养殖系统适合大宗淡水鱼成鱼养殖，成鱼、鱼种配合养殖，或鱼、虾配合养殖等。具体如下。

1）大宗淡水鱼成鱼养殖：在 15%～30%养殖区放养白鲢、花鲢、鲫等滤杂食性鱼种，在 70%～85%养殖区放养草鱼或团头鲂等吃食性鱼种，两个区域的放养密度按照池塘全部水体计算。运行时，仅在吃食性鱼类养殖区按计划投喂，利用系统设备运行形成的水流等，将吃食性鱼类产生的粪便残饵等集中并输入到滤杂食性鱼类养殖区，为滤杂食性鱼类提供饵料，既保障了吃食鱼类养殖区的水质，又满足滤杂食性鱼类饵料需要，可有效提高池塘的养殖生态效果，减少养殖污染。

2）成鱼、鱼种配合养殖：一般在 15%～30%区培育鱼种，在 70%～85%区养殖成鱼，也可调换养殖区，在 70%～85%区的一侧区放养鱼种。鱼种的放养密度按池塘全部水体计算。养殖过程中，仅投喂成鱼类。与前文中原理一致，利用水流和气提作用，将养成鱼类产生的粪便残饵等集中并输入到鱼苗培育养殖区，利用粪便饵料肥水养殖鱼种，同时净化成鱼养殖区水质，提高池塘混养的效果。

3）鱼、虾配合养殖：一般在 15%～30%养殖区培育鱼种，在 70%～85%养殖区养殖南美白对虾或罗氏沼虾。也可在 70%～85%区养殖成鱼或一侧养鱼一侧养虾，在 15%～30%区养殖鱼种或养虾。养殖过程中，只投喂虾料养虾，利用养虾富营养物培育鱼苗，或分别投喂虾料养虾，投喂鱼料养鱼，利用鱼虾养殖对水体 C、N、P 的贡献不同平衡水体藻类、菌群等对 C、N、P 的需求，提高物质转化效率，提升养殖效果。

该养殖系统适合批量捕捞需要，若与电赶装置相结合则可实现机械捕捞。人工拉网捕捞时，将定制的分节网箱安装在溢水闸门一侧，打开溢水闸板，将鱼驱赶到网箱中即可捕捞。捕捞另一侧的鱼类时，将网箱安装在另一侧水体中，采取相同的捕捞方法即可。

（3）养殖效果

鳊高密度养殖：2013 年在吃食性鱼类养殖区放养鳊鱼种 3000～3500 尾/亩，滤食性鱼类养殖区投放鲢鱼种 80～100 尾/亩、鳙鱼种 50～80 尾/亩（单位放养量按全池面积计算），养殖周期 220～260d，可收获鳊 3200～3600 斤[①]/亩、规格 1.1～1.2 斤/尾，鲢 350～450 斤/亩、规格 4～5 斤/尾、鳙 150～250 斤/亩、规格 3～3.5 斤/尾，每年运行维护成本为 0.5 万元，鳊养殖效益超过传统池塘50%以上。

---

① 1 斤=500g

鳊成鱼、鱼种配合养殖：2014 年在吃食性养殖区一侧放养鳊鱼苗 1500～1800 尾/亩，另一侧放养鳊鱼苗 3000～5000 尾/亩，滤食性鱼类养殖区投放鲢鱼苗 1000～1500 尾/亩（单位放养量按全池面积计算），养殖周期 220～260d。实际收获鳊 2000～2500 斤/亩、规格 1～1.2 斤/尾，鳊鱼苗 500～800 斤/亩、规格 0.2 斤/尾，鲢鱼苗 200～300 斤/亩、规格 0.25 斤/尾。

鱼、虾配合养殖：2015 年在吃食性养殖区一侧放养南美白对虾 5000～8000 尾/亩或在滤食性鱼类养殖区投放罗氏沼虾苗 1500～2000 尾/亩，养殖结束额外收获南美白对虾 200～300 斤/亩或罗氏沼虾 50～80 斤/亩，养殖效益显著。

3. 池塘序批式生态工程养殖系统

轮捕轮放是我国大宗淡水鱼池塘养殖的重要手段，这种方法在低密度养殖情况下，可充分利用池塘空间，提高单位水体的养殖产量，但在高密度养殖情况下，却存在着养殖生物相互影响大、生态效率低、连续生产可控性差及设施化程度低、净化能力不足和排污效果差等问题。利用池塘空间，构建集分级、集污、排污、净化等功能于一体的序批式养殖生产系统，既可满足不同规格、品种的养殖要求和工业化管理需要，又能实现高效养殖、富营养物质资源化利用，是一种高度设施化、机械化、自动化的高能效池塘养殖系统。

（1）构建方法

池塘序批式生态工程养殖系统适合团头鲂、草鱼和南美白对虾等品种养殖，可在池塘内改建或在陆地建设。在池塘内改建时，其分级养殖池区约占水面的 20%。分级养殖池区一般采用 2 种结构的多排鱼池组成，每排由 3 种规格的鱼池组成 1 个养殖单元。每个单元由成鱼养殖池和 2 种规格的鱼种养殖池组成，成鱼养殖池一般为方形切角结构，鱼种养殖池为矩形结构。成鱼养殖池为高位池结构，坡度 1°～3°，中部插管溢水，池底有排污口，排污口上安装涡轮式集污装置，排污口通过管道与吸污装置相通，定时将鱼池中的污物集中排放到排水渠中，再集中处理利用或排放。鱼种养殖池为长方形结构，池底向排水口倾斜，坡度 1°～3°，上进水、底排污，排污由敷设在池塘底部的 Φ200U 的 PVC 穿孔横管和连接的溢水插管组成，溢水插管从鱼池连通至排水渠内，穿孔横管的开孔向下，孔径为 1cm，开孔面积总数为所述穿孔横管截面积的 1.4 倍。分级养殖池区的每个养殖单元分别有独立的进排水管路，各个养殖单元共用溢排水区，溢排水自流向池塘。

在每个单元的养殖池之间的共用墙体对接线方向上设有分级过鱼闸门，可定期通过拦网筛分不同规格的鱼类，实现自动分级、序批式养殖。团头鲂分级序批养殖单元的面积比为 1∶3.5∶7。在池塘其余区一般可设置 1 或 2 个分水墙，分水墙具有分布和引导水流作用。另外，为了提高净化效果，在阔水区可适当建设分隔网，用于放置浮水植物等（图 14-7）。

（2）养殖管理

以团头鲂序批式养殖为例，成鱼养殖密度按 20kg/m³ 计算，鱼种养殖密度按 10kg/m³ 计算。在江浙地区，3 月初放养鱼种，成鱼池按照 40 尾/m³ 密度放养 200g/尾的团头鲂鱼种，大规格鱼种养殖池按照 45 尾/m³ 密度放养 100g/尾的团头鲂鱼种，小规格鱼池按照 50 尾/m³ 密度放养 50g/尾的团头鲂鱼种。每批次养殖周期为 120d，上市规格 0.6～0.75kg/尾。选用团头鲂专用饲料，按照饲料系数 1.8～2.0 设计投饲计划，投饲时间 0.5～1.5h。一般投喂半小时后，电脑控制自动排污 0.5～1min。

在池塘水体中放养团头鲂乌仔或南美白对虾苗和罗氏沼虾苗，团头鲂鱼苗的放养密度不高于 8 尾/m³。南美白对虾苗和罗氏沼虾苗的放养密度不高于 20 尾/m³（图 14-8）。

日常管理主要注意提水、曝气设备的维护与管理，以保障稳定运行，出现问题及时更换或修复。另外，成鱼养殖池应及时排污，尽量减少养殖排泄物溶入水体中。

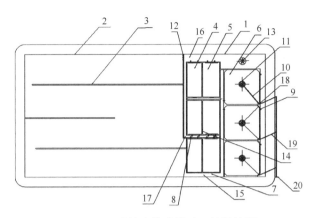

图 14-7　池塘序批式养殖系统结构图

1. 流水养殖池区；2. 滤杂食性鱼类养殖区；3. 导流墙；4. 小规格鱼种养殖区；5. 矩形大规格鱼种养殖池；6. 方形切角成鱼养殖池；7. 进水口；8. 集污出水装置；9. 排水管；10. 排污管；11. 集污口；12. 水轮机；13. 涌浪扰动机；14. 过鱼闸门；15. 进水通道；16. 出水通道；17. 排水渠；18. 排污口；19. 提污管；20. 集污排污管

图 14-8　序批式池塘养殖系统图

（3）养殖效果

2015 年以来，本系统养殖 1～1.3 斤规格的团头鲂商品鱼，分成 2～3 茬错季上市，最终产量达到 3500 斤/亩以上，同时第一和第二茬上市错开传统养殖上市的高峰季节，从而上市价格提高了 40%～60%，使全年在同等产量下的直接经济收益提高了 30% 以上。

与传统池塘养殖相比，本系统提高了养殖产量，降低了养殖密度，改善了水质，降低了养殖风险。养殖周期内，养殖水体中氨氮的平均质量浓度降低了 42%，亚硝酸盐的平均质量浓度降低了 50%，经济生态效益显著。

4. 南美白对虾多批次养殖系统

南美白对虾高密度、多批次养殖是发展趋势，但在我国的多数地区由于气候等原因难以实现。由高位养殖池、水处理池、阳光温棚等组成的高效低碳南美白对虾池塘养殖系统很好地解决了这个难题。该系统集成高位池集污排污效果、工厂化循环水处理功能和保温防雨水等作用，适合长江流域及以北地区南美白对虾养殖需要，使用该系统既可延长养殖时间，提高养殖效果，又可防止外界对养殖环境影响，节约水资源，减少养殖污染。该系统同时也可用于鱼类苗种培育和温水性鱼类养殖。

（1）构建方法

高效低碳南美白对虾养殖系统的养殖池为方形圆角的高位池，面积为 2500～4000m²，池深 2.0m，养殖池的底部中间设有集污排污口，池底为沿四周向集污排污口向下倾斜，斜度为 1°～2°，集污排污口的上方装有功率不低于 0.75kW 的涌浪机，有利于养殖池中的悬浮物集中流向集污排污口，流入水处理池。

集污排污口上覆有拦虾格网，拦虾格网为可拆卸结构，网目可根据虾的规格进行更换。养殖池铺设厚度为 0.35～0.5mm 的高密度聚乙烯（HDPE）塑胶布，起到水土隔离的作用。水处理由底排污处理系统和溢水处理系统组成。底排污处理系统一般由集污池、沉淀池、生化滤池组成，集污池与养殖池的排污管相通，沉淀池、生化滤池和生物滤池的两侧设有与之相连的导流沟，集污池和沉淀池与导流沟之间的隔墙上设有溢流管。水处理池的池底一般低于养殖池的池底，集污池的壁上有与排污管相连的排污插管，管口高于集污池池底，有助于污水中的大颗粒进入集污池排污。溢水处理系统主要由藻类过滤、生物絮团培育、轮虫培育等设施组成，其设施的池底可高于养殖池底。

养殖过程中，养殖池底部的沉积物通过动力提升进入沉淀池，经过固液分离机或自然沉淀后去除水中的悬浮物，并通过排污管排出。经沉淀处理的水通过导流沟进入生化滤池和生物滤池过滤，经处理后通过回水管流回到养殖池中。养殖溢排水中主要以藻类、溶解有机物质为主，可采用培养生物絮团、轮虫净化处理，培养的生物絮团、轮虫等可作为虾的饵料（图 14-9）。

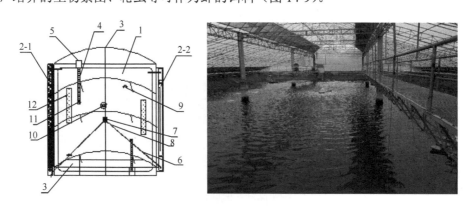

图 14-9　高效低碳池塘养殖系统结构图

1. 养殖池；2-1. 生化水处理池；2-2. 微生物水处理池；3. 拱形的阳光温棚；4. 工作桥；5. 大门；6. 排污管；
7. 排污口；8. 集污装置；9. 水车增氧机；10. 涌浪集污机；11. 工作台；12. 生物浮床

（2）养殖管理

在长江流域使用该养殖系统，一般于 3 月中旬放养第一茬南美白对虾苗，放养密度 180～220 尾/m³，养殖时间 110～120d，养成规格 20g/尾，养殖密度 3.5kg/m³。一般在 7 月中旬出池第一批成虾，其间在 6 月中下旬套养一批罗氏沼虾，密度为 5～10 尾/m³。7 月下旬放养第二批南美白对虾苗，10 月下旬出池第二批南美白对虾成虾，11 月下旬出池罗氏沼虾。

养殖管理应重点注意以下几个方面：①保持温棚无损坏、破裂现象，尤其在梅雨季节，发现破裂及时修补，防止雨水进入；②水处理系统的应用应根据养殖水质变化合理运行，防止水质、藻相等剧烈变化，影响虾类生长，一般养殖前期短期运行，中后期长期运行；③合理配置、运行集污和增氧设备，投喂后及时排污，保证养殖池底无粪便残饵等积存，一般每天排污不低于 2 次，养殖后期可增加到 3～4 次；④做好生产记录，发现问题，对应处理。

（3）养殖效果

2012 年以来，该系统每年连续养殖两茬南美白对虾，年产量达到 800kg/亩以上，养殖期间，系统水体溶解氧含量基本能维持在 5mg/L 以上，pH 稳定在 8～9；亚硝酸盐浓度始终控制在 0.1mg/L 以下，养殖节水 70%以上，减少排放 80%，经济生态效益明显。

（二）区域示范

池塘生态工程循环水养殖具有明显节水、减排、增产、增收效果。为了在全国推广池塘水生态工程化技术，2008 年以来，中国水产科学研究院渔业机械仪器研究所等单位在全国池塘养殖主产区构建了一批典型模式，通过模式示范，推动了各地池塘生态工程化养殖的快速发展。至 2015 年底，已在全国推广 30 余万亩，通过技术辐射推广 100 余万亩，取得了巨大的经济、社会、生态效益，为我国池塘养殖转型升级发挥了巨大的作用。下面介绍几种区域示范模式。

1. 太湖水源涵养区池塘生态工程养殖（图 14-10）

（1）技术需求

太湖是我国第三大湖泊，湖泊面积 2427.8km²，湖岸线全长 393.2km。太湖周边是我国经济最发达区域，但随着社会经济的快速发展，太湖水质持续恶化，1997 年以后太湖污染明显加重，2007 年总磷、总氮达到最高点，太湖区域水资源丰富，一直是我国重要的"鱼米之乡"，由于大量不合理的养殖生产活动，不仅造成水源地污染，也严重影响了该地区水产养殖的发展。"十二五"以来，江苏省、浙江省等先后出台了多项鼓励开展生态高效养殖的措施，在太湖地区尤其是水源涵养区推行生态工程化养殖模式已成为水产养殖发展的必由之路。

图 14-10　太湖水源涵养区池塘生态工程养殖模式

（2）构建方式

太湖水源涵养区池塘生态工程养殖模式是通过构建鱼、虾、蟹复合生态养殖模式，达到既涵养水源又发展水产养殖的目的。该区域示范模式建立于江苏太湖吴中水源地区，占地面积 6000 余亩，由成蟹养殖池、蟹种培育池、养鱼池、尾水处理区等组成。养鱼尾水经过生态养蟹池和尾水系统处理回用或达标排放，养蟹池生长过剩的水草则被打捞作为草鱼的饲料，实现生态高效养殖。

（3）应用效果

该示范模式于 2009 年建设完成，建成后养殖河蟹的每年亩均利润超过 8000 元，经济效益显著，培育产生了著名"太湖"优质大闸蟹品牌，带动了沿太湖地区生态养殖的发展，成为太湖地区主要养殖模式。同时，该模式可有效控制养殖污染和截留面源污染，不仅实现了养殖富营养化物质循环利用，污染"零排放"，同时有效截留周边区域面源污染进入湖区，成为一种经济高效的"生态屏障"。

2. 江苏盐城灌东高效生态水产养殖（图 14-11）

（1）技术需求

江苏省灌东盐场位于江苏省盐城市响水县陈家港境内，是江苏省最大的盐场，创建于清末民初（1909年），总面积 23 万亩，灌东盐场发展高效生态农业资源丰富，可供开发土地资源 16.5 万亩，有优质的淡水生物资源，中山河可提供二、三类水供生态农业开发，有长 11km 海岸线为侵蚀岸段，有历史悠久的海盐文化和源源不断的海水资源。但现有养殖池塘面积相对较小，现有的水产养殖区域缺乏科学合理的规划，进、排水系统凌乱，设施陈旧，养殖场区道路建设滞后，无法满足现代渔业生产和环境保护的要求。

图 14-11　江苏盐城灌东池塘生态工程化养殖小区

（2）构建方法

在总体规划布局上，灌东高效生态农业产业园区坚持经济效益、生态效益、社会效益的统一，做到生态农业与高效产业相结合、旅游观光与城市休闲相结合、高效农业与体验娱乐相结合、技术创新与海盐文化相结合。根据发展目标，将该建设区域面积约 124 100 亩规划区分成七大功能区块：①淡水养殖区约 21 000 亩；②海水养殖区约 19 400 亩（其中海水库面积约 5600 亩）；③海盐文化展示及生产区 33 000亩；④饲料及水产品加工区 3000 亩；⑤生态湿地恢复区 19 300 亩；⑥生态旅游区 27 300 亩；⑦绿色居住小区 1100 亩。经过几年的开发，该规划区已成为江苏沿海开发的高效生态农业示范园。其中淡水养殖区水循环工艺为：中山河→提水泵站→高位进水明渠（或暗渠）→养殖池塘→排水河道（养殖小区生态湿地回用）→通过主排水河道进入办公休闲区湖泊→水库。海水养殖区水循环工艺为：黄海→进水河道（生态湿地化）→提水泵站→海水水库→养殖池塘→过渡带（生态湿地化）→外海。

（3）应用效果

截止到 2015 年底，该区域完成建设，经过 2 年多的养殖生产，比原产业提高经济效益 60% 以上，节水减排 50% 以上。同时，该区域生态环境明显改善，已成为盐城和江苏沿海地区的典型发展模式。

3. 河南荥阳黄河滩区生态养殖（图 14-12）

（1）技术需求

黄河是我国的第二大河流，但因河水泥沙含量大，在中下游区段淤积而成的滩区面积近 4000km²。尤其在河南、山东段，河槽内被左右摆动的水流冲积成为大量宽窄不等的自然滩，滩地中存在着大量串沟、洼地、堤河等。20 世纪 90 年代以来，随着土地资源日趋紧张，黄河滩区出现了大量的耕地和鱼塘，由于缺乏规划和管理，许多种养设施存在无序建设的状况，给黄河泄洪安全和生态环境造成了一定的影响。近年来，随着社会发展的要求不断提高，沿黄河地区提出了科学开发利用黄河滩区的设想，黄河滩区池塘生态渔业模式营运而生。

图 14-12　河南荥阳黄河滩区生态工程养殖小区

（2）构建方法

以河南荥阳黄河滩区生态渔业模式为例，该生态养殖区位于郑州市荥阳王村黄河滩区，东西长 1025m，南北宽 820m，总占地面积 42.53hm^2。该区规划以黄河鲤池塘养殖为主，建设有 5 个功能区，分别为黄河鲤苗种繁育区、黄河鲤良种培育选育区、黄河鲤标准化健康养殖区、养殖排水生态处理区、产品质量控制区。该生态养殖区于 2009 年建成，在养殖池塘中采用了复合生物浮床、藻类调控等水质调控技术及设施，根据池塘养殖排放水处理与水质调控需要，构建了生态沟渠、人工湿地等水处理技术。

（3）应用效果

该区域示范模式于 2011 年建成，经过 6 年的生产运行，产生了良好的经济生态效益，养殖区用电平均下降 30% 以上，减少养殖换水 60% 以上，养殖水质明显改善，养殖水产品质量明显提升，养殖的黄河鲤已成为远近闻名的优质产品，销往郑州、上海、北京等地，比其他池塘养殖效益提高 30% 以上。目前以该养殖方式为模式的养殖场在荥阳地区已超过 5 万亩。

4. 甘肃景泰以渔治碱生态工程化养殖

（1）技术需求

甘肃景泰县地处黄土高原与腾格里沙漠过渡地带，全县总面积 5483km^2，辖 8 镇 3 乡，是国务院 2011 年确定的六盘山集中连片特困区县，是国家扶贫攻坚的主战场。黄河从景泰县中泉镇尾泉村流入，途径龙湾村、芦阳镇索桥、车木峡，五佛乡、草窝滩镇翠柳村等地，全长 110km，流域面积 20 km^2。从 20 世纪 90 年代开始，由于景电工程没有配套的排水系统，地下水位持续抬高，盐水排不出去，沉积在低洼处，导致土壤出现盐碱化，许多土地被迫弃耕，全县因盐碱化弃耕撂荒土地达 6.5 万亩，同时沿黄乡镇还分布着大量滩涂地带，盐碱和次生盐碱问题已严重制约了当地的工农业发展，成为造成当地贫困的主要症结。

（2）构建方法

主要采取"挖塘降水、抬土造田、渔农并重、治理盐碱"的次生盐碱土地生态治理模式，将盐碱地排碱沟渠与养殖池塘相结合，利用水系分隔和渗水排碱等技术控制次生盐碱土地中的碱度，利用水产养殖降低碱度的水体灌溉，达到了控制次生盐碱和养殖污染再利用、提高综合生态效益的目的（图 14-13）。

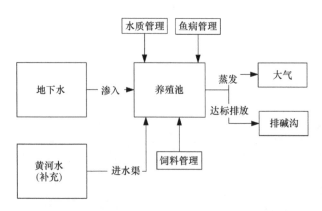

图 14-13　甘肃景泰以渔治碱生态工程种养工艺图

（3）应用效果

2016 年以来，该区域南美白对虾亩产达到 500 斤以上，每亩的收入在 3 万元，是种植粮食收入的好几倍。其中五佛乡南美白对虾产量可达 50 万斤以上，水产养殖收入可达 2000 万元以上。同时，示范区附近的次生盐碱地面积降低了 80%以上，曾经荒废的良田再现勃勃生机（图 14-14）。

图 14-14　甘肃景泰以渔治碱生态工程化养殖小区

三、取得成效

进入 21 世纪以来，全球水产养殖以年均 6.1%的速度增长，为保障人类食物安全做出了重要贡献。在我国，随着池塘养殖的不断发展，传统池塘养殖方式存在的资源消耗大、养殖污染重、产品质量低及生产效率不高等问题成为制约水产养殖发展的最大问题，水产养殖可持续发展就必须有效解决以上制约问题。目前，世界范围内的池塘养殖正向着标准化、设施化、机械化、智能化、多营养层级复合的精细化生态高效养殖方向发展。生态工程化养殖对应我国池塘养殖现状，经过十几年的发展，得到了广泛的认可，取得了明显的成效，主要有以下几个方面。

1. 有效解决了传统池塘养殖功能不足的问题，提高了经济生态效益

目前，我国的多数池塘养殖仍采用传统生产方式，存在着水资源消耗大，养殖污染重、饲料利用率低、渔药滥用等问题，无法满足高效养殖需要。池塘生态工程化养殖集成了生态学、养殖学、工程学等的原理方法，具有生态、健康、高效的特点。在全国各地的应用中，池塘生态工程化养殖与传统池塘养殖相比，可将资源利用效率和养殖效率提高 20%以上，节水、减排 50%以上，具有明显的经济、生态效果，已在全国应用 5 万 hm^2 以上，取得了良好的经济、生态效益，成为中国池塘养殖转型升级的重要方法。

2. 解决了养殖节水、污染问题，改善了环境，提高了效率

我国目前有养殖池塘 300 多万 hm²，年产量达 2430.8 万 t，是世界上最大的池塘养殖国家。虽然我国池塘养殖规模很大，但一直未重视池塘养殖模式，池塘养殖一直处于粗放状态。据对江浙地区 12 个水产养殖场的连续跟踪调查发现，大宗淡水鱼池塘养殖一般每年需要换水 3～5 次，换水量 300%～400%，养殖单位水产品的需水量为 4.0～6.7m³/kg。南美白对虾池塘养殖的年排水量约为 200%，单位养虾的年排水量为 3.0～4.5m³/kg 虾。河蟹养殖池塘换水量很少，一般年需水量为 1～2m³/kg 蟹。实践证明，池塘生态工程化养殖可节水减排 50% 以上，若在全国推广应用池塘生态工程化养殖，其节水、减排效果将是巨大的。

3. 提高了养殖设施化水平，有利于建立工业化管理体系

池塘生态工程化养殖具有很高的系统性，集成了养殖、生态、工程等科学技术。实施池塘生态工程化养殖不仅可以提高池塘生态养殖效果，节水减排，还可以推动池塘养殖设施化、机械化、信息化等技术的发展。例如，在全国推广的池塘生态工程化养殖模式中，其设施化程度提高了 30% 以上，养殖机械化水平提高了 50% 以上，许多池塘生态工程化养殖小区建设了信息化管理系统，大大提高了养殖效率，为建立现代养殖方式发挥了巨大的推动作用。

总之，池塘生态工程化养殖具有生态、高效、绿色、安全的特点，符合"创新、协调、绿色、开放、共享"发展理念和水产养殖调结构、转方式，"提质增效，减量增收，绿色发展"的发展方向。实践证明，池塘生态工程化养殖为池塘养殖调结构、转方式的重要途径。

四、经验启示

经过十几年的发展，生态工程化养殖在全国得到了广泛的认可，取得了明显的成效，也暴露了一些问题。由于不同地区的气候、水环境、土壤、养殖方式等存在较大的差异，在全国推广生态工程化养殖，一定要因地制宜，切合实际。尤其应注重研究解决以下问题。

1. 解决生态工程化池塘养殖的关键技术问题

目前的池塘生态工程化养殖是在经验基础上发展起来的，缺少系统性的理论和技术研究。为此，必须围绕主要品种的生态、生理、发育、行为、养殖结构、养殖容量、环境需求、营养需求、有毒有害物质的代谢机制等开展研究，掌握主要养殖品种的生物学特性，为健康高效养殖奠定基础。例如，开展草鱼、鲤、鲫等品种的养殖环境生态学特征研究，掌握养殖环境营养物质的归趋特性和不同生物对主要环境因子的生态生理学效应；研究环境因素胁迫下水生生物适应、调节和抗逆机制等。

为此，需要研究解决主要养殖品种生态工程共性关键技术，优化集成建立适合不同品种特点的健康高效生态工程养殖模式，如开展生态养殖、综合种养、多营养级复合生态位养殖、分级序批式养殖等的技术研究，开发标准化生态工程化健康养殖模式等。

2. 建立池塘生态工程化养殖的配套技术体系

与工业、生活等污水相比，水产养殖排放水主要是氮、磷污染，其含量也相对较低（[TN]<5.0mg/L，[TP]<1.0mg/L）。所以，在设计基于复合人工湿地养殖系统时要结合养殖排放水体特点，根据池塘养殖的"理想"水质要求和生态工程化设施的净化能力，建立营养盐流动调控技术工艺，发挥生态工程化调控池塘养殖水质的作用。

在构建池塘生态工程化养殖系统时，应充分考虑池塘养殖特点、气候特点、场地结构等因素，系统构建应考虑充分发挥不同组分的功能，做到结构简单、效率最高。同时应研究适用于水产养殖水处理的人工湿地、生态塘、高效藻类塘、生态沟渠、生物浮床、生态坡、曝气生物净化系统等生态工程设施构建技术，研究和建立针对不同池塘养殖特点的生态工程化系统建设技术。

3. 建立池塘生态工程化养殖的管理技术

池塘生态工程化养殖起步较晚，目前还缺乏相应的管理技术。为此需要研究建立包括设施构建、动植物选择与搭配、养殖技术等方面的管理技术体系，以及相应的增氧技术、藻类调控技术、底质改良技术等，进一步完善生态工程化养殖模式技术体系，重点围绕建立主要养殖种类生态、优质、高效养殖模式的技术需求，根据不同地区特点和养殖需求，形成标准化操作规范。研发多品种混养适应养殖水生态环境空间的养殖管理技术，加强大数据信息化技术的应用；实施规模化养殖和产业化经营，提高科技贡献率，提升养殖产业的市场竞争力。

总之，池塘生态工程化养殖在国内刚刚起步，当然，在实际应用中应根据不同地区的池塘养殖特点，合理搭配构建生态工程化的养殖系统。虽然生态工程化技术应用与水产养殖还存在着许多问题，但相信随着相关技术的不断成熟，适合我国池塘养殖"新结构、新方式"的生态工程化养殖方式将逐步替代传统的生产模式，池塘养殖将会健康可持续地发展。

第四节　渔稻综合种养

传统的稻田养鱼是根据生态经济学的原理，利用稻田的浅水条件既种稻又养鱼，以水稻为主体，发挥稻鱼互利共生的作用，达到稻谷增产、鱼类丰收的目的，形成"稻田养鱼鱼养稻，粮食增产鱼丰收"的物质和能量良性循环的农业生态系统。

渔稻综合种养是在传统稻田养鱼的基础上进行拓展，以"以渔促稻、稳粮增效"为指导原则，以名特优水产品为主导，以标准化生产、规模化开发、产业化经营和品牌化创建为特征，注重稻田田间工程的建造、病虫害绿色防控、稻田生境改良和土壤修复，在水稻不减产的情况下，大幅度提高稻田生产效益，并减少农药和化肥的使用，是具有稳粮、促渔、增收、提质、环境友好、资源可持续利用等多种生态系统功能的现代循环生态农业模式。

一、发展历程

我国的稻田养鱼始于 2000 多年前的东汉时期，我国也是世界上最早进行稻田养鱼的国家。我国的稻田养鱼起源于东南和西南各省山丘水稻种植区域，虽然历史悠久，但由于受自然经济和技术条件限制，仅为零星的自给性田间副业。随着稻田养鱼技术的不断进步，稻田养鱼逐渐从山区向平原、从南方向北方拓展，使稻田养鱼由低水平到高水平、由小范围到大范围、由粗放经营到精养高产方向发展。新中国成立后，渔稻综合种养大致经历了以下发展阶段（朱泽闻等，2016）。

1. 恢复发展阶段（1949 年至 20 世纪 70 年代末）

新中国成立后，稻田养鱼得到了水产部门的高度重视。1954 年，全国水产工作会议号召发展稻田养鱼。1958 年，全国水产工作会议将稻田养鱼纳入农业规划，推动了稻田养鱼的迅速发展。1959 年，全国稻田养鱼面积超过 66.67 万 hm^2。但这一时期，仍沿袭传统的粗放粗养模式，单产和效益较低。

2. 技术形成阶段（20 世纪 70 年代末～90 年代初）

1979 年，中国科学院水生生物研究所倪达书研究员提出了"稻鱼共生"理论，促进了稻田养鱼技术深度发展。20 世纪 80 年代后，通过科技人员不断总结，不仅在理论上，在养殖技术及经营管理上也有了许多创新突破，使稻田养鱼从传统自给型的粗放经营向科学化、规范化、商品化的集约经营发展，由原始的平沟或原田养殖向现代化的稻鱼工程发展，形成沟池结合、高垾深沟、垄稻沟鱼、石块护坡等多种形式；改单品种养殖为多种类、多规模混养；另外稻种的改良等都带动了稻田养鱼的快速发展（戈贤平，2009）。1994 年，全国 21 个省（市、自治区）的稻田养鱼面积达 85 万 hm^2，平均单产达到每亩水稻 500kg 和成鱼 16.2kg。

3. 快速发展阶段（20 世纪 90 年代中期～21 世纪初）

农业部加大对发展稻田养鱼的扶持力度，促进了稻田养鱼的快速发展，促进了粮食稳定增产和农民增收。养殖技术不断创新，单产水平持续提高，"千斤稻、百斤鱼"形成一定规模。全国稻田成鱼单产水平达到每亩 40kg。2000 年，我国稻田养鱼发展到 133.33 万 hm^2。随着对土地单位产出及食品优质化的要求提高，传统的品种单一、规模较小、效益较低的稻田养鱼模式越来越难以适应现代农业发展的需要。在传统稻田养鱼的生产模式中，融入生态、健康养殖理念，引入经济价值更高、产业化条件更好的种养品种，集成多学科、多领域的新技术和新工艺，采用"种、养、加、销"一体化现代管理理念，促进了新一轮稻田养鱼模式的拓展和技术升级，即"渔稻综合种养"。

4. 转型升级阶段（2007 年至今）

2007 年以来，一大批以名特经济水产品种为主导，以标准化生产、规模化开发、产业化经营为特征的渔稻综合种养新模式不断涌现，表现出稳粮、促渔、增效、提质、生态、节能等多方面的作用，在经济、社会、生态等方面取得显著成效，得到了政府的高度重视及种稻农民的积极响应。目前，渔稻综合种养已经发展到 27 个省（市、自治区），成为我国淡水渔业的重要组成部分。2015 年，湖北省稻田综合种养面积突破 20 万 hm^2，产优质稻谷 150 万 t，有机水产品 30 万 t，为农民创收近百亿元，稻田综合种养开辟了农业生产经营新业态。2016 年，全国稻田养殖面积 151.61 万 hm^2，养殖产量 163.23 万 t，四川、浙江、湖北、江苏、安徽成为稻田养殖主产区。

二、主要做法

我国幅员辽阔，水稻种植地区均可因地制宜发展稻田养鱼。由于受气候、水源、土壤肥力等自然条件，以及稻田类型、耕作制度等的影响，稻田养鱼类型多样化，饲养方法和生产水平也各不相同。从养殖制度上区分，主要分鱼稻共作、鱼稻轮作和鱼稻连作养殖法。稻田虾、蟹及其他名特优新品种的养殖是 20 世纪 90 年代以来稻田养鱼发展的新特点，针对稻田综合种养的需求和特点，"蟹稻共作""鳖稻共作（轮作）""虾稻连作（共作）"等典型模式和关键技术得到大面积示范推广。稻田综合种养由单一种养模式向复合种养、渔稻生态种养发展，并向池塘延伸，与池塘水质调控和池塘综合养种结合。

（一）鱼稻共作——云南红河哈尼梯田稻田养鱼模式（图 14-15）

鱼稻共作是最早开展，也是最普遍的渔稻综合种养模式。浙江省稻田养鱼历史悠久，2005 年 4 月，浙江青田县稻田共生系统被列入联合国粮食及农业组织（FAO）首批全球 4 个农业文化遗产项目之一。稻田养鱼是青田县农业主导产业，全县稻田养鱼面积 8 万亩，标准化稻田养鱼基地 3.5 万亩，鱼稻共作模式生态高效，鱼稻形成和谐共生系统，悠久的田鱼养殖史孕育了灿烂的田鱼文化。近年来，云南红河哈尼梯田稻田养鱼很有特色，有效促进了粮食生产和农民增收，同时具有巨大生态效益，成为产业扶贫的有效手段和农业转方式、调结构的重要抓手，值得大力推广发展。哈尼梯田主要分布在红河州元阳、红河、金平和绿春 4 县境内，总面积 100 余万亩，开垦历史已有 1300 多年，是世界文化景观遗产、国家湿地公园，梯田"禾花鱼"闻名遐迩。2010 年，"哈尼稻作梯田系统"入选联合国粮食及农业组织全球重要农业文化遗产；2013 年，哈尼梯田文化景观被列入联合国教育、科学及文化组织（UNESCO）世界遗产名录。

图 14-15 鱼稻共作

哈尼地区虽然远离江海，但源于"饭稻羹鱼"的生活传统，逐渐创造了真正意义上的"稻鱼共作"。稻田养鱼是哈尼族人民传统的耕作方式，作为传统生态种养模式，稻鱼共作大量减少农药和化肥的施用，鱼在田间造成水流的循环流动，更是对残留在稻田里的化肥起到了降解作用，有效保护了农业生态环境，使得稻田产出的农产品也相对安全。目前，正由传统的平板式粗放低产模式向高产高效养殖模式转变，由单一的稻田养鱼向养鱼、鳅、虾、蟹等多元化品种方向发展，稻田养鱼产业具有较大的发展潜力和广阔的发展前景。

梯田采取高埂深沟、沟凼结合、塘田结合等形式建设稻田养殖系统，加高加固田埂，鱼沟形式为"十"字形、"＃"字形、"田"字形等，沟凼面积占稻田面积的 5%～10%。鱼凼形状为长方形或圆形，有条件的用砖石、水泥支砌固化，建成永久性鱼凼，建好进水口、排水口拦鱼设施。养殖模式有两种：一种是栽种稻谷期间的梯田养鱼，4～5 月栽秧结束后放养苗种；另一种是稻谷收割完毕，一般 11 月前后，在将田埂草铲净，将田挖翻并放水养田之时放鱼，俗称冬水养鱼。养鱼活动适应梯田稻谷生长周期，与撒秧、栽秧、收割等农事活动同步进行（黄雄健，2013）。栽种稻谷期间的梯田养鱼一般采用"大放大收"模式，每亩稻田投放鲤、鲫等大规格鱼种 5～10kg，建设稻鱼工程的稻田亩投放鱼种 15～20kg。遵循"四定"原则，选择投喂麦麸、米糠、苞谷、酒糟、豆渣、青草、浮萍和配合饲料，日投饵量占池鱼体重 3%～5%。除日常换水、加水、防逃等工作外，还应正确处理养鱼与追肥、打农药之间的矛盾关系，喷药治虫尽量叶面喷洒。秋收后，冬水田养鱼要加高加固田埂，田埂高 70cm 以上，每亩用 50kg 生石灰消毒，促进稻茬分解发酵，每亩施用发酵的农家肥 100kg，灌满田水 7d 后放养苗种。"稻鳅共作"成为梯田养鱼新模式，海拔 700m 以上梯田，每年放养两茬；700m 以下梯田，每年放养三茬。梯鱼模式下，复合肥和稻虱净的使用量分别比梯田模式少 12.5kg/亩和 2.1 包/亩，减少了成本。养鱼稻田的三化螟、纵卷虫、稻飞虱、稻叶蝉等主要害虫平均量仅分别为常规稻作的 29.17%、50%、56% 和 50%。鲤、鲫养殖试验中，鱼每增重 1g，水中相应增氮 85mg、磷 2mg，使养鱼梯田保持肥力，减少了化肥的使用。稻田养鱼稻谷产量普遍高于非养鱼稻田，而单位化肥、农药的用量大为减少。

梯鱼模式发挥着隐形水库的功能。梯田田埂高 30～50cm，由于养鱼需要常年保水，养鱼梯田经过改造，比未养鱼梯田储水量更丰富。2010～2012 年，云南连续三年旱灾，许多地方水库干涸，河水断流，人畜饮水受到严重威胁，而哈尼梯田依然储水充足，大旱之年的栽种到收获都没受影响。梯田养鱼将丰富的梯田资源和农村闲散劳动力资源结合，引导劳动力再分配，优化产业结构，促进农村再就业。红河州也有农户准备利用农田养殖"禾花鱼",同时在稻田边开设饭馆,供食客品尝新鲜、生态、有机的"禾花鱼",打造梯田"鱼文化"。开展梯田鱼-稻、鳅-稻等不同品种及模式养殖,既增加了水稻产量,又保护了生态环境,经济效益大幅度提高。鲤、鲫等"禾花鱼"每千克可卖 40 多元,出售鲜鱼收入可观,稻田养殖泥鳅效益更高。700m 海拔以上梯田,每年放养两茬,亩产泥鳅 500kg,按每千克 24 元保底价收购计算,每亩增收 12 000 元;700m 以下梯田,每年放养三茬,亩产泥鳅 1150kg,按每千克 24 元计,每亩增收 27 600 元。

哈尼梯田是哈尼族人民智慧的结晶,是适应自然、改造自然的结果,既是一种农业生态系统,又是一种文化。梯田养鱼既增加了稻谷产量,又减少了化肥和农药的使用,增加了农民收入,有效保护了环境,促进了梯田生态农业的可持续发展,还继承和保护了哈尼文化。哈尼梯田稻田养鱼是投资小、效益高、绿色环保的种养模式,充分利用水资源增加农民收入,实现"一水两用、一田双收、粮渔双赢",也是红河州南部六县生态农业的发展方向,对推动产业和经济发展、实施精准脱贫意义重大(杨艳红等,2013)。

(二)蟹稻共生——辽宁盘锦稻田养蟹模式(图 14-16)

1992 年,蟹稻综合种养技术在盘锦市大洼县试验成功,通过多年的总结和实践,形成了一整套适合当地的蟹稻综合种养技术。该技术的成功推广和广泛应用对增加农民收入、保护生态环境、实现农业可持续发展具有重要意义。

图 14-16 蟹稻共生

养蟹稻田长方形,四周挖环沟,一般环沟深约 0.5m,宽 0.5~1.0m。埝埂坚实,高 0.5~0.8m,顶宽 0.5m,内坡坡度向内倾斜 45°~50°。为防止蟹苗从稻田外逃,在养蟹稻田四周用塑料膜、石棉瓦、玻璃等构筑防逃墙。将墙体材料埋入土中 15cm,地上布防逃墙高 50~60cm,墙体向内略有倾斜,四角围成圆弧状,设置进排水管,出水口设置两道拦网(陈卫新,2014)。田埂上再建一道铁栅、竹栅或网栅,防止蟹穿透外逃(刘研,2007)。水稻选生育期短、耐肥、抗倒伏、抗病害的高产品种(裴光富和于永清,2009)。采用大苗移栽,栽足基本苗,宽行密植。蟹苗进大田时间在秧苗活棵返青之后。稻田 4 月中旬进水,5 月 15~20 日插秧,采取稀植或抛秧移植,以利秧苗透风透光和河蟹活动。亩施农肥 1000~1500kg,尿素 50~55kg,过磷酸钙 40~50kg,硫酸钾 5~10kg。农肥、磷肥、钾肥全部作基肥,氮肥 50%作基肥,50%作返青、分蘖肥。放蟹后不施肥,为蟹苗生长提供良好环境,发现脱肥,可少量追施尿素,不超过 5kg/亩(刘研,2007)。蟹苗投放大眼幼体或扣蟹,选择 5 日龄以上的优质大眼幼体蟹苗,以 200~300g/亩为宜;蟹种规格以 160~240 只/kg 为宜,这样收获时一般能长到 100~150g/只。为保证河蟹一定的活动范围，一般放养量 1 只/m²，亩可产成蟹 450～500 只。幼蟹变态前以蚤类、鱼糜饵料为主，投料为蟹苗重量 30%～50%。变态后用搅碎的杂鱼、虾和猪血、豆腐饲喂，投料占蟹总重的 30%。成蟹食料广，动物性饵料和植物性饵料混合投喂，动物性饵料占 30%，每天投饵量占河蟹总重的 8%～10%。秋季适当增加动物性饵料，以增加肥满度。幼蟹放养阶段、夏季天气多变和秋季收获前夕，是河蟹逃逸最厉害的时候，应勤巡查，及时发现并堵塞漏洞，修补防逃设施。为保证河蟹的活动空间和溶氧，适时加注新水，保持水位水量，如采用微流水效果更好。做好防病消毒，保持水质清洁。施用生石灰改善水质，增加池内钙含量，促进河蟹生长蜕壳（杨武等，2013）。清除敌害，减少因敌害造成的损失。

养蟹稻田整个生产过程保持适当水层，根据水稻需水规律管水。稻田病虫害以预防为主，因地制宜选用抗病品种，采用旱育苗培育壮秧，提高秧苗抗性，并合理密植；氮、磷、钾配合平衡施肥，增施有机肥和硅肥，避免氮肥施用过多；科学管水，合理灌水和晾田，增强抗病能力，减少病害发生；采用苗床施药、带药移栽防治病虫害，同时早放蟹，河蟹食草芽和虫卵，不用除草剂，达到生态防虫害的效果（李敬伟等，2016）。北方地区养殖的成蟹 9 月中旬即可陆续起捕，根据市场需要有选择地捕捉出售或集中到网箱和池塘中暂养，收获一直延续到水稻收割，收割后捕捉田中和环沟中剩余河蟹。稻田养扣蟹效益可达 1241 元/亩，一般比单种稻增收 600 元/亩（裴光富和于永清，2009）。稻田成蟹养殖的蟹稻平均效益 1497.8 元/亩，比常规种植模式增收 612.8 元/亩，收入提高 69%（裴光富，2009）。

（三）虾稻连作（虾稻共生）——湖北潜江稻田养克氏原螯虾模式（图 14-17）

潜江市是"虾稻连作"发源地，该模式起源于 2000 年，最初为一季中稻一茬螯虾接连生产，每年 9～10 月中稻收割后灌水投放螯虾，次年中稻种植之前捕捞，9～10 月再重新投放苗种。利用中稻休耕期的闲田养虾，开启了国内稻田养虾的先河（吴启柏和贾宗昆，2012）。2010 年前后在"虾稻连作"基础上发展出了"虾稻共生"模式，也是当前主流模式。该模式为一季中稻、全年养虾，提高了螯虾产量和养殖效益。通常第一年的 4～5 月投放全长 3～5cm 的虾苗，也可在 8～10 月投放亲虾，次年及以后根据稻田内的螯虾存塘量适当补投苗种，降低了苗种成本。螯虾通常在 4～6 月捕捞，8～9 月也有少量捕捞。在稻田养虾基础上，拓展出"虾螯稻""虾蟹稻""虾鳅稻"等新模式（陶忠虎等，2013）。

图 14-17　虾稻共生

沿稻田田埂外缘向内 7～8m 开挖环形鱼沟，沟宽 2～4m，深 1～1.5m，坡比 1∶1.5。稻田面积 100 亩以上的，还需在田间开挖"一"或"十"字形田间沟，田间沟宽 0.5～2m，深 0.5～1.0m。通常田面边缘筑一道高 20cm、宽 30cm 的围埂。田埂基部宽 4～6m，防螯虾掘洞打穿田埂，田埂顶宽 2～3m，高出 0.6～0.8m。按高灌低排原则，每块稻田都有独立的进水口、出水口，并用细密的网片或铁丝网拦住，以防敌害生物进入或螯虾逃逸。田埂上用网片、厚质塑料膜或石棉瓦建造防逃墙，防逃墙埋入土里 30cm，高出地面 40cm，并稍向田内倾斜。投放前 10～15d 清沟消毒，杀灭敌害生物和致病微生物。投放前 7～10d 亩施复合肥和碳铵各 50kg 培养浮游生物，也可施用一些农家肥。鱼沟内种植伊乐藻、轮叶黑藻、马来眼子菜或空心莲子草等沉水植物，水草占鱼沟面积的 20%～50%。8～10 月投放亲虾，亩投放体重大于 35g 的亲虾 20～30kg；一般 4～5 月投放虾苗，亩投放规格 3～5cm 的幼虾1.5 万～3.0 万尾。养虾稻田一般只种一季中稻，选择叶面开张角度小、抗病虫害、抗倒伏、耐肥性强的紧穗型品种。一般采用插秧或直播，湖北地区在 6 月中旬左右结束（刘其根等，2008；湖北省质量监督局，2008；陶忠虎等，2013）。

克氏原螯虾是杂食性动物，能摄食稻田的天然饵料。为了提高产量，稻田养虾普遍以投喂配合饲料为主，也可投喂农作物及其副产物、蔬菜瓜果等。一般幼虾阶段日投喂量为幼虾总重 5%～8%，中成虾阶段则为 2%～5%，生长旺季适当增加投喂（湖北省质量监督局，2008；刘波等，2009）。养虾稻田的水位以不低于田面、不伤虾为前提，同时满足水稻生长，尽可能提高水位。一般 10～11 月控制田面水位 30cm左右，有利于稻蔸再生；11 月至翌年 2 月控制在 40～50cm，保证水底温度；3 月将水位降至 30cm 左右，利于螯虾尽早出洞；4～6 月控制在 40～60cm。种稻后，保持田面水深 8～10cm 约一周，以利活株返青。分蘖期保持水位 2～3cm，提高泥温；至分蘖期后，保持水位 6～8cm 以保水和控制无效分蘖；拔节孕穗期水稻耗水量大，水位高于 10cm；水稻扬花灌浆后控制在 5cm 以上。晒田、施肥用药时逐渐降低水位，然后及时恢复，收获后及时提高水位（王武，2000；陶忠虎等，2013）。水稻种植前 10～15d 施足基肥，以有机肥为主，每亩用量 300kg。此后每月施追肥一次，施肥时先排浅田水，使螯虾集中到鱼沟，施肥完成后加深至正常深度。克氏原螯虾对农药较为敏感，使用诱虫灯捕杀害虫，减少水稻杀虫剂的使用。晒田时以见水稻浮根为宜，晒田结束及时恢复水位。

养虾稻田保证水质清新，防止溶氧不足和氮过高。通常 4～6 月每周换水一次，换水量为原田水的 1/4；7～8 月每周换水 3 次，每次换水 1/3；9 月每 7～10d 换水一次，换水量为 1/4。施肥后及时换注新水。鱼沟每 15～20d 用生石灰兑水消毒一次，用量为 5～10kg/亩。鱼沟及时清淤，防底泥堆积及底质恶化（刘其根等，2008）。螯虾捕捞主要是在 4～6 月，8～9 月依据田内螯虾数量捕捞部分螯虾。若出售虾苗，捕捞提前至 3 月底。捕捞时将不达出售规格或抱卵的螯虾放回田内。一般 10 月采用人工或机械收割水稻，将秸秆等废弃物还田处理，割稻后及时灌水淹田。

稻田养虾种养结合新模式，实现了不与粮争地、不与鱼争水，在保证水稻生产的同时，产出的小龙虾大幅提高了种养效益，利润较单一种稻增长数倍，成为农民发家致富的好途径。潜江市虾稻共生的螯虾产量通常 75～125kg/亩，中稻产量 500～700kg/亩。若同时捕捞虾苗，产量相对更高。近几年产值可达5300 元/亩，纯利润超过 3000 元/亩（马达文等，2016）。2016 年调查表明，虾稻共生总产出 4750 元/亩，纯利润 3310 元/亩；而单一种稻总产出 1278 元/亩，纯利润 510 元/亩。截至 2015 年，潜江市虾稻共生面积 31.5 万亩，建成千亩以上连片虾稻基地 26 个，万亩以上连片虾稻基地 5 个（陈坤等，2016）。虾稻模式迅速推广到湖北省内其他地区和其他省份，2015 年，湖北省虾稻共生面积 286 万亩，生产小龙虾 27.5 万 t，农民增收近万亿元。

稻田养虾充分利用了稻田的水资源和天然饵料，减少了饲料、化肥和农药的投入，环境影响降低，产出的水稻、小龙虾也更加安全、健康。相对于单一种稻，稻田综合种养化肥和农药使用量分别下降了30%和 70%以上（马达文等，2016）。稻田养虾废水中氮、磷含量总体较低，排水不会污染水域环境。养虾业的发展促进了加工、餐饮、休闲等相关产业的发展。当地正在争创中国驰名商标和注册地理标志产品，同时已经形成多个知名加工品牌和餐饮品牌。2015 年，潜江小龙虾养殖产值 18 亿元，加工产值 58亿元，全产业链产值 150 亿元。潜江小龙虾养殖及全产业链的发展，解决了 7 万人的就业，全产业链产值对当地 GDP 贡献超过 15%（刘姝蕾，2014）。全市计划 2020 年实现稻田养虾 40 万亩，同时推进全产业链发展。推行稻田种养的标准化，推广和实施高效健康养殖，提高产品质量，加快无公害、绿色产品认证，采用名优水产品混养丰富稻田养虾模式。稻田养虾实现了显著的经济效益、社会效益和生态效益，潜江稻田养虾成为全国渔稻综合种养的典范。

（四）鳖稻共作——浙江余姚鳖稻高效生态综合种养模式（图 14-18）

余姚大面积开展稻田养鱼始于 19 世纪 80 年代，随着四大家鱼池塘养殖技术日益成熟，稻田养鱼逐渐被池塘精养所替代。近年来，为了解决养殖水资源日益萎缩、水产品品质难以满足市场需求，土壤、水环境破坏严重等问题，在浙江省重点开展稳粮增效工程大背景下，余姚结合渔业发展实际，以"安全生态、高值高效、稳粮增收、品质品牌"为主旨，以创新现代种养产业技术体系、构建鳖稻高效生态综合种养模式为切入点，通过对种间关联效应、种养生态系统生源要素循环与平衡、能量驱动与转化、种养容量、食物链结构优化和高效管理等食物产出关键技术问题的集成研究，将池塘生态套养中华鳖拓展到稻田套养中华鳖综合种养，发展渔稻结合型现代生态农业。

图 14-18　鳖稻共作

养殖沟渠面积控制在稻田总面积的 10%以内，按"口"或"田"字形结构布局。沟渠以上宽下窄的倒梯形结构为佳，沟深 0.8m 以上，上口宽 1.5～2.0m，坡度 1：（0.5～1），沟渠上设置 3m 宽农机通道。田块四周采用水泥砖设置防逃设施。水泥砖高出地面 60cm，距离塘埂内边 50cm 以上。种养区四周设置高 1.5m 的防盗铁丝网，上方设置防鸟网。水稻栽培选择品质好的单季稻稻种。播种 20d 后移栽，按照大垄双行栽插技术种植，株距 18cm，大垄宽 40cm，小垄宽 20cm，为中华鳖提供足够的活动空间。稻田四周安装太阳能防虫灯，田块内安装化学物质防虫灯，诱捕虫子。利用中华鳖杂食性在稻田吃虫、赶虫，田块四周种植香根草、非洲菊等植物，将田块中虫子吸引到田埂上。选择池塘外塘培育的健康、无损伤、活力强的中华鳖种，规格 300～400g/只。放养前一天用中草药制剂泼洒稻田，提高鳖稻田放养成活率。中华鳖放养密度为 30～60 只/亩，放养前做好鳖种消毒。养殖全程不投喂配合饲料，养殖中后期通过套养抱卵青虾、泥鳅苗或投喂野杂鱼、螺蛳等补充生物饵料。稻谷成熟后用收割机收割。稻谷收割完后，提高田块水位，淹没稻秆。第二年水稻收割后放干水陆续起捕出售。

余姚市自 2012 年实施和推广稻鳖工程以来，建立了两个高标准稻鳖共作示范基地，总面积 138 亩，水稻亩均产量和产值分别为 402.5kg 和 9960 元，水产品亩均产值 12 689.4 元；辐射推广 2155 亩，水稻亩均产量和产值分别为 401.8kg 和 6661 元，水产品亩均产值 8942 元，食物产出达到无公害农产品质量要求。2015 年总产值 3663 万元，利润 1933 万元，其中新增产值和利润分别为 2861 万元和 1647 万元，取得了较好的社会、经济和生态效益。推广鳖稻生态综合种养技术，提高了粮食综合产出率，促进了粮食提质增收，有效增加农民收入，提高农民种粮积极性。一方面要求水稻种植无除草剂、无化肥和无农药"三无"操作，通过共生鳖、虾、鱼的摄食排泄，增加土壤透气性和肥力，提高稻米品质。另一方面，通过创建优质（有机）大米品牌，提高稻米价值。虽然粮食产量有所降低，但粮食总产值却大幅提升。余姚市鼎绿生态农庄取得了水稻亩均产量 390kg，亩均产值 7400 元，是单种稻亩均产值的 3.36 倍。提高了粮农种粮积极性，推进渔农结合型现代生态农业的健康发展。

随着社会经济的发展，养殖水面存在不断缩小的趋势。开展稻田生态综合种养，通过开挖沟渠（占稻田面积 10%以内），提高了水稻的边际效应，10 亩稻田相当于 1 亩标准池塘的养殖产出。余姚是浙东粮食主产区，水稻种植面积 23 万亩，发展综合种养的潜力巨大。2015 年，全市推广 2293 亩，相当于增加池塘 229 亩，有效拓展了渔业发展空间。余姚特色的鳖稻生态综合种养是以甲鱼为主的安全高效稻田养殖技术，养殖过程不使用除草剂、农药和化肥。通过虾稻轮作在稻田空闲期套养青虾，利用青虾及其他水产品的粪便作为优质肥料，提供土壤肥力。利用种稻期套养甲鱼和泥鳅，达到稻田松土和虫害防治目的。这种利用生物间食物链、能量流的生态系统构建，有效缓解了农业面源污染，保证农产品质量安全，同时改善生态环境，实现资源节约与环境友好，产生了良好的生态效益。

三、取得成效

渔稻综合种养促进了粮食稳产增收，增加了稻田的综合效益，减少了农药化肥使用。"养鱼稳粮工程"将水稻单一的生态系统转变为鱼（虾、蟹）稻复合生态系统，鱼（虾、蟹）稻共生，互相依赖、互相促进。"一水两用、一地多收"不仅提高了土地和水资源的利用率，而且提高了农民种粮积极性，对于确保我国基本粮田的稳定、确保粮食安全有重要意义。渔稻综合种养改革农业种植结构，提高农民组织化程度，促进农民致富奔小康，确保食品安全、产品质量，改善农村生态环境。渔稻综合种养促进了产业发展，为淡水养殖产业提供了更大的发展空间。边远山区开展稻田综合种养是开展产业扶贫、精准脱贫最好的抓手。稻田综合种养是发展循环经济、产业绿色发展的科学选择，具有广阔的发展前景。

（一）激发农民种粮积极性，保障粮食安全

稻田综合种养在稻田内开挖环沟等田间工程，占稻田面积的 8%～10%。田间工程周边的水稻具有边际效应，采用边行密植等种植方式，使得田间工程基本不挤占种粮空间，不与粮争地。稻田综合种养充分利用了共生互利优势，改善了稻田生态环境，水产动物田间觅食害虫、清除杂草、和泥通风、排泄物增肥，促进水稻发育生长。稻田综合种养的稻谷单产较单一种植水稻提高 5%～10%。由于稻田的粮食产量稳中有升，稻谷单价也有所提高，加上养殖水产品的收益，农民收入大幅增加，激发了农民的种粮积极性，撂荒的田地得到开发利用。稻田实施综合种养后，大量减少化肥和农药的使用，稻田生境得到改良和修复，提高了粮食品质和效益，大米的售价提高到 20～40 元/kg，种粮效益大幅提高，稻田综合效益比单一种稻提高 2～10 倍。

（二）改善稻田生态环境，保障生态安全

稻田以有机肥作基肥，养殖生物粪便作追肥，化肥使用量平均减少 50%～60%。水产动物对农药敏感，限制或大幅减少了农药的使用，农药使用量平均减少 40%～50%。稻田综合种养减少了化肥和农药的使用，降低了农业面源污染。水产动物活动及有机肥、饲料、微生物制剂的使用，提高了土壤有机质

含量，促进了土壤肥力恢复，在减少化肥使用的同时防止了土壤板结。秸秆还田还减少了甲烷等温室气体的排放。

（三）资源综合利用，确保农产品质量安全

稻田综合种养减少了化肥和农药的使用，有效控制了面源污染。利用水稻秸秆作为鱼、虾、鳖饵料，并将其转化成有机肥料，实现了秸秆还田，减少了甲烷等温室气体的排放。鳖、虾、鱼可以疏松水稻根系土壤，排泄物作为水稻有机肥料，有效改良土壤结构，提高水稻产量和品质。稻田生态系统为水产动物提供了良好的栖息环境，水草、有机质、昆虫、底栖生物作为水产动物的天然饵料，实现了物质的循环利用，稻鱼和谐共生，生产的水产品和稻米达到绿色或有机食品标准，确保了食品安全。

（四）助推农民增收致富，实现精准扶贫

稻田综合种养比较效益突出，成为农业精准扶贫和农民增收致富的重要途径。根据不同地区的自然条件、资源优势和产业特点，因地制宜发展稻田综合种养。建立稻田养鱼示范基地，通过田间改造、提供优质苗种和综合种养技术培训，示范推广渔稻综合种养技术，实现稻鱼双收，引导贫困户发展产业脱贫。弘扬"鱼稻文化"，吸引游客和城市居民，观稻田养鱼，抓稻花鱼，品农家饭，形成集休闲、娱乐、观光于一体的乡村旅游发展新格局。

（五）培育现代农业经营体系，促进产业融合发展

通过发展稻田综合种养，培育壮大新型市场主体，打造精品名牌，带动相关产业发展。通过发展稻田综合种养，推进产业融合，实现"一鱼一产业"的发展目标。通过虾稻共作，湖北形成了集养殖、繁育、加工、流通、餐饮、出口、节庆、旅游、电商于一体的小龙虾产业发展体系，2015 年全省小龙虾产业的综合产值突破 600 亿元。渔稻综合种养生态系统具有文化价值，传承农业经济形态下的物质文化、制度文化、行为文化和观念文化。浙江青田稻鱼共生系统被 FAO 列为"全球重要农业遗产"。稻田养鱼地区利用渔稻特色文化，设计具有生态性、趣味性和艺术性的稻田养鱼等自然或生态农业景观，不仅为游人提供娱乐和生态旅游的场所，还提升了地方的知名度。每年都有大量游客前往哈尼梯田，领略梯田与云海的壮观。元阳县正按国家 5A 级景区标准，塑造"游梯田、看云海、观日出、跳乐作、品长街宴、住蘑菇房、捉梯田鱼"的旅游形象。

四、经验启示

稻田综合种养作为种养复合农业生产方式，符合国家对农业发展的政策要求。稻田综合种养能够降低成本、增加效益、提高质量、保护环境，具有明显的经济效益、环境效益和社会效益，是产出高效、产品安全、资源节约、环境友好的生态、绿色农业生产方式，是农业转方式、调结构的重要途径。

（一）渔稻综合种养的模式创新

"十三五"时期是稻田综合种养发展的战略机遇期，当前应从以下几个方面发展稻田综合种养：一是由单一种养模式向复合种养模式发展，创新虾鳅稻、虾蟹稻、鳖虾鱼稻、蟹鳅稻、稻虾稻、稻鳅稻等渔稻共作、渔稻连作和渔稻轮作模式；二是由稻田综合种养向渔稻生态种养发展，稻田种养向池塘延伸，

利用生态浮床种植水稻，建立池塘"上粮下鱼"立体养种结构，将鱼池-稻田-沟渠有机结合，利用稻田净化池塘养殖用水，构成立体种养、多级利用和封闭循环的池塘复合养殖系统，减少稻田化肥施用，提高渔农综合生产和生态效益；三是实行区域化布局、规模化开发、标准化生产、产业化经营、专业化管理、社会化服务，提高稻田的综合生产能力，开辟现代农业生产经营新业态；四是提升渔稻综合种养，促进土壤修复、高标准农田建设、土地流转、新型经营主体培育和粮食安全的农业现代化功能，将渔稻综合种养由行业行为上升为国家战略发展。

（二）渔稻综合种养对世界的贡献

国际社会高度关注中国渔稻综合种养模式的发展及其对农业发展、农民增收和生态保护的重要意义。FAO 非常关注中国农业扶贫开发工作，特别是在开展"稻渔共作"助推精准扶贫、精准脱贫和农业生态系统可持续保护方面的积极探索。FAO 将对中国"稻渔共作"取得的经验和成绩进行总结，以供其他发展中国家参考借鉴，同时探讨通过项目资助、国际培训、技术交流等多种形式，推进"渔稻共作"项目，为世界范围内保障粮食供给、解决贫困问题做出贡献。

坚持因地制宜、突出特色、适度发展的原则，以"高效、优质、绿色、生态、安全"为目标，以市场需求为导向，发展渔稻综合种养，构建符合区域特色的稻田种养新模式，推进稻田种养规模化、标准化、产业化和可持续发展。稻田综合种养以渔保稻、以稻促渔、渔稻双收，实现"一地双业、一水双用、一田双收"，是农业调结构转方式的成功探索，对推动农业供给侧改革和发展生态农业具有重要意义。

第五节 草鱼出血病免疫防控

长期以来，我国养殖病害控制方法主要依靠使用各种抗生素和化学药物，渔药的使用在一定程度上解决了我国水产养殖病害治疗的问题。但目前我国原创性的渔药极少，主要为移植、仿制、改进于兽药或农药。随着水产养殖规模的扩大、养殖集约化程度的提高、环境污染的恶化，水产养殖病害日趋严重，单依靠治疗药物已无法解决病害问题。特别是在大规模、集约化饲养条件下，对鱼病的防治更应体现"防"重于治。渔药产品结构已由重治疗药物向重预防药物方向转变，疫苗免疫技术是目前被国际上认可、接受并积极推广的渔业病害防治技术系统。

草鱼疫苗的研发代表了我国水产疫苗的发展。草鱼是我国最大宗的水产养殖品种，2015 年草鱼全国年总产量达 568 万 t。草鱼病害严重危害草鱼养殖业，带来巨大经济损失。由草鱼呼肠孤病毒引起的草鱼出血病被列为我国二类水生动物疫病，死亡率可高达 90% 以上，其常与细菌性烂鳃病、赤皮病和肠炎病等并发，草鱼病害直接经济损失每年超过 10 亿元，还引发药物残留等食品安全问题。草鱼出血病是由草鱼呼肠孤病毒（grass carp reovirus，GCRV）引起的病毒性疾病。1991 年国际上将该病毒归类入水生呼肠孤病毒属（*Aquareovirus*）。为了防控该疫病，早在 20 世纪 50 年代，我国就开始进行草鱼主要疾病疫苗免疫防治技术研究，草鱼出血病活疫苗（GCHV-892 株）获得我国首个水产疫苗生产批准文号［兽药生字（2011）190986021］，标志着我国水产疫苗产业化已经进入了实质性阶段。

一、发展历程

疫苗能激发鱼体特异性免疫功能，产生特异性的抗体，保护动物机体免受病原侵袭，其优点在于它的针对性明确和预防性强。国外在鱼类免疫学研究领域十分活跃，水产疫苗研发起步较早。早在 1942 年便研制出世界第一个渔用疫苗——疖疮病疫苗，其可以增强虹鳟类对杀鲑气单胞菌的免疫力。1975 年美国率先开展了鱼类疖疮病疫苗的产业化生产。目前，挪威、美国、加拿大、荷兰等国渔用疫苗产业化程度高、市场成熟，培育出众多从事渔用疫苗开发的跨国公司，如 Alpharma、Aqua Health、Intervet、Bayotek 等。至今，国外已批准上市的鱼类疫苗已超过 140 余种，在鱼类病害的防治中发挥了极其重要的作用，免疫防治已成为水产品质量安全保障的关键技术。

我国水产疫苗研究与国外相比，存在明显的起步差距，但近年来经过我国科技工作者努力，水产疫苗研制已经和国外研究水平接轨。近十多年来，随着人们对药物残留及其危害认识的不断加深，水产动物免疫研究成为我国水产动物病害防治领域的热点，一些重要养殖对象的疫苗研究有了飞跃式的进展。据不完全统计，各高等院校、科研单位通过国家科研立项，自主开发、研究的疫苗种类达 54 种，涉及病原 27 种。但我国渔用疫苗在水产养殖病害防治中的应用总体上处于零星、小规模、不规范的状态，尚未实现真正意义上的产业规模应用。

其中，我国草鱼疫苗的研发一枝独秀，代表了我国水产疫苗的发展历程和产业先进技术研发进程。

草鱼出血病是由草鱼呼肠孤病毒引起的病毒性疾病，20 世纪 50 年代起，其给我国草鱼养殖带了巨大损失。为了防控该疫病，我国开始了草鱼主要疾病疫苗免疫防治技术研究。1969 年珠江水产研究所研制出草鱼出血病组织浆灭活疫苗（即"土法"疫苗），"七五"期间获农牧渔业部技术改进二等奖。该技术采用发病鱼的含病毒的组织灭活制成，我国部分草鱼主产区至今仍在应用该项技术。尽管该疫苗在同源疫区使用效果好，但由于要用发病鱼作病料，背景不明确，质量不可控，成分复杂，无法用现代化的工艺进行稳定批量生产，不能上市流通，只能作为一项技术，在证明土法疫苗有效果的基础上，启动了人工疫苗的研究，见证了技术进步和时代发展。

20 世纪七八十年代，针对土法疫苗依赖于病鱼材料且成分复杂、稳定性差、大面积应用受限制等问题，研究开发了草鱼出血病病毒（GCHV）细胞灭活疫苗，"八五"期间，多家单位联合开展了草鱼出血病细胞培养灭活疫苗研究，1992 年获得我国第一个水产疫苗的"国家新兽药证书"，"草鱼出血病防治技术"项目 1991 年和 1993 年先后获农业部科技进步一等奖和国家科技进步一等奖。

活疫苗由于能模拟病原感染宿主的过程，可较快引发机体全面的系统免疫和黏膜免疫应答，具有给药方便、免疫效价高、免疫保护期长、成本低廉等优点。通过草鱼吻端纤维细胞系培育和弱毒疫苗技术研究，构建出"草鱼出血病冻干细胞弱毒疫苗"；1991 年开始开展工厂化工艺、质量标准等研究；1993 年进入疫苗田间试验；2000 年开始申请疫苗产品法规许可；2006 年首次由农业部在广东、江西两地组织开展草鱼免疫防治示范工作，2010 年，草鱼出血病活疫苗（GCHV-892 株）获国家一类新兽药证书［证书号：（2010）新兽药证字 51 号］，继而于 2011 年 3 月获得我国首个水产疫苗生产批准文号［兽药生字（2011）190986021］，意味着我国第一个真正意义上的商品化水产疫苗的诞生。

该疫苗的获批不仅标志着国内外首个草鱼出血病活疫苗成功问世，更预示着草鱼出血病活疫苗研究与应用进入了实质性的产业化阶段。该疫苗的使用对提高水产品质量安全、保障我国草鱼养殖的健康可持续发展具有重要的意义。在取得生产批准文号以后，全国各地积极开展草鱼出血病活疫苗示范推广，2012 年起，以草鱼出血病活疫苗为核心技术在江西、山西、山东等地开展水产疫病区域化管理技术模式的构建与应用，初步显示了水产动物疫病免疫可控的效果。

近年来，珠江水产研究所也陆续开展草鱼出血流行毒株的分型疫苗、草鱼出血病基因工程灭活疫苗的研制。在获得病毒全基因组的基础上，应用基因工程技术筛选了保护性抗原，并研制了草鱼出血病病毒基因工程亚单位疫苗（GCRV-GD108 株），实验室免疫保护率可达 80% 以上。

二、主要做法

多年来，针对草鱼病害问题，主要开展了草鱼出血病和细菌病的疫苗研发和人工免疫技术的应用示范。组织研制出草鱼出血病活疫苗；在各地推广使用疫苗，在江西、山西等地开展了以渔用疫苗为技术核心的水产疫病区域化管理示范。

（一）开展草鱼出血病病毒检测和流行病学调查

GCRV 隶属水生呼肠孤病毒属，为呼肠孤病毒科一新成员，GCRV 的病原学比较复杂，目前已报道有 30 多个分离株，不同病毒株的基因序列具有复杂性与高度可变性。根据现有的分离株序列信息，进行核苷酸序列与氨基酸序列比对及构建系统进化树分析，草鱼出血病病毒株总体上可以分为三大类，即 GCRV 在国内至少应该存在三个基因型。在相关的研究报道中已有将其进行基因分型的探讨，即分别把这三类毒株按照基因序列差异分为 I 型（代表株为 GCRV-873 与 GCRV-873-JX09-01）、II 型（代表株为 GCRV-HZ08 与 GCRV-GD10）和III型（GCRV-104，GCRV-HB-1007）。不同类型的毒株其核苷酸和氨基酸序列的同源性都小于 30%，而同一类型的毒株其核苷酸和氨基酸序列的同源性都大于 95%。当前，全国各地分离到的流行株中，三类亚型均有报道，有的单独感染，也有混合感染。目前已经建立了针对已知流行的所有草鱼呼肠孤病毒，并且可以鉴定其亚型的三重 PCR 检测技术，可以有效地进行分子流行病学调查和诊断。因此，采用合适的检测方法，进行分子流行病学调查，在摸清草鱼呼肠孤病毒流行情况特点的基础上，有针对性地使用流行株疫苗。可根据草鱼呼肠孤病毒在区域内的株型分布，有针对性地选择草鱼出血病 I、II、III型疫苗，并配合烂鳃、赤皮、肠炎等细菌性疫苗进行免疫接种。

要在区内及周边地区开展草鱼出血病的流行病学调查，了解影响草鱼出血病发生、发展相关因素的分布与水平，如养殖模式、苗种来源、养殖密度、养殖水质、饲料投喂、历史发病情况、相关并发病、病原株型及分布、用药情况等。取得数据后，在草鱼出血病流行病学数据分析基础上，开展对区域内疫病发生、病原流行株型与致病性、养殖模式、养殖环境、苗种来源、饲料结构等的定性评估；对病原引入、疫苗免疫、水质调控等相关因子的风险概率进行定量评估，找出风险控制点，并采取相应措施，将高风险降为低风险乃至微小风险。

（二）制备相应草鱼出血病疫苗产品

根据流行病学调查结果，对养殖区域内的流行毒株情况进行摸底调查之后，筛选出抗原性好的病原，有针对性地使用相匹配类型的病原制成相应疫苗产品。草鱼疫苗制备的基本技术路线：病原培养条件优化（病毒、细菌）→病原灭活条件优化→疫苗规模化生产工艺确定→疫苗效力和安全性评价→疫苗质量标准制定→疫苗免疫技术方案确定。目前可用于草鱼主要细菌病和病毒病预防的疫苗主要有草鱼出血病细胞灭活疫苗、弱毒疫苗及草鱼细菌病灭活疫苗。这些疫苗必须严格符合农业部颁发的《兽药质量管理条例》和《兽药生产质量管理规范》（兽药 GMP）等法律法规的要求。

GCRV 灭活疫苗、减毒活疫苗对免疫草鱼的保护率均在 80% 以上，可为免疫的草鱼提供长达 1 年的免疫保护。免疫的草鱼均产生显著的抗体应答（$P<0.01$），免疫后草鱼抗体滴度逐渐升高，于免疫后第四周抗体滴度达到峰值（$P<0.01$），免疫后 52 周免疫组的抗体仍然维持较高的水平。

（三）生产中选择合适的途径接种疫苗产品

根据草鱼呼肠孤病毒在区域内株型分布，有针对性地选择草鱼出血病 I、II、III型疫苗，并配合烂鳃、赤皮、肠炎等细菌性疫苗进行免疫接种，对区域内健康的苗种进行免疫。根据生产需要和不同的产品要求，选择合适的接种方法。

目前生产中，草鱼出血病和细菌病的免疫一般采用注射免疫，注射免疫法具有用量少、免疫产生快、使用安全、保护力强等特点。体长 10cm 以上的鱼种，就可以注射疫苗，成功接种 2 周后产生免疫保护；草鱼出血病活疫苗的免疫保护期可达 15 个月；鱼嗜水气单胞菌和温和气单胞菌二联疫苗免疫保护期为 6 个月以上。

体长 3cm 以上的鱼苗，可以浸泡免疫接种。该方法有如下优点：方便生产操作，降低劳动强度，减小对鱼体的刺激和提高生产效率。浸泡法使用方便，尤其适用于鱼苗、鱼种等规模化使用，目前适于浸泡免疫的鱼嗜水气单胞菌败血症灭活疫苗已经获得生产批准文号，用于草鱼细菌败血病的预防。浸泡接种试验鱼相对保护率为 62~66%，可达到 6 个月的有效保护。

在免疫过程中，除在兽医指导下使用外，需要注意，疫苗保存不当都可能导致免疫失败。疫苗因其生物特性，只适宜低温保存，切忌阳光曝晒和高温。若经长时间阳光曝晒或高温保存，疫苗效价会下降，影响效果。冻干疫苗宜放在冰箱冷冻层中（−10℃左右），水剂型疫苗需要放在冰箱冷藏层中（4~8℃）。超过有效期的疫苗产品不能使用。在注射过程中需将疫苗瓶遮光放置，忌曝晒。疫苗一旦开瓶后，就要马上使用，而且要当天用完。当天开瓶但没用完的药液、用完的瓶、纸箱、泡沫箱等废弃物要做无害化处理，以免污染环境。

（四）加强免疫后鱼体护理和水质的管理

鱼种免疫接种后，为减少刺激，一般直接放入塘内，然后再对池塘水体整池消毒。注射后必须加强日常养殖管理工作，确保水质良好；同时观察受免鱼的摄食，提高鱼体非特异性免疫力。通过选用新鲜的优质饲料，采用饲料合理投喂策略及通过营养平衡和免疫调节等措施提高宿主非特异性免疫能力，形成防御屏障。一般可在免疫后的头 1~2 周内，每日投喂一次复合维生素和维生素 C 等。

做好水质的养护。根据当地草鱼出血病流行情况，根据风险评估结果确定的风险控制点，针对土壤、水质等采用测土、测水方式，采用生态养护技术调控措施，加强水质调控护理。在对当地水体碱度、硬度、盐度、溶氧、氨氮、亚硝酸氮、pH、浮游藻类、微生物多样性进行调查基础上，根据不同时期饲料变动调节 C/N 值，通过属地化的水质调控投入品的使用，结合养殖前期对池塘底质的处理和养殖过程中对增氧设施的管理来达到改善、维持池塘水质稳定，从而减少或控制病害的发生。

（五）积极开展草鱼疫苗示范推广和草鱼疫病区域化管理示范

积极开展草鱼出血病活疫苗在全国各地示范推广，目前已经在广东、广西、福建、海南、湖北、湖南、四川、浙江、江苏等省（自治区、直辖市）进行中试应用或区域性试验。选择有代表性及示范能力的养殖户或企业作为示范点，针对渔民、基层技术人员等不同对象采取不同的培训方式和培训内容，提高基层人员的科技意识和技术操作能力，及时解决示范区的配套技术问题；在示范应用过程中，摸索出能够解决今后大规模推广应用所涉及的关键问题的方法；通过宣传，提高养殖者对无公害养殖技术的认识及对示范区的了解，为扩大技术的推广应用、促进技术的产业化进程起到带动作用。

多年来，在江西、山西、山东等地示范区主要通过流行病学调查、病原监测、免疫预防、生态防控、苗种等投入品控制等生物防控技术建立的生物屏障，结合地理屏障和管理屏障的建设，实施了草鱼疫病区域化管理示范，取得了良好成效。

三、取得成效

1）草鱼出血病系列疫苗的正式上市预示着草鱼出血病疫苗研究与应用进入了实质性的产业化阶段。草鱼出血病活疫苗（GCHV-892 株）2010 年获得国家一类新兽药证书，2011 年获得我国首个水产疫苗生产批准文号。同年，淡水鱼类败血病细菌疫苗也获得生产批准文号。可用于草鱼免疫的两个产品生产批准文号的获批预示着草鱼出血病等主要病害的疫苗研究与应用进入了实质性的产业化阶段，标志着我国最大宗养殖品种——草鱼的主要疾病已可获得人工免疫预防。

2）草鱼出血病免疫防控技术的使用显示了水产动物疫病免疫可控的效果，创造了良好的经济效益。

在取得生产批准文号以后，全国各地积极开展草鱼出血病活疫苗示范推广。在广东、广西、福建、海南、湖北、湖南、四川、浙江、江苏等省（自治区、直辖市）进行中试应用或区域性试验，免疫保护率可达 60%～90%。使用疫苗后，生产风险降低，草鱼产量明显提高，达到了增产增收的效果。

江西省信丰县草鱼疫苗接种效益分析：2006 年全县 5.5 万亩养殖水面，有 3.3 万亩水面放养的草鱼都进行了免疫注射，注射草鱼达 165 万尾，注射疫苗达 500 万 ml，草鱼成活率均达 80%以上，亩提高草鱼产量 50～80kg，全县共提高草鱼产量达 2000t，为水产养殖户增收 1400 万元。

山西永济草鱼疫苗接种效益分析：在山西永济两个乡镇随机挑选 15 个免疫池塘和 45 个未免疫池塘作为研究对象，通过对养殖户面对面问卷调查，收集草鱼放养阶段、免疫阶段、捕捞上市阶段的经济数据进行比对分析，效益显著。15 个免疫池塘免疫总成本为 19 900 元，总效益为 138 000 元，效益成本比为 7∶1，净效益 118 000 元，平均每公顷水面增加净效益 14 500 元（表 14-3）。

表 14-3　草鱼疫苗接种的成本效益（引自米彦飞等，2013）

草鱼疫苗成本效益分析计算内容	计算结果
15 个免疫池塘接种疫苗的总成本	19 900 元
因免疫多存活下来的鱼减去饲料成本	84 100 元
因不免疫而多死亡的鱼消耗的饲料成本	35 100 元
接种疫苗后减少的药物成本	18 700 元
15 个免疫池塘的总效益	137 900 元
效益成本比	7∶1
使用疫苗后增加的净收入	118 000 元
平均每公顷水面增加净收入	14 500 元

山东济宁草鱼疫苗接种效益分析：在山东济宁随机挑选免疫池塘，对 10 个免疫池塘和 30 个非免疫池塘进行效益调查。经过计算，10 个免疫池塘免疫总成本为 25 100 元，效益成本比为 5.5∶1，平均每亩水面增加净效益 984 元（表 14-4）。

表 14-4　草鱼疫苗接种的成本效益分析表

序号	分析计算内容	结果
1	免疫鱼的总数	23.1 万
2	免疫池塘总面积	141 亩
3	未免疫鱼的总数	68.8 万
4	未免疫池塘总面积	385 亩
5	免疫增产净收益	100 800 元
6	降低饲料消耗收益	43 000 元
7	免疫池塘节省的药费	21 600 元
8	免疫池塘的效益	165 400 元
9	免疫池塘的成本	25 100 元
10	使用疫苗后增加的纯收入	138 800 元
11	免疫效益成本比	5.5∶1
12	平均每亩增加收入	984 元

3）以草鱼疫苗为核心技术的水产疫病区域化管理可从源头上保障养殖产品质量安全，创造良好的生态效益、社会效益。

抗生素和化学药物的滥用可导致病原菌的严重耐药，并对生态环境造成巨大压力，同时危及消费者的身体健康。草鱼疫苗已替代部分高残留化学药品的使用，确保了水产品安全，疫苗的应用价值已初步体现，极大地推动了当地的水产养殖业的蓬勃发展。2012年起，以草鱼出血病活疫苗为核心技术在江西、山西、山东等地开展水产疫病区域化管理技术模式的构建与应用，初步显示了水产动物疫病免疫可控的效果。

疫苗使用后，提升了产品质量，塑造了新的产业形象，并在一些地方树立了优势品牌，形成良好品牌效应。如广东中山市东升镇生产的脆肉鲩，经过免疫等后形成一套成熟养殖技术，100hm² 示范区草鱼（脆肉鲩）平均成活率为 94.0%，示范区应用免疫防病技术后，草鱼增产 622t，增收 638 万元。全市 9466hm² 草鱼（脆肉鲩）免疫注射率 86.4%，成活率 90.2%。全市增产草鱼（脆肉鲩）10 580t，脆肉鲩塘头批发价由 10 元/kg 上涨到 26 元/kg，增收 8465 万元。2007 年东升镇的"东裕牌"脆肉鲩被评为首批中国名牌农产品，该市的产品长期供应港澳。

多年来，在江西、山西、山东等地实施了草鱼疫病区域化管理示范，示范区通过流行病学调查、病原监测、免疫预防、生态防控、苗种等投入品控制等生物防控技术建立的生物屏障，结合地理屏障和管理屏障的建设，取得了良好成效。江西草鱼出血病无疫区建设试点效果显著，示范区草鱼出血病发生风险大大降低；草鱼出血病发生率明显降低；核心示范点渔民增收 20%以上，草鱼质量安全抽检合格率达100%。示范区成效证明了以草鱼疫苗为核心技术的水产疫病区域化管理可从源头上保障养殖产品质量安全，全方位解决动物疫病防控，从根本上改变水产疫病不可控的被动局面。

草鱼疫苗的使用对提高水产品质量安全、保障我国草鱼养殖的健康可持续发展具有重要的意义。疫苗的使用，提高了水产品的质量安全水平，产生了良好的经济、生态效益和社会效益，水产疫苗的发展前景广阔。

四、经验启示

1）草鱼出血病流行病学调查和免疫预防风险评估是确保免疫防控技术成功的关键点。

我国地域跨度大，不同区域有不同的气候、地质、水源特征，不同的养殖模式、不同的地区的病原不同，疫苗作用效果不同。目前草鱼出血病病原在部分区域存在变异株型，因此需要做好流行病学跟踪调查，制定适合于区域流行背景情况的疫苗免疫参数方案，才能确保疫苗的高效使用。李宁求等（2015）构建的草鱼出血病免疫预防风险评估模型研究发现，权重值最高的风险指标是疫苗品种（绝对权重值AW=0.138），说明疫苗本身在草鱼出血病免疫预防中最为重要。在实际生产中，我国存在多种类型的草鱼出血病疫苗，不同疫苗之间质量参差不齐。此外，已知 GCRV 存在多个基因型，由一种基因型毒株制备的疫苗可能无法保护鱼种抵御所有的 GCRV 流行株。针对以上情况，应保证疫苗质量并选用不同基因型GCRV 的疫苗。其次水温（AW=0.076）、载鱼量（AW=0.104）等风险指标也有较高权重，这些指标都是生产中对鱼体健康及免疫应答产生重要影响的因素，属于高风险因素，在生产中应予以重视。要根据风险评估结果，对各评估指标采取有针对性的防控措施，可以提高疫苗免疫效果，达到有效控制疫情的目的。

2）疫苗免疫和水生态的个性化综合调控是解决草鱼病害的技术关键。

水生动物疾病的暴发是病原、宿主与环境共同作用的结果。病因不是孤立的单一因素发生作用，涉及宿主、病原、环境等相互关联的多因子。病害的发生与水环境等外界条件、机体内在抵抗力与病原的动态平衡的破坏密切相关。水体生态系统的生产力必须与养殖容量相匹配，否则环境就会恶化，引起病害发生。因此可根据当地生产特点，对当地代表性的池塘采集水样、底泥，对环境微生物群落结构多样性进行分析；在微生物多样性分析基础上，重点开展水质个性化养护。池塘的微生态养护策略和产品投入应根据池塘养殖情况开展差异化配方式养护。区域内池塘进行生态修复养护，要考虑不同区域，不同的养殖模式。

3）安全高效多联多价新疫苗的研发及浸泡口服等实用化免疫技术是草鱼疫苗技术创新的方向。

根据草鱼病害流行的特点，采用现代生物学技术，努力实现疫苗研究关键技术和重要产品研制的新突破，开发出系列安全、高效、经济、实用化程度高的多联多价草鱼疫苗制剂。此外，要系统地从免疫系统的基本结构及个体发育、黏膜免疫功能、免疫细胞功能及影响免疫应答的因素等开展深入研究，制定合理免疫程序，提高免疫效果。重点开发浸泡、口服等实用化免疫技术，推动草鱼免疫技术的规模化应用。

参 考 文 献

陈卫新. 2014. 北方稻田成蟹综合种养技术. 中国水产, 12: 64-67.

迟妍妍, 田园园, 叶星, 等. 2011. 南方养殖草鱼呼肠孤病毒的分子特性比较及双重 PCR 检测方法的建立. 病毒学报, 27(4): 359-364.

丁建乐, 鲍旭腾, 梁程. 2011. 欧洲循环水养殖系统研究进展. 渔业现代化, 38(5): 53-57.

冯敏毅, 马甡, 郑振华. 2006. 利用生物控制养殖池污染的研究. 中国海洋大学学报, (36)1: 89-94.

戈贤平. 2009. 池塘养鱼. 北京: 高等教育出版社.

戈贤平, 蔡仁逵. 2005. 新编淡水养殖技术手册. 上海: 上海科学技术出版社.

巩华, 陈总会. 2012. 水产疫苗的注射使用及其注意事项. 海洋与渔业: 水产前沿, (3): 68-69.

巩华, 黄志斌. 2010. 水产疫苗研究开发现状与展望. 海洋与渔业, (1): 43-47.

巩华, 黄志斌. 2013. 广东草鱼养殖发展困局与对策. 广东饲料, (10): 16-18.

郭立新. 2004. 高等陆生植物对养殖废水的净化作用. 浙江大学硕士学位论文.

郭帅, 李家乐, 吕立群, 等. 2010. 草鱼呼肠孤病毒的致病机制及抗病毒新对策. 渔业现代化, 37(1): 37-42.

湖北省质量监督局. 2008. DB42/T496-2008 虾稻轮作 克氏原螯虾稻田养殖技术规程.

黄国强, 李德尚, 董双林. 2001. 一种新型对虾多池循环水综合养殖模式. 海洋科学, (25): 48-50.

黄雄健. 2013. 红河州哈尼梯田生态养鱼技术及效益分析. 云南农业科技, 3: 59-60.

金武, 罗荣彪, 顾若波, 等. 2015. 池塘工程化养殖系统研究综述. 渔业现代化, 42(1): 32-37.

乐佩琦, 梁秩燊. 1955. 中国古代渔业史源和发展概述. 动物学杂志, 30(4): 54-58.

雷慧僧. 1981. 池塘养鱼学. 上海: 上海科学技术出版社.

雷衍之. 2004. 养殖水环境化学. 北京: 中国农业出版社: 126-132.

李德尚. 1993. 水产养殖手册. 北京: 农业出版社.

李谷. 2005. 复合人工湿地-池塘养殖生态系统特征与功能. 中国科学院研究生院博士学位论文.

李家乐. 2011. 池塘养鱼学. 北京: 中国农业出版社.

李敬伟, 李文宽, 蒋湘辉, 等. 2016. 盘锦稻田不同密度扣蟹养殖对生长和效益的影响. 科学养鱼, (8): 8-10.

李宁求, 米彦飞, 付小哲, 等. 2014. 影响草鱼出血病疫苗免疫效果因素风险评估. 中国水产科学, 21(4): 786-792.

李永刚, 曾伟伟, 王庆, 等. 2013. 草鱼呼肠孤病毒分子生物学研究进展. 动物医学进展, 34(4): 97-103.

林文辉, 黄志斌, 林明辉, 等. 2014. 饲料、底泥、水质与水产病害防控关系研究. 广东饲料, (8): 48-52.

刘健康. 2002. 高级水生生物学. 北京: 科学出版社: 128-149.

刘建康, 何碧梧. 1992. 中国淡水鱼类养殖学. 3版. 北京: 科学出版社: 232-236.

刘其根, 李应森, 陈蓝荪. 2008. 克氏原螯虾的生态养殖(四)-稻田养殖克氏原螯虾. 水产科技情报, 35(4): 186-189.

刘姝蕾. 2014. 潜江市"小龙虾"产业发展研究. 华中师范大学硕士学位论文.

刘兴国. 2011. 池塘养殖污染与生态工程化调控技术研究. 南京农业大学博士学位论文.

刘兴国, 刘兆普, 徐皓. 2010. 生态工程化循环水池塘养殖系统. 农业工程学报, 26(11): 237-244.

刘研. 2007. 盘锦地区稻田养蟹技术. 北方水稻, 3: 120-121.

马达文. 2016. 湖北稻田综合种养开辟农业生产经营新业态. 中国水产, (3): 32-33.

马达文, 钱静, 刘家寿, 等. 2016. 稻渔综合种养及其发展建议. 中国工程科学, 18(3): 96-100.

马世骏. 1985. 边缘效应及其在经济生态学中的应用. 生态学杂志, 2: 38-42.

米彦飞, 李宁求, 付小哲, 等. 2013. 草鱼疫苗接种成本-效益分析. 广东农业科学, 40(16): 116-119.

倪达书, 汪建国. 1999. 草鱼生物学与疾病. 北京: 科学出版社.

农业部渔业渔政管理局. 2016. 2016 中国渔业统计年鉴. 北京: 中国农业出版社.

泮进明, 姜雄辉. 2004. 零排放循环水水产养殖机械-细菌-草综合水处理系统研究. 农业工程学报, (20)6: 237-241.

裴光富. 2009. 稻蟹种养技术研究. 北方水稻, 39(2): 57-58.

裴光富, 于永清. 2009. 稻田扣蟹养殖技术. 河北渔业, (2): 17.

申玉春. 2003. 对虾高位池生态环境特征及其生物调控技术. 华中农业大学博士学位论文.

唐绍林, 雷燕, 周辉. 2015. 华中地区草鱼出血病的发病规律及防控措施. 海洋与渔业, 259(11): 74-75.

陶忠虎, 周浠, 周多勇, 等. 2013. 虾稻共生生态高效模式及技术. 中国水产, (7): 68-70.

王大鹏, 田相利, 董双林, 等. 2006. 对虾、青蛤和江蓠三元混养效益的实验研究. 中国海洋大学学报, 36: 20-26.

王方华, 李安兴. 2006. 草鱼病毒性出血病研究进展. 南方水产, 2(3): 66-71.

王武. 2000. 鱼类增养殖学. 北京: 中国农业出版社.

吴启柏, 贾宗昆. 2012. 潜江市小龙虾产业化发展制约因素与对策分析. 长江大学学报自然科学版: 农学卷, 9(1): 58-60.

吴淑勤, 陶家发, 巩华, 等. 2014. 渔用疫苗发展现状及趋势. 中国渔业质量与标准, (1): 1-13.

徐皓, 刘兴国, 吴凡. 2009. 池塘养殖系统模式构建主要技术与改造模式. 中国水产, (8): 7-9.

徐皓, 倪琦, 刘晃. 2007. 我国水产养殖设施发展研究. 渔业现代化, 34(6): 1-10.

杨淞, 李宁求, 石存斌, 等. 2012. 风险分析在水生动物健康管理上的研究进展. 江苏农业科学, 40(1): 195-199.

杨淞, 吴淑勤, 李宁求, 等. 2012. 草鱼出血病发生风险半定量评估模型的构建. 中国水产科学, 19(3): 521-527.

杨武, 陈建国, 郭玉清. 2013. 稻蟹种养模式示范效益分析初报. 新疆农业科技, (1): 42-43.

杨艳红, 郑永华, 胡文达. 2013. 云南哈尼梯田养鱼模式和梯田模式效益比较研究. 中国水产, 4: 57-60.

杨勇. 2004. 稻渔共作生态特征与安全优质高效生产技术研究. 扬州大学博士学位论文.

姚宏禄. 2010. 中国综合养殖池塘生态学研究. 北京: 科学出版社.

游修龄. 2003. 关于池塘养鱼的最早记载和范蠡《养鱼经》的问题. 浙江大学学报(人文社会科学版), 33(3): 49-53.

曾伟伟, 王庆, 王英英. 2013. 草鱼呼肠孤病毒 HZ08 株 VP4 蛋白单克隆抗体的制备及鉴定. 水产学报, 37(3): 450-456.

曾伟伟, 王庆, 王英英, 等. 2013. 鱼呼肠孤病毒三重 PCR 检测方法的建立及其应用. 中国水产科学, 20(2): 419-426.

张大弟, 张小红. 1997. 上海市郊区非点源污染综合调查评价. 上海农业学报, 13(1): 31-36.

张拥军. 2013. 分区水产养殖系统. 安徽农业科学, 41(21): 8923-8925.

朱泽闻, 李可心, 王浩. 2016. 我国稻渔综合种养的内涵特征、发展现状及政策建议. 中国水产, (10): 32-35.

Avnimelech Y. 1993. Control of microbial activity in aquaculture systems: active suspension ponds. World aquaculture, 34: 19-21.

Avnimelech Y. 2007. Feeding with microbial flocs by tilapia in minimal discharge bioflocs technology ponds. Aquaculture, 264: 140-147.

Avnimelech Y. 2009. Biofloc Technology: A Practical Guidebook. Baton Rouge: The World Aquaculture Society: 191-193.

Avnimelech Y. 2012. Biofloc Technology—A Practical Guide Book. 2nd ed. Baton Rouge: The World Aquaculture Society: 182, 191-193, 217-230, 272.

Avnimelech Y, Kochva M, Diab S. 1994. Development of controlled intensive aquaculture systems with limited water exchange and adjusted carbon to nitrogen ratio. The Israeli journal of aquaculture - Bamidgeh, 46(3): 119-131.

Benemann J R. 1990. The future of microalgae biotechnology // Creswell R C, Rees T A V, Shah N. Algal and Cyanobacterial Biotechnology. Longman Scientific & Technical , Wiley: 317-337.

Benemann J R, Koopman B L, Weissman J C, et al. 1980. Development of microalgae harvesting and high rate pond technology // Shelef G, Soeder C J. Algal Biomass. Amsterdam: Elsevier Science Publishers: 457-499.

Boyd C E. 1990. Water quality management for pond fish culture. Amsterdam: Elsevier Scientific Publishing Company: 101-113.

Browdy C L, Bratvold D, Stokes A D, et al. 2001. Perspectives on the Application of Closed Shrimp Culture Systems// Browdy C L, Jory D E. Baton Rouge: The World Aquaculture Society: 20-34.

Brown T W, Chappell J A, Boyd C E. 2011. A commercial scale, in-pond raceway system for Ictalurid catfish production. Aquacultural Engineering, 44(3): 72-79.

Brown T W, Chappell J A, Hanson T R. 2010. In-pond raceway system demonstrates economic benefits for catfish production. Global Aquaculture Advocate, 13(4): 18-21.

Brune D E, Collier J A, Schwedler T E. 1997. Partitioned Aquaculture Systems. SRAC Publication No. 4500.

Brune D E, Reed S, Schwartz G, et al. 2001. High rate algal systems for aquaculture, Proceedings from the Aquacultural

Engineering Society's Second Issues Forum. Ithaca, NY, 157: 117-129.

Chamberlain G W, Hopkins J S. 1994. Reducing water use and feed cost in intensive ponds. World aquaculture, 25: 29-32.

Costa-Pierce B A. 1998. Preliminary investigation of an integrated aquaculture-Wetland ecosystem using tertiary treated municipal wastewater in Losangeles County. Ecology engineering, (10): 341-354.

Crab R, Lambert A, Defoirdt T, et al. 2010. The application of bioflocs technology to protect brine shrimp (*Artemia franciscana*) from pathogenic *Vibrio harveyi*. Journal of Applied Microbiology, 109(5): 1643-1649.

Ebeling J M, Timmons M B, Bisogni J J. 2006. Engineering analysis of the stoichiometry of photoautotrophic, autotrophic, and heterotrophic removal of ammonia-nitrogen in aquaculture systems. Aquaculture, 257: 346-358.

Edwards D, Sinchumpasak O, Tabucanon M. 1981. The harvest of microalgae from the effluent of a sewage fed high rate stabilization pond by tilapia. Nilotica Aquaculture, 23: 107-147.

Emerenciano M, Cuzon G, Paredes A, et al. 2013. Evaluation of biofloc technology in pink shrimp *Farfantepenaeus duorarum* culture: growth performance, water quality, microorganisms profile and proximate analysis of biofloc. Aquaculture International, 21(6): 1381-1394.

Emerenciano M, Gaxiola G, Curon G. 2013. Biofloc Technology (BFT): A Review for Aquaculture Application and Animal Food Industry//Dr. Miodrag Darlco Matovie: Biomass Now Cultivation and Utilization: 50-56.

Hopkins J S, Hamilton R D, Sandier P A, et al. 1993. Effect of water exchange rate on production, water quality, effluent characteristics and nitrogen budget of intensive shrimp ponds. Journal of the World Aquaculture Society, 24: 304-320.

Jones A B, Preston N P, Dennison W C. 2002. The efficiency and condition of oysters and macro algae used as biological filters of shrimp pond effluent. Aquaculture Research, 33(1): 1-19.

Lin Y F, Jing S R, Lee D Y, et al. 2002. Nutrient removal from aquaculture wastewater using a constructed wetland system. Aquaculture, (20): 169-184.

Oswald W J. 1988. Micro-algae and wastewater treatment // Borowitzka M A, Borowitzka L J. Micro-algal Biotechnology. Cambridge: Cambridge University Press.

Oswald W J, Golueke C G. 1960. Biological transformation of solar energy. Applied Microbiology, 2: 223-262.

Ray A J, Dillon K S, Lotz J M. 2011. Water quality dynamics and shrimp (*Litopenaeus vannamei*) prodution in intensive mesohaline culture systems with two levels of biofloc management. Aquac Eng, 45: 127-136.

Scheffer M. 2004. Ecology of Shallow lakes. Dordrecht: Kluwer Academic Press: 31-47.

Scoatt D. 2001. Bergenetal design principles for ecological engineering. Ecological engineering, 18(2): 201-210.

Smith D W. 1985. Biological control of excessive phytoplankton growth and the enhancement of aquacultural production. Canadian Journal of Fisheries and Aquatic Sciences, 42: 1940-1945.

Steven T, Paul R A, Michael D G, et al. 1999. Aquaculture sludge removal and stabilization within created wetlands. Aquaculture Engineering, 18(4): 81-92.

Tilly D R, Badrinarayanan H, Rosati R, et al. 2002. Constructed wetlands as recirculation filters in large-scale shrimp aquaculture. Aquaculture Engineering, 26(2): 81-109.

Torrans E L. 1984. Pond design for polyculture aquafarming. Fayetteville: University of Arkansas Cooperative Extension Service: 2.

Wang J K. 2003. Conceptual design of a microalgae-based recirculating oyster and shrimp system. Aquacultural Engineering, 28(1): 37-46.

Zeng W W, Wang Q, WangY Y, et al. 2012. Rapid and sensitive detection of grass carp reovirus HZ08 strain by reverse-transcription loop-mediated isothermal amplification (RT-LAMP). J Virol Methods, 180(1/2): 7-10.

第十五章 淡水养殖设施装备典型案例[*]

第一节 北美工厂化循环水养殖

近 30 多年来，美国水产养殖得到了快速发展，但保持持续增长有很大困难。一方面，政府对于养殖用水、排放水的管理越来越严格；另一方面，海岸线使用面积受到其他行业的挤压，竞争越演越烈；此外，民众对于环境保护的意识也越来越强。在种种因素条件的制约下，水产养殖模式渐渐地从原来开放式资源依赖型养殖向着封闭型循环水养殖模式发展。

一、发展历程

美国在工厂化循环水养殖系统方面的研究起步于 20 世纪 60 年代，其技术基础来源于内陆海水水族馆和流水高密度养鱼（Summerfelt et al.，2001）。当时设计的系统主要用于为政府提供养殖鱼类的繁育服务，开创了循环水养殖系统的先河（Burrows and Combs，1968；Liao and Mayo，1972）。自此以后，几家大型公立孵化场先后开始建立循环水养殖系统。其中，德沃夏克国家鱼类孵化场（Dworshak National Fish Hatchery）建立了 3 套室外循环水系统用于 1 龄虹鳟的养殖生产，循环量 $3.1m^3/s$（Owsley et al.，1988）。

20 世纪七八十年代，循环水养殖系统技术得到了商业化大规模推广应用，但是真正获得成功的并不多（Parker，1981）。直至 20 世纪 90 年代末，据美国罗非鱼协会统计，美国年产 8000t 的罗非鱼产量中有 75%以上是采用循环水系统养殖的；另外，北美洲养殖的北极鲑也大多数采用循环水养殖系统，养殖密度高达 $120kg/m^3$。虽然从经济性上来说，封闭循环水养殖的投入和运行成本相对较高，但是，当环境效应、食品质量和安全效果凸显出来后，工厂化循环水养殖的意义才得以真正体现。

二、主要做法

（一）物质平衡理论为循环水养殖系统奠定理论基础

循环水养殖系统建立在养殖水质能够维持基本恒定的基础之上，因此，水处理系统必须能够充分保证补充消耗、去除多余。Losordo 等（1991）将物质平衡关系应用于循环水养殖系统的设计，针对固形物、溶解氧、氨氮、二氧化碳等建立了一系列的设计方程，对北美工厂化循环水养殖的设计起到了重要的推进作用，已在工程实践中得到比较广泛的采用，其主要原理如图 15-1 所示。循环水养殖池中投入的饵料和鱼类新陈代谢导致物质消耗和产生，以 "P" 表示；养殖池中的物质浓度标示为 C_{tank}；系统循环水流量标示为 Q；经过水处理后的物质浓度标示为 C；系统补充的新水流量标示为 Q_0，浓度为 C_0。为了使 C_{tank}维持在设定范围内，保证鱼类养殖环境，可以总结得到公式（15-1）：

$$Q \times C + Q_0 \times C_0 + P = Q_0 \times C_{tank} + Q \times C_{tank} \tag{15-1}$$

---

* 编写：刘晃，张宇雷

根据该公式，即可以根据不同养殖鱼类对水质的需求，计算出循环水养殖系统所需要的水处理能力。物质平衡理论的提出为循环水养殖系统奠定了理论基础，自此以后循环水养殖模式在全世界范围内得到了长足的发展。

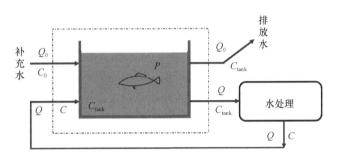

图 15-1　循环水养殖系统物质平衡原理图

（二）关键装备技术保证系统可靠性

1. 鱼池污排分流技术

污排分流技术的发明结合鱼池流态流场的构建有效提高了北美地区工厂化循环水养殖系统对于固形物的收集去除及运行能耗的降低（Timmons，2002）。其主要原理为将鱼池出水分成两股，其中一股为底排水，主要作用是通过鱼池内的旋转水流将 80%以上的固形物排出鱼池；另一股为上溢水，主要作用是带出水体中的溶解性物质，提高鱼池水体循环量。随着该技术的进步和发展，衍生出两种主要形式：其中一种设计方式将两股出水均设计在鱼池底部中央，通过颗粒收集器排出鱼池。Lunde 等（1997）在 1997 年申请了该项专利技术——微粒捕集器（particle trap）（专利号：5636595）（图 15-2）。另一种方式被称为康奈尔双排水（Cornell dual-drain），由康奈尔大学和西弗吉尼亚淡水资源保护基金研究所研发，将上溢水设计在鱼池侧边，占总循环流量的 75%～90%；底排水仍保留在鱼池底部中央，占总循环量的 10%～25%（Timmons，2002）。固形物的去除是所有水处理工艺的基础，其前提是能够有效地将其进行集中收集，并通过管路排出鱼池。鱼池污排分流技术保证了其效果的良好，为循环水养殖系统的构建奠定了基础。

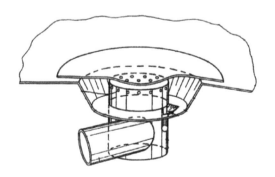

图 15-2　美国专利（5636595）——微粒捕集器

2. 生物流化床技术

生物流化床技术是北美工厂化循环水养殖系统中的一项代表性技术，主要应用于冷水鱼养殖系统，通过附着生长的细菌微生物分解去除养殖水体中的溶解性氨氮。该技术使用高比表面积的细沙粒作为生物滤料，其常用粒径为 D_{10}=0.19mm，均匀系数 UC 为 1.6。通过在容器中形成一个具有流化状态的沙床使细菌生长在沙粒表面；由于比表面积大（4000～20 000 m^2/m^3），因此在同等氨氮去除速率的前提下，其总体结构相对较小。这种过滤器的氨氮转化能力和效率都较高。但缺点也很明显，就是能耗大，滤器启动时难以形成流化，以及沙粒的流失等。有鉴于此，近些年来对于流化沙床过滤器技术的革新，就是漩涡式流化沙床过滤器（CYCLO）。CYCLO 下部进水管处设置了一个环形的布水箱，进水水流沿着切向进入这个布水箱，这路进水产生强大的旋转水流，并顺着容器底部的槽口流入过滤腔（图 15-3）。旋转水流对于沙床的均匀膨胀起到了良好的效果。与传统流化沙床复杂的布水管路相比，它的管路局部损失及沿程损失都更小、更合理。研究表明，CYCLO 的总氨氮去除负荷在冷水系统中为 0.2～0.4kg/（d·m³），在温水系统中为 0.6～1.0kg/（d·m³）（Summerfelt et al.，2006）。循环水养殖系统由于水体封闭，会导致氨氮的大量积累，对养殖对象造成恶劣影响。其分解去除是难度最高的，也是水处理工艺中的核心环节。生物流化床技术目前在全世界都属于顶尖技术，具有设备化程度高、高效、自清洗等优点。

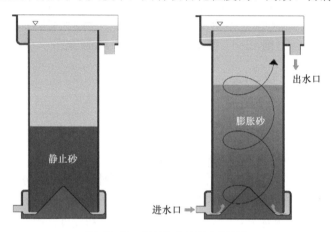

图 15-3　CYCLO 工作原理图

3. 增氧锥技术

美国范德堡大学 Richard Speece 博士在 1969 年成功发明了增氧锥技术（Ashley et al.，2008），其于 20 世纪 90 年代初开始应用于水产养殖增氧。增氧锥主要由水泵、锥形气液接触罐、进水口、出水口、进气口和气体回收口组成。使用时将纯氧气体从增氧锥顶部通入锥体内，并使气体流动方向与水流动方向垂直（图 15-4）。养殖乏氧水经水泵抽至增氧锥顶部，并由顶至底流经整个增氧锥。氧气和水在增氧锥中

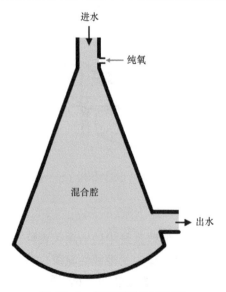

图 15-4　增氧锥结构示意图

混合，形成气泡流体，实现气液接触，从而增加水中的溶氧量。多余未溶解的氧气经回收管道收集再利用。完成增氧的富氧水由增氧锥下面出水口流出，进入工厂化养殖的循环系统中，实现水体增氧目的。基于增氧锥的结构，横截面积由顶至底逐渐增大，因此水流经增氧锥时的速度逐渐减小。在水流速度逐渐减小的同时，气液接触时间在逐渐增加。在增氧锥的进口横截面处，水流的速度应大于气泡上浮的速度；而在出口横截面处，水流的速度要小于气泡上升的速度。因此，在气泡流经过增氧锥时，就可使得气泡最大限度地停留在增氧锥内以增加气液接触时间，从而提高增氧效率。另外，气泡流在向下流动过程中，随着深度增加压强不断加大，液体中氧气传质的动力增加，氧气的传递速率也随之提高，达到高效增氧的目的。由于该技术使用纯氧作为氧源，且氧利用率可以达到 90%以上，良好地解决了传统空气源增氧效率低下的问题，因此目前已广泛应用于美国各类循环水养殖系统中。溶解氧是养殖鱼类存活的必要保障，良好的溶解氧水平更能提高鱼类抵抗力。增氧锥技术的发明为美国工厂化循环水养殖的发展提供了必要的保障。

（三）半封闭循环水养殖系统降低系统成本

美国西弗吉尼亚淡水生物资源保护基金研究所从1996年开始调查研究了在阿巴拉契亚区养殖北极鲑的可能性，2002 年研发建设半封闭循环水养殖系统，由三个直径为 3.7m、深 1.1m 的圆锥形双排水养殖池组成（图 15-5），系统总循环量为 1200~1850L/min，养殖池水每 15~24min 交换一次。主要原理为通过转鼓式微滤、机械气浮、纯氧增氧和臭氧杀菌等技术的优化集成，强化控制水体中的悬浮颗粒物浓度、细菌总数、溶解氧等关键水质指标；通过适当换水，实现养殖水体中氨氮、亚硝氮等可溶性污染物的控制，省去了投资成本较高、管理难度较大的生物过滤环节。

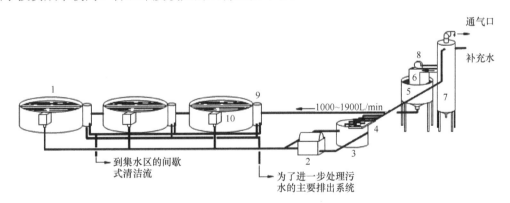

图 15-5　半封闭循环水养殖系统工艺流程图

1. 养殖池；2. 微滤机；3. 泵池（直径 1.8m、深 1.2m）；4. 3 台 1.0kW（1.5 马力）泵；5. 锥形底的无盖池；
6. 低压增氧装置；7. 锥形底的二氧化碳滴滤塔；8. 低压大风量风扇；9. 三重竖管池；10. 锥形侧排水孔

从实际运行效果来看，半封闭循环水养殖系统养殖密度最终达到 66~148kg/m³。部分再利用系统没有生物过滤器，采用补充水进行交换而控制总氨氮的积聚，其浓度范围平均为 0.3~2.7mg/L，最高为 0.7~3.7mg/L，满足淡水鱼类正常摄食和健康生长需求（Summerfelt et al.，2004）。

（四）全封闭循环水养殖系统节水、节地、节能

相对于半封闭循环水养殖系统，全封闭系统的技术集成度更高，所有环境指标均在系统内部进行综合调控，仅补充少量的蒸发和排污水。北美地区以生物流化床技术为核心的冷水鱼全封闭循环水养殖系统工艺流程如图 15-6 所示，主要工艺环节包括五大部分：分别是水循环、物理过滤、生物净化、气体交

换和消毒杀菌，具有集成度高、产能大、可控性好等优点。该系统设计每天投喂 100kg 鱼饲料（蛋白质含量为 38%），循环水流量 1660L/min，每天换水占总水体量的 5%～10%。表 15-1 所示为系统运行相关设计参数和实际测定结果（Losordo 等，2000）。图 15-7 为全循环水养殖系统效果图。

表 15-1 水处理系统设计和操作性能

项目	设计值	平均测定值	单位
增加每单位饲料投入所需要补充添加的新水流量	97	141	(L/d)/(kg·d)
增加每单位饲料投入所需要的循环水流量	16.6	18.3	(L/min)/(kg·d)
增加每单位饲料投入所需要的抽水能量	0.082	0.085	kW/(kg·d)
增加每单位饲料投入所需要的增氧/排气能量	0.030	0.031	kW/(kg·d)
生物过滤器对氮的硝化作用	0.45	0.43	g TAN/(m²·d)

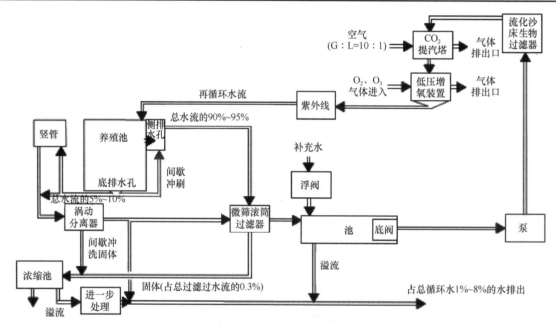

图 15-6 全循环水养殖系统工艺流程图

G：L=10：1 表示为气体：液体=10：1

图 15-7 全循环水养殖系统效果图

三、取得成效

1. 节水节地节能，促进了水产养殖的可持续发展

工厂化循环水养殖系统的出现为美国水产养殖业提供了一种节水、节地、节能的绿色水产养殖方式。与传统养殖方式相比，生产每单位水产品可以节约 50～100 倍的土地和 160～2600 倍的水（表 15-2），而且由于水交换量极少，升降温能耗大幅降低。其高效的经济模式使其在所有养殖模式中单位产量是最高的，并且几乎不污染环境。

表 15-2　每生产 1kg 水产品、循环水养殖（RAS）和传统养殖需要的水量和土地量（Timmons et al.，2002）

系统类型和养殖品种	养殖密度 [kg/（hm²·年）]	用水量 （L/kg）	传统养殖和 RAS 的比例	
			土地	水
RAS：尼罗罗非鱼	1 340 000[a]	100	1	1
池塘：尼罗罗非鱼	17 400	21 000	77	210
池塘：鲶	3 000	3 000～5 000	448	400
流水系统：虹鳟	150 000	210 000	9	2 100
池塘：虾	4 200～11 000	11 000～21 340	177	160

a 没有计算室外陆地面积和车间面积的比例

2. 不受自然和气候条件影响，生产过程可控，为市场提供安全健康的水产品

进入 21 世纪，消费者越来越多地关注食品安全，工厂化循环水养殖模式的发展为美国人民带来了更新鲜、更安全，又能本地化养殖的水产品。由于采用循环水养殖方式，能够使水产品远离化学污染和重金属的危害，保证水产品 100%安全，而且能够在每周都产出相同量的鱼产品，比起产量易受不可控自然灾害影响的网箱和池塘模式，工厂化养殖更安全、更高效、更有市场竞争力。

3. 高产高效，为全球市场提供优质蛋白源

目前，全球水产品的 38%来自于水产养殖，而且这一数字还会继续增加。到 2020 年全球水产品的供应量需增加 7700 万 t，才能满足目前世界人均消费水产品的需求。初步估计，其中 4400 万 t 的需求将由水产养殖产业来满足（Delgado et al.，2002）。然而，传统养殖方式受到气候、资源等条件的影响，产量是有限的。相比较而言，工厂化循环水养殖不受任何地域条件限制，可在任何地方实施建设，而且产能是传统方式的 4～10 倍，在未来十几年中势必成为满足世界人口对于水产品需求的关键技术之一。

四、经验启示

美国在工厂化循环水养殖的研究方面一直处于较高水平（刘晃等，2009），尤以北美地区鲑鳟类冷水鱼养殖为代表。通过对工厂化循环水养殖系统技术的开发和应用，极大地促进了整个养殖产业的快速、健康和可持续发展，同时也带动了整个养殖装备行业的进步，从中我们可以获得不少的经验和启示。

1）工厂化循环水养殖具有环境友好、高产高效、资源依赖性低、生产可控度高等优点，对于我国人口多、人均资源占有量少的国情现状，是一种符合可持续发展要求的值得大力推广的高效渔业生产模式。

2）工厂化循环水养殖集水产养殖、工业水处理、电气自动化等多学科交叉于一体，对于养殖企业及其从业人员具有较高的管理水平要求，并不适合在广泛的个体养殖户中进行推广普及。

3）工厂化循环水养殖系统的设计需要充分考虑养殖品种的生理生活习性、物质产生与去除之间的相

互平衡及水处理工艺与设备之间的相互耦合。将几种水处理设备进行简单组合的方式一方面无法充分发挥系统的整体效应，另一方面也有可能导致某个特定水处理环节产生副作用。

4）工厂化循环水养殖系统对于品种有一定的针对性，北美对于鲑鳟类的基础研究扎实，为养殖系统的设计、集成和运行管理都奠定了良好的基础。国内水产养殖品种过多，基础理论研究参差不齐，应集中政府、企业、科研等多方面优势力量围绕几个特定品种开展长期性、基础性科技攻关，为系统推广和产业发展打下良好基础。

第二节　叶轮增氧机的推广应用

池塘养鱼一直是中国淡水渔业的支柱产业，发展历史 3200 多年，近年来，我国水产养殖已逐步向高密度、集约化方向发展，养殖总产量逐年上升。这与水产养殖业逐步实现机械化，特别是叶轮增氧机的全面推广和应用是密不可分的。如今，叶轮增氧机在集约化养殖中正扮演着越来越重要的角色，被渔民誉为"增产机"。可以说，叶轮增氧机已成为全国推广最广、数量最多的渔业机械，是池塘养鱼高产地区家喻户晓的一种具有中国特色的养鱼机械，开创了中国池塘养鱼高产新纪元（丁永良，2007，2009a）。

一、发展历程

（一）探索萌芽阶段

20 世纪六七十年代，中国的池塘是"一潭死水"，人力无法控制，几千年来一直处于靠天吃饭的低产水平，亩产一般仅 100～200kg，总产也徘徊不前。20 世纪 60 年代推广排灌机械，单产最高达到 400～500kg。但想要再增产就很困难。单产、总产不能提高的瓶颈到底是什么呢?是池塘水体缺氧。池塘养鱼中溶解氧是鱼类赖以生存的重要条件，鱼类的生长、新陈代谢过程中，饲料和氧气缺一不可。在鱼池中，水中溶解氧主要来源于藻类、浮游植物的光合作用和大气对水面的扩散等，水中溶解氧的消耗主要是有机肥料、饲料残渣和鱼体排泄物等池底堆积物的腐败分解，以及鱼类的呼吸。当水中缺氧时，水质下降，鱼类呼吸困难，食欲减退，饲料系数增加，增肉率降低，严重缺氧会引起鱼类"浮头"，甚至使其呈昏迷状，直至窒息死亡。这种现象在翌晨最易发生，因为那时水中溶解氧的主要生产者浮游植物本身不但停止了光合作用，而且要消耗氧气。常规增氧设备经过多次试验不能有效解决高产浮头缺氧而成片死鱼的难题，缺氧成为池塘养鱼高产的限制因子。

1972 年上海市渔业机械仪器研究所（现中国水产科学研究院渔业机械仪器研究所）在上海、浙江、江苏、广东、湖南等淡水渔区的水产局、水产研究所及渔场进行调研考察，发现池塘养鱼推广不开的主要问题是单产不高，而且养鱼的风险很大，养多了要翻塘死鱼，使养殖户倾家荡产。影响池塘养鱼单产提高的瓶颈是水中的溶解氧，每千克鱼每小时要消耗溶解氧 250mg，池塘水体每天从水面空气中能获得 3g 氧，而每千克鱼每天要排出 2g 氨氮，每克氨氮氧化分解成无毒的硝酸盐又要消耗 4.57g 氧，就是这两项即要消耗掉 $3m^2$ 水面一天的富氧，一亩水面只能养 132kg 鱼，另外池水中的浮游植物每天产生氧，晚上也消耗氧，池塘换水也带入氧气，这些都是不可控的，池塘施肥、池底淤泥都要消耗氧气，也难控制。如果不及时解决池塘人工增氧问题，就严重影响精养池塘的稳产高产。所以，池塘中如果多养鱼一定要人工增氧，这也就使人们产生了需要研制增氧机的想法（丁永良，1974，2009；上海市渔业机械仪器研究所机械研究室淡水渔业机械组，1975）。

（二）研发试制阶段

向池塘增氧需要选择什么方案，运用什么机械？当时池塘增氧设备并非空白，有用龙骨水车改装的机动水车增氧机；有市售的叶片鼓风机充气机，射流式、水泵式等多种增氧机。在方案设计过程中也走过不少弯路。在开始阶段，1971 年前上海市渔业机械仪器研究所与少数单位进行探索试验，如用 4kW、7.5kW，扬程 25～35m 的高压水泵作冲水人工降雨增氧，一般向水中冲 1t 水，增氧量不到 1g，所以对拯救"浮头"鱼并无效果。后在高压泵出口串联一组水力射流器，使空气泡混入水柱中喷出，增氧量亦不多。在第二阶段，用不同风压的叶氏鼓风机（$0.2kg/cm^2$）、水环式压气机（$1.2kg/cm^2$）、压缩空气机（$8kg/cm^2$）等风机，采用不同的散气管，悬在池底上 20～30cm，向鱼池增氧，对预防"浮头"有一定效果，但每千瓦风机负荷水面较小，对小水面是有效的，散气管以微孔塑料管为主，在鱼池中易堵塞，只能换用大孔管，充气溶氧效果极差，且气管布满全池，影响拉网和轮捕轮放。所以，不宜选用这些方案，必须选择其他有效的方案，必须打破常规，引用其他行业的先进技术。

1972 年初，上海市渔业机械仪器研究所科研人员去广东、湖南、江西、浙江、安徽等省的部分工厂、矿山，对有关设备进行了调查。最后在湖南省水产局的推荐下，到相邻的长沙印染厂现场考察了曝气污水增氧机，其结构复杂，有调节水位、调节转速结构。到湘潭的水口山铅锌矿现场考察了浮选机，是产生水中微细气泡选矿用的，结构简单。随后上海市渔业机械仪器研究所与湘潭市西湖渔机厂合作开发渔用浮选机，把矿山用浮选机装上浮筒浮于水面，经试验其只浮在水面，在水面增氧，是一种表面增氧机，不能解决高产鱼池因为缺氧浮头的问题。科研人员看到了工厂污水处理和矿山浮选设备，从中得到了启示，从而产生了研发浮动式叶轮增氧机的设想（丁永良，1974，1975，2009a；上海市渔业机械仪器研究所机械研究室淡水渔业机械组，1975）。

（三）应用研究阶段

叶轮增氧机是中国水产科学研究院渔业机械仪器研究所与上海市原嘉定县水产养殖场、原南汇县水产养殖场等单位协作研制的。1972 年，上海市渔业机械仪器研究所决定采用污水厂用的曝气机方案，简化污水曝气机，使用浮筒自动调节水位，采用固定转速，取消了复杂的调整系统，降低造价。开始怕效果不显著，因此造大功率的曝气机，绘制了第一套 7.5kW 叶轮增氧机的图纸，采用卧式电机、蜗轮箱减速，全部安装在一个像大面包卷的钢板制的浮筒上，上面还安装了圆圈形扶手。图纸完成后在上海没有单位愿意制造，后来总算与浙江省嘉兴锅炉厂合作，试制了一个多月，但是由于新任厂长不同意继续与我们合作，不同意下水试验，只好拿回上海，也找不到单位愿意试验。后来，通过当时的上海市水产局郊区处以行政指令下达给原青浦县青浦渔机厂负责试验与改进。在下池塘试验时，由于浮力与重心设计不当，下去后即翻了个身。随后增加了两个副浮筒才可以运行了，但是没有一个单位愿意在生产池塘上进行试用。上海市水产局又命令上海市原南汇县水产养殖场进行生产试验。

在叶轮增氧机研制快到了山穷水尽时，有关上海市原南汇县水产养殖场的增氧机的事传到了无锡市郊区革委会水产科，时任科长的过秋平闻讯后带队到上海现场考察，并当即表态要与上海市渔业机械仪器研究所开展无条件合作。试制工厂、试验鱼池的问题都可以解决。这样把试制工作的重点转移到了无锡，并开始设计研发第二代叶轮增氧机。1973 年 5 月在无锡市郊区革委会的支持下造了第二台样机，采用 7.5kW 立式电动机与摆线针轮减速器带动一种倒伞形叶轮，水面设 3 个圆柱形的浮筒，有足够的浮力支持其全部重量，下水试验一次性成功，只需调整了一下叶轮的最佳吃水。随后与太湖无线电元件厂协作，对叶轮增氧机继续进行研究改进，将阻碍水跃的环形浮筒改成"三岛式"浮筒，将工艺比较复杂的泵型叶轮改用后来的管形叶轮，并采用了新型的立式减速器（行星摆线针轮，少齿差），结构紧凑，重量较轻，这种形式是目前各种增氧机的基本原型。但是由于造价较高，为了降低成本，便于普及，又试制成功了多种三角皮带与齿轮减速器的普及型增氧机。同年无锡市河埒公社农机厂为了探索不用减速器，而试制成功了多种蜗轮蜗杆减速器增氧机，为了上下鱼池方便，采用双浮筒式。

随后，生产试验的问题又出来了，新东西同样没有人愿意进行生产试验，就怕叶轮铁片的旋转会打死鱼。只好将任务交给无锡市河埒公社渔业一队全国养鱼劳动模范仇永皋，但他提出了三个条件：一是死鱼全赔，二是减产全赔，三是负责电费，总算把叶轮增氧机放在亩产千斤的高产池塘中，但平时一般也不开机，漂了一个月也无人问津。当年 8 月的某天半夜气候突变，无锡市河埒口全区池塘开始大面积浮头死鱼，因为当时冲水增氧的水泵船缺乏，第一次合上了叶轮增氧机的电闸，当他在其他池塘捞完死鱼回到试验池塘时，发现试验池塘居然一条鱼也没有死，而且把剩下来的饲料草全都吃光了。于是叶轮增氧机名声大振，在当时被誉为"救鱼机"。

（四）快速发展阶段

20 世纪 70 年代中后期正值中国发展城郊养鱼，前后三次在无锡市开现场会，也为叶轮增氧机的应用起到了推广示范作用。上海青浦渔机厂、松江渔机厂、渔业机械仪器研究所附属机械厂也先后批量生产叶轮增氧机，3.0kW、1.5kW 叶轮增氧机开始采用齿轮减速器，各省也自行仿造。随后，在国家水产总局渔机化局的大力支持下，广东万亩高产池塘、浙江 4 万亩池塘高产试点均超过千斤，20 世纪 70 年代后期叶轮增氧机开始逐步向全国推广，单产的提高带动了池塘养鱼面积的迅速扩大。从此，叶轮增氧机"池塘高产机"的角色被渔民所认可。传统古老的养鱼业开始转型，进入机械化养鱼时代，没有机器就不能高产养鱼。期间无锡太湖渔业机械厂、上海青浦渔业机械厂、松江渔业机械厂、无锡凯灵电泵厂、顺德第二农机厂、佘山渔业机械厂、上海渔业机械成套公司、杭州西湖渔业机械厂先后与渔业机械所合作成功开发第三代叶轮增氧机，即三岛式浮筒，采用齿轮减速器带动铲水式叶轮，有 3.0kW 和 1.5kW 两种（上海市渔业机械仪器研究所养殖机械组，1973；丁永良，1974，1975，2009a；上海市渔业机械仪器研究所机械研究室淡水渔业机械组，1975）。

20 世纪 70 年代后期由上海松江渔机厂及渔业机械仪器研究所附属工厂研制的 1.5kW、3.0kW 采用齿轮减速箱叶轮的增氧机为最多。随后又造了 10 台 7.5kW 叶轮增氧机分送给广东、浙江、江苏、北京、上海等地的主要淡水渔区进行推广示范，并给有关渔机厂提供叶轮增氧机定型图纸，叶轮增氧机很快在全国 30 个省（自治区、直辖市）推广，并出口东南亚国家。叶轮增氧机于 1976 年通过上海市水产局科技成果鉴定，1978 年获上海市重大科技成果奖及全国科学大会奖。据粗略估计，我国目前各类增氧机年产量近 100 万台，其中 80% 以上为叶轮增氧机。目前全国叶轮增氧机保有量已达到数百万台，是我国数量最多、影响最大的渔业机械，也是最具中国特色的养鱼机械。1986 年丁永良还应联合国粮食及农业组织邀请去泰国、菲律宾推广叶轮增氧机及介绍中国池塘养鱼机械化，并分别召开了大型现场操作推广大会，受到 FAO 及菲律宾农业部部长的接见，并亲自进行示范。叶轮增氧机的影响也随之远播到东南亚，在东南亚推广应用。虽然全国推广的叶轮增氧机通用机型近 30 年没有明显的变化，但是近几年来，在增氧自动化控制、新能源利用等方面开展不少研究，产生了移动式太阳能增氧机、节能型混合式机械增氧机等一批成果，必将促进水产养殖业迎来新的发展机遇（丁永良，2007，2009a；蒋建明等，2013；吴晨等，2014；吴宗凡等，2014）。

二、主要做法

（一）采用机械搅动产生水跃，取得快速高效的增氧效果

叶轮增氧机的功能很多，最早被称为"救鱼机"，因为它能在短时间内把严重浮头的池鱼全部集中到

增氧机周围呼吸氧气，待全池水中溶解氧都提高后，鱼群才会散去。叶轮增氧机的增氧动力效率高，叶轮搅拌水体，使空气中的氧气溶解到水中去。每千瓦时的叶轮增氧机可向水中增氧 $1.5\sim2.1kg$，每小时可向水中增氧 $1.8kg$ 以上，足够 8t 鱼 1h 呼吸之用，可以及时解决鱼类缺氧、浮头死鱼等难题。叶轮增氧机提水可以提升底层水与表层水进行交换，起到向下层增氧的效果，增氧深度 3m，适用于中国高产深水鱼池（丁永良，1976，1986，1989，1990，1992）。叶轮增氧机浮于水面工作，移动方便，不受水位变化的影响，在鱼池中运转时产生水跃、液面更新、负压进气等，发挥增氧、搅水、曝气等作用。

1. 水跃

叶轮在水面旋转，产生离心力，中央产生负压区，将底层的水提上来，产生轴向上升流，由于叶片及管子的甩力，使水从叶轮中央向四周甩出，产生水平流与水跃，这两种流的混合流形成伴流，使池水呈螺旋状运动，全池的水体流向复杂而有规律。使水体沿轮轴从池底流向水面，向四周扩散，流速逐步递减，再从池的外圈回流到池底，形成水体的循环。由于叶轮叶片与管子的强烈搅拌，水面激起水跃与浪花，形成水幕，裹入空气，扩大了气液界面的接触面积，使空气中的氧分子溶入水中。同时将水中令人厌恶的氨、硫化氢、二氧化碳、二氧化硫等有毒气体逸出水面，起曝气作用，所以池水恶化时可嗅到腥臭味，在池水溶解氧超过饱和的情况下，也能使其逸出水面，水跃还可以降低水温。

2. 液面更新

由于叶轮的输水及提水作用，气水界面不断更新，将底层缺氧的水提至液表，创造了底层缺氧的水与空气接触的机会，液面更新的频率愈高，则充氧的性能愈好，扩散到水体中去的氧分子愈多。使叶轮附近的高氧水迅速扩散到水体各部去，均匀水温与水质，使水中的溶解氧在水平与垂直方向的分布趋于均匀，缩小溶解氧梯度，水体愈小，效果愈显著。叶轮有良好的提水能力，提水高度接近叶轮直径的 3 倍，在浅水中运转能把底层的浮泥泛起，一年以后机位下就留下一个深潭。

3. 负压进气

叶轮旋转时管子的背后产生负压区，空气即从管子背后的一进气孔中混入水体，形成气泡，又经过叶片与管子的打碎，使小气泡与水进一步混合，形成水花与水膜，使空气中的氧分子溶解于水，这些气泡亦帮助提水与液面更新，使水体雾化程度加剧，水体的比重下降，使叶轮旋转阻力降低，提高了叶轮的动力增氧效率（上海市渔业机械仪器研究所机械研究室淡水渔业机械组，1975；丁永良，1975，1986；巫道铺，1993）。

（二）通过搅拌改善池塘水质，促进池塘养殖增产

自从叶轮增氧机应用于淡水池塘养殖，单产先后突破千斤、双千斤，因效益大大超过农田而刺激了池塘养殖面积逐年扩大和总产不断提高，促使我国淡水渔业进入了良性发展阶段。同时，在实践中人们不断发现了它的多种功能。

1. 搅拌

鱼池中的溶解氧有昼夜变化的规律，大量施肥、投饲的高产鱼池更为明显。上层阳光灿烂，由于浮游生物的光合作用，溶解氧在中午可达超饱和。下层光合作用则很差，而水底污染物的生化耗氧量又高，溶解氧量在 $2.5mg/L$ 以下。由于溶解氧的源汇不平衡，全天保持在氧亏状态，甚至可能低于 $1mg/L$，从而使得水下生物陷入危境，鱼池的生物区系循环就受到了破坏，一般鱼是不可能主动栖息在底层那种环境中的。叶轮增氧机有良好的搅拌水体均匀水质的作用，通过提水、甩水、伴流、湍流、旋流、对流的联

合作用,水面呈 3 级风浪,波浪起伏、上下翻腾,上层的氧可以迅速地扩散到底层,提高底层溶解氧。由于对流迅速,上层光合作用与增氧机增氧速度落后于氧分子在水中的扩散速度。因此上层溶解氧可能会降低,从而上下平衡,将上层超饱和的溶解氧贮藏在底层,供以后消耗。一台 3kW 的增氧机,可使 3000m³ 的水体水质搅拌均匀,溶解氧水质一致。搅拌水体,均匀水质,克服热阻力,使上层高温、高氧、低密度水与低层低温、高密度水交换,增加了水体生产层,提高池塘初级生产力(增氧机协作组,1976,1977,1978;灵山县水产局,1978;丁永良,1979,1989)。

2. 曝气

叶轮增氧机能兼增氧、曝气的双重作用,除向水中增氧外,可以曝除水体中的水生生物代谢所产生的有毒气体,如氨、硫化氢、甲烷、一氧化碳等,起到净化水体作用,从而减少鱼病发生。上层水体溶解氧超饱和时也有曝气降氧作用,而避免幼鱼得气泡病。叶轮搅拌特性还带来加强鱼池物质循环等其他好处,可以搅动起池底残饵、浮泥,加速有机物分解扩散的无机化过程,增加了水体中的悬浮物和磷酸盐等营养盐类。搅动起的有机碎屑则可直接被鱼所利用,促使水体新陈代谢,预防水质恶化。浮游生物能在静止的水中生长,但搅拌水体能使它迅速繁殖,代谢旺盛,增加鱼池初级生产力(增氧机协作组,1976,1977a,1977b;丁永良,1979,1989,1992)。叶轮增氧机连续地进行剧烈氧化,可以将鱼类的排泄物、代谢物、饲料残渣等有机物氧化成无机物,而被浮游生物所利用,达到净化水体的作用。 增氧机的增氧搅水作用,可以使鱼池中的水体流动(流速大于 0.3m/s),上下对流,加速池塘物质循环,可以提高净水能力,尤其是低层的净水能力,可以将水面的氧气输送到下层,使好氧固磷菌繁殖,而污泥中的磷不会释放到水体中,就抑制了磷的释放,水中缺磷即抑制了蓝绿藻生长,提高了水体利用率。叶轮增氧机对改善池塘水质有积极作用,可以在原位增氧,不会流失肥水。可以减少换水量,也可以减少水质恶化所致的"转水"。由于水质的改善,可促进水质和饲料这对养鱼过程中的主要矛盾转化。由于溶解氧情况的改善,减少了因缺氧池塘的嫌气分解产生毒气而引起的"泛塘"死鱼。同时也能解决冬季北方池塘冰封后冰下缺氧难题,叶轮增氧机可把底层高温水提升到表层,使增氧机周围不结冰(增氧机协作组,1976,1977a;江苏省无锡市水产研究所,1977;丁永良,1978,1979,1989,1990;华南师范学院生物系鱼类科研小组,1979)。

3. 增产

鱼的摄食情况是鱼体健康情况的一种表现,鱼的生长取决于饲料与氧气的条件,水中溶解氧及鱼的饲料系数与增肉倍数都成函数关系,只有在溶解氧高的情况下才能多吃多长,饲料系数低,增肉率高;在溶解氧低的情况下,饲料系数高,增肉率低,有时偶尔吃了也不长,饲料浪费,污染水质,形成恶性循环。运转增氧机对提高鱼摄食和增加摄食强度有显著效果,摄食量一般可增加 1.5～4 倍,长势良好。运转增氧机的鱼池可以降低饲料系数。增氧机的增氧作用,同样也提高了鲢鳙对浮游生物的摄食强度。根据"摄食假说",浮游生物世代交替加快,可以加大施肥量,保持水的肥度与清晰度。由于有较大的透明度与光合作用强度,增加了浮游生物量,提高了池塘初级生产率,增加了可利用浮游生物量,提高了水中溶解氧,降低了饲料系数,而促进了鲢、鳙产量的提高(上海市水产研究所淡水养殖室养殖试验场增氧机试验小组,1975;原南汇县水产养殖场科技组,1975;原南汇县水产养殖场,1977;增氧机协作组,1978;华南师范学院生物系鱼类科研组和华南师范学院"五·七"农场,1978)。

(三)与生产实践相结合,形成合理使用的基本原则

叶轮增氧机的使用应根据池塘水体溶解氧来源特点,即主要根据季节与天气状况合理使用增氧机。这样既可以减少开机费用,又可收到好的增氧效果。合理使用增氧机应掌握以下几个基本原则。

1. 高温期间的晴天中午开

晴天中午要开启叶轮式增氧机 2~4h，特别是水质较肥、浮游植物较多的池塘。因为晴天浮游植物的光合作用较强，向水体中放出大量的氧气，使水体的表层溶解氧达到饱和，而水体底层溶解氧相对较低。叶轮式增氧机有向上提水的作用，开机时能造成池塘水体垂直循环流转，一方面，可以将表层水中的溶解氧传到底层，使整个池塘水体的溶解氧达到饱和状态；另一方面，通过增氧机的提水作用，把底层水带到表面曝晒，使底层水中的有害物质散发到空气中，起到净化水质的作用。

2. 雷雨天气早开机

池水上下层急速对流，池中含氧量迅速降低，这时要早开、多开增氧机。如果白天太阳光强，温度高，傍晚突然下雷阵雨，大量温度较低的雨水进入池塘，使池塘表层水温急剧下降，比重增大而下沉，下层水因温度高、比重小而上浮，因而引起上、下层水急速对流，上层溶解氧量升高的水体传到下层去，暂时使下层水溶解氧量升高，但很快就被下层水中还原物质所消耗，上层水溶解氧量降低后得不到补充，结果使整个池塘的含氧量迅速降低，所以容易引起鱼虾类浮头。另外，白天起南风，气温很高，到晚间突然转北风，也要多开增氧机，因为加剧了上、下层水体的对流，易造成缺氧。

3. 连绵阴雨多开机

夏季若连绵阴雨，光照条件差，浮游植物光合作用强度弱，水中溶解氧的补给少，而池塘中各种生物的呼吸作用、有机物的分解作用却需要消耗大量的氧，以致造成水中溶解氧供不应求，容易引起养殖对象的浮头。另外，阴雨天有时水清可见底，浮游植物很少，水蚤很多，几乎吃光了池塘中的浮游植物，因缺少光合作用产氧来源而造成池中缺氧。

4. "氧债"大时要多开机

即久晴未雨，池塘水温高，由于大量投饵而造成水质过肥，透明度低，水中有机物多，上、下层氧差大，下层缺氧（"氧债"）太多。此时除了要加长开机时间外，还要向池塘中加注新水，否则，会造成水质过肥或水质败坏而引起缺氧。

5. 投饵时不开机

投饵时开机会将饵料旋至池子中央与排泄物堆积在一起而使其不易被摄食，造成饵料浪费。傍晚时分也不开机，因为这时浮游植物光合作用即将停止，不能向水中增氧，由于开机后上下层水中溶解氧均匀分布，上层溶解氧降低后得不到补充，而下层溶解氧又很快被消耗，结果反而加快了整个池塘溶解氧消耗的速度。

总之，什么时候开机和开机时间的长短，应根据天气、养殖动物的具体情况及增氧机负荷等灵活掌握。一般采取晴天中午开，阴天清晨开，连绵阴雨半夜开，傍晚不开，浮头早开，天气炎热开机时间长，天气凉爽开机时间短，半夜开机时间长，中午开机时间短，负荷面大开机时间长，负荷面小开机时间短的策略。近年来人们更加关注水产养殖的节能减排，开展了系列研究，提出叶轮式增氧机依然是目前最为有效的增氧方式，但是根据不同的养殖对象和养殖环境，采用多种搭配的混合增加将会达到更好的增氧效果（丁永良，1975，1986；倪哲民，1982；张世羊等，2013；谷坚等，2013）。

三、取得成效

叶轮增氧机的诞生，预示了中国已开始进入机械化养鱼的新时代，解决了池塘高产瓶颈，采用物理方法，即机械增氧的方法来解决，通过学科交叉与相互渗透，突破式地解决了池塘养鱼长期无法解决的技术问题，促使我国水产养殖产量突飞猛进，跃居世界之首。

1. 叶轮增氧机的普及使用，大大提高了淡水池塘养殖单产

从 1972 年叶轮增氧机问世以后，叶轮增氧机已成为池塘高产养殖不可替代的重要设备，在池塘高产地区，没有增氧机几乎就不能养鱼。在池塘养鱼品种及工艺不变情况下，先在江苏无锡进行了 3 年千亩池塘试点工作，单产很快突破亩产 500kg，1972 年无锡河埒口试验池的亩产即达 700kg，起了示范作用。当时周边机械厂纷纷试制多种类型的 5.5kW、3.0kW、1.5kW 的叶轮增氧机，减速系统采用少齿差、蜗轮、皮带轮，形式很多，武装了全国高产池塘试验片——无锡郊区千亩连片鱼池，实现增氧机化，亩产均超千斤，最高达亩产 2500kg。增氧机的关键设备是叶轮，叶轮有提水、搅拌、曝气等作用，叶轮增氧机具有电耗低、增氧效率高等特点，其动力效率达 2.0kg 溶解氧/（kW·h），在 1984 年全国 53 种增氧机统测中居于首位。到 2005 年时，国内推广应用增氧机较多的 8 个省（市）的池塘单产每亩均超 500kg。叶轮增氧机对推动我国池塘高产、再高产，从而推动扩大养殖面积、提高总产起到了不可替代的作用（丁永良，2007，2009a）。

2. 形成了系列化叶轮增氧机产品，并在多个领域得到推广应用

增氧机已开发应用 40 多年，其中数量最多的是叶轮增氧机，是唯一获全国科学大会奖的增氧机，因为它占增氧机总数的 80%左右。自从叶轮增氧机问世以来，全国出现了一股增氧机制造热，出现了 100 多种增氧机，至今全国增氧机保有量有几百万台，是数量最多的一种渔业机械。1987 年农业部颁布了叶轮增氧机的水产行业标准，并于 2001 年进行了修订。1989 年叶轮增氧机的机械行业标准颁布，并于 1999 年、2015 年两次进行修订。2009 年国家正式将增氧机列入农机补贴系列，对加快以增氧机为主的池塘养鱼机械化推广进程起到了极大的推动作用，中国现有几十家生产企业，形成了从 0.55kW 至 3.0kW 6 种主要系列产品，叶轮的材质也有金属、塑料、玻璃钢等。有人估算中国全年增氧机的用电量接近三峡电站全年 1/10 的发电量（丁永良，2007，2009a）。目前，叶轮增氧机已经不仅用于养鱼，也推广到养虾、养甲鱼、养河鳗、养海鱼、养珍珠等，并已向水产行业以外推广，如在城市中景观水治理、河道治理、污水处理等行业中应用（浙江省淡水水产研究所河鳗养殖试验小组，1976；丁永良等，2003，2007；丁永良，2009a，2009b）。

四、经验启示

在研究解决池塘养鱼高产瓶颈、决定技术路线等方面，叶轮式增氧机都体现了其创新性及中国特色。叶轮增氧机研究成果获得 1978 年全国科学大会奖，40 多年过去了，至今叶轮增氧机的核心部件叶轮的形式基本没有改变。根据中国池塘深水养鱼的传统，唯有叶轮增氧机具有强劲的提水能力，能对池底增氧，消灭了非生产层，有利于立体养殖及各水层养殖，适合中国国情。叶轮增氧机已经成为中国池塘养鱼高产不可或缺的关键设备，为中国水产养殖高产发挥着举足轻重的作用。

1. 从生产需求中发现问题，开展创新研发

叶轮增氧机的研发成果充分体现了"科研选题从产业发展需求出发，科研成果服务于产业发展"。当时上海市渔业机械仪器研究所（现中国水产科学研究院渔业机械仪器研究所）的科研人员深入到上海、浙江、江苏、广东、湖南等淡水池塘养殖主产区的生产一线进行调研考察，发现当时制约池塘养鱼高产的技术瓶颈就是池塘中的溶解氧不足。然后，进行了探索试验，又去广东、湖南、江西、浙江、安徽等省的部分工厂、矿山，对有关设备进行了调查，才形成了研发浮动式叶轮增氧机的设想，并逐步在全国范围进行推广应用。因此，正是科研人员深入到生产一线，突破技术瓶颈，开展设备研制，解决了实际

生产中的关键技术问题，才使得叶轮增氧机能推广应用，历久弥新，长盛不衰。

2. 科技大协作，促进技术应用推广

叶轮增氧机是科技大协作的产物，在设备的研制过程中渔业机械仪器研究所与无锡太湖渔业机械厂、上海青浦渔业机械厂、松江渔业机械厂、无锡凯灵电泵厂、顺德第二农机厂、佘山渔业机械厂、上海渔业机械成套公司、杭州西湖渔业机械厂等进行了成功的合作开发；为了说明叶轮增氧机的应用理论与生物学效应，探索使用叶轮增氧机提高池塘初级生产力与实现高产的新规律，厦门水产学院养殖系王武，以及华南师范大学潘炯华、苏炳文、朱洁心等老师也做了大量叶轮增氧机的生物学效应研究工作。也正是这么多科研院所和生产企业合作，不分彼此、共享资源，才使得增氧机能在短短的五六年时间研制成功，并在全国得以推广应用。

参 考 文 献

丁永良. 1974. 浮动式增氧机研制动向. 渔业机械仪器, (2): 3-11.

丁永良. 1975a. 漂浮式增氧机概述. 渔业机械仪器, (4): 53-58.

丁永良. 1975b. 增氧机的用途和特性. 水产科技情报, (3): 7-10.

丁永良. 1976. 谈增氧机. 淡水渔业, (8): 9-17.

丁永良. 1978. 增氧技术的应用现况及其发展. 渔业机械仪器, (3): 15-19.

丁永良. 1979. 对一门边缘科学"机械养鱼学"的初步探讨——浅论增氧机与池塘生态系的关系. 渔业机械仪器, (2): 42-44.

丁永良. 1986. 增氧机的研究. 农业机械学报, (4): 54-60.

丁永良. 1989. 中国池塘综合养鱼机械化的特点与池塘养鱼机械的生物特性. 渔业机械仪器, 16(6): 33-37.

丁永良. 1990. 我国池塘养殖机械概况. 淡水渔业, (1): 47-50.

丁永良. 1992. 增氧机的类型与生物学功能. 中国水产, (8): 41.

丁永良. 2007. 叶轮增氧机开创了我国池塘养鱼高产的新纪元. 渔业现代化, 34(5): 3-4, 7.

丁永良. 2009a. 叶轮增氧机的发明及其对中国池塘养殖的贡献. 中国渔业经济, 27(3): 90-96.

丁永良. 2009b. 中国式"3+2"对虾安全养殖技术纳米量子效应对虾免用药养殖机理的研究. 现代渔业信息, 24(11): 3-7.

丁永良, 陈玉华, 朱保远, 等. 2007. 原位物理、生物、生态修复技术(BIOSS系统技术)在上海市延中绿地景观湖的应用. 现代渔业信息, 22(7): 3-8.

丁永良, 徐跃静, 陈国强, 等. 2003. 应用渔业水质改良技术净化城市景观水域. 水产科技情报, 30(2): 65-67.

谷坚, 徐皓, 丁建乐, 等. 2013. 池塘微孔曝气和叶轮式增氧机的增氧性能比较. 农业工程学报, 29(22): 212-217.

华南师范学院生物系鱼类科研小组. 1979. 使用增氧机促进鱼塘浮游生物相的变化. 渔业机械仪器, (2): 15-17.

华南师范学院生物系鱼类科研组, 华南师范学院"五·七"农场. 1978. 应用增氧机的池塘养鱼高产试验. 渔业机械仪器, (4): 15-17.

江苏省无锡市水产研究所. 1977. 鱼池使用增氧机的初步研究. 渔业机械仪器, (1): 1-9, 25.

蒋建明, 史国栋, 赵德安, 等. 2013. 基于Zigbee通信的节能型混合式机械增氧系统. 农业机械学报, 44(10): 242-247.

灵山县水产局. 1978. 钦渔III型叶轮增氧机的使用情况. 渔业机械仪器, (3): 24.

南汇县水产养殖场. 1977. 增氧机和鱼塘高产. 渔业机械仪器, (4): 13-19.

南汇县水产养殖场科技组. 1975. 增氧机用于高产试验塘小结. 渔业机械仪器, (2): 15-20.

倪哲民. 1982. 新型叶轮式增氧机系列. 水产科技情报, (1): 25-26, 23.

上海市水产研究所淡水养殖室养殖试验场增氧机试验小组. 1975. 增氧机使用效果的试验报告. 水产科技情报, (12): 13-19.

上海市渔业机械仪器研究所机械研究室淡水渔业机械组. 1975. 关于增氧机的研究. 渔业机械仪器, (4): 8-19.

上海市渔业机械仪器研究所养殖机械组. 1973. 叶轮增氧机初显成效. 渔业机械仪器, (5): 13-14.

巫道镛. 1993. 增氧机的发展水平及主要性能. 渔业机械仪器, (4): 7-11.

吴晨, 王海燕, 骆建波, 等. 2014. 太阳能移动式水体增氧装置的设计与试验. 渔业现代化, 41(4): 49-53.

吴宗凡, 程果锋, 王贤瑞, 等. 2014. 移动式太阳能增氧机的增氧性能评价. 农业工程学报, 30(23): 246-252.

增氧机协作组. 1976. 增氧机的使用与池塘水质变化的初步研究. 淡水渔业, (4): 3-11.

增氧机协作组. 1977. 再论增氧机的使用与池塘水质变化问题. 淡水渔业, (6): 4-9.

增氧机协作组. 1977. 再论增氧机的使用与池塘水质变化问题(续). 淡水渔业, (Z1): 8-14, 7.

张世羊, 李谷, 陶玲, 等. 2013. 不同增氧方式对精养池塘溶氧的影响. 农业工程学报, 29(17): 169-175.

浙江省淡水水产研究所河鳗养殖试验小组. 1976. 两种简易增氧机的构造及其在鳗鱼池中的使用效果. 淡水渔业, (2): 3-9.

Ashley K I, Mavinic D S, Hall K J. 2008. Oxygenation performance of laboratory—scale Speece Cone hypolimnetic aerator: preliminary assessment. Can J Civ Eng, 35: 663-675.

Burrows R E, Combs B D. 1968. Controlled environments for salmon propagation. Progressive Fish-Culturist, 30(3): 123-136.

Liao P B, Mayo R D. 1972. Salmonid hatchery water reuse systems. Aquaculture, 1: 317-335.

Losordo T M. 1991. An introduction to recirculating production systems design. Engineering Aspects of Intensive Aquaculture. Ithaca, NY: Northeast Regional Agricultural Engineering Servic.

Losordo T M, Hobbs A O. 2000. Using computer spreadsheets for water flow and biofilter sizing in recirculating aquaculture production systems. Aquacultural Engineering, 23(1): 95-102.

Lunde T, Skybakmoen S, Schei I. 1997. Particle trap. U. S. patent: 5636595, 1997-06-10.

Owsley D E, Jeris J S, Owens R. 1988. Ammonia removal allows effluent reuse at fish-hatchery using fluidized bed reactors. Proceedings of the 43rd Purdue industrial waste conference. Chelsea, Michigan: Lewis Publishers: 449-457.

Parker N C. 1981. An air-operated fish culture system with water-reuse and subsurface silos. Bio-engineering symposium for fish culture (FCS Publ. 1). Bethesda, Maryland: American Fisheries Society: 131-137.

Summerfelt S, Bebak-Williams J, Tsukuda S. 2001. 6 Controlled Systems: Water Reuse and Recirculation. Fish Hatchery Management: 285-395.

Summerfelt S, Davidson J W, Thomas B, et al. 2004. A partial-reuse system for coldwater aquaculture. Aquacultural Engineering, 31: 157-181.

Summerfelt S T. 2006. Design and management of conventionalfluidized—sand biofihers. Aquacultural Engineering, 34: 275-302.

第十六章　淡水产品加工典型案例*

第一节　美国鱼片加工

斑点叉尾鲴原产于密西西比河谷和墨西哥湾地区,是美国广泛养殖的一种淡水鱼品种。斑点叉尾鲴的商业化养殖始于 20 世纪 50 年代末至 60 年代初。与其他鲶品种相比,斑点叉尾鲴具有繁殖能力强、鱼体规格适中、生长速度快、饲料转化率高、耐受力强及加工品易于被接受等特点,而成为美国重要的养殖及加工淡水鱼品种(Waldrop and Wilson,1996)。据统计,2014 年美国人年均消费水产品 6.63kg,其中冰鲜或冷冻产品 4.95kg、罐头制品 1.54kg、腌制品 0.14kg(NOAA,2015)。2014 年美国水产品总量为 27.60 万 t,产值 13.3 亿美元,其中海水鱼 4.13 万 t,产值 3.86 亿美元;淡水鱼总产量为 23.47 万 t,产值 6.54 亿美元,其中鲴 13.94 万 t,产值 3.32 亿美元,鲴产量在水产品总量和淡水产品总量中占比分别为 50.5% 和 60.0%,产值占水产品总产值的 24.9%,产量和产值均在所有水产品中排名第一(NOAA,2015)。在美国,养殖鲴的加工比例高达 95% 以上,其产品主要形式是冰鲜或冷冻的鱼片和整鱼,鲴或鲶鱼片等加工品深受美国消费者欢迎,消费量不断增加。美国受自身养殖规模的限制,除发展国内养殖鲴加工外,每年还需从中国、越南等进口大量冷冻鲶鱼片。2013 年,美国国内加工的冷冻鲶鱼片为 3.13 万 t,进口的冷冻鲶鱼片为 12.78 万 t,比 2012 年增加了 18%,进口量占整个美国冷冻鲶鱼片销售总量的 80.3%(Hanson and Sites,2014)。在美国,绝大部分鲴养殖场都位于密西西比州、阿肯色州、亚拉巴马州及路易斯安那州,且多位于三角洲地区,该地区相对于美国其他地区来说较为贫困,鲴产业的蓬勃发展极大促进了该地域经济的繁荣。

一、美国鲴产业发展历程

相对于全球的水产养殖历史而言,美国商业化养殖鲴是新生事物,远不及中国传统的鲤科鱼类混合养殖历史悠久。美国鲴产业的发展主要经历了技术萌发期、产业形成初期、产业融合发展期、产业集聚发展期及产业震荡调整期等 5 个阶段(Hargreaves,2002)。

1. 技术萌发期(1900~1955 年)

为了保护鱼类资源,1871 年美国成立联邦鱼类和渔业委员会,主要目的是加强鱼类增殖,当时虹鳟和斑点叉尾鲴养殖是以在溪流、湖泊、水库、池塘放养为主。鲴的池塘产卵技术研究始于 1906 年,但是直到 1914 年才成功。在 20 世纪 20 年代,鲴苗种繁育已经可以在孵化池中进行,当时开发的产卵和孵化技术经过少许改进后至今仍然作为行业操作规范。到 1940 年时,已建立了完整的鲴亲本产卵、孵化及苗种繁育技术。随后,技术开发重点逐步转移到鲴的营养需求,以及幼鱼预制饲料的性能评价方面。在早期,鲴养殖主要采用天然饲料,辅以有机肥和饲料原料,直到 1950 年才出现人造颗粒状的饲料(Hargreaves,2002)。

---

* 编写:熊善柏

2. 产业形成初期（1955～1965 年）

尽管目前美国的鲷产业主要集中在密西西比州西北部，但是该产业最早形成于阿肯色州东南部。二次世界大战后，阿肯色州东南部兴修了大量池塘和水库。为了满足垂钓爱好者对饵料的需求，养殖业主开始饲养各种饵料鱼。考虑到养殖收益和市场销售行情，养殖业主开始在青鱼养殖中混养鲷，而到 1963 年时鲷的养殖面积（1451hm²）超过了青鱼养殖面积（303hm²），1966 年时阿肯色州的鲷池塘养殖面积达到了 3947hm²。据报道，密西西比州的鲷养殖池塘始建于 1957 年，直到 1965 年才开始出现商业化养殖，到 1970 年时密西西比州的鲷养殖就超过了阿肯色州，占据了行业主导地位（Hargreaves，2002）。

3. 产业融合发展期（1965～1980 年）

20 世纪 60 年代，鲷产业仅由独立经营的养殖户组成，没有形成良好的组织构架，鲷销售渠道也主要用于供给休闲垂钓，仅有部分用于供给阿肯色州、亚拉巴马州和佐治亚州的加工厂。鲷的加工具有明显的季节性，每年 10～11 月为鱼货供应旺季，但鲷鱼片的市场需求旺季为每年的 2～3 月，且由于未实行严格的品质控制措施，产品质量也良莠不齐（Hargreaves，2002）。为应对鲷产品市场供应不足的问题，1967 年 11 家鲷养殖户联合创立有限责任公司，专门加工鲷鱼片。70 年代中期，为满足鲷加工厂持续不断的原料需求，养殖户开始使用多批次养殖模式（multiple-batch cropping system），该模式可以有针对性地选择大规格适于加工的鲷，而将小规格的鲷继续囤养，从而保证了鱼塘周年都有鲷供应（Hargreaves，2002）。1971 年，10 余家养殖户成立合作社并建立了鲷饲料加工厂。鲷饲料加工厂的建立和投产显著改善了池塘养殖鲷生长速度和生产效率，极大地促进了密西西比地区鲷产业的发展。鲷饲料加工行业、水产加工业、物流业及化学试剂和装备业等辅助行业的发展，不仅为鲷养殖业提供了必要的支撑，也促进了鲷全产业链的融合（Hargreaves，2002）。

1974 年因石油禁运而引起燃油和能源价格大幅上涨，导致谷物生产和鱼粉加工成本增加，从而抬高了鲷饲料价格。鲷产业融合发展的趋势及石油价格上涨引起的经济衰退促进了鲷行业的整合。在 1973 年 6 月至 1977 年 5 月期间，密西西比河流域的鲷养殖企业纷纷倒闭合并（Wellborn and Tucker，1985），鲷养殖户的平均养殖面积从 17.8hm² 增加到 34.9hm²，而到 1983 年时平均养殖达到 69.8 hm²。随着行业融合发展，社会分工也越来越细，出现了专门进行鲷苗种繁育、鲷饲料生产及鲷加工的企业，而鲷产业的融合发展则受鲷加工企业的控制，因为加工企业可调控鲷由养殖场到零售终端的物流过程（Hargreaves，2002）。

4. 产业集聚发展阶段（1980～2003 年）

进入 20 世纪 80 年代后，鲷养殖产量的增加速率明显高于池塘面积的增加率。与 1982 年相比，2001 年的池塘养殖面积翻了一番，而加工的鲷产量则增加了近 6 倍（Hargreaves，2002）。在 80 年代，为了增加鲷产量，养殖者尝试通过提高养殖密度来实现，但随之带来的问题是较高的低溶氧量发生率，这也推动了曝气技术的发展。电桨轮曝气技术的广泛应用极大促进了鲷养殖产量的增加。1986 年以前，鲷产品主要在密西西比地区销售，而在 1986 年成立鲷研究所以后，由于鲷研究所通过建立验讫系统募集资金以用于市场营销策划并在全美地区推广鲷加工品，极大地促进了鲷产业的规模化发展，1988～2003 年鲷产量年均增长率达到 8.3%（Hargreaves，2002）。

5. 产业震荡调整期（2003 年至今）

巴沙鱼（*Pangasius bocourti*）和蓝鲨（*Pangasius hypophthalmus*）是越南两种主要的养殖鲶。由于这两种鱼的加工品具有良好的产品特性（风味特别、色泽雪白、脂肪含量低）、较低的养殖和加工成本，许多越南出口加工商开始投资巴沙鱼行业，导致越南冷冻鱼片在美国解除禁运和越南-美国双边贸易协议生效后大量出口至美国，从而影响了美国整个鮰产业的发展（Van Binh and Huu Huy Nhut，2014）。2014 年 1 月，美国鲶养殖水面面积为 75 625acre①，与 2002 年高峰时期的 196 760acre 相比，下降了 61.5%。2013 年，鮰的平均塘边价为 2.145 美元/kg，与 2012 年相比，下降了 0.004 美元/kg。鮰饲料平均价格（蛋白质含量 32%）为 483 美元/t，与 2012 年的 469 美元/t 相比，上涨了 3%。持续上升的饲料和燃料成本、消费需求的降低及进口产品份额的增加等因素致使美国鮰产业盈利困难，这也导致了阿肯色州、路易斯安那州和密西西比州的渔民转而种植玉米和大豆（Hanson and Sites，2014）。2013 年，美国养殖鲶用于加工的量为 15.16 万 t，与 2012 年 13.62 万 t 的加工量相比，增加了 11%，但与 2003 年高峰期加工量 30.05 万 t 相比，下降了近 50%；2005～2013 年，美国进口的冷冻鱼片量和市场销量总量均呈稳步增长趋势，而美国国内加工产品的市场份额由 2005 年的 80.5% 下降到 2013 年的 19.7%（Hanson and Sites，2014）。

二、主要做法

1. 重视科技经费投入，研发产业发展所需关键技术

美国联邦鱼类和渔业委员会、美国鮰协会都非常重视鮰产业发展所需关键技术的研发。从 1906 年开始持续投入科技经费，支持美国渔业相关研究机构和技术服务站的专家，针对鮰产业发展中的瓶颈问题，在鮰生物学特性、苗种繁育、营养需求和饲料配方、疫病防控、水质管理、养殖技术及产业经济等方面开展了系统研究，以构建鮰养殖、加工与物流全产业链的技术支撑体系（表 16-1）（Hargreaves，2002；沈继成，1992；薛晓明等，2013）。

表 16-1　美国鮰产业关键技术研究和开发大事记

技术领域	参考文献	关键技术和创新工作
苗种繁育	Shira（1917）	开发池塘孵化技术
	Clapp（1929）	使用配备搅拌叶轮的卵化槽进行孵化
	Sneed and Clements（1959）	使用性腺激素促进产卵
营养需求及饲料	Doze（1925）	仔鱼投饵技术
	Jewell et al.（1933）	研究维生素 D 的必要性
	Swingle（1957，1959）	颗粒状饲料饲喂成鱼技术
	Tiemeier（1962）	颗粒状饲料饲喂鮰仔鱼技术
	Nail（1965）	研究鮰的蛋白质需求
	Hasting and Dupree（1969）	开发鮰干颗粒配方饲料
	Hasting et al.（1969）	开发挤压悬浮颗粒饲料生产技术
	Lovell（1973）	研究维生素 C 的必要性
养殖模式	Swingle（1954，1957，1959）	开创商业化鮰池塘养殖模式
	Schmittou（1970）	开发鮰网箱养殖模式
产业经济	Foster and Waldrop（1972）	确定 20acre 作为池塘面积标准
	Burke and Waldrop（1978）	预算密西西比河流域鮰养殖成本
	Tucker et al.（1979）	研究确定饲喂速率、水质及养殖收益之间的关系
水质需求与管理	West（1966）	确定鮰生长的适宜温度
	Perry and Avalt（1968）	研究鮰的耐盐性
	Andrew et al.（1973）	研究鮰对低溶氧率的耐受能力
	Knepp and Arkin（1973）	研究氨和亚硝酸盐对鮰的影响
	Tomasso et al.（1979）	研究利用氯化物对消除水体中亚硝酸盐的不利影响

---

① 1acre=0.404 856hm²

续表

技术领域	参考文献	关键技术和创新工作
曝气技术	Boyd and Tucker（1979）	开发鲖池塘养殖曝气技术
	Hollerman and Boyd（1980）	研究夜间曝气对鲖生产的影响
	Busch et al.（1984）	研究评价轮桨式曝气装置的作用
加工技术	Thaysen（1936）	研究土腥味物质的提取方法及其基本性质
	Lovell and Sackey（1973）	研究确认蓝藻代谢产物对鲖土腥味有影响
	Gerber（1977）	研究确认放线菌代谢产物对水体气味有影响

2. 重视自组织化建设，构建产业技术创新服务体系

重视鲖产业的自组织化建设，组建了鲖协会和鲖研究所。为了应对鲖产品市场供应不足的问题、提高池塘养殖鲖生产效率，鲖养殖户不仅自发成立合作社，还联合投资创立了鲖加工厂、饲料加工厂，许多养殖农场主拥有鲖加工厂和饲料加工厂的股份，以实现鲖全产业链的融合（Hargreaves，2002）。在产业技术创新与服务体系建设方面，积极组织从业者开展科学教育与技能培训，传授新知识和新技术；鼓励和引导大学研究和推广专家参与鲖产业的技术研发与咨询服务，与企业开展密切合作，协助解决产业发展中的瓶颈问题（Hargreaves，2002）。

3. 强化产品质量控制，建立验讫系统，促进产品消费

鲖原产于密西西比河谷和墨西哥湾地区，在该地区鲖是一种广为人知、珍贵的食物，鲖加工品早期的销售主要局限于该区域，而在美国其他地区的消费者认为鲖是食腐动物，把它做成食品则没有吸引力。此外，由于未实行严格的品质控制措施，产品质量也良莠不齐（Hargreaves，2002）。为此，美国鲖研究所通过建立的验讫系统（check-off system）来募集资金，专门用于市场营销策划（Waldrop and Wilson，1996）。该系统要求鲖饲料厂每卖出 1t 饲料，就提取一部分发展基金用于促进养殖鲖的销售（Hargreaves，2002），在营销策划中重点宣传养殖鲖鱼片的营养丰富、安全健康等特点，并在实际生产中采取措施保证产品质量安全，以有效促进鲖制品的消费（Waldrop and Wilson，1996）。

4. 强化食品安全监管，保护本土鲖产业经营效益

随着美国鲖产业的繁荣发展，国内消费需求日益增强，冷冻鱼片进口量的增加使得美国鲖产业不得不面临来自越南、中国和泰国等国家的竞争。为此，美国鲖产业部门积极寻求立法，强化政府对进口鲖制品的安全监管，采用技术壁垒保护本土鲖产业。2002 年原产国标识和鲖标识在美国农业法案中得以批准（Van Binh and Huu Huy Nhut，2014）。2003 年美国商务部针对越南进口的冷冻巴沙鱼片征收 37%～64% 的反倾销税。美国为了应对日趋激烈的国际市场竞争，对于鲖产品的检测日益严苛，2007 年美国 FDA 宣布对中国产养殖鲖等 5 种产品采取自动扣留措施，迫使一些出口美国市场的贸易公司退出美国市场。在 2008 年和 2014 年的美国农业法案中增加了"美国农业部鲖检测法案"，将鲖检测的管辖权从 FDA 转移到美国农业部下属的肉类禽类检测办公室（FSIS）。2015 年底美国 FSIS 在《联邦纪事》上发布了《鲶形目鱼类及其派生产品强制检验法规》终稿，该法案于 2016 年 3 月 1 日生效，过渡期 18 个月（张振东和肖友红，2017）。这意味着过渡期期满后，所有进口鲖产品将参照肉制品管理方案实施监管。

三、取得成效

1. 以关键技术研发，推动鲖产业的健康发展

在美国联邦鱼类和渔业委员会及美国鲖协会等部门支持下，美国大学的研究和推广服务专家针对鲖产

业发展中的瓶颈问题开展了系统研究。系统研究了鮰生物学特性、营养需求（Sneed and Clements，1959；Jewell et al.，1933；Nail，1965；Lovell，1973），研究了养殖水体温度、盐度、溶氧、氨氮含量及饲料配方和投饵方式对鮰生长的影响（West，1966；Perry and Avalt，1969；Andrew et al.，1973；Knepp and Arkin，1973；Doze，1925），研究了鮰肌肉中土腥味物质的提取方法、性质及其来源（Thaysen，1936；Lovell and Sackey，1973；Gerber，1977），还从产业经济角度，研究了饲喂速率、水质及养殖收益之间的关系，确定了鮰养殖池塘的适宜面积（Foster and Waldrop，1972；Tucker et al.，1979）。在突破鮰池塘产卵与孵化难题、确定不同规格鮰的营养需求的基础上，开发出了鮰优良苗种繁育技术、悬浮颗粒饲料生产技术、多批次池塘养殖模式、池塘水质调控技术及鮰鱼片的加工与速冻保鲜技术，建立了从鮰养殖、加工到物流的全产业技术体系（表16-1）。这些关键技术的成功研发和推广应用，有效促进了美国鮰产业升级和健康发展。

2. 以产业价值链构建，促进鮰全产业链协同融合

现代渔业实际上是集苗种繁育、饲料加工、健康养殖、水产品加工与冷链物流于一体的农业产业，产业的运营需要大量资金支持。在20世纪60年代，美国的鮰产业仅由独立经营的养殖户组成，没有形成良好的组织构架，整个鮰产业不仅存在产品销售渠道少、销售范围窄等问题，还常因鱼货供应旺季（每年的10～11月）与鮰鱼片市场需求旺季（每年的2～3月）不同步，导致鮰产品市场供应不足。为应对这些问题，美国规模较大、经营成功的鮰养殖户，不仅牵头成立了鮰协会和鮰研究所，还联合创立了鮰养殖合作社、鮰鱼片加工厂、鮰饲料加工厂及专门的营销结构，许多养殖户持有鮰鱼片加工厂和鮰饲料加工厂的股份，实现了养殖户、饲料生产商、加工企业、营销商及各大学研究和推广专家之间的协同整合，形成了利益共同体。鮰饲料加工行业、水产品加工业、物流业及化学试剂和装备业等辅助行业的发展，不仅为鮰养殖业提供了必要的支撑，也促进了鮰全产业链的融合，形成了以加工企业为核心的鮰全产业链（Hargreaves，2002）。

3. 以饮食文化为宣导，引领鮰产品的居民消费

20世纪80年代美国鮰产业部门积极的、非常规的市场营销策略促进了产业快速发展。在美国，鮰早期仅被密西西比河谷和墨西哥湾地区人们熟知、食用，而在其他地区因消费者认知问题而不被接受，20世纪60年代鮰也主要用于休闲垂钓，仅少部分用于鱼片加工。而到了20世纪80年代，美国鮰协会为了促进鮰制品的消费，通过鮰研究所建立的验讫系统，从饲料生产企业募集了大量资金并用于市场营销策划（Waldrop and Wilson，1996；Hargreaves，2002）。在营销策划中，重点强调：①鮰鱼片风味纯正，具有高蛋白、低脂肪、低胆固醇等优点，适于不同烹饪方式；②低温保鲜有利于保持产品质量，冰鲜和冷冻鮰鱼片都有较长的货架期；③在鮰养殖过程中，采用水质良好、无污染的水体和经分析检测的优质饲料养殖鮰，确保了成品鮰鱼片是一种干净、健康的产品。在广告宣传和引领消费的作用下，不仅改变了许多消费者对鮰的不当认知，使鮰成为最受美国消费者欢迎的三大鱼种之一，而且让消费者认为在加工厂进行速冻后能最大限度地保持鮰的新鲜度，使消费者接受了冷冻的鮰制品，从而极大地推动了鮰制品在美国各地的消费（Waldrop and Wilson，1996）。

4. 以食品安全控制，提升鮰产业的市场竞争力

美国政府非常重视食品质量安全管理工作，不仅重视食品质量的终端检测，更重视其生产全过程的安全监控，制定了良好农业规范（Good Agriculture Practice，GAP）、良好制造规范（Good Manufacturing Practice，GMP）和卫生标准操作规范（Sanitation Standard Operation Procedure，SSOP）、危害分析与关键控制点（Hazard Analysis and Critical Control Point，HACCP）安全监管体系和食品安全追溯体系。美国食品和药品监督管理局（FDA）和农业部（USDA）负责美国水产品质量及其标准的制定和执行，规定渔业生产企业必须制定 HACCP 计划来监管和控制生产操作过程。在鲴养殖、加工过程中，执行 HACCP 计划，不仅确保了鲴产品的质量与安全性，还提升了鲴产品在美国本土的市场竞争力，极大地推动了美国鲴产业的繁荣发展。但随着美国鲴鱼片需求量的快速增加，越南、中国和泰国等国家鲴产品大量进入美国，美国本土鲴产业受到冲击。为此，美国开始通过技术性贸易壁垒对本土鲴产业实施保护。1995 年 FDA 颁布《加工和进口水产品安全卫生程序》，要求所有进口美国的水产品生产企业都必须实施 HACCP 管理，并要到美国官方机构注册，然后不断增加进口到美国的鲴鱼片的检测项目、提高标准水平（吴洪喜和徐君，2007）。2002 年美国农业法案中《原产国标识和鲴标识》实施（Van Binh and Huu Huy Nhut，2014），2015 年美国农业部的食品安全检验局发布《强制性鲴检验法规》，将鲴检测管辖权从 FDA 转移到美国农业部 FSIS，所有进口鲴产品将参照肉制品管理方案实施监管（Hargreaves，2002；张振东和肖友红，2017）。上述法案的颁布实施，不仅保护了本土鲴产业，而且保证了美国销售的鲴产品的质量安全。

四、经验启示

1. 强化政府部门对产业的管理和服务，加强科技支撑，突破产业技术瓶颈

整合全国相关科研和推广力量，加强在淡水渔业产业方面的科研资金投入，推动渔业科技创新，力争在品种培育、疫病防控、养殖模式、节能减排及精深加工等方面实现突破，促进我国淡水鱼产业健康、稳定和可持续发展。

2. 以市场消费需求为导向，带动大宗淡水鱼产业链各环节融合协调发展

要从市场的角度，以生产者和消费者需求导向为切入点，把握产业链关键环节、要素、相关管理主体之间的相互关系，进而探索促进淡水鱼产业链稳定发展的利益机制和服务体系；同时要打破地域限制，协同制定扶持龙头企业发展的措施，形成淡水生物产业集群；真正建立以企业为主体，将高等院校、科研机构及技术服务推广站相结合的产学研技术创新体系，实现市场消费资源、科技创新资源和渔业生产资源的联动。

3. 强化品牌意识，推崇科学健康生活理念，引领市场消费

大宗淡水鱼的消费市场已由卖方市场转变为买方市场，在渔业市场化程度越来越高的条件下，产品价格已不再是水产品市场竞争的最主要手段。大宗淡水鱼产业应以质量安全保障为前提，依靠质量创品牌，依靠品牌拓市场，依靠市场争效益。借助于各级政府职能部门和专业团体对大宗淡水鱼进行公益性宣传，把科学健康生活理念植入到大宗淡水鱼的市场消费宣传中去，引领大宗淡水鱼的市场消费，从而提升大宗淡水鱼产品在国民膳食结构中的消费地位。

第二节　湖北小龙虾加工

一、发展历程

克氏原螯虾（*Procambarus clarkii*），又称为淡水龙虾或小龙虾，在动物分类学上隶属甲壳纲，十足目，螯虾科，原螯虾属，原产于北美洲，20 世纪 30 年代传入我国，现已形成一个独立的自然种群，广泛分布于我国湖北、江苏、湖南、江西、安徽等长江中下游地区，2016 年全国小龙虾养殖产量已达 85.23 万 t，已成为我国重要养殖经济虾类（胡川，2016；全国水产技术推广总站，2017；王慧慧等，2012；邢智珺等，2014）。

在刚引入国内时，由于克氏原螯虾具有掘洞习性，对农田和水利设施具有巨大的破坏作用，加之该虾外壳坚硬，出肉率低，在过去相当长的一段时间里，人们并未将其作为养殖对象进行开发利用，反而是将其作为一种外来有害物种加以清除（呼光富和刘香江，2008）。受国外食用小龙虾的影响，20 世纪70 年代我国开始在江苏连云港对小龙虾进行小规模养殖，而到 20 世纪 80 年代后期，小龙虾虾仁作为一种出口创汇的产品被开发出来，其养殖量才大幅增加。随后江苏北部、湖北、安徽等地的食品加工企业开始按照美国国家卫生安全要求进行了 HACCP 注册，将冷冻小龙虾虾仁出口到美国乃至欧洲。湖北省早在 1998 年就开始向瑞典出口小龙虾，同时江苏等地也开始进行冻虾仁的加工并打开国际市场。到 1999年底，中国的小龙虾虾仁出口量就已达到 4000～5000t。

进入 2000 年后，在我国调味品和烹饪技术改良的历史机遇下，小龙虾被开发成一类颇具中国特色的美味食品，受到国内消费者的喜爱并迅速在国内掀起一场红色风暴，从而使中国的小龙虾加工产业进入了快速发展时期。由于小龙虾加工业和餐饮业的快速发展，原来靠自然生长、捕捞获得小龙虾供应量亦不能满足市场需要，促进了小龙虾养殖业的发展。除池塘养殖外，稻田养虾（虾稻共生、虾稻连作模式）目前已逐渐成为主要养殖方式。小龙虾的养殖区域集中在湖北、安徽、江苏、江西、湖南等省，目前小龙虾养殖都已颇具规模并成为当地的支柱产业。据统计，2016 年湖北、安徽、江苏、江西、湖南小龙虾养殖面积分别为 487 万亩、80.6 万亩、62.3 万亩、26.0 万亩和 11.2 万亩，小龙虾产量分别达到 48.9 万 t、11.78 万 t、9.65 万 t、6.52 万 t 和 5.6 万 t，5 个主产区产量占全国产量的 95%左右（全国水产技术推广总站，2017）。湖北省小龙虾养殖规模最大，小龙虾产量占养殖产量的 57.37%，其中湖北的 19 个县、市、区小龙虾产量进入全国排名前 30 名，特别值得指出的是，潜江市已成为湖北省小龙虾养殖与加工核心区，发展最为迅猛（陈坤等，2016；刘姝蕾，2014；全国水产技术推广总站，2017）。

潜江市，位于湖北省中部江汉平原，北枕汉水，南接岳阳至长沙，东邻武汉通黄石，西接荆州达三峡。潜江境内河渠纵横交错，湖泊星罗棋布，汉江、东荆河等长江支流贯穿全境，借粮湖、返湾湖、冯家湖、白露湖、张家湖、苏湖等 6 个湖泊遍布潜江市，湖泊面积 2.7 万亩，水田面积 60 万亩，年平均气温 16.1℃，年平均日照时数为 1949～1988h，全年无霜期约 250d，独特的土壤、气候、水质环境非常适合小龙虾繁育生长和大规模养殖（陈坤等，2016）。21 世纪初，潜江市农民首创了稻虾连作的稻田养虾模式，农时种稻、闲时养虾，取得了很好的养殖效益。后经不断探索和实践，发展为稻虾共作模式，养殖技术更成熟，稻田利用率更高，产量效益更好，小龙虾养殖也由此在潜江得到发展壮大。充足优质的养殖小龙虾货源吸引了加工企业的入驻并迅速壮大，小龙虾逐步形成了系列食品——"冷冻小龙虾肉""冷冻虾尾肉""冷冻整肢虾""冷冻熟小龙虾仁""冷冻熟整肢虾""冷冻虾黄"，并根据调味比率的不同把小龙虾制作成浓、淡、咸、甜，从香辣到咖喱，从原味到"十三香"，从手抓整肢虾到虾球、虾饼、虾黄面包等，涌现出了两家小龙虾国家级农业产业化重点龙头企业——潜江市华山水产食品有限公司和湖北莱克水产食品股份有限公司。目前潜江市小龙虾产业已形成集科研示范、良种选育、苗种繁殖、健康养殖、加工出口、餐饮服务、冷链物流、精深加工等于一体的产业格局，2015 年仅小龙虾加工产品出口创汇已超过 1 亿美元，约合 6.58 亿元，远超中国其他省份和地区（关倩倩，2016；农业部渔业渔政管理局调研组，2015）。

二、主要做法

1. 以市场需求为导向，开发适销小龙虾新产品

在湖北，早期的小龙虾加工产品主要面向出口，开发生产了单冻虾仁、欧式茴香虾、美式辣粉虾、十三香整肢虾等产品，主要出口至欧洲和美国，加工企业主要集中在潜江、仙桃、洪湖、监利等县市。在国际市场带动下，从 2000 年起湖北省，特别是潜江市餐饮业积极开展了小龙虾菜品的研制，开发出

"潜江油焖大虾""麻辣整肢虾""清蒸大虾""蒜香虾"等菜品，这些菜品味道醇厚、刺激性强，一经上市就得到消费者喜爱。2014 年后，由于美国经济危机、欧洲经济发展乏力及外贸食品安全壁垒的掣肘，湖北小龙虾出口份额锐减，小龙虾加工品出口量明显下降。为了应对这一变化，潜江市各主要小龙虾加工企业也转变思路，根据国内居民消费习惯和口味要求，利用原有生产技术和装备，开发出了适宜国内消费的"潜江油焖大虾""麻辣整肢虾""香辣虾尾""小龙虾酱"等小龙虾加工产品，获得了良好的市场效果。

2. 以饮食文化为宣导，打造小龙虾文化品牌

为加快小龙虾产业的发展，自 2009 年开始，潜江市成功举办了 5 届"中国潜江龙虾节"，当地还兴建了中国潜江生态龙虾城，申请了小龙虾雕塑吉尼斯世界纪录（图 16-1）。此外，各小龙虾加工企业努力创新，逐步培育了"小李子""利荣""虾皇"等潜江小龙虾餐饮企业，着力将小龙虾打造为集"美食盛宴、文化盛典、经贸盛会"于一体的文化品牌。

图 16-1　潜江市小龙虾雕塑

3. 以品牌网店建设为推手，促进"互联网+冷链物流"融合

随着互联网的兴起，潜江市各小龙虾加工企业乘势建立了网络营销平台，2014 年，与淘宝、京东、1 号店等各大电商合作，设立了潜江特产网络专卖店，推销虾皇等老字号潜江知名餐饮品牌，集中力量将网店发展为网络品牌店。同时，还规划在潜江市内设立 360 个村级网站，将个体电商集中化，目前已完成 81 个网站建设。针对电商特点，改变了传统小龙虾产品的包装方式，将传统的真空包装（食品造型差、保鲜度低、包装容易破损）改为罐装，确保产品到达消费者手中时仍能保持肉质鲜美，举办网上龙虾节、网上抢购等多种活动，增加了网购用户群体对潜江品牌的认知度。各大企业与高校通力合作，正致力于解决速冻过程中小龙虾虾肉品质与风味维持等关键技术难题，以确保被送达消费者手中时小龙虾产品依然美味、安全。湖北强龙、忆口香与华中农业大学合作已进行了有益尝试，并取得阶段性成果。

4. 以副产物高效利用为后盾，提升产业经营效益

传统小龙虾虾仁、虾尾加工过程中会有大量虾壳废弃产生，为了进一步提升小龙虾加工的附加值，潜江市小龙虾加工企业与武汉大学合作开发了利用虾壳制备甲壳素、氨基葡萄糖盐酸盐等衍生制品的新技术、新方法。使得小龙虾的加工不再局限于传统食品行业，进一步延伸到医药、化妆品等高附加值产品领域，并在潜江华山水产有限公司投产试运行。

三、取得成效

　　小龙虾产业已成为潜江市农业支柱产业，形成了从科研示范、良种选育、生态养殖到冷链物流、精深加工、节庆文化的产业链（图 16-2），2016 年潜江小龙虾综合产值可达 150 亿元，带动 7 万人就业，实现"小龙虾、大产业"。潜江市小龙虾产业已从最初的冻虾仁、冻整肢虾的加工发展到甲壳素衍生品加工、"小龙虾文化节"建设，小龙虾加工产品也已畅销国内外。利用小龙虾加工副产物虾头、虾壳加工成壳聚糖、氨基葡萄糖盐酸盐、N-乙酰-氨基葡萄糖等甲壳素衍生制品，不仅价值高而且市场潜力巨大，仅潜江华山水产有限公司一家 2014 年全年销售收入就达到 20.2 亿元，2015 年已突破 50 亿元。潜江小龙虾产业案例被农业部副部长于康震称为"循环农业、效益农业的生动实践"。可以说，小龙虾造就了一个产业，富裕了一方百姓，点亮了潜江这座城市。

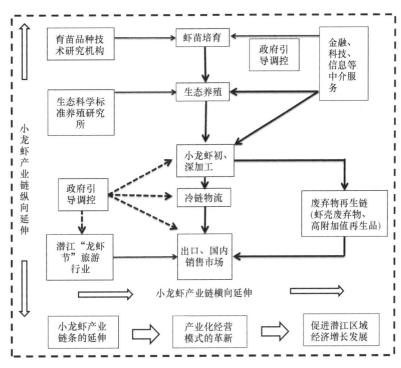

图 16-2　潜江市小龙虾产业链延伸结构图（刘姝蕾，2014）

1. 强化质量认证，构建了国际和国内两个市场

　　潜江市目前有加工企业 10 余家，年加工能力 30 万 t，其中潜江华山水产有限公司、湖北莱克水产食品股份有限公司等水产品加工企业已获得水产食品自营出口权，而华山水产与莱克水产还是"全国农产品加工示范企业"和"国家农业产业化重点龙头企业"，具备全球 BRC 认证及 HACCP 和美国 FDA、欧盟 EEC 的认证，产品行销欧美等超市。莱克、华山等水产品加工企业按照美国和欧盟标准，组织生产小龙虾加工品，严格控制加工品的质量和卫生安全，小龙虾加工产品行销国际和国内两个市场（贾义菊，2009）。2015 年潜江市加工小龙虾成品出口创汇达 1.9 亿美元，占全省出口额的 60% 以上，在欧美每年 400～500 批次的严格检测中，检验合格率 100%，得到了欧美市场的广泛认同及消费者高度的信誉评价。随着市场的发展和消费需求的攀升，2014 年起莱克公司开始开拓国内市场，根据国内消费习惯和口味，开发生产了麻辣整肢虾、十三香整肢虾、清水原味虾、油焖整肢虾、单冻虾仁、块冻虾尾等产品，也得到了消费者的广泛认可（张岳，2014）。

2. 推进饮食文化建设，凸显了餐饮品牌效应

"油焖大虾"是潜江人开发的颇具当地特色的小龙虾菜品，因其味道独特而深受消费者青睐。"油焖大虾"选用潜江当地优质小龙虾为食材，经过"油焖"方式烹制而成，该菜肴已被中国烹饪协会授予"中国名菜"称号。潜江市还逐渐培育出了以"小李子""利荣""虾皇"为代表的餐饮企业，其分店也早已分布在了湖北省乃至全国各地。从 2009 年起，潜江市已连续 7 年成功举办了"潜江龙虾节"，逐步将"小龙虾"产业打造成了当地的支柱产业，构建起了集苗种繁育、健康养殖、贮运、加工、冷链物流、餐饮等于一体的产业链，实现了一、二、三产业的融合发展，提供了 2 万余就业岗位。潜江市非常重视龙虾文化与城市建设的有机结合，将龙虾元素融入城市建设当中，计划总投资 15 亿人民币新建总建筑面积为 56 万 m^2 的湖北中伦生态龙虾城，目前建成龙虾美食城和龙虾美食广场、龙虾雕塑广场（小龙虾雕塑获得世界吉尼斯纪录）及龙虾城游乐园，并于 2016 年开办了小龙虾学院，向各地输送小龙虾养殖、烹饪、加工方面的人才。

3. 打造中国虾谷网，发展了小龙虾的网上销售业务

随着国内小龙虾市场的兴起，潜江市加快推进了"互联网+小龙虾+虾稻"行动计划，建成了全国首个小龙虾鲜活产品交易平台——中国虾谷网，"虾小弟""虾尊""虾皇"等线上品牌相继涌现。2015 年，通过互联网营销小龙虾超过 1 亿元，"虾尊"荣获淘宝国际小龙虾节全网单个企业第一名，中国虾谷网开展活体小龙虾销售金额突破 1800 万元。随着网上销售量的增加，对冷链物流的需求愈来愈迫切，潜江市小龙虾协会已与顺丰物流公司开展了冷链快递业务，可将小龙虾产品迅速投递给消费者，保证了产品质量和安全。

4. 高效利用副产物，提升了产品附加值和产业效益

在传统龙虾加工和餐饮中，小龙虾可食用部分仅占整虾的 1/3，会产生大量的废弃虾壳，这既浪费资源又污染环境。潜江市是全国最大的淡水小龙虾加工出口基地，加工出口量占湖北省小龙虾出口量的一半以上。潜江市在小龙虾产业的发展过程中，通过与大学、科研院所合作，突破了小龙虾生产和加工方面的技术瓶颈，创建了小龙虾工程技术研究中心和"甲壳素"工程技术研究中心。潜江华山水产有限公司的甲壳素深加工项目在 2009 年 4 月投产建立，产品质量达到 ISO 标准并成功出口创汇，随后潜江华山水产有限公司又投资新建了壳聚糖、壳寡糖等甲壳素衍生物的生产车间，2013 年华山集团的壳聚糖和氨基葡萄糖盐酸盐含片相继问世。2015 年，华山公司生产甲壳素衍生制品 5000t，全年共实现销售 25 亿元，甲壳素保健品车间氨糖、壳聚糖、片剂产能 20 亿粒，可实现销售收入 50 亿元（刘姝蕾，2014）。

四、经验启示

1. 以水产加工为纽带，实现了"一二三"产业的协同发展

潜江市非常重视发展水产品加工业，建有十多家水产品加工企业，年加工能力达 30 万 t。华山、莱克是潜江市两大水产加工企业，是"全国农产品加工示范企业"和"国家农业产业化重点龙头企业"，具有较强的研发和产业化实力。此外，潜江市还积极发展小龙虾餐饮业，开发出"油焖大虾"等菜品，还培育出以"小李子""利荣""虾皇"为代表的餐饮企业。潜江市在打造小龙虾产业的过程中，重点依托华山、莱克这两家水产加工企业，开展产业关键瓶颈技术研究，构建了集小龙虾苗种繁育、健康养殖、加工、冷链物流与餐饮于一体的产业链，实现了"一、二、三"产业的协同发展。

2. 以文化建设为基础，将潜江市打造成了中国"虾谷"

潜江市重视饮食文化建设，已连续 7 年举办"潜江龙虾节"，"小龙虾"已成为潜江市亮丽的名片；非常重视龙虾文化与城市建设的有机结合，目前已建成龙虾美食城、龙虾美食广场、龙虾雕塑广场、龙虾城游乐园，小龙虾雕塑已获得世界吉尼斯纪录，2016 年还开办了小龙虾学校。潜江餐饮业开发的"油焖大虾"已被中国烹饪协会授予"中国名菜"称号，人们说到"油焖大虾"就会联想到潜江。此外，潜江市通过推进"互联网+小龙虾+虾稻"行动计划，打造了全国首个小龙虾鲜活产品交易平台——中国虾谷网，促使"虾小弟""虾尊""虾皇"等线上品牌相继涌现，2015 年互联网营销额超过 1 亿元，使潜江市成为名副其实的"虾谷"。

3. 以质量安全为保障，构建国际国内两个市场

潜江市过去就有比较好的水产品加工基础，水产品加工业发展良好，特别是华山、莱克这两大潜江市水产加工企业拥有水产食品自营出口权，已获得全球 BRC 认证及 HACCP 和美国 FDA、欧盟 EEC 的认证，具有良好的生产条件和管理经验。华山、莱克这两家企业除按照国际标准组织生产小龙虾加工品，出口到欧盟和美国外，也采用相应的国际标准开发生产国内销售的麻辣整肢虾、十三香整肢虾、清水原味虾、油焖整肢虾、单冻虾仁、块冻虾尾等产品，形成了国际、国内两个市场。然而由于小龙虾生长的季节性，如何维持速冻小龙虾产品的品质、实现周年供应，是企业不得不面临的课题。

参 考 文 献

陈坤, 曾君, 黄国海, 等. 2016. 潜江市发展小龙虾产业的探索与启示. 湖北农业科学, 55(11): 2955-2959.

关倩倩. 2016. 潜江小龙虾的产业发展现状及对策. 农业与技术, 36(14): 231-232.

呼光富, 刘香江. 2008. 克氏原螯虾生物学特性及其对我国淡水养殖业产生的影响. 养殖技术, (1): 49-51.

胡川. 2016. 酶法水解小龙虾壳制备小分子生物活性肽研究. 湖北工业大学硕士学位论文.

贾义菊. 2009. 满江红公司淡水小龙虾出口营销策略研究. 西安理工大学硕士学位论文.

刘姝蕾. 2014. 潜江市"小龙虾"产业发展研究. 华中师范大学硕士学位论文.

农业部渔业渔政管理局调研组. 2015. 江汉稻田作出大文章, 潜江龙虾造就大产业——湖北省潜江市小龙虾产业发展情况调研报告. 中国水产, (7): 15-17.

全国水产技术推广总站. 2017. 中国小龙虾产业发展报告(2017).

沈继成. 1992. 美国的斑点叉尾鮰养殖业概况. 水产科技情报, 19(3): 89-91.

王慧慧, 林洪, 董彦岭. 2012. 我国小龙虾产业价值链、市场影响因素研究及产业发展建议. 中国水产, (4): 38-41.

吴洪喜, 徐君. 2007. 美国水产品质量管理考察报告. 现代渔业信息, 22(2): 10-13.

邢智珺, 姜虎成, 陆伟, 等. 2014. 江苏 8 个克氏原螯虾群体遗传多样性微卫星分析. 上海海洋大学学报, 23(5): 656-662.

薛晓明, 罗刚, 李颖. 2013. 美国水产养殖发展概况. 中国水产, (10): 43-45.

张岳. 2014. 潜江市小龙虾产业可持续发展对策研究. 中南民族大学硕士学位论文.

张振东, 肖友红. 2017. 美斑点叉尾鮰法案系统性回顾. 海洋与渔业, (1): 65-66.

Andrews J W, Murai T, Gibbons G. 1973. The influence of dissolved oxygen on the growth of channel catfish. Transactions of the American Fisheries Society, 102(4): 835-838.

Boyd C E, Tucker C S. 1979. Emergency aeration of fish ponds. Transactions of the American Fisheries Society, 108(3): 299-306.

Burke R L, Waldrop J E. 1978. An economic analysis of producing pond-raised catfish for food in Mississippi. Mississippi Agricultural and Forestry Experiment Station.

Busch R L, Tucker C S, Steeby J A, et al. 1984. An evaluation of three paddlewheel aerators used for emergency aeration of channel catfish ponds. Aquacultural engineering, 3(1): 59-69.

Clapp A. 1929. Some experiments in rearing channel catfish. Transactions of the American Fisheries Society, 59(1): 114-117.

Doze J B. 1925. The barbed trout of Kansas. Transactions of the American Fisheries Society, 55(1): 167-183.

Dupree H K. 1966. Vitamins essential for growth of channel catfish. US Fish and Wildlife Service.

Foster T H, Waldrop J E. 1972. Cost-size relationships in the production of pond-raised catfish for food. Mississippi State

University Agricultural and Forestry Experiment Station Bulletin 792.

Gerber N N. 1977. Three highly odorous metabolites from an actinomycete: 2-isopropyl-3-methoxy-pyrazine, methylisoborneol, and geosmin. Journal of Chemical Ecology, 3(4): 475-482.

Hanson T, Sites M D. 2014. 2013 US Catfish Database. http: //www.agecon.msstate.edu/whatwedo/budgets.asp

Hargreaves J A. 2002. Channel catfish farming in ponds: lessons from a maturing industry. Reviews in Fisheries Science, 10(3-4): 499-528.

Hastings W, Dupree H K. 1969. Formula feeds for channel catfish. The Progressive Fish-Culturist, 31(4): 187-196.

Hastings W H. 1971. Commercial Process For Water-stable Fish Feeds. Feedstuffs, 43(47): 38.

Hollerman W D, Boyd C E. 1980. Nightly aeration to increase production of channel catfish. Transactions of the American Fisheries Society, 109(4): 446-452.

Jewell M E, Schneberger E, Ross J A. 1933. The vitamin requirements of goldfish and channel cat. Transactions of the American Fisheries Society, 63(1): 338-347.

Knepp G L, Arkin G F. 1973. Ammonia toxicity levels and nitrate tolerance of channel catfish. The Progressive Fish-Culturist, 35(4): 221-224.

Lovell R T, Lelana I Y, Boyd C E, et al. 1986. Geosmin and musty-muddy flavors in pond-raised channel catfish. Transactions of the American Fisheries Society, 115(3): 485-489.

Lovell R T, Sackey L A. 1973. Absorption by channel catfish of earthy-musty flavor compounds synthesized by cultures of blue-green algae. Transactions of the American Fisheries Society, 102(4): 774-777.

Lovell R T. 1973. Essentiality of vitamin C in feeds for intensively fed caged channel catfish. J Nutr, 103(1): 134-138.

Nail M L.1961. The protein requirement of channel catfish, *Ictalurus punctatus*(Rafinesque). Auburn: Auburn University.

Perry W G, Avault J W. 1969. Culture of blue, channel and white catfish in brackish water ponds. South-eastern Association of Game and Fish Commissioners.

Schmittou H R. 1970. The culture of channel catfish, *Ictalurus punctatus* (Rafinesque), in cages suspended in ponds. Proceedings of the Southeastern Association of Game and Fish Commissioners, 23: 226-244.

Shira A F. 1917. Notes on the rearing, growth, and food of the channel catfish, *Ictalurus punctatus*. Transactions of the American Fisheries Society, 46(2): 77-88.

Sneed K E, Clemens H P. 1959. The use of human chorionic gonadotrophin to spawn warm-water fishes. The Progressive Fish-Culturist, 21(3): 117-120.

Swingle H S. 1957. Preliminary results on the commercial production of channel catfish in ponds. Proceedings of the Southeastern Association of Game and Fish Commissioners, 10: 160-162.

Swingle H S. 1959. Experiments on growing fingerling channel catfish to marketable size in ponds. Proceedings of the Annual Conference Southeastern Association of Game and Fish Commissioners, 12: 69-74.

Swingle H S.1954. Experiments on commercial fish production in ponds. Proceedings of the Southeastern Association of Game and Fish Commissioners, 8: 69-74.

Thaysen A C. 1936. The origin of an earthy or muddy taint in fish. Annals of Applied Biology, 23(1): 99-104.

Tiemeier O W. 1962. Supplemental Feeding of Fingerling Channel Catfish. The Progressive Fish-Culturist, 24(2): 88-90.

Tomasso J R, Simco B A, Davis K B. 1979. Chloride inhibition of nitrite-induced methemoglobinemia in channel catfish (*Ictalurus punctatus*). Journal of the Fisheries Board of Canada, 36(9): 1141-1144.

Tucker L, Boyd C E, McCoy E W. 1979. Effects of feeding rate on water quality, production of channel catfish, and economic returns. Transactions of the American Fisheries Society, 108(4): 389-396.

Van Binh T, Huu Huy Nhut N. 2014. Investigation on the Impact of US Anti-dumping Measures during the "Catfish War" on Vietnamese Pangasius Exports. Journal of Economics and Development, 16(2): 61-67.

Waldrop J E, Wilson R P. 1996. Present status and perspectives of the culture of catfishes (*Siluroidei*) in North America. Aquatic Living Resources, 9: 183-188.

West B W. 1966. Growth, Food Conversion, Food Consumption, and Survival at Various Temperatures of the Channel Catfish *Ictalurus Punctatus* (Rafinesque). Jonesboro: University of Arkansas.